Heinrich Lepers

SPS-Programmierung nach IEC 61131-3

FRANZIS
PC+ELEKTRONIK

Heinrich Lepers

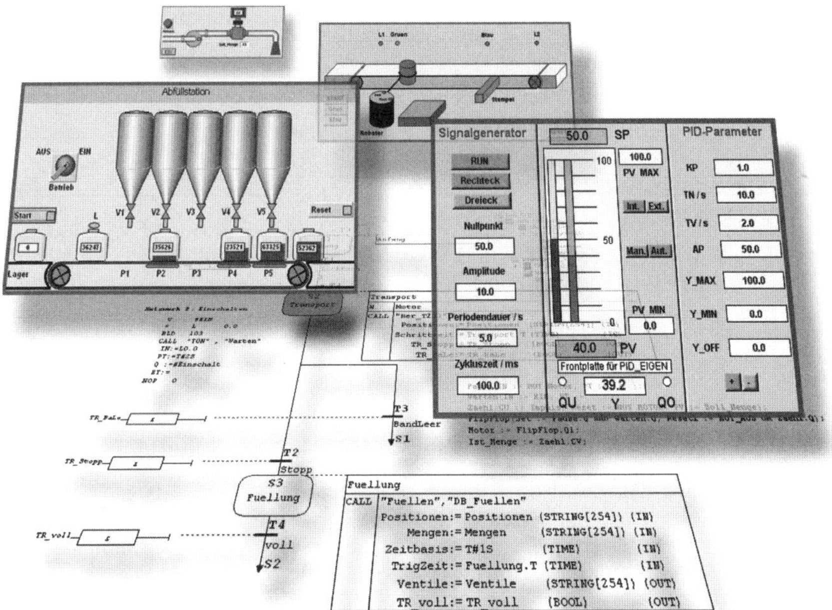

SPS

3. neu bearbeitete Auflage

Programmierung nach IEC 61131-3

Mit Beispielen für CoDeSys® und STEP 7®

Mit 372 Abbildungen

Bibliografische Information der Deutschen Bibliothek
Die Deutsche Bibliothek verzeichnet diese Publikation in der Deutschen Nationalbibliografie; detaillierte Daten sind im Internet über **http://dnb.ddb.de** abrufbar.

Hinweis
Alle Angaben in diesem Buch wurden vom Autor mit größter Sorgfalt erarbeitet bzw. zusammengestellt und unter Einschaltung wirksamer Kontrollmaßnahmen reproduziert. Trotzdem sind Fehler nicht ganz auszuschließen. Der Verlag und der Autor sehen sich deshalb gezwungen, darauf hinzuweisen, dass sie weder eine Garantie noch die juristische Verantwortung oder irgendeine Haftung für Folgen, die auf fehlerhafte Angaben zurückgehen, übernehmen können. Für die Mitteilung etwaiger Fehler sind Verlag und Autor jederzeit dankbar.
Internetadressen oder Versionsnummern stellen den bei Redaktionsschluss verfügbaren Informationsstand dar. Verlag und Autor übernehmen keinerlei Verantwortung oder Haftung für Veränderungen, die sich aus nicht von ihnen zu vertretenden Umständen ergeben. Evtl. beigefügte oder zum Download angebotene Dateien und Informationen dienen ausschließlich der nicht gewerblichen Nutzung. Eine gewerbliche Nutzung ist nur mit Zustimmung des Lizenzinhabers möglich.

Dem Buch liegt eine Demo-DVD der Siemens AG bei. **„STEP 7 Professional, Edition 2006 SR5, Trial License"** umfasst: STEP 7 V5.4 SP4, S7-GRAPH V5.3 SP6, S7-SCL V5.3 SP5, S7-PLCSIM V5.4 SP2 und ist 14 Tage zu Testzwecken nutzbar.

Dem Buch liegt eine Demo-DVD der Siemens AG bei. **„SIMATIC WinCC flexible 2008, Trial Software"** umfasst: SIMATIC WinCC flexible 2008 Advanced und ist 30 Tage zu Testzwecken nutzbar.

Die Software ist nur unter Microsoft Windows XP Professional Edition SP2 oder Microsoft Windows Vista 32 Business oder Microsoft Windows Vista 32 Ultimate ablauffähig.

Dem Buch liegt eine Demo-CD-ROM der Siemens AG bei. **„SIMATIC CFC V7.0 SP1, Trial License"** umfasst: SIMATIC CFC 7.0 SP 1 und ist 14 Tage zu Testzwecken nutzbar.

Die Software ist nur unter Microsoft Windows XP Professional Edition SP2 ablauffähig.

Weitere Informationen erhalten Sie im Internet unter
«http://www.siemens.de/sce/promotoren»
«http://www.siemens.de/sce/module»
«http://www.siemens.de/sce/tp»

Satz: DTP-Satz A. Kugge, München
art & design: www.ideehoch2.de
Druck: Bercker, 47623 Kevelaer
Printed in Germany

ISBN 978-3-7723-**5806-7**

Vorwort

In dieser völlig neu bearbeiteten 3. Auflage sind nun alle Projekte mit CoDeSys und WinCC flexible visualisiert worden. Das Buch enthält die komplette Installationssoftware für die Programmierung von Steuerungen und deren Visualisierung.

Mit diesem Buch möchte ich nicht nur die IEC-Norm in ihren wesentlichen Bestandteilen vorstellen, sondern vor allem aufzeigen, dass man mit den höheren Programmiersprachen wie Funktionsbausteinsprache (FBS) bzw. Continuous Function Chart (CFC) und strukturiertem Text (ST) bzw. Structured Control Language (SCL) einfach, effektiv und wartungsfreundlich programmieren kann. Dabei wird natürlich auch die Programmiersprache Ablaufsprache (AS) bzw. GRAPH 7 vorgestellt, die speziell zur Realisierung von Ablaufsteuerungen entwickelt wurde.

Da es nicht möglich ist, eine Programmiersprache nur durch Lesen eines Buches zu erlernen, wird hier großer Wert darauf gelegt, dass der Leser die Möglichkeit bekommt, bereits frühzeitig eigene Programmiererfahrung zu sammeln. Dazu befindet sich auf der beiliegenden Verlags-DVD eine Installationssoftware der Programmentwicklungsumgebung für Steuerungen **CoDeSys** (Controller **Development System**), **Version 3.2**, der Firma 3S-Smart Software Solutions, die als Demoversion auf einem PC-Rechner installiert werden kann. Außerdem hat Siemens für dieses Buch zwei DVDs mit der Programmierumgebung **STEP 7 Professional 2008, SR5** und dem Visualierungssystem **WinCC flexible 2008** sowie eine CD für die Programmiersprache **CFC, V7.0** zusammengestellt, die diesem Buch beigelegt wurden. Die auf den DVDs und der CD enthaltenen Versuchslizenzen sind auf 14 bzw. 28 Tage begrenzt.

Man kann somit die Beispielprojekte im Debug-Modus von CoDeSys oder mit der in CoDeSys erstellten Visualisierung ansehen und testen. Die Leser, die die Programmierumgebung STEP 7 Professional mit den Programmiersprachen AWL, KOP, FUP, SCL, GRAPH 7, der Programmiersprache CFC und das Visualierungssystem WinCC flexible der Firma Siemens von den beiliegenden DVDs und der CD installieren, können die Beispielprojekte auch mit STEP 7 betrachten und testen. Dabei wird deutlich, dass man auch mit STEP 7 IEC-konform programmieren kann.

Die jeweils aktuellste Version von CoDeSys kann man über *www.3s-software.com* aus dem Internet herunterladen.

Für eine aktuelle und/oder zeitlich unbefristete Lizenz der Programmierumgebung STEP 7 Professional oder der Programmiersprache CFC von Siemens wende man sich an den zuständigen Siemens-Vertreter. Überregionale Ansprechpartner finden Sie unter *www.siemens.de/sce/promotoren.*

Abkürzungen und Fachbegriffe werden im Anhang erklärt.

Der Leser kann selbst bestimmen, wie intensiv er sich mit der in diesem Buch angebotenen Materie beschäftigen will. Dazu bestehen folgende Möglichkeiten:

1. **Nur mit Buch**: Man kann das Buch je nach Interesse mehr oder weniger intensiv lesen und ggf. die gestellten Aufgaben lösen. Wenn man sich nicht für die Realisierung einer IEC-konformen Steuerung mit CoDeSys und/oder STEP7 interessiert, kann man die entsprechenden Abschnitte auslassen. Erfahrene SPS-Programmierer werden sich u. U. damit begnügen, das Buch zunächst schnell durchzusehen, um danach nur die sie interessierenden Aspekte genauer zu betrachten.

2. **Buch plus CoDeSys**: Nach der Installation der Demoversion von CoDeSys kann man alle Beispiele damit aufrufen und diese auf dem SPS-Simulator ablaufen lassen. Eine Bedienung und Beobachtung ist mit der Visualisierung und im Debug-Modus möglich. Außerdem kann man die am Ende mehrerer Kapitel angebotenen Übungsprojekte mit CoDeSys lösen und testen. Dafür stehen Leer-Projekte zur Verfügung, in denen die Visualisierung bereits vorhanden ist.

3. **Buch plus STEP 7**: Die Beispiele und Übungsprojekte wurden auch mit STEP 7 in den Programmiersprachen AWL, KOP, FUP, CFC, SCL und GRAPH 7 gelöst. Diese können auf dem eigenen PC ablaufen und mit WinCC flexible bedient und beobachtet werden. Sie können die Projekte auch selbst realisieren, wobei Sie die auf der Verlags-DVD enthaltenen Leer-Projekte nutzen können. Dabei wird deutlich, wie komfortabel die höheren Programmiersprachen SCL, CFC und GRAPH 7 sind. Die Test-Software kann auf einem (virtuellen) Rechner nur einmal installiert und zum Kennlernen mit einer Versuchslizenz verwendet werden. Wegen der zeitlichen Begrenzung der Versuchslizenzen auf 14 bzw. 28 Tage sollte man u. U. STEP 7, CFC und WinCC flexible erst nach der Erarbeitung der IEC-Sprachen und dem Studium der Beispiele und Übungsaufgaben installieren.

4. **Nachschlagewerk**: Nach dem Studium des Buches kann es als Nachschlagewerk genutzt werden, mit dem man bei späteren Projekten spezielle Fragen klären kann. Dafür wurde im Kapitel 14 eine Übersicht über Funktionen und Funktionsbausteine nach IEC, in CoDySys und in STEP 7 im Vergleich gegenüber gestellt.

Bei der Erstellung dieses Buches bin ich von Mitarbeitern der Firma 3S-Smart-Software-Solutions und des Geschäftsbereichs Automation & Drives der Siemens AG hervorragend unterstützt worden. Diese Firmen haben mir die Erlaubnis gegeben, Bildmaterial für dieses Buch zu verwenden. Für Beides möchte ich mich hier ausdrücklich bedanken. Vor allem aber möchte ich mich dafür bedanken, dass diese Firmen den Lesern dieses Buches die Möglichkeit bieten, mit ihren Softwaresystemen zu arbeiten.

Mein Dank gilt auch den Mitarbeitern des Franzis Verlags, die mir bei den vielfältigen Aufgaben zur Seite gestanden haben.

Ich wünsche den Lesern viel Freude während der Einarbeitung in die SPS-Programmierung und der Anwendung des neu erworbenen Wissens bei der Lösung der Übungsprojekte mit CoDeSys, STEP 7 und/oder ähnlichen Systemen.

Alle Aufgaben sowie Beispiel- und Übungsprojekte wurden ausschießlich aus didaktischer Sicht erstellt und können nicht als Lösungen für technische Probleme verwendet werden. Daher übernehmen Autor und Verlag keinerlei Haftung für Schäden, die ggf. aus deren Nutzung entstehen.

Inhaltsverzeichnis

1 Einleitung

Steuerungen von Maschinen und Produktionsprozessen wurden zunächst durch Relaisschaltungen realisiert, wobei Kontakte in Stromlaufplänen in Reihe oder parallel geschaltet wurden, um so eine gewünschte Logik zu realisieren. Dabei wurden vor allem binäre oder boolesche Signale verarbeitet.

Mit dem Einsatz von Mikroprozessoren wurden die fest verdrahteten Relaissteuerung nach und nach durch speicherprogrammierbare Steuerungen (SPS) ersetzt, bei denen die Steuerungsprogramme schnell verändert oder ausgetauscht werden konnten. Damit die Steuerungstechniker, die bisher nur in Stromlaufplänen gedacht und gearbeitet haben, den Umstieg von der Relaissteuerung zur Computersteuerung leichter bewältigen konnten, wurde in Anlehnung an den Stromlaufplan der Kontaktplan (KOP) entwickelt. Damit konnten die Steuerungstechniker zunächst bei ihrer Denkweise bleiben.

Die Hersteller boten später zusätzlich die Möglichkeit, die SPS in der maschinenorientierten Anweisungsliste (AWL) oder grafisch im Funktionsplan (FUP) zu programmieren. Diese Programmiersprachen wurden von den Herstellern für spezielle SPSen entwickelt und wiesen zum Teil beträchtliche Unterschiede auf. Durch die Marktbeherrschung von Siemens wurden deren Programmiersprachen von einigen kleineren Herstellern übernommen.

Mit der Weiterentwicklung der SPS-Systeme wurden nach und nach zusätzlich zu den Binärsignalen auch andere Datentypen wie ganze Zahlen, Zeiten und Gleitkommazahlen für Analogwerte verarbeitet. Damit stieg die Komplexität der zu realisierenden Steuerungen, der auch die Programmiersprachen Rechnung tragen mussten.

Nach langjährigen Bemühungen auf nationaler und auch internationaler Ebene, zu einheitlichen und damit herstellerunabhängigen Programmiersprachen für SPSen zu kommen, wurde 1992 die internationale Norm IEC 61131-3 definiert und verabschiedet. Inzwischen ist dieser Standard für die Programmierung von speicherprogrammierbaren Steuerungen und Automatisierungsgeräten in Prozessleitsystemen allgemein akzeptiert. Damit gibt es heute kaum noch SPSen, die nicht nach dieser internationalen Norm programmiert werden können.

Als Programmiersprachen werden aber auch heute immer noch weitgehend die ursprünglichen maschinenorientierten SPS-Sprachen AWL, KOP und FUP verwendet, obwohl inzwischen effektivere Programmiersprachen zur Verfügung stehen, die dem Programmierer viele Details bezüglich der Speicherplatzbelegung und Registernutzung abnehmen.

Dieses Buch führt im Kapitel 2 in die Hard- und Software heutiger speicherprogrammierbarer Steuerungen ein. Danach folgt im Kapitel 3 eine Einführung in den internationalen Standard IEC 61131.

Damit schon bald eigene Projekte bearbeitet werden können, wird bereits im Kapitel 4 gezeigt, wie ein typisches IEC-Projekt strukturiert und wie diese Struktur bei CoDeSys und in STEP 7 umgesetzt ist.

Ab Kapitel 5 führt das Buch in die IEC 61131-3 ein, wobei zunächst die in einer SPS verarbeitbaren Datentypen und deren Darstellung besprochen werden. Danach folgt im Kapitel 6 die Definition der Programmorganisationseinheiten Funktion, Funktionsbaustein und Programm. Die Programmiersprachen für Verknüpfungssteuerungen Kontaktplan (KOP), Funktionsbausteinsprache (FBS), Anweisungsliste (AWL) und strukturierter Text (ST) werden anhand eines kleinen Beispiels zur Dosierung einer Flüssigkeit im Kapitel 7 vorgestellt. Durch dieses Beispiel wird der Unterschied zwischen den Sprachen deutlich.

Es genügt, die Kapitel 5 bis 7 zunächst zügig zu bearbeiten. Wenn bei der späteren Bearbeitung der Kapitel 9 bis 12 Fragen aufkommen, kann man sich hier noch einmal genau informieren.

Das Beispiel der Dosierung wird im Kapitel 8 dazu verwendet, die Realisierung eines SPS-Projektes mit CoDeSys und STEP 7 zu zeigen. Dabei werden die Programmierwerkzeuge vorgestellt und die Prozessvisualisierung mit CoDeSys und WinCC flexible gezeigt.

In den Kapiteln 9 bis 11 werden Standardfunktionen und Standardfunktionsbausteine erklärt, die in Bibliotheken für Verknüpfungssteuerungen bereitgestellt werden. Dazu werden in jedem Kapitel neben kleinen Aufgaben je zwei Beispielprojekte vorgestellt. Den Abschluss bildet jeweils ein Übungsprojekt, das nach IEC, mit CoDeSys und/oder mit STEP 7 gelöst werden kann.

Die Ablaufsprache (AS) und ihre Realisierung in CoDeSys und GRAPH 7 sind Gegenstand von Kapitel 12. Hier werden die Grundelemente einer Ablaufsteuerung Schritt, Transition und Aktion definiert und ihre Anwendung an Beispielen gezeigt.

Alle Lösungen zu den Aufgaben, Beispiel- und Übungsprojekten befinden sich im Kapitel 13. Die Projekte zu CoDeSys und STEP 7 sind zusätzlich auf der beiliegenden Verlags-DVD abgelegt.

2 Aufbau und Arbeitsweise einer SPS

2.1 Hardware

Eine typische Automatisierungsstruktur besteht aus der Anbindung an den Prozess, bei der mit Sensoren Prozesssignale erfasst und mit Aktoren die Stell- und Steuergrößen an den Prozess weitergegeben werden. Diese Ein- und Ausgänge werden parallel an spezielle Baugruppen eines Automatisierungsgerätes oder einer SPS angeschlossen. Da diese Automatisierungsgeräte nicht für eine komfortable Beobachtung und Bedienung des Prozesses ausgelegt sind, werden sie an ein Anzeige- und Bediengerät z. B. in Form eines PCs angeschlossen.

Die Hardware eines Automatierungsgerätes oder einer SPS besteht aus den typischen Komponenten, die auch für einen Computer verwendet werden. Dazu gehören neben der Stromversorgung die Zentraleinheit mit der CPU, der EPROM-Speicher mit dem Betriebssystem und der fest vorgegebenen Software (Firmware) und der RAM-Speicher, der das Anwenderprogramm und die aktuellen Prozesswerte aufnimmt. Das Anwenderprogramm wird teilweise aber auch in EEPROM-Speichern abgelegt, damit es bei einem Spannungsausfall nicht gelöscht wird.

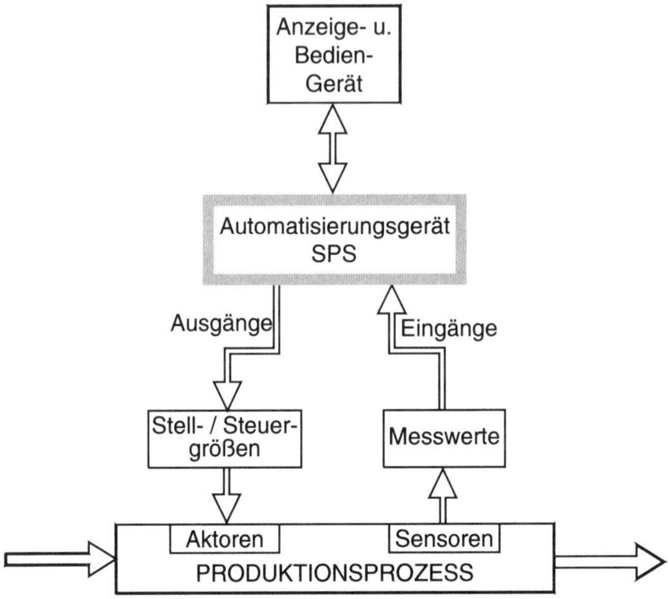

Bild 2.1: Automatisierungsstruktur mit SPS

Die Prozessanschlüsse von den Sensoren und zu den Aktoren sind bei der konventionellen Parallelverdrahtung unmittelbar an Ein- oder Ausgabebaugruppen angeschlossen. Das können boolesche Spannungs- oder Stromsignale sein oder das standardisierte analoge Signal als Strom zwischen 4 und 20 mA. Boolesche Ausgänge können auch als Relaiskontakte o. ä. ausgegeben werden.

Je nach verwendeten Prozesssignalen können spezielle Einbausteckkarten konfiguriert werden. Mit fortschreitender Digitalisierung des Prozessumfeldes wurden zunehmend auch sogenannte HART-Geräte (Highway Adressable Remote Transducer) angeschlossen, die neben dem Stromsignal von 4 bis 20 mA zusätzlich eine digitale Information liefern bzw. lesen können.

In neuen Anlagen werden heute oft Feldgeräte eingesetzt, die einen Mikroprozessor enthalten und über einen Feldbus ihre Daten mit dem Automatisierungsgerät austauschen. Als Feldbus werden z. B. PROFIBUS-DP (PROcess FIeld BUS – Decentralized Periphery), CAN, Interbus, Modbus und andere eingesetzt.

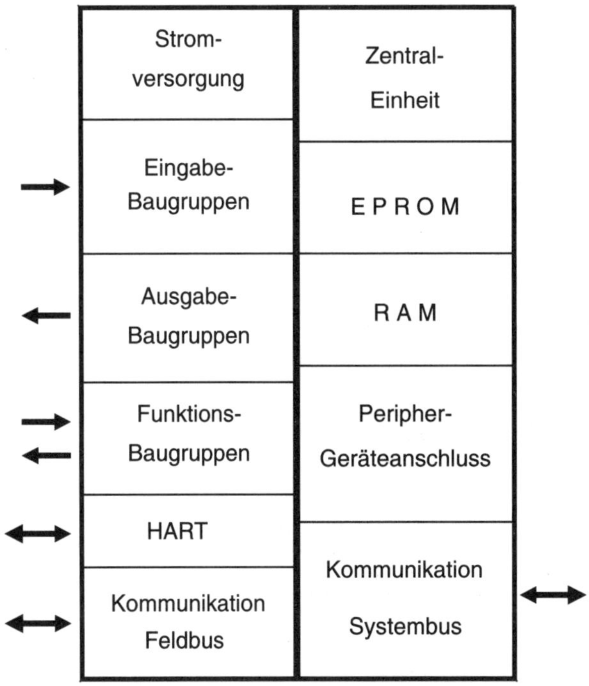

Bild 2.2:
Aufbau einer SPS

Da der Prozessor einer SPS mit einer internen Zykluszeit arbeitet, die für manche Vorgänge im Prozess zu groß ist, müssen z. B. für schnelle dynamische Vorgänge schnelle Regler oder Zähler mit einem eigenen Prozessor eingesetzt werden. Sie nehmen die Prozessinformation auf und verarbeiten diese in der Funktionsbaugruppe, ohne damit den zentralen Prozessor zu belasten. Das Ergebnis der Berechnungen geht dann ggf. auch von dieser Funktionsgruppe wieder zurück zum Prozess.

Für den Anschluss von Periphergeräten wie z. B. Druckern, Handbediengeräten, externen Speichern o. ä. sind spezielle Interfaces vorgesehen. Die Bedienung und Beobachtung sowie die Programmierung einer SPS erfolgt selten unmittelbar an der SPS. Dazu verwendet man heute oft einen Laptop oder Arbeitsplätze in der Leitwarte. Für den Anschluss von Anzeige- und Bedienkomponenten wird eine SPS mit einem Buskoppler ausgestattet, der z. B. die Kommunikation über Ethernet erlaubt.

In diesem Buch werden die Beispiele auch mit STEP 7 bearbeitet, dem Programmiersystem von Siemens. Dazu kann unter anderem der Simulator PLCSIM programmiert werden, der die speicherprogrammierbaren Steuerungen der Familie

S7-300 und S7-400 emuliert. Das Bild 2.3 zeigt als Beispiel den Aufbau der Kompakt CPU 313 C.

Bild 2.3: Kompakt CPU 313 C der Firma Siemens

PLCSIM simuliert die CPUs der Familie S7-300 unterschiedlichen Leistungsumfangs, angefangen bei der CPU312 (mit 16 KB Arbeitsspeicher, 10 Digital-Ein und 6 Digital-Aus, bis 8 Baugruppen) bis zur CPU318-2DP (mit 256 KB Arbeitsspeicher, DP-Anschluss (PROFIBUS-DP-Master oder DP-Slave), bis 32 Baugruppen).

Für größere Anwendungen und für das Prozessleitsystem PCS 7 stehen die Geräte der S7-400-Familie zur Verfügung, in denen auch mehr als eine CPU eingesetzt werden können. Die CPUs der 400er-Familie, die von PLCSIM emuliert werden, reichen von der CPU412-1 (mit 48 KB Arbeitsspeicher für den Programmcode und 48 KB für Daten, 2 KB für Digitale Ein- und Ausgänge, Taktsynchronität, Multicomputingfähigkeit etc.) bis zur CPU417-4 (mit 2 MB Arbeitsspeicher, 16 KB für Digitale Ein- und Ausgänge, Multicomputing, Äquidistanz etc.).

Ein Beispiel für eine SPS aus der S7-400-Familie zeigt das Bild 2.4.

Bild 2.4: SIMATIC S7-400 der Firma Siemens

In den Steckplätzen, die mit Beschriftungsfeldern ausgestattet sind, befinden sich Anschlussbaugruppen für z. B. binäre oder analoge Ein- und Ausgänge.

Der Trend in der Automatisierungstechnik geht weg von den herstellerspezifischen Lösungen für Soft- und Hardware hin zu allgemeinen Standards, die beispielsweise durch Microsoft und Intel gesetzt werden. So wird inzwischen als Betriebssystem oft Windows eingesetzt. Diese Entwicklung führt immer mehr zur sogenannten Soft-SPS, bei der die Programmierung, Bedienung und Beobachtung, aber auch die Verarbeitung der Signale in einem PC realisiert werden. Einige Hersteller bieten dafür sogenannte Industrie-PCs (IPC) an, die bezüglich der Belastung durch die Umgebung besonders robust sind. Solche IPCs werden in Kompaktbauweise oder auch als Hutschienen- bzw. Klemmensysteme angeboten.

In den Fällen, wo man für die Programmierung und Visualisierung sowie für weitere Aufgaben wie z. B. Rezeptsteuerung einen PC einsetzen möchte, bietet die Industrie Steuerungen in Slot-Bauweise an, die als Steckkarten in den PC eingebaut werden. Ein Beispiel zeigt das Bild 2.5.

Bild 2.5: WinAC Slot PLC 412

Eine auf der Basis dieser Slot-SPS realisierte Soft-SPS kann in einer Basisversion oder als Echtzeitversion verwendet werden. Die Steckkarte ist mit Prozessoren ausgestattet, die es ermöglichen, dass die Soft-SPS auch dann noch weiter läuft, wenn der PC abgeschaltet wird oder auf Störung geht. Durch die zunehmende Ausstattung von Feldgeräten wie Sensoren und Aktoren mit Prozessoren wird auch immer häufiger die Signalverarbeitung ins Feld ausgelagert, so dass oft eine spezielle Hardware zur Verarbeitung der Prozessinformation überflüssig wird. Diese Trends führen dazu, dass in Zukunft als Hard- und Software immer mehr Standards eingesetzt und damit die herstellerspezifischen SPSen und Automatisierungsgeräte verdrängt werden.

2.2 Software

Bei einer SPS muss man zwischen dem Betriebssystem und dem Anwenderprogramm unterscheiden. Das Betriebssystem ist entweder ein Standardbetriebssystem wie z. B. Windows oder Linux oder wurde vom Hersteller speziell für das Gerät entwickelt und bestimmt das Verhalten der SPS oder des IPCs. Mit dem Betriebsystem ist festgelegt, ob ein Anwenderprogramm zeilenweise (Anweisung nach Anweisung) interpretiert und ausgeführt wird oder ob es zunächst komplett in die Maschinensprache übersetzt (compiliert) und danach ausgeführt wird.

Bei Interpreterprogrammen besteht die Möglichkeit, das Programm in der SPS zeilenweise zu verfolgen und den Programmcode in der SPS ggf. zu korrigieren. Nach der Korrektur kann man das Programm dann wieder zurück übersetzen für eine aktualisierte Dokumentation. Nachteilig bei dieser interpretierenden Verarbeitung des Anwenderprogramms ist die relativ geringe Verarbeitungsgeschwindigkeit und damit verbunden die große Zykluszeit.

Im Gegensatz dazu werden die Anwenderprogramme, die durch Übersetzung der Quellversion in den Maschinencode entstehen, schneller verarbeitet. Dabei ist es allerdings nicht möglich, Fehler in der SPS zu korrigieren. Da aber der Fehler nicht in der SPS begründet, sondern bei der Verfassung der Quelldatei entstanden ist, sollte er auch dort korrigiert werden. Damit ist auch gewährleistet, dass die Dokumentation des Programms aktuell ist.

Zur Erstellung der Anwenderprogramme werden Funktionen und Funktionsbausteine verwendet, die vom Lieferanten der SPS in Standard- und/oder Spezialbibliotheken geliefert werden. Der Anwender kann selbst solche Funktionen und Funktionsbausteine erstellen und in eigenen Bibliotheken zur weiteren Verwendung ablegen.

Bei der Abarbeitung des Anwenderprogramms sorgt das Betriebssystem für einen zyklischen Programmablauf. Dabei muss die Zykluszeit dann, wenn Analogsignale in Differenzengleichungen verarbeitet werden, konstant sein.

Bei den Berechnungen greift das Anwenderprogramm immer wieder auf Ein- und Ausgangssignale zu. Damit die Daten in einem Rechenzyklus immer dieselben Werte haben, also konsistent sind, werden in einem Zyklus zunächst die Eingangswerte in den Eingangsspeicher gelesen. Danach greift das Programm auf die Werte aus dem Eingangsspeicher zu und nicht auf die an den Eingängen anliegenden Signale, die sich in einem Rechenzyklus ändern können. Das hat nicht nur den Vorteil, dass bei einem Rechendurchgang immer dieselben Prozesswerte verwendet werden, sondern auch, dass der Zugriff auf die Daten aus dem Eingangsspeicher schneller erfolgt als ein Zugriff auf die Prozesswerte.

Nach der Erfassung der Prozesswerte wird der Algorithmus des Anwenderprogramms bearbeitet. Rechenergebnisse werden im Ausgangsspeicher abgelegt und ggf. durch nachfolgende Anweisungen verändert. Von außen können diese Werte nicht beobachtet werden. Erst nach Beendigung des Programms werden die Daten unmittelbar vor einem erneuten Start eines Rechendurchlaufs ausgegeben.

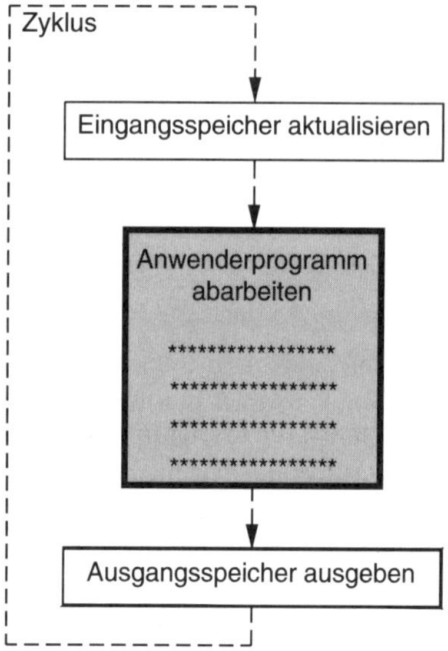

Bild 2.6: Zyklische Bearbeitung eines Anwenderprogramms

Anwenderprogramme werden zyklisch oder ereignisgesteuert aufgerufen. Bei modernen SPSen sind Zykluszeiten von 100 ms oder weniger üblich. Als Ereignisse, die ein Programm anstoßen, können boolesche Prozessvariable dienen.

3 Der SPS-Standard IEC 61131

3.1 Vorgeschichte

Die ersten speicherprogrammierbaren Steuerungen, die die bis dahin durch Verdrahtung von Relaiskontakten realisierten Steuerungen ablösten, wurden im Kontaktplan (KOP) programmiert. Damit erhielten die Steuerungstechniker die Möglichkeit, weiterhin in Stromlaufplänen zu denken und diese am Computer einzugeben. Die Hersteller von SPSen entwickelten danach die Programmiersprachen Anweisungsliste (AWL) und Funktionsplan (FUP). Diese Sprachen arbeiteten mit direkten Ein- und Ausgängen und mit Merkern und waren zunächst nur für die Verarbeitung von booleschen Signalen konzipiert. Diese Programmiersprachen unterschieden sich von Hersteller zu Hersteller z. T. beträchtlich voneinander und waren sehr stark maschinenorientiert.

Bereits 1970 unternahm die „National Electrical Manufacturers Association" in den USA erste Anstrengungen, zu einer Vereinheitlichung der Programmierung von Steuerungen beizutragen. Ab 1977 wurde in Frankreich mit GRAFCET und in Deutschland mit den DIN 19 239 und 40 719 Teil 6 eine Vereinheitlichung der Programmierung von Verknüpfungs- und Ablaufsteuerungen angestrebt. Seit 1983 hat die IEC SC64A-Arbeitsgruppe WG6 verschiedene Versuche zu einer Vereinheitlichung der SPS-Programmierung unternommen, die dann schließlich 1992 in den internationalen Standard IEC 1131 eingeflossen sind.

Dieser Standard fand sofort breite Zustimmung. Die Unzulänglichkeiten, die noch in der ersten Fassung enthalten waren, wurden bei einer Neufassung, die im Jahre 2003 erschien, behoben. Nachdem 1996 eine neue Nummerierung der IEC-Standards vorgenommen wurde, heißt diese Norm heute IEC 61131 oder als Europa- bzw. deutsche Norm DIN EN 61131.

Nach einer bevorstehenden erneuten Überarbeitung ist die 3. Ausgabe der Norm für 2010 vorgesehen.

3.2 Bestandteile der IEC-Norm

Die Norm bezieht sich auf speicherprogrammierbare Steuerungen (SPS) und deren Peripherie einschließlich der Programmier- und Testwerkzeuge und der Mensch-Maschine-Schnittstelle, die zur Automatisierung von Maschinen und Prozessen verwendet werden. Die Steuerungen werden im industriellen Umfeld als offene oder als geschlossene Systeme eingesetzt. Die Funktionalität kann auf einer speziellen Hardware, einem Computer oder einem PC mit einer Ausstattung für das industrielle Umfeld realisiert sein.

Die verschiedenen Aspekte wurden in einzelnen Blättern behandelt. Es folgt ein kurzer Überblick über den Inhalt der verschiedenen Blätter.

Teil 1 : Allgemeine Informationen (General Information), Ausgabe 2004-03

Dieser Teil 1 klärt die Begriffe, die in dieser Norm verwendet werden. Außerdem werden die grundsätzlichen funktionalen Eigenschaften von speicherprogrammierbaren Steuerungen festgelegt. Dazu gehören die Eigenschaften der CPU, des Betriebssystems, des Speichers, der Schnittstelle zu den Sensoren und Aktoren, der Mensch-Maschine-Schnittstelle, der Programmier- und Testwerkzeuge, der Dokumentation, der Spannungsversorgung etc.

Teil 2 : Anforderungen an die Ausrüstung und Tests (Equipment Requirements and Tests), Ausgabe 2007-01

Dieser Teil befasst sich mit verschiedenen Aspekten der *Hardware* und der Überprüfung einer SPS, die in erster Linie den Hersteller betreffen. Dabei werden folgende Aspekte behandelt:

1. Festlegung der durchzuführenden Tests
2. Physikalische Eigenschaften der Signale und deren Übertragung
3. Robustheit gegenüber Umwelteinflüssen
4. Funktionale Eigenschaften der Energieversorgung und von Signalen
5. Festlegung durchzuführender Tests
6. Informationen, die der Hersteller liefern muss
7. Elektromagnetische Verträglichkeit
8. Sicherheitsanforderungen
9. Sicherheitstests

Teil 3 : Programmiersprachen (Programming Languages) Ausgabe 2003-12

In diesem Teil werden die Programmiersprachen vorgestellt. Da sich dieses Buch in den folgenden Kapiteln damit intensiv befasst, ist hier eine nähere Erklärung überflüssig.

Teil 4 : Anwender-Richtlinien (User Guidelines), Ausgabe 1996-04

Mit diesen Richtlinien sollen Nutzer von SPSen mit dem IEC-Standard vertraut gemacht werden. Sie sollen bei der Auswahl und Spezifikation der SPS unterstützt werden. Als Nutzer werden dabei Systemintegratoren und End-Nutzer angesehen.

IEC 61131 verlangt vom Anbieter einer SPS, dass er den Nutzer mit geeigneten Informationen versorgt. Der Nutzer hingegen muss den Lieferanten der SPS über die geforderten Eigenschaften und Spezifikationen informieren, damit er ein für ihn geeignetes System erhält. Diese Richtlinie hat das Ziel, vor allem den Nutzer bei dieser Abstimmung mit dem Lieferanten zu unterstützen.

Eine SPS ist oft ein Teil eines größeren Automatisierungssystems mit vernetzten Komponenten. Bei der Spezifikation der SPS sollte man die Gesamtheit des Automatisierungskonzeptes im Auge behalten. Diese Norm befasst sich allerdings nur mit der SPS. Folgende Aspekte werden in diesem vierten Teil behandelt:

1. *Definitionen* von: Anwendungsprogramm, Automatisierungssystem, SPS
2. *Allgemeine Informationen*: Hardwaremodell einer SPS, Funktion der CPU, Programmiersprachen, Verfügbarkeit und Zuverlässigkeit, Dokumente
3. *Anforderungen und Test* an/von SPS-Komponenten: Definitionen für Tests, funktionale Anforderungen, elektromagnetische Verträglichkeit, Sicherheitsanforderungen, Informationspflicht des Herstellers
4. *Programmiersprachen*: Programmorganisationseinheiten (Programm, Funktionsbaustein, Funktion), Ablaufsteuerung (AS/SFC), Sprachen (Anweisungsliste (AWL/IL) / Strukturierter Text (ST/SCL) / Kontaktplan (KOP/LD) / Funktionsbausteinsprache (FBS/FBD)), Entwicklung von Anwenderprogrammen, Implementation
5. *Kommunikation*: Kommunikationsmodell, Kommunikationsdienste, Anwendungsfunktionen, Kommunikations-Funktionsbausteine
6. *Programmierung von Fuzzy-Logik*: Fuzzy-Logik-Sprache, Fuzzifizierung, Defuzzifizierung, Regelbasis

7. *Allgemeine Installationsregeln*
8. *SPS in Sicherheitsanwendungen*

Im Anhang findet man Checklisten, Planungshinweise und Beispiele für Implementationen.

Teil 5 : Kommunikation (Messaging Service Specification), Ausgabe 2001-11

Hier geht es um Kommunikationsaspekte von speicherprogrammierbaren Steuerungen. Aus Sicht des PC wird spezifiziert, wie eine SPS mit einem PC kommuniziert. Speziell ist hier festgelegt, wie ein PC sich verhält, wenn er anderen Geräten Dienste anbietet bzw. von diesen erwartet.

Teil 6 : nicht belegt (Reserve)

Teil 7 : Fuzzy-Control-Programmierung (Fuzzy Control Programming), Ausgabe 2001-11

In diesem Teil wird beschrieben, wie man die Fuzzy-Logik zur Automatisierung in speicherprogrammierbaren Steuerungen einsetzen kann. Es wird eine spezielle Sprache zur Realisierung von Fuzzy-Systemen vorgeschlagen.

Teil 8 : Richtlinien (Guidelines for the application and implementation of programming languages), Ausgabe 2003-09

Hier geht es um die Programmierung von SPSen unter Verwendung der im Teil 3 vorgestellten Programmiersprachen. Außerdem wird ein Leitfaden zur Implementation dieser Sprachen in SPSen zur Verfügung gestellt.

Dieser Teil richtet sich an Nutzer von SPSen, die diese programmieren, konfigurieren und warten müssen, wobei die SPS ein Teil eines größeren Automatisierungssystems ist. Außerdem richtet er sich an Implementatoren der Programmiersprachen. Das können Software- und Hardwareanbieter von Entwicklungs- und Wartungswerkzeugen oder auch SPS-Anbieter sein.

Im Einzelnen werden hier folgende Themen behandelt:

1. Allgemeiner Überblick über IEC 61131-3
2. Ergänzende Informationen zu den Sprachelementen
3. Implementation der Sprachelemente
4. Anforderungen an Hard- und Software für Entwicklung und Wartung von Programmen

Während die ersten beiden Punkte vor allem dem Anwender nützlich sein sollten, sollten die letzten beiden Punkte vor allem den Implementatoren von Programmiersprachen behilflich sein.

3.3 Die Organisation PLCopen

Bereits 1992 hat sich die hersteller- und produktunabhängige internationale Organisation PLCopen (PLC: Programmable Logic Controller) gegründet. Sie hat es sich zur Aufgabe gemacht, den neuen internationalen Standard der SPS-Programmierung bekannt zu machen und in jeder Hinsicht zu fördern. Mitglieder sind Institute, Hersteller und Anwender von SPSen und Programmierwerkzeugen. Diese verpflichten sich, den IEC 61131-3-Standard zu unterstützen.

PLCopen hat „Technical Committees" (TC) eingerichtet, die sich mit unterschiedlichen Aufgaben wie der Weiterentwicklung des Standards befassen. Daneben wurden „Promotional Committees" (PC) eingerichtet, deren wesentliche Aufgabe es ist, IEC 61131-3 bekannt zu machen.

3.3.1 Technical Committees (TC)

TC1 – **Standards:** Diese Arbeitsgruppe sammelt Vorschläge von ihren Mitgliedern zur Verbesserung und Weiterentwicklung des IEC-Standards. Diese werden zur Grundlage einer gemeinsamen Position, die an die Normungs-Arbeitsgruppe IEC 65B WG7 weitergeleitet wird. Diese Arbeit hat wesentlich zur Überarbeitung der Norm geführt.

TC2 – **Funktionen:** Hier werden gemeinsame Bibliotheken aus Funktionsbausteinen für spezielle Aufgabengebiete definiert. Ein Beispiel ist die inzwischen weithin bekannte Bibliothek für Antriebsregelungen. Durch zahlreiche Anwendungen dieser Bibliothek wurde der Aufbau von Automatisierungssystemen wesentlich erleichtert.

TC3 – **Zertifizierung:** Dieses Komitee hat ein Zertifizierungssystem für Programmiersysteme (PSE: Program Support Environments) definiert, mit dem nachgewiesen werden kann, dass ein Programmiersystem den von PLCopen festgelegten IEC 61131-3-Standard erfüllt. Dabei handelt es sich um eine Untermenge des IEC-Standards, der in Merkmalstabellen (feature tables) festlegt, welche Elemente von dem zu zertifizierenden Programmiersystem zu erfüllen sind. Zusätzlich erweitert PLCopen den IEC-Standard, um so die Wiederverwendung und den Austausch von Funktionsbausteinen zwischen Programmiersystemen zu unterstützen.

Es wurden drei verschiedene Stufen der Zertifizierung eingeführt.

1. Übereinstimmung (Conformity Level, CL)

Nicht alle Programmiersysteme müssen dieselben Datentypen verwenden. Die Hersteller können entscheiden, welche der 26 in der IEC 61131-3 definierten Datentypen (Tabelle 10 und 12) unterstützt werden. Die Datentypen reichen von einfachen booleschen Größen bis hin zu komplexen Datenstrukturen. Nur die Datentypen, die der Hersteller unterstützt, werden in den Test einbezogen. Das bedeutet, dass es zwischen zwei mit CL zertifizierten Programmiersystemen durchaus Unterschiede geben kann!

2. Wiederverwendung (Reusability Level, RL)

Mit Programmiersystemen, die diesen Zertifizierungsgrad erreichen, muss man Funktionen und Funktionsbausteine erstellen können, die mit anderen Programmiersystemen ausgetauscht werden können. Der Austausch erfolgt über eine Textdatei, die das auszutauschende Objekt in strukturiertem Text (ST) beschreibt. Dazu muss ggf. ein Compiler zur Verfügung gestellt werden, mit dem man eine Funktion oder einen Funktionsbaustein von einer IEC-Sprache in den ST und umgekehrt übersetzen kann.

3. Basis (Base Level, BL)

In dieser Basisstufe wurde für jede IEC-Sprache ein Kern definiert, der den Sprachumfang ziemlich einschränkt. Dennoch ist es möglich, auf dieser Basis Anwendungen zu entwickeln. Diese Basisstufe bietet den Herstellern eine Einstiegsstufe, mit der sie sich zur IEC 61131-3 bekennen können.

Für die meisten IEC-Sprachen wurden die Spezifikationen inzwischen abgeschlossen. Die restlichen Festlegungen folgen. Es wurden Testlaboratorien eingerichtet, die nach einer vorgegebenen Testprozedur die Normerfüllung feststellen und die Zertifizierung vornehmen. Eine aktuelle Liste der zertifizierten Produkte kann unter *www.plcopen.org/TC3/certified_products.htm* eingesehen werden. Von den in diesem Buch verwendeten Produkten haben CoDeSys (AWL + ST), STEP 7 (SCL) und STEP 7 (GRAPH) jeweils das Zertifikat „Base Level“ (BL). STEP 7 (SCL) wurde außerdem mit dem „Reusability Level“ (RL) zertifiziert.

TC4 – Kommunikation: Die Beziehung zwischen der Kommunikation (IEC 61131-5) und den Programmiersprachen (IEC 61131-3) wird durch diese Gruppe weiterentwickelt.

TC5 – Sicherheitssoftware: Hier werden Empfehlungen erarbeitet, mit denen der IEC-Standard auch für sicherheitsrelevante Anwendungen eingesetzt werden kann. Dabei werden vor allem die Sicherheitsstandards nach IEC 61508 und 6151 berücksichtigt.

TC6 – XML: Der XML-Standard für den Austausch von Daten soll auch hier eingesetzt werden. Dazu werden entsprechende Dateistrukturen festgelegt, damit ganze Projekte ausgetauscht werden können. Werkzeuge für die Programmentwicklung, die Dokumentation und die Verifikation werden bereitgestellt.

3.3.2 Promotional Committees (PC)

Die Promotional Committees PC1, PC3 und PC4 informieren interessierte Nutzer und Programmierer über Fortschritte der Standardisierung. Das geschieht durch Konferenzen und Seminare, Messeauftritte, die Website *www.plcopen.org*, den Newsletter „PLCopening“ und Veröffentlichungen in Fachzeitschriften.

PC2 – Common Training hat eine gemeinsame Basis für ein Trainingsprogramm definiert. Darin ist eine Zertifizierung von Trainingseinrichtungen enthalten, die den IEC 61131-3-Standard vermitteln.

4 Struktur eines SPS-Projektes

4.1 IEC 61131-3 – Modelle

4.1.1 Softwaremodell

Eine SPS im Sinne der IEC 61131 ist ein leistungsfähiges Automatisierungssystem, das mehrere Prozessoren enthalten kann, auf denen mehrere Programme gleichzeitig unter der Steuerung mehrerer Tasks ablaufen können.

Das Bild 4.1 zeigt beispielhaft eine mögliche Konfiguration einer SPS. Einzelheiten dazu werden im Folgenden erklärt.

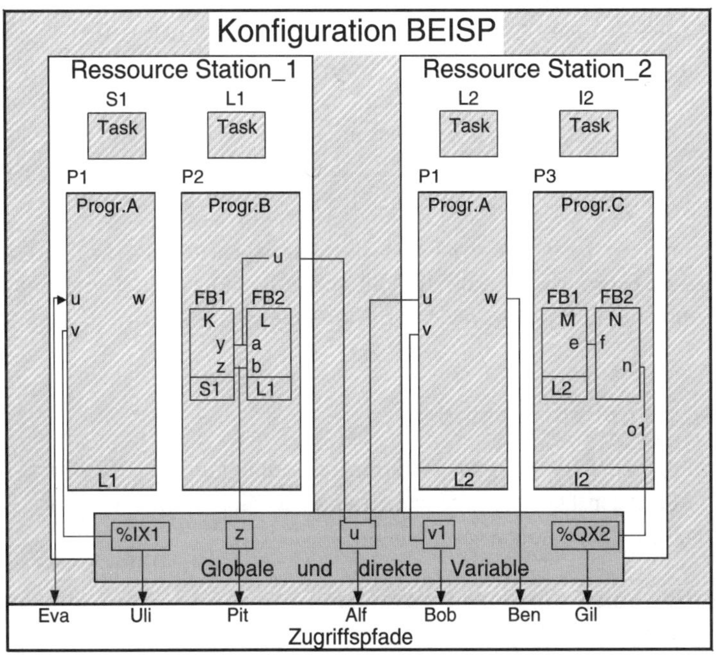

Bild 4.1: Softwaremodell nach IEC

Eine SPS mit mehreren Prozessoren kann z. B. in einem Gehäuse montiert sein. Das Gehäuse enthält dann eine Konfiguration, die mehrere Ressourcen (CPUs) umfassen kann. Auf jeder Ressource (CPU) können mehrere Programme ablaufen. Dazu müssen die Programme mit deren Verbindungen zu den jeweils erforderlichen Daten definiert (instanziert) werden. Hier sind das Programm A als P1 und das Programm B als P2 auf der Ressource Station_1 instanziert worden. Auf der Ressource Station_2 wurden das Programm A als P1 und das Programm C als P3 instanziert.

Zur Steuerung der Ausführung der Programme sind auf den Ressourcen sogenannte Tasks instanziert, die die Ausführung von Programmen oder Funktionsbausteinen zyklisch oder ereignisgesteuert starten. Hier sind S1, L1 und L2 Instanzen von zyklischen Tasks, I2 hingegen ist die Instanz einer ereignisgesteuerten Task. Die Zykluszeiten sind 10 ms für S1, 20 ms für L1 und 50 ms für L2. Auf der Ressource Station_1 wird das Programm A (P1) mit L1 jeweils nach 20 ms gestartet, während das Programm B (P2) nur dann bearbeitet wird, wenn die CPU keine andere Programmorganisationseinheit bearbeiten muss. Auf der Ressource Station_2 wird das Programm A (P1) mit L2 alle 50 ms gestartet, während das Programm C (P3) immer dann gestartet wird, wenn das in der Task I2 festgelegte Ereignis eintritt.

Im Programm B auf der Ressource Station_1 wurden der Funktionsbaustein (FB) K mit FB1 und L mit FB2 instanziert. Die Instanz FB1 wird mit S1 alle 10 ms und FB2 mit L1 alle 20 ms gestartet. Die Bearbeitung dieser FBe erfolgt also unabhängig vom aufrufenden Programm B. Allerdings kann ein Austausch der Parameter immer nur dann erfolgen, wenn das aufrufende Programm bearbeitet wird.

In der Programminstanz P3 auf der Ressource Station_2 wurden die FBe M als FB1 und N als FB2 instanziert. Während FB2 immer dann bearbeitet wird, wenn ein Aufruf vom Programm C vorliegt, wird FB1 alle 50 ms durch die Task L2 gestartet.

4.1.2 Kommunikationsmodell

Die Programme, Funktionen und Funktionsbausteine tauschen nach unterschiedlichen Methoden Daten untereinander aus. Für diesen Datenaustausch ist in IEC 61131-3 ein Kommunikationsmodell angegeben.

Kommunikation innerhalb eines Programms

Innerhalb eines Programms können Funktionen (FC) und Funktionsbausteine (FB) aufgerufen werden. Dazu müssen die FBe instanziert werden. In der gezeigten Konfiguration wurden in der Programminstanz P2 des Programms B der FB K als FB1 und der FB L als FB2 instanziert. Die Ausgänge der Instanz FB1 werden mit FB1.y und FB1.z gekennzeichnet. Die Eingänge der Instanz FB2 sind demnach FB2.a und FB2.b.

Innerhalb von grafischen Programmiersprachen können Daten durch Zeichnen einer Verbindungslinie zwischen den Aus- und Eingängen zugeordnet werden.

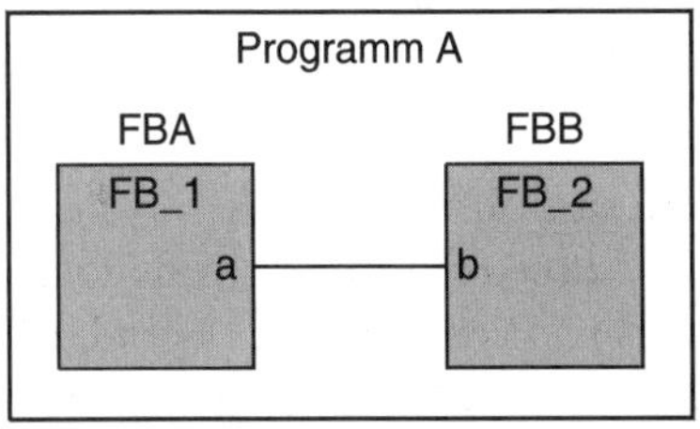

Bild 4.2: Kommunikation innerhalb eines Programms

Bei Textsprachen kann man die Ausgänge einer Instanz anderen Variablen durch eine Zuweisung (:=) übergeben.

Kommunikation über globale Variable

Wenn Daten z. B. zwischen zwei Programmen ausgetauscht werden sollen, muss das über sogenannte globale Variable geschehen.

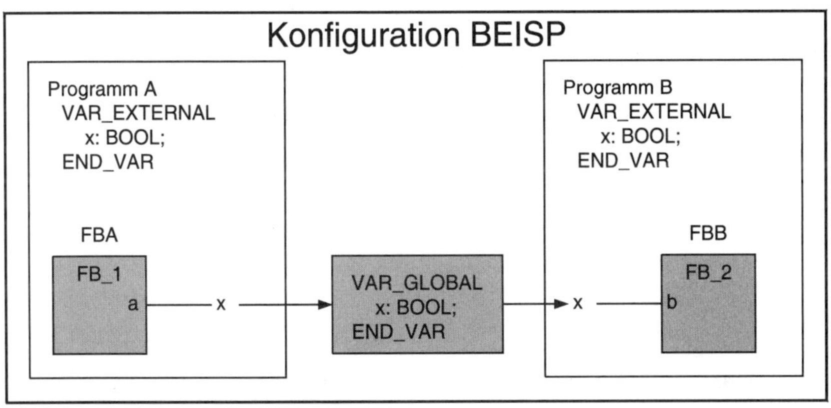

Bild 4.3: Kommunikation über globale Variable

Die globale Variable x muss auf der Ressourcen- oder Konfigurationsebene deklariert werden. Innerhalb der Programme, die auf die globale Variable zugreifen sollen, muss diese mit VAR_EXTERNAL als extern deklariert werden. Auf globale Variable und direkte Variable können alle Programme zugreifen, die in Ressourcen einer Konfiguration instanziert sind.

Kommunikation mit Kommunikationsfunktionsbausteinen

Wenn zwischen Programmen, die auf Ressourcen verschiedener Konfigurationen instanziert sind, Daten ausgetauscht werden sollen, können dazu Kommunikationsbausteine zum Schreiben bzw. zum Lesen verwendet werden.

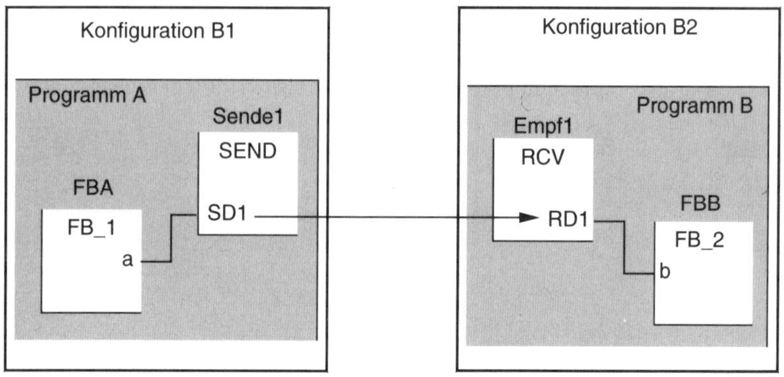

Bild 4.4: Verwendung von Kommunikationsfunktionsbausteinen

Diese Kommunikationsfunktionsbausteine werden im Teil 5 der Norm IEC 61131 behandelt.

Kommunikation über Zugriffspfade

Wenn von außerhalb einer Konfiguration auf Daten zugegriffen werden soll, können diese innerhalb der Konfiguration mit VAR_ACCESS für den Zugriff von außen freigegeben werden.

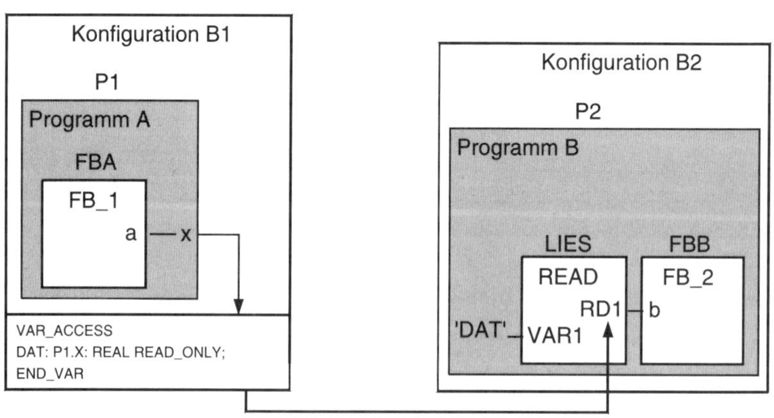

Bild 4.5: Kommunikation über Zugriffspfade

Dazu wird einem symbolischen Namen (DAT) ein Signal der Konfiguration (P1.X) zugewiesen. In diesem Beispiel wurde die Variable zum Lesen freigegeben. Von einer anderen Konfiguration kann man nun z. B. über einen Feldbus mit einem Lesefunktionsbaustein darauf zugreifen, um sie danach z. B. an einen FB weiterzugeben.

4.1.3 Programmiermodell

Die SPS-Programmiersprachen enthalten Elemente, die wie folgt eingeteilt sind:

```
Datentypen
Variable
Programmorganisationseinheiten (POE)
   Funktionen (FC)
   Funktionsbausteine (FB)
   Programme
Ablaufsprache-Elemente (AS)
Konfigurationselemente
   Globale Variable
   Ressourcen
   Zugriffspfade
   Tasks
```

Liste 4.1: Elemente der SPS-Programmiersprachen

Mit den Datentypen wird festgelegt, wie bestimmte Informationen intern in Speicherplätzen und Registern durch Bitmuster dargestellt werden. Jede Variable muss einem Datentyp zugeordnet werden, damit festgelegt ist, wie ein Wert der Variablen durch Bits verschlüsselt bzw. beim Auslesen interpretiert werden muss. Mit dem Datentyp wird außerdem festgelegt, wie viele Bits bzw. Byte ein Datum belegt. Neben den in der Norm festgelegten Standard-Datentypen können auch sogenannte abgeleitete Datentypen deklariert werden.

Funktionen liefern einen Funktionswert, der einem Datentyp zugeordnet werden muss und dessen Wert ausschließlich von den momentan an den Eingängen anliegenden Eingangswerten abhängt. Eine Funktion kann andere Funktionen aufrufen.

Funktionsbausteine können mehr als ein Ausgangssignal berechnen, dessen Werte von den aktuell an den Eingängen anliegenden Eingangswerten und von internen Variablenwerten abhängen. Sie benötigen also zusätzlich zu den Eingangswerten einen Datenbereich mit internen Daten, der dem Funktionsbaustein durch Instanzierung zugewiesen wird. Ein Funktionsbaustein kann andere Funktionsbausteine und Funktionen aufrufen.

Die oberste Ebene bilden die Programme, die auf der Ressource instanziert werden. Sie können Funktionsbausteine und Funktionen aufrufen. Es ist sinnvoll, die direkten Variablen (Prozessanschlüsse) in einem Programm zu erfassen oder auszugeben.

4.1.4 Beispiel für eine Konfiguration

Das Beispiel, das als Softwaremodell gezeigt wurde, soll nun ausführlicher erklärt werden, wobei alle Programmorganisationsheiten (POE) mit deren Schnittstellen, die Ressourcen, die Tasks und die Konfiguration gezeigt werden.

Die Funktionsbausteine K, L, M und N sowie die Programme A, B und C müssen zunächst mit der Beschreibung der externen Schnittstellen und dem Funktionsbaustein- bzw. dem Programmrumpf deklariert werden. Die folgende Liste zeigt für das angegebene Beispiel die Deklarationen (allerdings ohne Rümpfe).

```
FUNCTION_BLOCK K                  FUNCTION_BLOCK L
VAR_OUTPUT y: INT; z: BOOL;       VAR_INPUT a: INT; b: BOOL;
END_VAR                           END_VAR
END_FUNCTION_BLOCK                END_FUNCTION_BLOCK

FUNCTION_BLOCK M                  FUNCTION_BLOCK N
VAR_OUTPUT e: REAL;               VAR_INPUT f: REAL;
END_VAR                           END_VAR
END_FUNCTION_BLOCK                VAR_OUTPUT n: BOOL;
END_VAR
END_FUNCTION_BLOCK
```

Liste 4.2 Deklaration der Funktionsbausteine

Entsprechend müssen die Programme deklariert werden.

```
          PROGRAM A
          VAR_INPUT u: INT; v: BOOL; END_VAR
          VAR_OUTPUT w: REAL; END_VAR
          END_PROGRAM

PROGRAM B                         PROGRAM C
VAR_OUTPUT u: INT;                VAR_OUTPUT o1: BOOL;
END_VAR                           END_VAR
VAR_EXTERNAL z: BOOL;             VAR FB1: M; END_VAR
END_VAR                           VAR FB2: N; END_VAR
VAR FB1: K; FB2: L;               FB1(...);
END_VAR                           FB2(f:=FB1.e); o1:=FB2.n;
```

```
FB1(...); u:=FB1.y; z:=FB1.z;   END_PROGRAM
FB2(a:=FB1.y, b:=FB1.z);
END_PROGRAM
```

Liste 4.3: Deklarationen der Programme

Die Konfiguration BEISP enthält die zwei Ressourcen STATION_1 und STATION_2 und die globale Integervariable u. In der Ressource STATION_1, die auf der CPU1 läuft, befinden sich die globale boolesche Variable z, die Tasks S1 und L1 sowie die Programme P1 (A) und P2 (B). Die Task S1 läuft zyklisch mit einem Intervall von 10 ms und der Priorität 1. Die Task L1 läuft ebenfalls zyklisch mit dem Intervall von 20 ms und der Priorität 2. Das Programm P1 läuft unter der Kontrolle von Task L1 und greift auf die direkte Adresse des binären Eingangs %IX1 zurück. Das Programm P2 liefert einen Wert u für die globale Variable u und enthält die Funktionsbausteine FB1 unter der Kontrolle von Task S1 und FB2 unter Kontrolle von Task L1.

```
CONFIGURATION BEISP
  VAR_GLOBAL u: INT; END_VAR
  RESOURCE STATION_1 ON CPU1
    VAR_GLOBAL z: BOOL; END_VAR
    TASK S1(INTERVAL:=T#10ms, PRIORITY:=1);
    TASK L1(INTERVAL:=T#20ms, PRIORITY:=2);
    PROGRAM P1 WITH L1: A(v:=%IX1);
    PROGRAM P2: B(u=>u, FB1 WITH S1, FB2 WITH L1);
  END_RESOURCE
  RESOURCE STATION_2 ON CPU2
    VAR_GLOBAL v1: BOOL; AT %QX2: BOOL; END_VAR
    TASK L2(INTERVAL:=T#50ms, PRIORITY:=3);
    TASK I2(SINGLE:=v1, PRIORITY:=1);
    PROGRAM P1 WITH L2: A(u:=u, v:=v1);
    PROGRAM P3 WITH I2: C(o1=>%QX2, FB1 WITH L2);
  END_RESOURCE
  VAR_ACCESS
    Eva: STATION_1.P1.u:       INT  READ_WRITE;
    Uli: STATION_1.%IX1:       BOOL READ_ONLY;
    Pit:    STATION_1.z:       BOOL;
    Alf:              u:       INT  READ_ONLY;
    Bob:   STATION_2.v1:       BOOL READ_ONLY;
    Ben:   STATION_2.P1.w:     REAL READ_ONLY;
    Gil: STATION_2.%QX2:       BOOL READ_ONLY;
  END_VAR
END_CONFIGURATION
```

Liste 4.4: Deklaration der Konfiguration BEISP

In der Ressource STATION_2, die auf der CPU2 läuft, befinden sich die globale boolesche Variable v1, die Tasks L2 und I2 sowie die Programme P1 (A) und P3 (C). Die Task L2 läuft zyklisch mit einem Intervall von 50 ms und der Priorität 3. Die Task I2 läuft ereignisgesteuert mit der positiven Flanke (Signalwechsel von 0 nach 1) von v1 und der Priorität 1. Das Programm P1 läuft unter der Kontrolle von Task L2 und greift auf die globalen Variablen u und v1 zurück. Das Programm P3 liefert einen Wert o1 an die direkte Adresse %QX2 und enthält die Funktionsbausteine FB1 unter der Kontrolle von Task L2 und FB2 ohne Taskkontrolle.

Als Zugriffspfade wurden die Variablen „Eva" bis „Gil" deklariert, die den Variablen in den Ressourcen und den Programmen zugeordnet sind. So wurde mit „Alf: u" eine globale Variable der Konfiguration und mit „Pit: STATION_1.z" die globale Variable der Ressource zugeordnet.

Die Deklaration der Konfiguration BEISP ist in der obigen Liste angegeben.

4.1.5 Ausführung der Beispielkonfiguration

Tasks dienen der Steuerung der Ausführung von Programmorganisationseinheiten wie Programmen und Funktionsbausteinen. Die Tasks, unter deren Steuerung ein Programm oder ein Funktionsbaustein läuft, werden in der Deklaration der Konfiguration instanziert.

Ein Task-Baustein hat den booleschen Eingang SINGLE, den Eingang INTERVAL als Datentyp TIME und den UINT-Eingang PRIORITY.

Die Priorität wird als positive ganze Zahl als Parameter PRIORITY übergeben, wobei mit 0 die höchste Priorität angegeben wird. Je größer die ganze positive Zahl ist, umso geringer ist die Priorität.

Falls dem Parameter SINGLE eine boolesche Variable zugewiesen wird, wird die Ausführung mit jeder positiven Flanke der booleschen Größe gestartet. Falls diesem Eingang eine 0 zugewiesen wurde, startet die Task die Ausführung periodisch mit der Zeit, die als Parameter INTERVAL übergegeben wird, wenn die angegebene Zeit größer als 0 ist.

Programme, die von keiner Task gesteuert werden, starten immer dann mit der Ausführung, wenn die zugehörige Ressource oder Konfiguration gestartet wird. Nach der Beendigung des Programms wird die Ausführung sofort erneut gestartet. Diese Programme haben immer die niedrigste Priorität.

Wenn mehrere Programme und/oder Funktionsbausteine unter der Steuerung von einer oder mehreren Tasks auf einer Ressource oder in einer Konfiguration (mit einer Ressource) ausgeführt werden, kann das zu Kollisionen führen, weil unter Umständen mehrere Programme zur selben Zeit laufen müssten. Bei der Feststellung, welches Programm oder welcher Funktionsbaustein zu welcher Zeit läuft, muss man wissen, wann die Anforderung zur Ausführung kommt, welche Priorität der Aufruf hat und wie lange die Bearbeitung dauert. Das soll mit einem Beispiel erläutert werden.

In der Ressource STATION_1 läuft die Task S1 mit einem Intervall von 10 ms und der Priorität 1. Die Ausführung des Funktionsbausteins FB1 dauert 2 ms. Die Task L1 läuft mit einem Intervall von 20 ms und der Priorität 2. Der Funktionsbaustein FB2 benötigt für die Ausführung 4 ms und die Programme P1 und P2 benötigen je 8 ms. Da P2 von keiner Task gesteuert wird, erhält sie die geringste Priorität und kommt damit nur zur Ausführung, wenn kein anderes Programm oder kein Funktionsbaustein ausgeführt wird.

Im Bild 4.6 wird gezeigt, wie sich die Programme die Zeitabschnitte aufteilen. Dabei ist sowohl die Aufteilung für einen „nicht-bevorrechtigten" Zeitplan als auch für einen „vorberechtigten" *Zeitplan* gezeigt. Bei einem „vorberechtigten" Zeitplan unterbricht ein Programm mit der höheren Priorität die Ausführung eines Programms mit niedrigerer Priorität. Das unterbrochene Programm nimmt die Ausführung erst dann wieder auf, wenn es auf Grund der Priorität und der anderen Anforderungen wieder zum Zuge kommen kann.

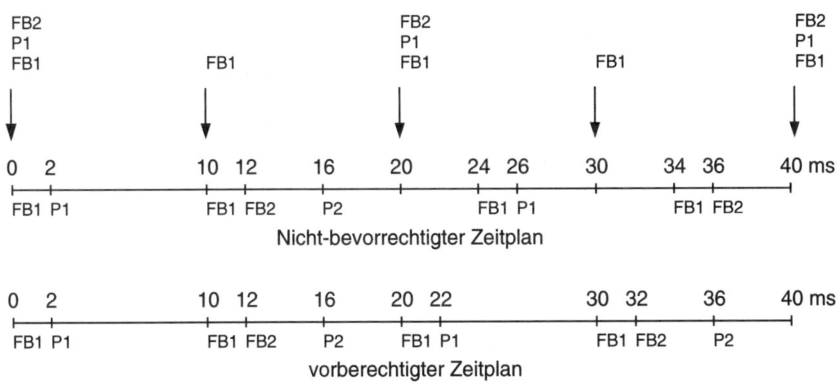

Bild 4.6: Zeitpläne der Ressource STATION_1

Man erkennt, dass bei dem „nicht-bevorrechtigten" Zeitplan der Zeitplan alle 40 ms wiederholt wird, während er beim „vorberechtigten" Zeitplan wegen des Unterbrechens des Programms P2 alle 20 ms wiederholt wird. Durch die Bevorzugung des FB1 wird dieser genau alle 10 ms gestartet.

In der Ressource STATION_2 läuft die Task L2 mit einem Intervall von 50 ms und der Priorität 3. Das Programm P1 benötigt zur Abarbeitung 20 ms und der FB1 benötigt 2 ms. Die Task I2 ist ereignisgesteuert und wird bei t = 10, 25 und 70 ms ausgelöst. Der Funktionsbaustein FB1 benötigt 5 ms und das Programm P3 inklusive des Funktionsbausteins FB2 erfordert 10 ms.

Das Bild 4.7 zeigt den „nicht-bevorrechtigten“ und den „vorberechtigten“ Zeitplan.

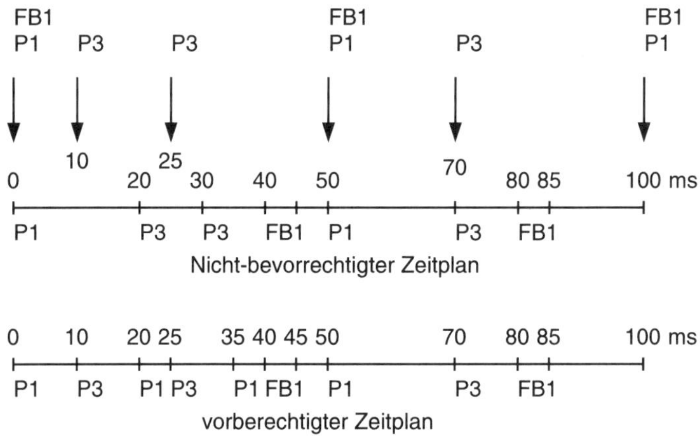

Bild 4.7: Zeitpläne der Ressource STATION_2

Bei diesen Zeitplänen sieht man, dass die CPU nicht ausgelastet wird. Es kann durchaus der Fall eintreten, dass die Bearbeitung der Programme und Funktionsbausteine so viel Zeit in Anspruch nimmt, dass die Programme nicht in das Zeitraster passen. Daher sollte der Hersteller eines SPS-Systems Informationen über die Auslastung einer CPU liefern, damit der Anwender nicht durch zu geringe Zykluszeiten (Intervalle) zu wenig Zeit für die Bearbeitung der Programme einräumt.

Wenn ein Funktionsbaustein Daten von einem anderen Funktionsbaustein übernimmt, der mit einer anderen Zykluszeit arbeitet, muss darauf geachtet werden, dass alle Daten, die auf den Eingang eines Funktionsbausteins gehen, vom selben Zeitpunkt stammen.

4.2 CoDeSys – Projekte

Hier wird die Struktur eines CoDeSys-Projektes mit der Struktur einer IEC-SPS-Konfugration verglichen.

CoDeSys V3.2 ermöglicht Konfigurationen, die mehrere Ressourcen enthalten können, auf denen wiederum mehrere Programme laufen können. Das folgende Bild zeigt die Struktur des Beispiels „Dosierung_CFC".

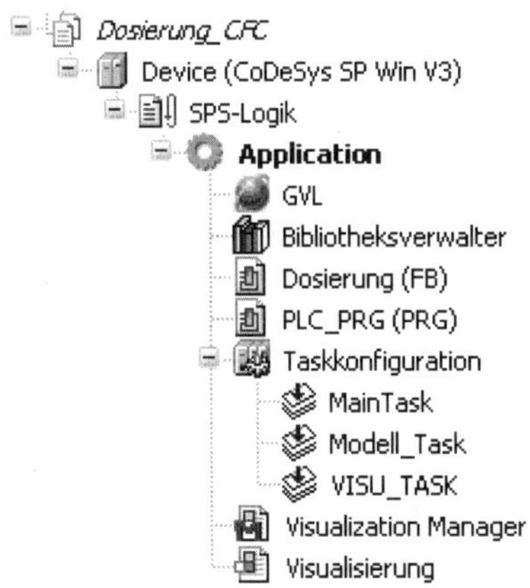

Bild 4.8: Struktur eines CoDeSys-Projektes

Ein Projekt kann neben dem hier eingesetzten Gerät „CoDeSys SP Win V3" weitere Geräte enthalten. Auf der Web-Site: *http://www.3s-software.com/index.shtml?de_SP_CPUs_ d & sitesearchmatch=Prozessor# sitesearchmatch* gibt der Hersteller zurzeit folgende Zielprozessoren an:

- 8051 und Derivate
- Renesas (früher Hitachi) H8-Familie
- Infineon SAB80C16x und Derivate
- Motorola MC68000-Familie (bis MC86060)
- Motorola MC683xx-Familie und Derivate
- Motorola ColdFire-Familie
- Motorola PowerPC und Derivate
- ARM-basierte Prozessoren (z. B. StrongARM, XScale, NET+ARM etc.)
- 80386, 80486, Pentium X und Derivate
- Renesas (früher Hitachi) SH 2 / 3 / 4-Familie
- MIPS
- Infineon TriCore

- Blackfin-Prozessoren (DSP von Analog Devices)
- NIOS II-Core für Altera FPGAs

Das Projekt „Dosierung_CFC" enthält ein Gerät (Device), das einer IEC-Konfiguration entspricht. Auf diesem Gerät können mehrere Applikationen (Ressourcen) eingefügt werden.

Eine Applikation enthält alle Programmorganisationseinheiten (POE/POU) wie Programme, Funktionsbausteine und Funktionen, Tasks und die globalen Variablen (GVL: Globale Variablen-Liste).

Mit dem Bibliotheksverwalter können in jede Applikation Bibliotheken eingebunden werden.

Zur Ausführung von Programmen kann man unterschiedliche Tasks definieren. Funktionsbausteine können im Gegensatz zur IEC-Norm nicht taskgesteuert werden. Hier wurden Tasks definiert, mit denen neben dem Steuerungsprogramm (Main Task) auch ein Modell des zu automatisierenden Prozesses (Modell_Task) und die Visualisierung (VISU_TASK) gestartet werden.

Für jede Applikation kann in CoDeSys eine Visualisierung erstellt werden. Dazu werden unter dem Visualisierungs-Manager ein oder mehrere Visualisierungsfenster definiert.

4.3 STEP 7 – Projekte

Ein Projekt für eine S7-Steuerung ist analog zu einem IEC-Projekt organisiert. Als Konfiguration wird die Station wie z. B. SIMATIC 300 oder SIMATIC 400 angegeben, die mit dem Hardware-Konfigurator konfiguriert wird. Dabei wird für die Ressource die verwendete CPU festgelegt. Hier werden auch die Baugruppen angegeben, die an die CPU angeschlossen werden.

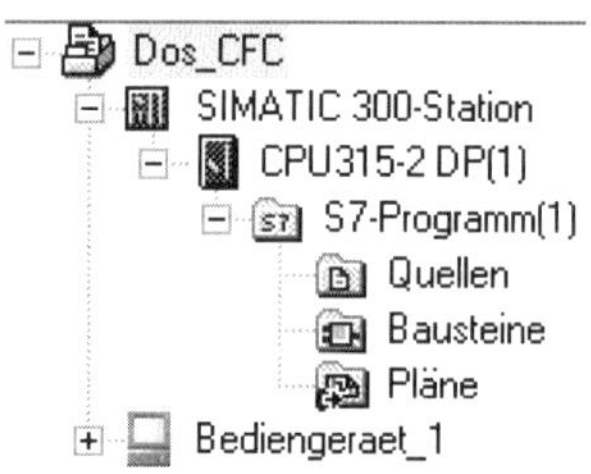

Bild 4.9: Struktur eines STEP 7-Projektes

Das Projekt „Dos_CFC" enthält hier eine Konfiguration(SIMATIC 300-Station), in die eine CPU (Ressource) geladen wurde. Darauf ist ein Programm (S7-Programm(1)) instanziert. Der Ordner „S7-Programm(1)" enthält die Unterordner „Quellen", „Bausteine" und „Pläne". Im Ordner „Quellen" werden die Quelldateien der Funktionen, Funktionsbausteine und Organisationsbausteine (Programme) abgelegt, die in strukturiertem Text (SCL) oder Ablaufsprache (GRAPH) formuliert sind. Im Ordner „Pläne" werden die Funktionspläne verwaltet, die in Funktionsbausteinsprache mit CFC erstellt wurden. Im Ordner „Bausteine" werden alle Funktionen, Funktionsbausteine mit den Datenbausteinen und die Organisationsbausteine abgelegt, die in Anweisungsliste (AWL), Kontaktplan (KOP) oder Funktionsplan (FUP) programmiert wurden oder die bei Übersetzungen von Quellen oder Plänen entstehen.

In jedem Projekt muss mindestens ein Organisationsbaustein (OB) enthalten sein, der als Programm durch eine festgelegte Task die Funktionen und Funktionsbausteine aufruft. Standardmäßig wird hierfür der OB1 verwendet. Die Zykluszeit richtet sich nach der Auslastung der CPU und ist damit nicht konstant. Es ist möglich, eine Zyklusüberwachungszeit festzulegen, die für einen Zyklus maximal zur Verfügung steht. Nach Ablauf dieser Zeit geht entweder die CPU in STOP oder es folgt eine im OB80 festgelegte Fehlerbehandlung. Durch Festlegung einer Mindestzykluszeit kann man erreichen, dass die Zykluszeit konstant wird, wenn sie größer als die von der CPU maximal benötigte Bearbeitungszeit für einen Zyklus ist. Dem OB1 ist als Vorgabewert die Priorität 1 zugeteilt.

Für Programme, die mit einer festen Zykluszeit bearbeitet werden müssen, können die OB30 bis OB38 verwendet werden. Die Standardzykluszeiten sind dafür 5000 ms für OB30, 2000 ms für OB31, 1000 ms für OB32, 500 ms für OB33, 200 ms für OB34, 100 ms für OB35, 50 ms für OB36, 20 ms für OB37 und 10 ms für OB38. Diese Zeiten können verändert werden. Diesen OBs sind Prioritäten von 7 (OB30) bis 15 (OB38) als Voreinstellung zugewiesen.

Neben diesen Organisationsbausteinen sind für die unterschiedlichsten Ereignisse wie z. B. Prozessalarme, Weckalarme, asynchrone Fehler, Redundanzfehler etc. spezielle ereignisgesteuerte OBs definiert.

5 Datentypen und Variablen

In diesem Kapitel wird erklärt, welche Zeichen in den Programmiersprachen verwendet werden dürfen, wie man Namen für die unterschiedlichen Elemente definiert und welche Inhalte sich in den verschiedenen Speicherplätzen befinden können.

5.1 Darstellung von Daten

5.1.1 Zeichensatz

In allen Programmiersprachen können die folgenden Zeichen verwendet werden:

Buchstaben, #, $, I

Zwischen großen und kleinen Buchstaben (ohne Umlaute) wird nicht unterschieden außer in Kommentaren, in Zeichenfolgen (Texten) und Variablen, die Zeichenfolgen enthalten.

5.1.2 Bezeichner

Als Bezeichner werden Variable, Funktionen, Funktionsbausteine etc. benannt. Für deren Namen (Bezeichner) können alle Buchstaben (ohne Umlaute) und Ziffern sowie der Unterstrich „_" verwendet werden. Ein Bezeichner beginnt mit einem Buchstaben oder einem Unterstrich.

Unterstriche können auch zwischen Buchstaben und Ziffern stehen. Es darf aber kein Unterstrich einem Unterstrich folgen und er darf nicht am Ende des Bezeichners stehen.

Die ersten 6 Zeichen müssen signifikant sein. Das bedeutet, dass es möglich ist, dass ein System zwei Bezeichner, die sich erst ab dem 7. Zeichen unterscheiden, als den selben Bezeichner auffasst.

Beispiele für gültige Bezeichner:

AbcdEF   BD_HJ_jk23   _12_34 A_nmjKL

Beispiele für ungültige Bezeichner:

12_BDG	Das erste Zeichen ist kein Buchstabe oder Unterstrich
AB__CV	Zwei Unterstriche folgen unmittelbar hintereinander
FGHcv_	Unterstrich ist als letztes Zeichen nicht erlaubt
ADÄvbc	Der Umlaut „Ä" ist nicht zulässig
HG56+9	Das Sonderzeichen „+" ist nicht erlaubt.

Aufgabe 5.1

Welche der folgenden Bezeichner sind ungültig? Geben Sie jeweils an, warum diese ungültig sind. Die Lösungen der Aufgaben finden Sie im Kapitel 13.

1aC, _jhl, T#aa, Käfer, an-be, a1, BV__12, hig, $auf, asd_jh, as_, a_1

5.1.3 Schlüsselwörter

Schlüsselwörter sind Bezeichner mit ganz speziellen Bedeutungen. Damit werden Befehle, Standard-Funktionen etc. gekennzeichnet. Die darin verwendeten Buchstaben können groß oder klein geschrieben werden. Wegen der besseren Lesbarkeit wird hier die Großschreibweise bevorzugt.

Die folgende Tabelle zeigt einige wichtige Schlüsselwörter als Auszug aus dem Anhang C der Norm:

Schlüsselwort		*Schlüsselwort*
TRUE		IF .. THEN .. ELSEIF .. ELSE .. END_IF
FALSE		FOR .. TO .. BY .. DO .. END_FOR
RETURN		VAR_INPUT .. END_VAR
EXIT		VAR_OUTPUT .. END_VAR
TASK		VAR .. GLOBAL .. END_VAR

Tabelle 5.1: Beispiele für Schlüsselwörter

Wenn man also eigene Namen vergibt, darf man die Schlüsselwörter nicht verwenden, weil diese für bestimmte Definitionen reserviert sind.

5.1.4 Kommentare

Mit Kommentaren werden Programme leichter lesbar und verständlich. Kommentartexte müssen in die Zeichen „(*" und „*)" eingebettet werden. Diese

Kommentare werden von dem Compiler, der das Quellprogramm in das Objektprogramm zum Ablauf in der SPS umwandelt, ignoriert.

Ein Kommentar kann wie folgt aussehen.

```
(*************************)
(* Das ist ein Kommentar *)
(*************************)
```

Innerhalb des Kommentars können beliebige Zeichen stehen, da der Compiler diese ignoriert.

5.1.5 Numerische Literale

Zahlenwerte werden in Programmen mit numerischen Literalen angegeben. Dabei handelt es sich um ganze (integer) und reelle (real) Zahlen. Zur besseren Lesbarkeit können zwischen Gruppen von Ziffern Unterstriche „_" eingefügt werden, die vom Compiler ignoriert werden.

Beschreibung	*Beispiele*
Ganzzahlige Literale	12, 2_345, -32, +1_234_567
Reelle Literale mit Dezimalpunkt	1.0, -34.65, 0.345_567
Reelle Literale mit Exponent	-0.314E+2, 34.6E7, 1_456.2E-3
Binäre Literale	2#1101_1110
Oktale Literale	8#157
Hexadezimale Literale	16#4Ac
Boolesche Literale	TRUE, FALSE, 1, 0
Literale mit Typangabe	DINT#4, SINT#7, BOOL#1

Tabelle 5.2: Beispiele numerischer Literale

Dezimalzahlen verwenden die zehn Ziffern 0 bis 9, Binärzahlen die zwei Ziffern 0 und 1, Oktalzahlen die acht Ziffern 0 bis 7 und Hexadezimalzahlen die Ziffern 0 bis 9 und die Buchstaben A bis F (groß oder klein geschrieben) als zusätzliche Ziffern.

Aufgabe 5.2

1. Wandeln Sie das binäre Literal 2#0011_0110 in ein oktales und in ein hexadezimales Literal um.
2. Wie viele Byte benötigt man zur Darstellung der folgenden Literale: 8#26548, 16#2356a3F ?

5.1.6 Zeichenfolge Literale

Zeichenfolge-Literale belegen entweder ein oder zwei Byte. Damit können zwei oder vier hexadezimale Werte aufgenommen werden.

Ein Einzel-Byte-Zeichen kann ein Zeichen aufnehmen. Darin können 0 bis 2 Hexadezimalziffern enthalten sein, da 1 Byte (8 Bits) zwei Tetraden (4 Bits) beinhaltet, in denen jeweils eine Hexadezimalziffer dargestellt werden kann. Eine Zeichenkette aus Einzel-Byte-Zeichen wird durch je ein einfaches Anführungszeichen (') begrenzt.

Beispiele für *Einzel-Byte-Zeichen* zeigt folgende Tabelle.

Beispiel	*Erklärung*
’’	Leere Zeichenfolge (NULL)
’A’	Ein Zeichen: A
’ ’	Ein Zeichen: „Leerzeichen / Space“
’$’’	Ein Zeichen: ’ (einfaches Anführungszeichen)
’“’	Ein Zeichen: “ (doppeltes Anführungszeichen)
’RL’	Zwei Zeichen : CR (Carriage Return) und LF (Line Feed)
’$0A’	3-Zeichen-Kombination für LF (Line Feed)
’ÖÄ’	Zwei Zeichen: Ö und Ä
’$D6$C4’	Zwei Zeichen: Ö und Ä (mit Hexadezimalziffern nach dem ISO/IEC 10646-1 Zeichensatz / 3-Zeichen-Kombinationen)

Tabelle 5.3: Beispiele für Einzel-Byte-Zeichenfolgen

Doppel-Byte-Zeichen können je Doppelbyte bis zu zwei Zeichen aufnehmen. Solche Zeichenfolgen werden mit dem Doppelanführungszeichen (“) eingeleitet und abgeschlossen. Darin können 5-Zeichen-Kombinationen vorkommen, die den Inhalt der beiden Byte mit 4 Hexadezimalziffern angeben. Die obigen Beispiele werden nun als Doppel-Byte-Zeichen formuliert.

Beispiel	*Erklärung*
““	Leere Zeichenfolge (NULL)
“A“	Ein Zeichen: A
“ “	Ein Zeichen: „Leerzeichen / Space“
“’“	Ein Zeichen: ’ (einfaches Anführungszeichen)
“S““	Ein Zeichen: “ (doppeltes Anführungszeichen)

Beispiel	*Erklärung*
"RL"	Zwei Zeichen : CR (Carriage Return) und LF (Line Feed)
"$000A"	3-Zeichen-Kombination für LF (Line Feed)
"ÖÄ"	Zwei Zeichen: Ö und Ä
"$00D6$00C4"	Zwei Zeichen: Ö und Ä (mit Hexadezimalziffern nach dem ISO/IEC 10646-1 Zeichensatz / 3-Zeichen-Kombinationen)

Tabelle 5.4: Beispiele für Doppel-Byte-Zeichenfolgen

Spezielle Zeichen können durch das vorangestellte Dollarzeichen ($) als eine Zwei-Zeichen-Kombination angegeben werden. Diese Zwei-Zeichen-Kombinationen sind hier aufgelistet.

Kombination	*Bedeutung*
$$	Dollar-Zeichen
$'	Einfaches Anführungszeichen in einem Einzel-Byte-Zeichen
$"	Doppeltes Anführungszeichen in einem Doppel-Byte-Zeichen
$L	Zeilenvorschub (Line Feed)
$N	Neue Zeile (New Line)
$P	Neue Seite (New Page)
$R	Wagenrücklauf (Carriage Return)
$T	Tabulator (Tab)

Tabelle 5.5: Zwei-Zeichen-Kombinationen

Das Dollar-Zeichen leitet außerdem eine sogenannte 3-Zeichen-Kombination ein, die nach dem $-Zeichen zwei Hexadezimalziffern enthält.

Aufgabe 5.3

Wieviele Byte benötigt man zur Darstellung der folgenden Zeichenfolgen

'ADC', "nMa", "$""", '$P', "$P" ?

5.1.7 Zeitliterale

Mit einem Zeitliteral wird einerseits eine Zeitdauer und andererseits ein Zeitpunkt (Tageszeit ggf. mit Datum) angegeben. Die Zeitangaben werden durch Schlüsselwörter spezifiziert.

Zeitdauer

Den Daten für die Zeitdauer muss ein Schlüsselwort, „TIME#“ oder „T#“, vorangestellt werden (Präfix). Die Zeitdauer selbst wird in Tagen (d), Stunden (h), Minuten (m), Sekunden (s) und/oder Millisekunden (ms) angegeben. Auch hier können nach Belieben Groß- und Kleinbuchstaben und Unterstriche zur Auflockerung der Zeichenfolge verwendet werden. Die Zeitdauer mit der höchsten Wertigkeit darf überlaufen.

T#32ms, T#2h5m23s, T#25h45.3s, T#70s23ms
T#32ms, T#2h_5m_23s, T#25h_45.3s, T#70s_23ms
time#32ms, t#2h_5m_23s, TIME#25h_45.3s

Tabelle 5.6: Beispiele für Zeitdauer-Literale

Zeitpunkt

Den Daten für einen Zeitpunkt muss ein Schlüsselwort wie „DATE#“ oder „D#“, „TIME_OF_DAY#“ oder „TOD#“ bzw. „DATE_AND_TIME#“ oder „DT#“ vorangestellt werden (Präfix). Die Angabe des Datums und der Uhrzeit erfolgt in der Weise, wie es in der folgenden Tabelle gezeigt ist. Eine Strukturierung mit Unterstrichen erübrigt sich wegen der bereits enthaltenen Trennzeichen „-“ und „:“.

D#2008-07-23, date#2008-02-05
TIME_OF_DAY#12:40:45.34, tod#07:10:21
date_and_time#2008-07-23-12:40:12, DT#2008-02-05-07:10:21

Tabelle 5.7: Beispiele für Zeitpunkt-Literale

Aufgabe 5.4

Geben Sie das Zeitliteral für eine Zeitdauer von 11 Minuten und 23,5 Sekunden und das momentane Datum mit der Uhrzeit an.

5.2 Datentypen

Mit den Datentypen wird festgelegt, wie groß ein Speicher für ein Datum ist und wie das enthaltene Bitmuster interpretiert werden muss. In der Norm sind elementare Datentypen festgelegt, auf deren Grundlage weitere Datentypen definiert werden können. So können Gruppen von elementaren Datentypen zu allgemeinen Datentypen zusammengefasst werden. Für spezielle Anwendungen kann ein Anwender oder ein Hersteller von Anwendersoftware abgeleitete Datentypen deklarieren. Dazu sind entsprechende Verfahren angegeben.

5.2.1 Elementare Datentypen

In der folgenden Tabelle sind die elementaren Datentypen aufgelistet. Es ist jeweils angegeben, wie viele Bits ein entsprechendes Datum enthält und welcher Inhalt im Datum stehen könnte.

Schlüsselw.	*Datentyp*	*Bits*	*Beispiel*
BOOL	boolesch	1	0, 1
SINT	short integer	8	12, 3
INT	integer	16	12, 3
DINT	double integer	32	12, 3
LINT	long integer	64	12, 3
USINT	unsigned short integer	8	12, 3
UINT	unsigned integer	16	12, 3
UDINT	unsigned double integer	32	12, 3
ULINT	unsigned long integer	64	12, 3
REAL	reelle Zahl	32	12.3, -3.1e+2
LREAL	lange reelle Zahl	64	12.3, -3.1e+2
TIME	Zeitdauer	Impl.	T#2.1s
DATE	Datum	Impl.	D#2008-07-23
TOD	Uhrzeit	Impl.	TOD#15:23:12
DT	Datum und Uhrzeit	Impl.	DT#2008-07-23-14:23:45
STRING	Byte-Folge variabler Länge	8	'abc'
BYTE	Bit-Folge 8	8	2#1101_0011
WORD	Bit-Folge 16	16	8#32456
DWORD	Bit-Folge 32	32	16#D32f36A7
LWORD	Bit-Folge 64	64	16#3Da543FE_236DA21e
WSTRING	Doppel-Byte-Folge variabler Länge	16	"abc"

Tabelle 5.8: Elementare Datentypen

Bei den ganzen Zahlen können Zahlenwerte zwischen $-(2^{N-1})$ und $(2^{N-1})-1$ dargestellt werden. Wenn nur positive Werte dargestellt werden müssen, kann man das Vorzeichenbit ebenfalls zur Wertangabe nutzen. Dadurch verschiebt sich der Zahlenbereich zu Werten zwischen 0 und $(2^{N})-1$. N ist dabei jeweils die Anzahl der verwendeten Bits entsprechend der obigen Tabelle.

Bei allen Zeit- und Datumsangaben ist die Länge des Speicherplatzes nicht festgelegt, so dass der Hersteller der SPS selbst die Länge nach eigenen Vorstellungen bestimmen kann (implementationsabhängig / impl.). In Zeichenketten (Byte-Folgen) und Bitmustern (Bit-Folgen) können keine numerischen Werte abgelegt werden.

Aufgabe 5.5

Ermitteln Sie den unteren und den oberen Grenzwert des Wertebereiches, der mit einem Datum vom Typ INT und vom Typ UDINT dargestellt werden kann.

5.2.2 Allgemeine Datentypen

Die elementaren Datentypen können in Gruppen zu allgemeinen Datentypen zusammengefasst werden, die durch ein vorgesetztes „ANY_" gekennzeichnet sind. Diese Gruppen sind hierarchisch wie folgt geordnet.

ANY
ANY_DERIVED
ANY_ELEMENTARY
ANY_MAGNITUDE ANY_NUM ANY_REAL LREAL, REAL ANY_INT SINT, INT, DINT, LINT, USINT, UINT, UDINT, ULINT TIME
ANY_BIT LWORD, DWORD, WORD, BYTE, BOOL
ANY_STRING STRING, WSTRING
ANY_DATE DATE_AND_TIME, DATE, TIME_OF_DAY

Tabelle 5.9: Hierarchie der allgemeinen Datentypen

Die allgemeinen Datentypen dürfen in Programmorganisationseinheiten, die der Anwender deklariert, nicht verwendet werden. Sie können nur für die Festlegung von Ein- und Ausgängen von Standard-Funktionen und Standard-Funktionsbausteinen angewendet werden. Das wird später im Zusammenhang mit den überladenen Funktionen gezeigt.

5.2.3 Abgeleitete Datentypen

Anwender und Hersteller können auf der Grundlage der elementaren Datentypen weitere, sogenannte abgeleitete Datentypen definieren. Dafür stehen das Konstrukt „TYPE ... END_TYPE und weitere Datentypen wie *direkt abgeleitet*, *Aufzählung*, *Unterbereich*, *Feld* und *Struktur* zur Verfügung. Die gezeigten Beispiele lehnen sich an die Beispiele aus der Norm an. Den Hintergrund dieser Beispiele bildet ein Mehrkanal-Messplatz.

Bei einer *direkten Ableitung* muss der neue Datentyp vom selben Typ sein wie der elementare Datentyp.

```
TYPE <neuer Datentyp> : bekannter Datentyp ; END_TYPE
```

Beispiel:

```
TYPE REAL_1 : REAL := 1.0 ; END_TYPE
```

Liste 5.1: Deklaration für den Datentyp „direkte Ableitung“

Hier wird ein neuer Datentyp REAL_1 definiert, der vom Typ REAL ist, aber einen Anfangswert von 1.0 hat.

Bei dem Datentyp *Aufzählung* kann jedes Datenelement (Variable) dieses Typs nur einen der in runden Klammern angegeben Bezeichner enthalten.

```
TYPE
   <neuer Datentyp> : (Bezeichner_1, Bezeichner_2,...,Bezeichner_n);
END_TYPE
```

Beispiel:

```
TYPE
  ANALOG_SIGNAL_TYPE :      (SINGLE_ENDED, DIFFERENTIAL) ;
  ANALOG_SIGNAL_RANGE :     (BIPOLAR_10V, UNIPOLAR_4_20MA)
                                           := UNIPOLAR_4_20MA ;
END_TYPE
```

Liste 5.2: Deklaration für den Datentyp „Aufzählung“

Ein Datenelement des Typs ANALOG_SIGNAL_TYPE kann also nur den Bezeichner SINGLE_ENDED oder DIFFERENTIAL enthalten. Dieses Datenelement enthält die Information, ob das gemessene Signal mit einer Klemme (gegen Masse) gemessen oder ob es an zwei Klemmen angeschlossen wurde. Bei der Initialisierung enthält das Datenelement den 1. Bezeichner: also SINGLE_ENDED.

Ein Datenelement des Typs ANALOG_SIGNAL_RANGE kann nur den Bezeichner BIPOLAR_10V oder UNIPOLAR_4_20MA enthalten. Dieses Datenelement enthält die Information, ob der Messbereich von z. B. –10V bis 10 V oder von 4 bis 20 mA geht. Bei der Initialisierung enthält das Datenelement den Bezeichner UNIPOLAR_4_20MA.

Durch welchen Datentyp und mit welchem Wert die Bezeichner in der SPS dargestellt werden und wie viele Bezeichner maximal möglich sind, legt der Hersteller fest (implementationsabhängig).

Mit einem *Unterbereich* kann ein Datentyp vereinbart werden, bei dem die Datenelemente nur Werte annehmen können, die innerhalb der angegebenen Grenzen einschließlich dieser Grenzwerte liegen. Die Datenelemente müssen vom Datentyp ANY_INT sein.

```
TYPE <neuer Datentyp> : ANY_INT(INT_a .. INT_e) ; END_TYPE
```

Beispiel:

```
TYPE ANALOG_DATA : INT(-4095 .. 4095) ; END_TYPE
```

Liste 5.3: Deklaration für den Datentyp „Unterbereich“

Die Datenelemente dieses Datentyps können also nur ganze Zahlen aufnehmen, die minimal –4095 und maximal 4095 sind. Damit können die Messwerte bei einer Analog-Digital-Umwandlung mit 12-Bits dargestellt werden.

Wenn mehrere Daten vom selben Datentyp in einem zusammenhängenden Datenbereich zusammengefasst werden sollen, kann man den Datentyp *Feld* (ARRAY) verwenden. Für eine solche Datentypvereinbarung verwendet man das folgende Konstrukt:

```
TYPE
  <neuer Datentyp : ARRAY [UG_1 .. OG_1, ... UG_n .. OG_n]
OF bekannter Datentyp;
END_TYPE
```

Mit UG ist jeweils der untere und mit OG der obere Grenzwert des Indexes gemeint.

Beispiel:

```
TYPE
  ANALOG_16_INPUT_DATA : ARRAY [1..16] OF ANALOG_DATA ;
END_TYPE
```

Liste 5.4: Deklaration für den Datentyp „Feld“

Im Feld ANALOG_16_INPUT_DATA werden die 16 Messwerte eines Messkanals abgelegt.

Die maximale Anzahl der Felddimensionen (Indizes), der maximale Bereich für die Indizes und die maximale Feldgröße legt der Hersteller der SPS fest (implementationsabhängig).

Daten unterschiedlichen Datentyps können in *Strukturen* abgelegt werden. Dazu bedient man sich des folgenden Konstruktes.

```
TYPE <Strukturname>:
   STRUCT
      <Unterelement_1> : bekannter Datentyp ;
      .
      <Unterelement_n> : bekannter Datentyp ;
   END_STRUCT
END_TYPE
```

Die maximale Anzahl der Strukturelemente und der geschachtelten Ebenen legt wieder der Hersteller fest (implementationsabhängig).

Beispiel:

```
TYPE
   ANALOG_CHANNEL_CONFIGURATION :
      STRUCT
            RANGE :          ANALOG_SIGNAL_RANGE ;
            MIN_SCALE :      ANALOG_DATA ;
            MAX_SCALE :      ANALOG_DATA ;
      END_STRUCT
   ANALOG_16_INPUT_CONFIGURATION :
      STRUCT
            SIGNAL_TYPE :          ANALOG_SIGNAL_TYPE ;
            FILTER_PARAMETER :     SINT(0..99) ;
            CHANNEL :              ARRAY [1..16] OF
ANALOG_CHANNEL
                                   _ CONFIGURATION ;
      END_STRUCT
END_TYPE
```

Liste 5.5: Deklaration für den Datentyp „Struktur"

Hier wurden zwei Strukturen in einer Datentypdeklaration vereinbart.

Die Struktur ANALOG_CHANNEL_CONFIGURATION enthält die Daten, die zu einem Messkanal gehören. Sie enthält die Elemente RANGE für die Angabe der Signalart (-10 – +10 V oder 4 – 20 mA) sowie den unteren Grenzwert MIN-SCALE und den oberen Grenzwert MAX-SCALE des Messbereichs.

In der Struktur ANALOG_16_INPUT_CONFIGURATION sind alle Daten des 16-Kanal-Messplatzes zusammengefasst. Das erste Unterelement SIGNAL_TYPE enthält die Information über die Anschlussart (SINGLE_ENDED oder DIFFERENTIAL), FILTER_PARAMETER enthält die Parameter des Eingangsfilters und in CHANNEL befinden sich in den 16 Plätzen des Feldes die 16 Messwerte.

Aufgabe 5.6

Es wird angenommen, dass für die Darstellung eines Bezeichners 4 Bytes benötigt werden.

1. Wie viele Bytes benötigt die oben definierte Datenstruktur ANALOG_CHANNEL_CONFIGURATION ?
2. Wie viele Bytes benötigt die oben definierte Datenstruktur ANALOG_16 INPUT_CONFIGURATION ?

5.2.4 Initialisierung

Die elementaren und abgeleiteten Datentypen weisen bei der ersten Verwendung den jeweiligen Initialisierungswert auf. Standardmäßig gelten folgende Anfangswerte:

Datentypen	*Initialisierungswert*
BOOL, SINT, INT, DINT, LINT	0
USINT, UINT, UDINT, ULINT	0
BYTE, WORD, DWORD, LWORD	0
REAL, LREAL	0.0
TIME	T#0s
DATE	D#0001-01-01
TIME_OF_DAY	TOD#00:00:00
DATE_AND_TIME	DT#0001-01-01-00:00:00
STRING	' ' (1 Leerzeichen)
WSTRING	" " (1 Leerzeichen)
Aufzählung	Erster Bezeichner
Unterbereich	Untere Grenze

Tabelle 5.10: Anfangswerte der Datentypen

Wenn Datentypen andere Anfangswerte, als in der Tabelle vorgegeben, annehmen sollen, muss das bei der Datentypdeklaration festgelegt werden. Dazu wird hinter dem Namen des zugewiesenen Datentyps mit einem Zuweisungszeichen (:=) der neue Anfangswert vorgegeben. Bisher wurde diese Möglichkeit bereits zweimal angewendet.

```
TYPE REAL_1 : REAL := 1.0 ; END_TYPE
```

Liste 5.6: Initialisierung beim Datentyp „Direkte Ableitung"

Hier erhält der neue Datentyp REAL_1 den Anfangswert 1.0 (vgl. Liste 5.1).

```
TYPE
  ANALOG_SIGNAL_RANGE : (BIPOLAR_10V,UNIPOLAR_4_20MA)
                                           := UNIPOLAR_4_20MA ;
END_TYPE
```

Liste 5.7: Initialisierung beim Datentyp „Aufzählung"

Der Datentyp ANALOG_SIGNAL_RANGE wird mit UNIPOLAR_4_20MA vorbesetzt (vgl. Liste 5.2).

Bei einem Datentyp für ein Feld muss jedem enthaltenen Speicherplatz ein Anfangswert zugewiesen werden.

```
TYPE
  ANALOG_16_INPUT_DATA :
            ARRAY [1..16] OF ANALOG_DATA := [8(-4095), 8(4095)] ;
END_TYPE
```

Liste 5.8: Initialisierung beim Datentyp „Feld"

Bei der Zuweisung kann eine Wiederholungszahl (hier 8) verwendet werden, wodurch der angegebene Wert entsprechend oft eingetragen wird. Diese hier gezeigte Zuweisung entspricht also der ausführlichen Angabe:

```
  := [-4095, -4095, -4095, -4095, -4095, -4095, -4095, -4095, 4095,
4095, 4095, 4095, 4095, 4095, 4095, 4095]; .
```

Bei einer Struktur kann man bei der Angabe der Unterelemente jedem einzelnen Element auf die beschriebene Art einen neuen Anfangswert zuordnen.

```
TYPE
   ANALOG_CHANNEL_CONFIGURATION :
   STRUCT
      RANGE :          ANALOG_SIGNAL_RANGE ;
      MIN_SCALE :      ANALOG_DATA := -4095 ;
      MAX_SCALE :      ANALOG_DATA := 4095 ;
   END_STRUCT
END_TYPE
```

Liste 5.9: Initialisierung beim Datentyp „Struktur"

Außerdem ist bei einer aus einer vorhandenen Struktur abgeleiteten Struktur folgende Methode möglich:

```
TYPE
  ANALOG_CHANNEL_CONFIGURATION_NEU :
   ANALOG_CHANNEL_CONFIGURATION := (MIN_SCALE := 0 ,
                                    MAX_SCALE := 4000) ;
END_TYPE
```

Liste 5.10: Initialisierung bei Datentyp aus abgeleitetem Datentyp

Dabei muss man nicht allen Strukturelementen neue Anfangswerte zuweisen.

Aufgabe 5.7

Für die folgenden Fragen wird von den oben gezeigten abgeleiteten Datentypen ausgegangen.

1. Welchen Inhalt hat unmittelbar nach der Initialisierung die Variable SIGNAL, wenn diese wie folgt deklariert wurde:
   `VAR SIGNAL: ANALOG_SIGNAL_TYPE; END_VAR ?`
2. Es wurde deklariert:
   `VAR KANAL: ANALOG_CHANNEL_CONFIGURATION; END_VAR .`

Welchen Inhalt hat zu Anfang KANAL.RANGE ?

5.3 Variablen

5.3.1 Darstellung

Daten können als Konstanten unmittelbar definiert sein, wie im vorherigen Abschnitt gezeigt wurde, oder in Speicherplätzen abgelegt sein, die variable Inhalte haben können und durch einen Bezeichner identifiziert werden.

Einzelelement-Variablen

Einzelelement-Variablen enthalten einen Speicherplatz, dessen Größe und Art der Datencodierung vom Datentyp abhängt. Es handelt sich dabei also um Variablen, die den elementaren Datentypen, dem Aufzählungs- oder dem Unterbereichstyp zugeordnet sind. Der Speicherort der Variablen im Speicher wird durch das Betriebssystem der SPS automatisch festgelegt.

Daneben können Variablen auch direkt einem physikalischen Speicherort wie Eingang, Ausgang oder Merker zugeordnet werden. Ein Bezeichner einer solchen direkten Variablen ist wie folgt aufgebaut:

1. Zeichen: %
2. Zeichen: I (Eingang), Q (Ausgang) oder M (Merker)
3. Zeichen: X oder keines (1 Bit), B (1 Byte), W (1 Word), D (1 DWORD), L (1 LWORD)

Ab 4. Zeichen: Ziffern, die durch Punkte (.) getrennt sein können.

Beispiele stehen in folgender Tabelle.

Beispiel	*Erklärung*
%I21	Eingangsbit 21
%IB34	Eingangsbyte 34
%QW213	Ausgangswort 213
%QD7	Ausgangs-Doppelwort 7
%ML21	Merker-Langwort 21
%IW2.4.6	Eingangswort am 2. Baugruppenträger, 4. Modul, 6. Kanal

Tabelle 5.11: Direkte Einzelelement-Variablen

Die Bedeutung der durch Punkte hierarchisch strukturierten Variablen legt der Hersteller fest.

Multielement-Variablen

Felder und Strukturen enthalten mehr als ein Datum und bilden damit die Multielement-Variablen.

Feld

Die Adressierung der Elemente in einem Feld, die alle vom selben Datentyp sind, geschieht über Indizes, die in eckigen Klammern [ ] angegeben werden. Ein Index muss vom Typ ANY_INT sein. Bei mehrdimensionalen Feldern muss sich der rechte Index am schnellsten ändern.

Beispiel:

```
AUSGABE[KANAL,%MW3] := WERT[4] - Wert[1]*%IW7
```

Hier wird dem Speicherplatz in der „KANAL-ten“ Zeile und der „%MW3-ten“ Spalte des zweidimensionalen Feldes AUSGABE ein Wert zugewiesen, der sich aus dem Inhalt des 4. Speicherplatzes des Feldes WERT abzüglich dem Produkt aus dem Inhalt des 1. Speicherplatzes des Feldes WERT mit dem Eingangssignal an der direkten Adresse %IW7 errechnet.

Struktur

Bei einer strukturierten Variablen handelt es sich um eine hierarchische Struktur, bei der die Elemente unterschiedlicher Ebenen durch Punkte (.) voneinander getrennt sind.

Bei der bereits oben angegebenen Struktur (vgl. Liste 5.5) können z. B. folgende Werte zugewiesen werden:

```
ANALOG_16_INPUT_CONFIGURATION.FILTER_PARAMETER := 81;
ANALOG_16_INPUT_CONFIGURATION.CHANEL[4].MIN_SCALE := 20;
```

```
TYPE
ANALOG_16_INPUT_CONFIGURATION :
   STRUCT
   SIGNAL_TYPE :        ANALOG_SIGNAL_TYPE ;
   FILTER_PARAMETER :   SINT(0..99) ;
   CHANNEL :            ARRAY [1..16] OF ANALOG_CHANNEL_
                                                CONFIGURATION ;
   END_STRUCT
END_TYPE
```

Liste 5.11: Struktur „ANALOG_16_INPUT_CONFIGURATION“

5.3.2 Initialisierung

Mit dem Start der Ressource oder der Konfiguration nehmen die Variablen Anfangswerte an, die sich nach einer festgelegten Methode ermitteln lassen. Dazu muss man zwischen sogenannten gepufferten und nicht gepufferten Variablen unterscheiden. Gepufferte Variablen nehmen nach einem „Warmstart" den Wert an, der bei Stoppen der Ressource oder der Konfiguration vorlag. Solche Variablen werden mit dem Schlüsselwort RETAIN deklariert.

Die Zuweisung der Anfangswerte geschieht nach folgender Hierarchie:

1. Bei einem „*Warmstart*" nehmen gepufferte Variablen den gepufferten Wert an.
2. Bei einem „*Kaltstart*" und bei nicht gepufferten Variablen wird
   der vom Anwender in der Variablendeklaration festgelegte Wert oder
   der beim Datentyp angegebene Wert oder
   der standardmäßig voreingestellte Wert zugewiesen. (vgl. Kap. 5.2.4)

5.3.3 Deklaration

Zunächst folgt die Tabelle mit den möglichen Schüsselwörtern und deren Bedeutung.

Schlüsselwort	*Bedeutung*
VAR	Nur innerhalb der Programmorganisationseinheit (POE)
VAR_INPUT	Von außen geliefert, nicht innerhalb der POE änderbar
VAR_OUTPUT	Von POE nach außen geliefert
VAR_IN_OUT	Von außen geliefert, innerhalb der POE änderbar und ggf. verändert nach außen geliefert
VAR_EXTERNAL	Von Konfiguration über VAR_GLOBAL geliefert, innerhalb der POE änderbar
VAR_GLOBAL	Globale Variable innerhalb einer Ressource oder Konfiguration, innerhalb der POE änderbar
VAR_ACCESS	Variable im Zugriffspfad innerhalb der Konfiguration
VAR_TEMP	Innerhalb von FB oder P, liegt bei erneutem Aufruf der Instanz nicht mehr vor
VAR_CONFIG	Weist instanzspezifisch Anfangswert und Speicherort zu

Schlüsselwort	*Bedeutung*
RETAIN	Gepufferte Variable
NON_RETAIN	Nicht gepufferte Variable
CONSTANT	Konstante, kann nicht verändert werden
AT	Zuweisung des physikalischen Speicherortes

Tabelle 5.12: Schlüsselwörter für Variablen-Deklarationen

In jedem Programm (P), jedem Funktionsbaustein (FB) und jeder Funktion (FC) muss am Anfang die Zuordnung der in der Programmorganisationseinheit (POE) verwendeten Variablen zu einem Datentyp und ggf. zu einer physikalischen Adresse erfolgen. Dazu wird das Konstrukt VAR ... END_VAR verwendet. Die nächste Tabelle zeigt Beispiele für Variablen-Deklarationen.

Bei der Zuweisung von Anfangswerten für die Elemente eines Feldes müssen die zugewiesenen Werte in eckigen Klammern [ ] angegeben werden. Dabei darf man gleiche Werte in einer Wiederholungsschreibweise mit Wiederholungszahl und runden Klammern schreiben. So ist z. B. 3(2.6) identisch mit 2.6, 2.6, 2.6.

Beispiel	*Bedeutung*
Deklaration von direkten Variablen	
VAR AT %IW5 : INT; AT %QB1 : BYTE; AT %QX6 : BOOL := 1; END_VAR	 16 Bits als Integer 8 Bits als Bitmuster 1 Ausgangsbit mit 1 vorbesetzt
Deklaration von direkten gepufferten Variablen	
VAR RETAIN AT %QW5 : WORD := 16#FF00; END_VAR	Gepuffertes 16 Bits langes Bitmuster mit dem Anfangswert 1111_1111_0000_0000 beim “Kaltstart”

Deklaration von symbolischen Variablen an physikalischen Speicherorten	
VAR_GLOBAL GRENZW AT %IX3 : BOOL; START AT %Q3 : BOOL; END_VAR VAR INTV AT %ID3 : REAL := 50.0; END_VAR	dem Eingangsbit 3 wird die boolesche Variable GRENZW und dem Ausgangsbit 3 die boolesche Variable START zugeordnet. Die REAL_Variable INTV am Eingangsdoppelwort 3 erhält den Anfangswert 50.0.
Deklaration eines Feldes ab einem physikalischen Speicherort	
VAR EING AT %IW33 : ARRAY [0..5] OF INT; AUSGF AT %QW2 : ARRAY [1..3] OF INT := [3(5)]; END_VAR	Ein Feld EING mit 6 ganzen Zahlen wird dem zusammenhängenden Eingangsspeicherbereich ab der Adresse %IW33 zugeordnet. Das Feld AUSGF, beginnend mit dem Ausgangswort 2, wird mit jeweils 5 initialisiert.

Tabelle 5.13: Deklarationen für direkte physikalische Speicherorte

Die Anzahl der zugewiesenen Werte soll mit der Anzahl der Speicherplätze übereinstimmen. Wenn mehr Werte in der Liste sind, werden die rechten Werte ignoriert. Wenn weniger Werte in der Liste sind, werden die restlichen Speicherplätze mit dem Anfangswert, der dem Datentyp zugeordnet ist, besetzt.

Bei strukturierten Variablen werden die Elemente mit der hierarchischen Schreibweise adressiert. Elemente, denen vom Anwender bei der Variablendeklaration keine Anfangswerte zugeordnet werden, nehmen die Anfangswerte an, die entweder bei der Datentypdeklaration oder als Standard festgelegt wurden.

Beispiel	*Bedeutung*
Deklaration von symbolischen Variablen	
VAR EING : INT; A, B, C : REAL; END_VAR VAR CONSTANT PI : REAL := 3.141592 ; END_VAR	EING ist ein Integer-Wert (16 Bits) A, B und C sind Real-Werte mit je 32 Bits. Der REAL-Variablen PI wird der konstante Wert für π zugewiesen.

<table>
<tr><th>Beispiel</th><th>Bedeutung</th></tr>
<tr><td colspan="2">Deklaration von Feld-Variablen</td></tr>
<tr><td>VAR ZUVW :
ARRAY [1..2, 1..5, 1..8] OF REAL;
F : ARRAY [1..9] OF SINT
:= [1, 2, 5(4), 7, 8];
TEXT : STRING[5];
END_VAR
VAR RETAIN
STATUS : WSTRING[9]
:= “LAEUFT”;
END_VAR</td><td>ZUVW ist ein dreidimensionales REAL-Feld mit 2 Ebenen, 5 Zeilen und 8 Spalten
F ist ein Feld mit 9 kurzen Integerwerten (8 Bits), die mit den Werten 1, 2, 4, 4, 4, 4, 4, 7, 8 vorbesetzt werden.
TEXT ist ein Textfeld mit 5 Plätzen zu je 8 Bits. (Einzel-Byte-Zeichen)
STATUS ist ein gepuffertes Textfeld mit 9 Plätzen zu je 16 Bits, von denen die ersten 3 mit “LA“, “EU“ und “FT“ vorbesetzt werden.</td></tr>
<tr><td colspan="2">Deklaration von strukturierten Variablen</td></tr>
<tr><td>VAR KANAL_1 : ANLOG_
CHANNEL_CONFIGURATION;
MODUL : ANLOG_16_
INPUT_CONFIGURATION
:= (SIGNAL_TYPE := DIFFERENTIAL),
CHANNEL := [4(RANGE
:= UNIPOLAR_1_5_V),
(RANGE := BIPOLAR_10_V,
MIN_SCALE := 0,
MAX_SCALE := 500)]) ;
END_VAR</td><td>KANAL_1 erhält die Struktur von ANALOG_CHANNEL_CONFIGURATION.
MODUL erhält die Struktur von ANALOG_16_INPUT_CONFIGURATION und wird wie folgt initialisiert:
SIGNAL_TYPE wird DIFFERENTIAL,
FILTER_PARAMETER wird 0,
Für CHANNEL[1] bis CHANNEL[4] wird RANGE zu UNIPOLAR_1_5_V, MIN_SCALE zu −4095 und MAX_SCALE zu 4095. (vgl. Liste 5.9)
Für CHANNEL[5] wird RANGE zu BIPOLAR_10_V, MIN_SCALE zu 0 und MAX_SCALE zu 500.
Die restlichen CHANNEL[6] bis CHANNEL[16] erhalten als Anfangswert die bei der Datentypdeklaration definierten Werte SINGLE_ENDED und −4095.</td></tr>
</table>

Tabelle 5.14: Deklarationen für Feld- und Struktur-Variablen

Funktionsbausteine verarbeiten neben den Eingangssignalen auch interne Daten, die für erneute Aufrufe weiterhin erhalten bleiben müssen. Dazu werden die Funktionsbausteine instanziert (siehe später bei den Funktionsbausteinen). Die Instanzierung erfolgt ebenfalls im Deklarationsteil mit dem Konstrukt

```
VAR Instanzenname : Bibliotheksname des Funktionsbausteins; END_VAR
```

Auch hier können Anfangswerte für Ein- und Ausgänge festgelegt werden, wie im folgenden Beispiel gezeigt wird.

Beispiel	*Bedeutung*
Deklaration von Instanzen	
VAR ZAEHLER : CTU := (R := 1, PV := 10) ; END_VAR	Der Funktionsbaustein CTU wird mit dem Instanzennamen ZAEHLER instanziert. Dessen Rücksetzeingang R wird mit 1 (TRUE) und der Vorgabewert PV wird mit 10 vorbesetzt.

Tabelle 5.15: Instanzierung von Funktionsbausteinen

Aufgabe 5.8

Deklarieren Sie die folgenden Variablen:

1. K, L und M als Integervariable mit jeweils einem Anfangswert von 10.
2. MESSWERTE als REAL-Feld mit 100 Speicherplätzen. Welchen Anfangswert haben die Speicherplätze?
3. E als REAL-Konstante mit dem Wert 2,71828.
4. EIN als REAL-Eingang, der mit dem Speicherort %ID23 verbunden ist.
5. ZEIT als Instanz des Funktionsbausteins TON, bei dem der Eingang PT mit der Zeit 5s initiiert wird.

6 Programmorganisationseinheiten

Programmorganisationseinheiten (POE) sind Funktionen (FC), Funktionsbausteine (FB) und Programme (P). In Bibliotheken liefert der Hersteller solche POEs; weitere POEs kann der Hersteller oder der Anwender erzeugen, indem er die in der IEC 61131-3 definierten Programmiersprachen verwendet. Die POEs dürfen nicht rekursiv verwendet werden, was bedeutet, dass eine POE nicht sich selbst verwenden darf.

6.1 Funktionen

6.1.1 Definition von Funktionen

Eine Funktion liefert ein Funktionsergebnis, das ausschließlich aus den Eingangswerten berechnet wird und unter dem Funktionsnamen zur Verfügung steht. Nach der Norm kann eine Funktion weitere Ausgangswerte berechnen, die als VAR_OUTPUT oder VAR_IN_OUT definiert sind. Der Übersichtlichkeit wegen sollte man aber darauf verzichten und eine Funktion nur auf die Berechnung des Funktionswertes beschränken. Dieses Funktionsergebnis kann einem beliebigen elementaren oder abgeleiteten Datentyp zugeordnet werden. Damit kann das Ergebnis auch ein Feld oder eine Struktur sein.

Der Aufruf einer Funktion erfolgt durch Nennen des Funktionsnamens und Übergabe der Eingangswerte (Argumente). Eine Funktion kann auch als Argument oder als Operand verwendet werden. Eine Funktion kann andere Funktionen aufrufen.

6.1.2 Darstellung von Funktionen

Funktionen werden in grafischen Sprachen als Rechtecksymbole dargestellt, bei denen der Signalfluss von links nach rechts geht. Damit müssen die Eingänge an die linke Begrenzungslinie gelegt werden. Das Funktionsergebnis wird rechts abgenommen. Beispiele für drei Funktionen in Funktionsbausteinsprache sind im Bild 6.1 gezeigt.

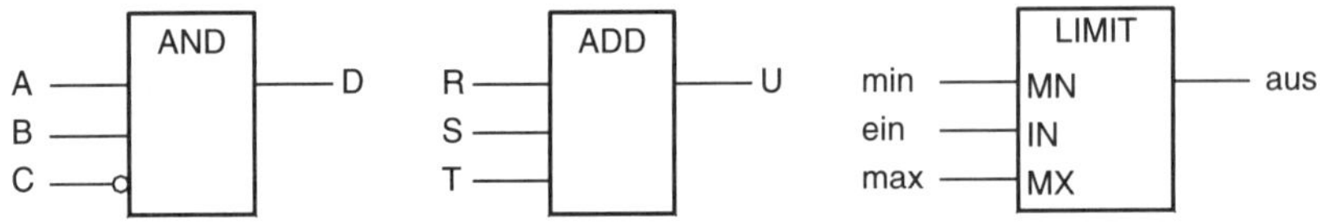

Bild 6.1: Beispiele für Funktionen in FBS

In der hier gezeigten Funktion AND wird eine logische UND-Verknüpfung zwischen den booleschen Variablen A, B und der Negation von C vorgenommen. Das Ergebnis wird der booleschen Variablen D zugewiesen.

Die Funktion ADD addiert die numerischen Variablen R, S und T und weist die Summe der numerischen Variablen U zu. In den Rechtecksymbolen sind hier die Eingangssignale nicht gekennzeichnet. Intern vergibt die Funktion diesen Eingängen von oben nach unten die Namen IN1, IN2, ..., wenn es sich – wie hier – um mehrere Eingänge handelt und IN, wenn nur ein Eingang existiert. Eingangssignale müssen innerhalb einer Funktion als VAR_INPUT (oder als VAR_IN_OUT) deklariert sein.

Funktionen können aber auch bezeichnete Eingänge haben, wie das dritte Beispiel LIMIT zeigt. Diese Möglichkeit wird vor allem dann genutzt, wenn die Verarbeitung der verschiedenen Eingangssignale unterschiedlich ist. In dem Beispiel LIMIT wird das Eingangssignal „ein" an der Eingangsvariablen IN nach unten auf den durch „min" vorgegebenen Minimum-Wert MN und nach oben auf den durch „max" vorgegebenen Maximum-Wert MX begrenzt. Der begrenzte Funktionswert wird in die Variable „aus" übertragen. Bei abgeleiteten Funktionen werden die Eingänge mit den in VAR_INPUT festgelegten Namen bezeichnet und in der dort angegebenen Reihenfolge angezeigt.

Den Eingängen einer Funktion können konstante Werte (Literale), Variable oder Funktionswerte übergeben werden. Wenn die Eingänge nicht belegt oder zugewiesen werden, nehmen die entsprechenden internen Variablen den in der Funktion festgelegten Anfangswert an. Als Eingangsgrößen in eine Funktion dürfen keine Ausdrücke verwendet werden, mit denen der zu übergebende Wert zunächst berechnet werden muss.

Das in der Funktion berechnete Funktionsergebnis wird mit dem Zuweisungszeichen „ := " dem Funktionsnamen zugewiesen. Dieser Funktionswert muss an eine Variable weitergegeben werden. Da empfohlen wird, Ausgangsvariable vom Typ VAR_OUTPUT oder VAR_IN_OUT nicht zu verwenden, werden zu deren Nutzung hier keine Angaben gemacht. Wenn man mehrere Ergebnisse berechnen möchte, sollte man dazu Funktionsbausteine verwenden oder den Funktionswert als einen Datentyp ARRAY oder STRUCT definieren.

Die im obigen Bild gezeigten Beispiele würden in der Sprache „Strukturierter Text“ wie folgt formuliert. Da bei der Übergabe keine Ausdrücke erlaubt sind, muss die Negation von C vorher vorgenommen werden und z. B. der Variablen NC zugewiesen werden.

```
NC := NOT B ;
D := AND(A, B, NC) ;
U := ADD(R,S,T) ;
aus := LIMIT(min, ein, max) ;                    (* nicht formal *)
aus := LIMIT(IN:=ein, MN:=min, MX:=max) ;        (* formal *)
```

Liste 6.1: Beispiele für Funkionen ST

Bei der nicht formalen Übergabe der aktuellen Eingangsparameter an die Funktion werden diese vollzählig in der festen Reihenfolge übergeben. Wenn hingegen die Übergabe formal durch Einzelzuweisungen erfolgt, ist die Reihenfolge der Eingangsparameter beliebig und sie muss nicht vollzählig sein. Dann würde für den nicht belegten Eingang dessen interne Variable mit dem in der Funktion festgelegten Anfangswert übernommen.

Aufgabe 6.1

In der Sprache „Strukturierter Text“ wird die Funktion SEL wie folgt aufgerufen:

```
aus := SEL(G := TRUE, IN0 := ein0, IN1 := ein1); .
```

Zeichnen Sie diesen Funktionsaufruf in Funktionsbausteinsprache (FBS).

6.1.3 Steuerung der Ausführung von Funktionen

Es ist möglich, die Berechnung in einer Funktion über ein boolesches (Freigabe-) Signal EN (Enable) ein- oder auszuschalten. Außerdem kann mit einem booleschen Ausgangssignal ENO (Enable Out) angezeigt werden, ob die Funktion ordnungsgemäß ausgeführt wurde. Innerhalb der Funktion muss demnach deklariert werden:

```
VAR_INPUT      EN      : BOOL := 1 ;     END_VAR
VAR_OUTPUT     ENO     : BOOL ;          END_VAR
```

Diese Signale stehen im grafischen Symbol jeweils an oberster Stelle.

Durch die Zuweisung von 1 an den Eingang EN wird erreicht, dass dann, wenn dieser Eingang nicht belegt wird, die Funktion berechnet wird.

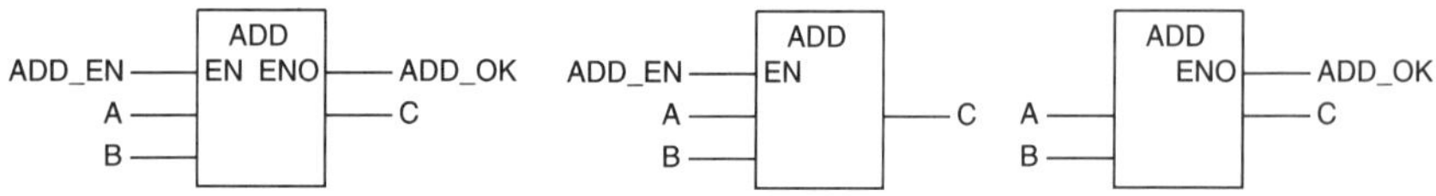

Bild 6.2: Verwendung von EN und ENO

Die Bedeutung von EN und ENO ist wie folgt:

1. Bei Funktionsaufruf ist EN = 0 : Die Funktion wird nicht ausgeführt.
   ENO := 0
2. Bei Funktionsaufruf ist EN = 1 : Die Funktion wird ausgeführt.
   ENO := 1, Berechnung ist OK.
   ENO := 0, Berechnung ist fehlerhaft.

Wenn man wissen muss, ob der Funktionswert vertrauenswürdig ist, muss man den Ausgang ENO abfragen. Dazu muss ENO einer Variablen zugewiesen werden, die grafisch an das Symbol wie im obigen Bild angebunden wird oder die wie im folgenden Beispiel in der Sprache „Strukturierter Text“ (ST) mit dem Symbol „=>“ zugewiesen wird.

```
C := ADD(EN:=ADD_EN, IN1:=A, IN2:=B, ENO =>ADD_OK);
```

Man kann je nach Bedarf auch nur eine dieser booleschen Größen EN oder ENO verwenden (vgl. Bild 6.2).

6.1.4 Deklaration von abgeleiteten Funktionen

Neben den elementaren Standardfunktionen, die in der Norm IEC 61131-3 definiert sind und vom Hersteller in einer Bibliothek mit der SPS geliefert werden, kann ein Hersteller oder Anwender weitere, sogenannte „abgeleitete Funktionen“ definieren. Auch hier wird darauf verzichtet, die in der Norm vorgesehene Möglichkeit zu nutzen, neben dem Funktionswert weitere Ausgangswerte zu berechnen.

Eine abgeleitete Funktion hat die folgende Struktur:

```
FUNCTION Funktionsname : Datentyp für Funktionswert
     VAR_INPUT     Namen der Eingangsgrößen : Datentypen ;
     END_VAR
        Falls erforderlich:
     VAR           Namen der internen Variablen : Datentypen ;
```

```
    END_VAR

    (* Funktionsrumpf in einer der Sprachen KOP, FBS, AWL, ST *)

END_FUNCTION
```

Liste 6.2: Deklaration einer abgeleiteten Funktion

Es folgt ein einfaches Beispiel mit den bereits bekannten Funktionen ADD und LIMIT (vgl. Bild 6.1), mit denen die Summe aus R, S und T berechnet und anschließend das Ergebnis auf den Wertebereich zwischen 0.0 und 100.0 begrenzt wird.

1. Deklaration in der Textsprache ST

```
FUNCTION Begrenzte_Summe : REAL

(* Deklaration: *)

    VAR_INPUT R, S, T : REAL ; END_VAR
    VAR U : REAL ; END_VAR

(* Funktionsrumpf: *)

        U := ADD(R, S, T) ;
  Begrenzte_Summe := LIMIT(0.0, U, 100.0) ;

END_FUNCTION
```

Liste 6.3: Deklaration der Funktion „Begrenzte_Summe" in ST

2. Deklaration in der grafischen Sprache FBS

FUNCTION

(* Festlegung der externen Schnittstelle: *)

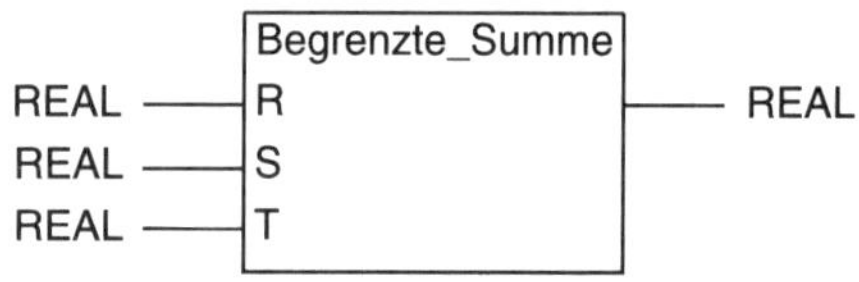

(* Festlegung des Funktionsrumpfes: *)

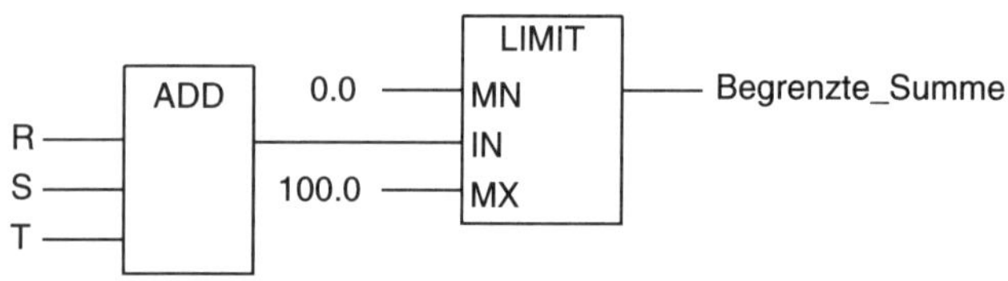

END_FUNCTION

Bild 6.3: Deklaration der Funktion „Begrenzte_Summe" in FBS

Diese Funktion kann nun in anderen POEs verwendet werden. Bei einer Verwendung in ST müssen die angeschlossenen Variablen definiert und die Funktion aufgerufen werden.

Deklaration: VAR A, B, C, D : REAL ; END_VAR

Aufruf: D := Begrenzte_Summe(A, B, C) ;

In der grafischen Sprache FBS muss dieselbe Deklaration der Variablen vorgenommen werden. Der Aufruf der Funktion ist dann wie folgt:

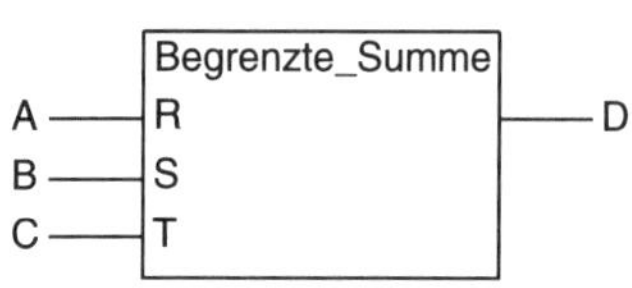

Bild 6.4:
Aufruf der Funktion „Begrenzte_Summe" in FBS

Aufgabe 6.2

In der abgeleiteten Funktion „Grenzsumme" wird zu dem Eingangssignal X, das auf den Wertebereich zwischen „unten" und „oben" begrenzt wird, das Signal „Y" addiert.

Schreiben Sie den Deklarationsteil und den Funktionsrumpf dieser abgeleiteten Funktion in strukturiertem Text.

6.1.5 Überladene Funktionen

Von überladenen Funktionen und anderen überladenen Berechnungen spricht man dann, wenn die Eingangssignale jedem beliebigen Datentyp einer Gruppe allgemeiner Datentypen angehören können. Eine Addition, die auf alle numerischen Daten vom Datentyp ANY_NUM angewendet werden kann, kann also Eingangswerte verarbeiten, die z. B. alle INT oder alle REAL oder alle UINT oder alle LREAL usw. sind.

Bei überladenen Funktionen müssen die Eingänge alle gleichen elementaren oder abgeleiteten Datentyps sein. Falls notwendig, müssen die Datentypen durch Datentypumwandlung angepasst werden. Das Ergebnis einer überladenen Funktion entspricht dem Datentyp der Eingänge. Falls das Ergebnis einer Variablen mit einem anderen Datentyp zugewiesen werden soll, muss der Datentyp des Ergebnisses zuvor umgewandelt werden. Die Tabelle 6.1 zeigt Beispiele.

Typdeklaration	*Überladene Funktion*	*Funktion mit Typangabe*
VAR A : INT; B : INT ; C : INT ; END_VAR	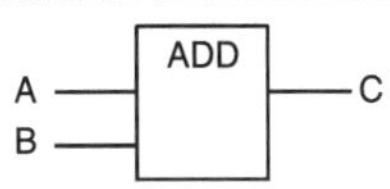 C := A + B;	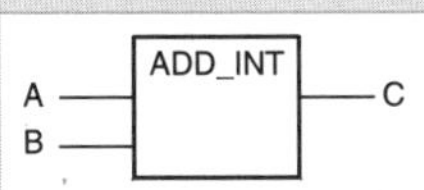 C := ADD_INT(A, B);
VAR A : INT; B : REAL; C : REAL; END_VAR	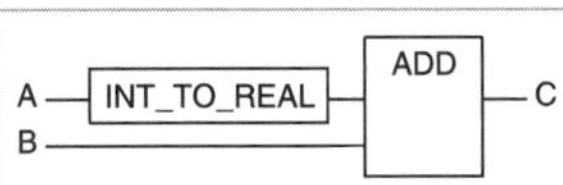 C := INT_TO_REAL(A) + B;	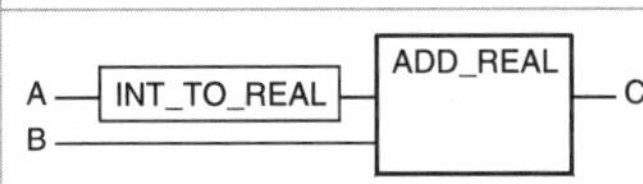 C:=ADD_REAL (INT_TO_REAL(A),B);
VAR A : INT; B : INT; C : REAL; END_VAR	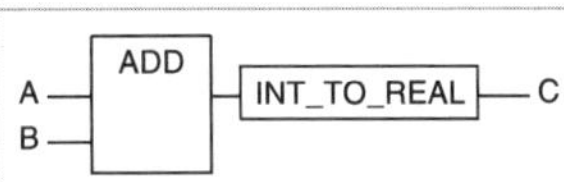 C := INT_TO_REAL(A + B);	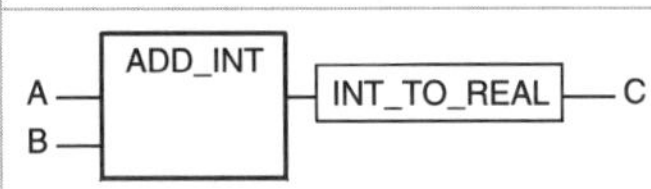 C := INT_TO_REAL (ADD_INT(A,B));

Tabelle 6.1: Beispiele für explizite Typumwandlung

In dieser Tabelle sind Beispiele für überladene und typbezogene Funktionen gezeigt. Bei den typbezogenen Funktionen muss der Datentyp im Funktionsnamen hinter dem Unterstrich an den Funktionsnamen angehängt werden.

In der IEC 61131-3 sind Standardfunktionen definiert, die üblicherweise vom Hersteller in einer Bibliothek geliefert werden. Auf diese Funktionen wird in späteren Kapiteln eingegangen.

6.2 Funktionsbausteine

6.2.1 Definition von Funktionsbausteinen

Ein Funktionsbaustein (FB) liefert einen oder mehrere Ausgänge, die durch Bezeichner benannt sind. Bei der Berechnung der Ausgangswerte werden neben den Eingängen auch die Ausgänge (aus dem vorherigen Berechnungszyklus) und interne Daten verwendet. Daher ist es notwendig, dass für einen erneuten Aufruf des Funktionsbausteins diese Ausgangs- und internen Daten gespeichert werden. Dafür werden Funktionsbausteine mit einem Instanzennamen instanziert (kopiert), wodurch unter diesem Instanzennamen die internen Daten und Ausgangsdaten für erneute Aufrufe des FB erreichbar sind.

Der Aufruf eines FB in einer grafischen Sprache geschieht durch Positionierung des Symbols, Vergabe des Namens der Instanz und Anbindung der Ein- und Ausgänge. In einer Textsprache wird ein FB durch Nennen des Instanzennamens und Übergabe der Eingänge in der Argumentenliste aufgerufen.

Funktionsbausteine können Funktionen und andere Funktionsbausteine über deren Instanzennamen aufrufen.

6.2.2 Darstellung von Funktionsbausteinen

Beispiele für einfache Funktionsbausteine zeigt das Bild 6.5.

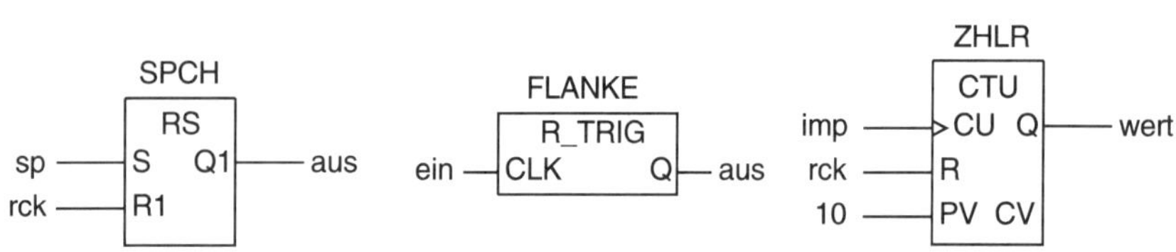

Bild 6.5: Beispiele für Funktionsbausteine in FBS

Der rücksetzdominante Speicher RS wurde mit dem Namen SPCH instanziert. Mit dem Eingangssignal „sp“ wird der Speicher gesetzt (aus := TRUE) und mit „rck“ zurückgesetzt (aus := FALSE). Wenn „sp“ und „rck“ gleichzeitig TRUE sind, wird der Speicher wegen der Rücksetzdominanz (R1) zurückgesetzt (aus := FALSE).

Mit dem Funktionsbaustein R_TRIG, der mit FLANKE instanziert ist, wird nach einem positiven Signalwechsel beim Eingangssignal „ein“ das Ausgangssignal „aus“ kurzfristig (für eine Zykluszeit) auf TRUE gehen.

Mit ZHLR wurde der Aufwärtszähler CTU instanziert. Dieser wird mit dem Rücksetzsignal „rck" auf den Zählerstand CV := 0 zurückgestellt. Jeder positive Signalwechsel am Eingang „imp" erhöht den Zählerstand CV um 1. Wenn CV unter PV := 10 liegt, ist der boolesche Ausgang „wert := FALSE". Mit Erreichen von PV = 10 geht der Ausgang auf „wert := TRUE". Der aktuelle Zählerstand kann am Ausgang CV abgenommen werden.

Die oben gezeigten Bausteine werden in strukturiertem Text wie folgt verwendet.

```
SPCH (S := sp, R1 := rck) ;
aus := SPCH.Q1 ;
FLANKE (CLK := ein) ;
aus := FLANKE.Q ;
ZHLR (CU := imp, R := rck, PV := 10) ;
wert := ZHLR.Q ;
```

Liste 6.4: Beispiele für Funktionsbausteine in FBS

Den Eingängen einer Instanz übergibt man also die aktuellen Werte beim Aufruf. Die Ausgänge (oder Eingänge) fragt man ab über den strukturierten Namen, der aus dem Namen der Instanz und dem durch einen Punkt (.) abgegrenzten Namen des Ausgangs gebildet wird.

Neben den Eingängen in einen FB, die mit VAR_INPUT, und den Ausgängen, die mit VAR_OUTPUT deklariert werden, kann ein FB auch Ein-/Ausgangs-Variable verarbeiten, die mit VAR_IN_OUT deklariert und innerhalb des FB verändert werden können. Einer Ein-/Ausgangsvariablen kann sowohl innerhalb des FB über den internen Namen als auch in der aufrufenden POE durch den Aufruf der Instanz bei der Übergabe in der Argumentenliste ein Wert zugewiesen werden.

Aufgabe 6.3

Ein Funktionsbaustein TON wurde mit dem Namen ZEIT instanziert und mit

```
ZEIT(IN:=X, PT:= T#5s) ;
```

aufgerufen. Das Ergebnis wird mit

```
Motor := ZEIT.Q ;
```

in die boolesche Variable „Motor" übernommen. Zeichnen Sie diesen Aufruf des Funktionsbausteins in FBS.

6.2.3 Steuerung der Ausführung von Funktionsbausteinen

Wie bereits bei den Funktionen gezeigt, so kann auch bei Funktionsbausteinen die Ausführung über EN (Enable) und ENO (Enable Out) gesteuert werden.

Wenn EN := FALSE ist, können die Eingangswerte zwar übernommen werden, wenn der SPS-Hersteller das so vorgesehen hat, aber die Berechnungen innerhalb des FB werden ausgesetzt, so dass die Ausgänge ihre vorherigen Werte beibehalten. Der FB ist also „eingefroren". Der Ausgang ENO ist dann FALSE.

Wenn EN := TRUE ist, werden die Eingangswerte übernommen und die Berechnungen werden ausgeführt. Der Ausgang ENO wird TRUE. Falls allerdings im FB ein Fehler auftritt, wird ENO := FALSE.

6.2.4 Deklaration von abgeleiteten Funktionsbausteinen

Neben den vordefinierten Standard-Funktionsbausteinen, die später erklärt werden, kann ein Hersteller oder Anwender der SPS auch eigene, sogenannte abgeleitete Funktionsbausteine definieren. Das geht im Prinzip genau so, wie bereits für die abgeleiteten Funktionen gezeigt wurde.

Als Beispiel soll hier ein Speicherbaustein abgeleitet werden, mit dem bei einer positiven Flanke des Eingangssignals „ein" der Ausgang „aus := TRUE" wird. Mit „rck := TRUE" wird der Ausgang „aus" auf jeden Fall gleich FALSE.

In strukturiertem Text würde der abgeleitete Funktionsbaustein wie folgt aussehen.

```
FUNCTION_BLOCK FL_MERKER

     (* Außenschnittstelle *)

  VAR_INPUT              ein, rck :        BOOL ; END_VAR
  VAR_OUTPUT             aus :             BOOL ; END_VAR
  VAR                    FLANKE :          R_TRIG ;
                         SPCH :            RS ;
  END_VAR

     (* Funktionsbaustein-Rumpf *)

  FLANKE (CLK:=ein) ;
  SPCH (S:=FLANKE.Q, R1:=rck) ;
  aus := SPCH.Q1 ;

END_FUNCTION_BLOCK
```

Liste 6.5: FB „FL_MERKER" in ST

Nach IEC 61131-3 ist es nicht erlaubt,

```
SPCH(S:=FLANKE(CLK:=ein),R1:=rck) ;
```

zu schreiben, weil man in der Argumentenliste keinen Funktionsaufruf übergeben darf.

In Funktionsbausteinsprache würde der abgeleitete Funktionsbaustein wie folgt deklariert.

```
FUNCTION_BLOCK FL_MERKER
```

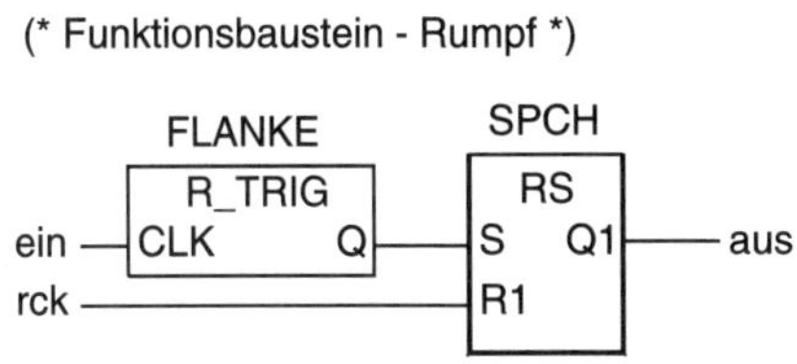


```
END_FUNCTION_BLOCK
```

Bild 6.6: Grafische Deklaration des FB „FL_MERKER“

Ein FB wird also durch die Schlüsselwörter FUNCTION_BLOCK ... END_FUNCTION_BLOCK eingerahmt.

Variable, die mit VAR_EXTERNAL aus den globalen Variablen an einen FB übergeben werden, können im FB verändert werden.

Innerhalb eines Funktionsbausteins können Ein- und Ausgänge sowie interne Variablen mit den in der nächsten Tabelle angegeben Schüsselwörtern gepuffert werden.

Schlüsselwort	*Beispiel*
Für interne Variablen	
RETAIN	VAR RETAIN A : REAL ; END_VAR
NON_RETAIN	VAR NON_RETAIN A : REAL ; END_VAR
Für Eingangsvariablen	
RETAIN	VAR_INPUT RETAIN A : REAL : END_VAR
NON_RETAIN	VAR_INPUT NON_RETAIN A : REAL ; END_VAR

Schlüsselwort	*Beispiel*
Für Ausgangsvariablen	
RETAIN NON_RETAIN	VAR_OUTPUT RETAIN A : REAL ; END_VAR VAR_OUTPUT NON_RETAIN A : REAL ; END_VAR
Für interne Funktionsbausteine	
RETAIN NON_RETAIN	VAR RETAIN FLANKE : R_TRIG ; END_VAR VAR NON_RETAIN FLANKE : R_TRIG : END_VAR

Tabelle 6.2: Pufferung in Funktionsbausteinen

Mit VAR_IN_OUT kann man eine Eingangsvariable übergeben, die im FB verändert und so verändert wieder ausgegeben wird. Als Beispiel sei die Summenbildung nach der Anweisung:

```
SUM := SUM + Z ;
```

genannt. Hier wird mit jedem Aufruf des FB der Wert Z auf die aktuelle Eingangssumme SUM aufaddiert und die neue Summe wieder ausgegeben.

Ein entsprechender Funktionsbaustein kann wie folgt deklariert werden:

```
FUNCTION_BLOCK SUMME
  VAR_IN_OUT  SUM : REAL ; END_VAR
  VAR_INPUT Z : REAL ; END_VAR

  SUM := SUM + Z ;

END_FUNCTION_BLOCK
```

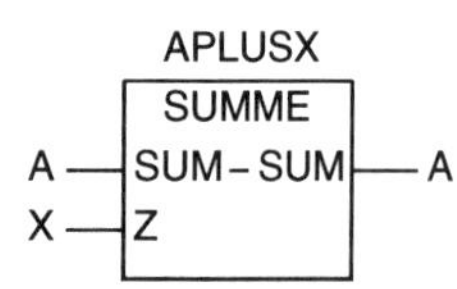

Bild 6.7: Funktionsbaustein mit IN_OUT_Variable

Aufgabe 6.4

Für einen abgeleiteten Funktionsbaustein ZAEHL_AND wurden die Außenschnittstelle und der Funktionsbaustein-Rumpf in Funktionsbausteinsprache gezeigt.

```
FUNCTION_BLOCK ZAEHL_AND
```

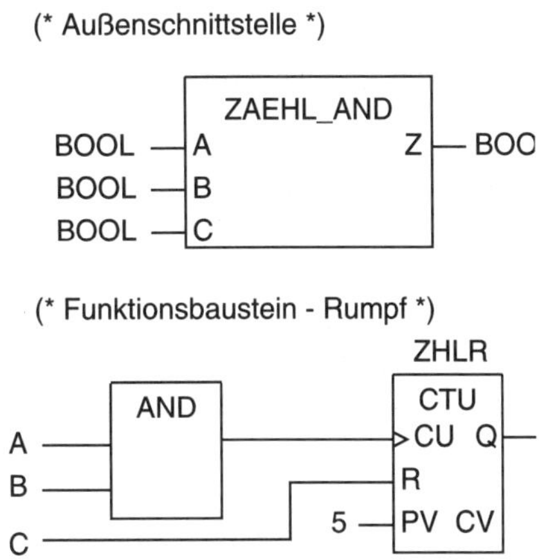


```
END_FUNCTION_BLOCK
```

Bild 6.8: Funktionsbaustein „ZAEHL_AND“

Schreiben Sie bitte die Deklaration des Funktionsbausteins in der Sprache „Strukturierter Text“ (ST).

6.3 Programme

Programme bilden die oberste Hierarchieebene der Programmorganisationseinheiten. Diese können Funktionen und Funktionsbausteine aufrufen.

Programme werden auf die gleiche Art deklariert wie abgeleitete Funktionsbausteine. Ein Programm wird durch das Konstrukt PROGRAM ... END_PROGRAM eingerahmt. Mit Hilfe von VAR_ACCESS .. END_VAR kann ein Programm die Möglichkeit eröffnen, z. B. über einen Feldbus auf interne Daten, Ein- oder Ausgangs-Variable des Programms über den Zugriffspfad zugreifen zu können. Programme werden in Ressourcen instanziert.

Es ist sinnvoll, die Anbindung von symbolischen Variablen an direkte physikalische Speicherorte durch entsprechende Deklarationen in Programmen und nicht in Funktionsbausteinen oder Funktionen vorzunehmen.

Ein Beispiel zeigt die Liste 6.6

```
PROGRAM HAUPT
   VAR
      A AT %IX1 :                         BOOL ;
      B AT %IX2 :                         BOOL ;
      Z AT %QX1 ;                         BOOL ;
      INST_ZAEHL_AND :                    ZAEHL_AND ;
   END_VAR

      INST_ZAEHL_AND (A:=A, B:=B) ;
      Z := INST_ZAEHL_AND:Z ;
END_PROGRAM
```

Liste 6.6: Beispiel für ein Programm

7 Programmiersprachen für Verknüpfungssteuerungen

7.1 Deklaration der Programmorganisationseinheiten

Im Kapitel 6 wurde für abgeleitete Funktionen und Funktionsbausteine gezeigt, wie Ein- und Ausgänge, interne Variable, Instanzen von Funktionsbausteinen etc. deklariert werden. Diese Deklaration ist unabhängig von der für die Logik im Programmrumpf verwendeten Programmiersprache.

In den nächsten Abschnitten werden die vier Programmiersprachen, die für Verknüpfungssteuerungen verwendet werden können, vorgestellt. Um einen schnellen Eindruck von der Art der Programmierung in der jeweiligen Sprache zu erhalten, wird jeweils das folgende Beispiel behandelt.

Beispiel:

> Eine Flüssigkeit wird mit einer von einem Elektromotor angetriebenen Pumpe durch eine Leitung in einen Behälter gefördert. Für eine Dosierung ist in die Leitung ein Volumenmesser eingebaut, der nach jedem Liter, der durch die Leitung fließt, einen Impuls abgibt.
>
> Durch Drücken des EIN-Tasters für mindestens 2 Sekunden wird der Motor und damit die Pumpe eingeschaltet. Wenn der Volumenzähler eine Fördermenge von 50 Litern meldet, wird die Pumpe ausgeschaltet. Frühestens 5 Minuten nach dem Ende eines Dosiervorgangs kann mit dem EIN-Taster ein neuer Dosiervorgang eingeleitet werden.
>
> Aus Sicherheitsgründen kann der Motor jederzeit mit dem NOT-AUS-Schalter ausgeschaltet werden.

Die Realisierung der Zeiten erfolgt mit TON und die des Zählers mit CTU.

Diese Steuerung soll in einem abgeleiteten Funktionsbaustein DOSIERUNG realisiert werden. Für alle Programmiersprachen gilt derselbe Deklarationsteil:

```
FUNCTION_BLOCK DOSIERUNG
  VAR_INPUT
          EIN, NOT_AUS, Impuls : BOOL ;
  END_VAR
  VAR_OUTPUT Motor : BOOL ; END_VAR
  VAR
          Pause     :    TON ;
          Warten    :    TON ;
          Zaehl     :    CTU ;
  END_VAR

          (* Hier folgt der FB-Rumpf in KOP, FBS, AWL oder ST *)

END_FUNCTION_BLOCK
```

Liste 7.1: Deklaration des FB „Dosierung“

Damit repräsentiert sich der Funktionsbaustein nach außen wie folgt.

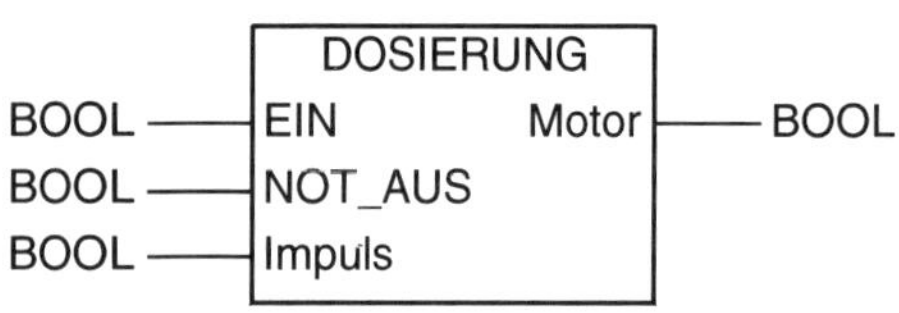

Bild 7.1: Außenschnittstelle des Funktionsbausteins „Dosierung“

Aufgabe 7.1

Die folgende Steuerung soll als Funktionsbaustein „Verdunkelung“ realisiert werden.

> Die Verdunkelung eines Raums soll mit dem Taster AUF hoch und mit dem Taster AB herunter gefahren werden. Das Hochfahren soll beendet bzw. verhindert werden, wenn die Verdunkelung (bereits) oben ist oder der AB-Taster oder der STOP-Taster betätigt wird. Das Runterfahren soll beendet bzw. verhindert werden, wenn die Verdunkelung (bereits) unten ist oder der AUF-Taster oder der STOP-Taster betätigt wird.
>
> Der Funktionsbaustein VERDUNK soll als Eingangsvariable die booleschen Größen AUF, AB, STOP, „oben“ und „unten“ aufnehmen und die Ausgangsvariable „hoch“ und „runter“ erzeugen.

Schreiben Sie bitte den für alle Programmiersprachen gültigen Deklarationsteil und zeichnen Sie das Symbol für die Außenschnittstelle.

7.2 Grafische Sprachen

In der Norm IEC 61131-3 sind die beiden grafischen Sprachen Kontaktplan (KOP) und Funktionsbausteinsprache (FBS) definiert. Neben diesen für Verknüpfungssteuerungen geeigneten grafischen Sprachen ist speziell für Ablaufsteuerungen die grafische Ablaufsprache definiert, die im Kapitel 12 vorgestellt wird. Für alle grafischen Sprachen gelten einige gemeinsame Regeln.

7.2.1 Gemeinsame Elemente

Linien und Blöcke

Signale oder Variable werden durch horizontale (Darstellung 1 im Bild 7.2) und/oder vertikale (2 im Bild 7.2) Linien dargestellt. Der Signalfluss läuft grundsätzlich von links nach rechts und von oben nach unten. Linien können sich kreuzen (3). Wenn im Kreuzungspunkt eine spezielle Markierung wie ein +-Zeichen oder ein Verknüpfungspunkt gezeichnet wird (4), dann bedeutet das, dass die Verbindungslinien miteinander verbunden sind und sich damit auf allen Verbindungselementen dasselbe Signal befindet.

Wenn der Platz auf einem Arbeitsblatt nicht ausreicht, können Linien durch Konnektoren erweitert werden (5). Die Verarbeitung der Signale geschieht in Blöcken (6), mit denen Funktionen, Funktionsbausteine oder andere Verarbeitungseinheiten dargestellt werden.

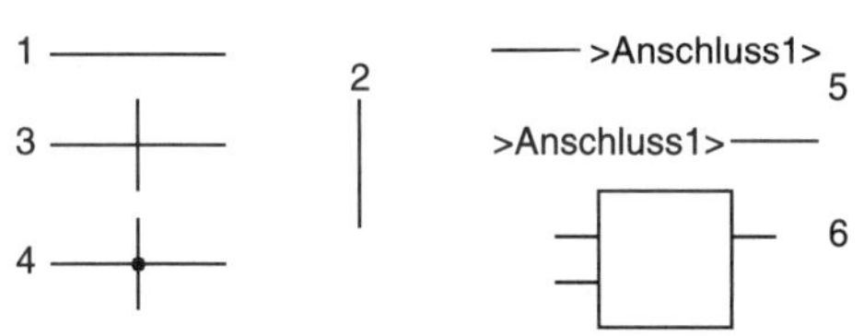

Bild 7.2: Verbindungslinien, Konnektoren und Block

Netzwerke

Blöcke und Verbindungslinien bilden ein Netzwerk. Die Größe eines Netzwerkes und seine Topologie sind abhängig von der Sprache (KOP oder FBS) und von Festlegungen, die der Hersteller vorgenommen hat (implementierungsabhängig). Auf besondere Aspekte, die bei den beiden Sprachen unterschiedlich sind, wird dort eingegangen. Die Auswertung eines Netzwerkes muss grundsätzlich nach den folgenden Regeln erfolgen:

1. Vor dem Aufruf eines Blockes (Funktion oder Funktionsbaustein) müssen alle aktuellen Zustände seiner Eingänge bestimmt worden sein.
2. Ein Netzwerk ist erst dann komplett abgeschlossen, wenn alle Ausgänge berechnet worden sind.

Wenn der Ausgang eines Blockes als Eingang eines anderen Blockes verwendet wird, der im Netzwerk vorausgeht, spricht man von einer Rückkopplung. Die rückgekoppelte Variable muss beim ersten Aufruf den Initialwert und bei weiteren Aufrufen den Ausgangswert des vorgehenden Rechenzyklus annehmen.

7.2.2 Kontaktplan (KOP / LD)

Der Kontaktplan (KOP) oder das „Ladder Diagram" (LD) ist dem Stromlaufplan elektrischer Steuerungen nachempfunden. Dem entsprechend befinden sich die Teile einer Schaltung als Netzwerke zwischen zwei Stromschienen. Die linke vertikale Stromschiene stellt das hohe und die rechte Schiene das niedrige Potenzial dar.

Damit der folgende Text leichter verstanden werden kann, wird zunächst im Bild 7.3 ein kleines Beispiel für einen Kontaktplan gezeigt.

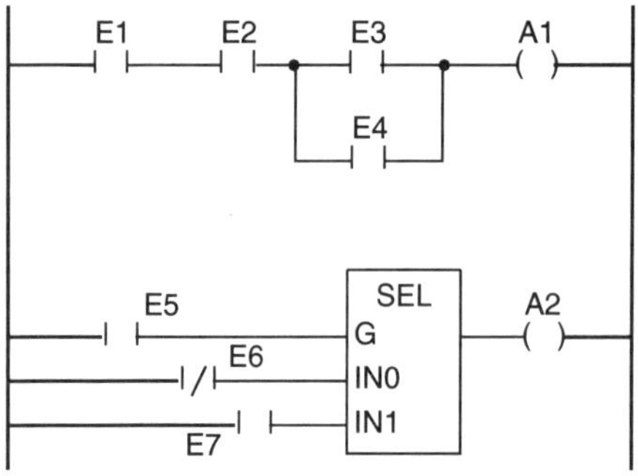

Bild 7.3: Beispiel für einen Kontaktplan

Verbindungslinien

Die linke vertikale Linie entspricht im Stromlaufplan der Leitung mit dem hohen Potenzial und hat immer den Wert TRUE. Dieser boolesche Wert kann mit horizontalen und vertikalen Linien (Stromflusslinien) über Kontakte, Funktionen oder Funktionsbausteine nach rechts weitergeleitet werden. Der Wert einer horizontalen Linie wird durch den an der linken Seite angelegten Kontakt oder Ausgang einer Funktion oder eines Funktionsbausteins vorgegeben. Dieser Wert kann über Verzweigungspunkte auf andere Linienabschnitte übertragen werden. Wenn mehrere Kontakte oder Ausgänge an ein Teilnetz von Linien angeschlossen werden, nimmt das Linienteilnetz das höchste Potenzial an. Damit wird eine ODER-Funktion realisiert. Eine Reihenschaltung von Kontakten liefert hingegen eine UND-Funktion.

Kontakte

Mit Kontakten kann das Potenzial, das an die linke Seite des Kontaktes angelegt wird, in Abhängigkeit vom Wert der dem Kontakt zugeordneten booleschen Variablen auf die rechte Seite übertragen werden. Im nächsten Bild 7.4 sind die unterschiedlichen Kontakte angegeben.

Bild 7.4: Kontakte

Kontakt (1) ist ein Schließer, der dann, wenn seine boolesche Variable den Wert TRUE hat, geschlossen ist und damit den Zustand auf der linken Seite nach rechts überträgt. Kontakt (2) hingegen ist ein Öffner, der dann, wenn die Variable FALSE ist, den Zustand auf der linken Seite nach rechts überträgt.

Spezielle Kontakte zeigen die Abbildungen (3) und (4). Mit (3) wird ein positiver Signalwechsel (R_TRIG) der Variablen erkannt, die als Kontaktbezeichner angegeben ist. Die rechte Verbindungsleitung ist normalerweise FALSE. Nur wenn auf der linken Seite ein Zustand TRUE anliegt, wird unmittelbar nach dem positiven Signalwechsel (Flanke FALSE nach TRUE) der dem Kontakt zugeordneten Variablen für einen Rechenzyklus ein Signal TRUE auf die rechte Seite übertragen. Mit (4) wird entsprechend ein negativer Signalwechsel (TRUE nach FALSE) der Kontaktvariablen zu einem Impuls auf der rechten Seite führen.

Spulen

Eine Spule (1) kopiert den Zustand der links angeschlossenen Verbindung auf die rechte Seite und in die boolesche Spulenvariable. Die negierte Spule (2) hingegen kopiert die Negation der linken Seite in die Spulenvariable und den ursprünglichen, nicht negierten Zustand der linken Seite auf die rechte Seite. Durch das Kopieren des booleschen Wertes von der linken Seite einer Spule auf die rechte Seite ist es nach Norm möglich, in einem Strompfad mehrere Spulen in Reihe oder parallel zu schalten und/oder mit Kontakten zu mischen.

```
  *****        *****        *****
1 —( )—      3 —(S)—      5 —(P)—
  *****        *****        *****
2 —(/)—      4 —(R)—      6 —(N)—
```

Bild 7.5: Spulen

Die speichernde Spule (3) setzt die Spulenvariable auf TRUE, wenn die linke Seite TRUE ist. Sie bleibt auf TRUE, bis sie mit der rücksetzenden Spule (4) wieder auf FALSE zurückgesetzt wird. Beides geschieht immer nur dann, wenn die linke Seite einen Zustand TRUE annimmt. Die Spulen zur Erkennung der Flanken an der linken Seite kopieren die linke auf die rechte Seite und liefern mit der Spulenvariablen für einen Rechenzyklus ein Signal TRUE, wenn das Signal auf der linken Seite einen positiven (5) oder einen negativen (6) Signalwechsel durchführt.

Funktionen und Funktionsbausteine im KOP

Die Rechtecksymbole für Funktionen und Funktionsbausteine können innerhalb eines Kontaktplans verwendet werden. Dabei müssen aber mindestens ein Eingang und ein Ausgang als boolesches Signal mit einem Kontakt oder einer Spule angeschlossen werden. Weitere boolesche Kontaktvariable können auch mit dem Namen angegeben werden.

Netzwerk-Auswertung

Die Auswertung eines KOP-Netzwerkes geht in einem Pfad von links nach rechts und von oben nach unten. Diese Reihenfolge kann nur durch Elemente der Ausführungssteuerung verändert werden.

Elemente der Ausführungssteuerung

Hier handelt es sich um Elemente, mit denen die standardmäßig festgelegte Reihenfolge durch bedingte oder unbedingte Sprungbefehle verändert werden kann.

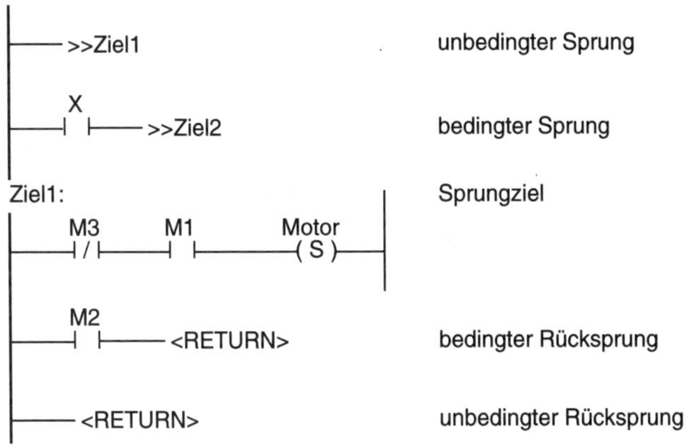

Bild 7.6: Elemente der Ausführungssteuerung

Beispiel

Der Funktionsbausteinrumpf des am Anfang dieses Kapitels vorgestellten Beispiels der Dosierung ist als Kontaktplan im Bild 7.7 gezeigt. Da hier die Hilfsvariablen M1, M2 und M3 verwendet werden, müssen diese auch im Deklarationsteil vereinbart werden. In der Liste 7.1 muss also in den Block VAR ... END_VAR zusätzlich eingefügt werden:

```
M1, M2, M3 : BOOL ;
```

Die Rücksetzdominanz des Speichers wird dadurch erreicht, dass der Rücksetzbefehl nach dem Setzbefehl ausgeführt wird.

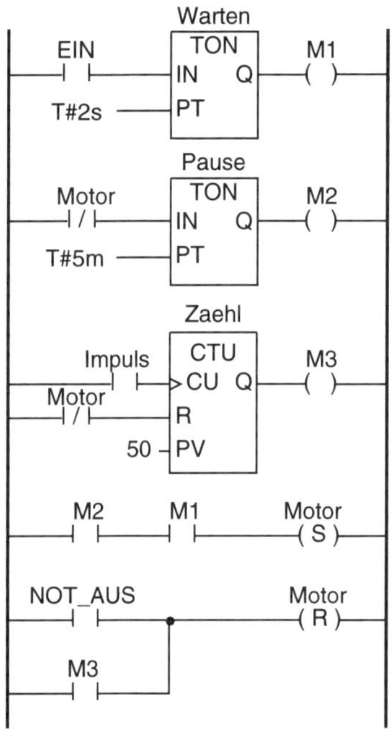

Bild 7.7: Rumpf des Funktionsbausteins „Dosierung" in KOP

Aufgabe 7.2

Zeichnen Sie den Rumpf des Funktionsbausteins „Verdunkelung" im Kontaktplan.

7.2.3 Funktionsbausteinsprache (FBS / FBD)

In der Funktionsbausteinsprache (FBS) oder dem „Function-Block Diagram" (FBD) werden die Rechtecksymbole der Funktionen und Funktionsbausteine durch Signalflusslinien miteinander verbunden. Dabei ist jeweils ein Ausgang mit einem oder mehreren Eingängen verbunden. Der Signalfluss geht von einem Ausgang zu einem Eingang.

Die in FBS formulierte Programmorganisationseinheit kann in unterschiedliche Netzwerke ähnlich wie beim Kontaktplan gegliedert sein. Darin geht der Signalfluss von links nach rechts.

Bezüglich der Reihenfolge kann der Hersteller festlegen, dass die Einheiten in der Reihenfolge bearbeitet werden, in der sie gezeichnet wurden. Dabei werden Nummern in dieser Reihenfolge vergeben, damit der Programmierer die Reihenfolge ermitteln und ggf. verändern kann. Grundsätzlich ist darauf zu achten, dass der Ausgang einer Funktion oder eines Funktionsbausteins, der für eine nachfolgende POE benötigt wird, zuvor aktuell neu berechnet wurde. Rückkopplungsvariable wie der Ausgang „Motor“ im Beispiel der Dosierung dürfen in FBS explizit durch eine zurückgeführte Signalleitung dargestellt werden. Es muss in diesen Fällen aber eindeutig festgestellt werden können, welche Variable die Rückkopplungsvariable ist, die im ersten Rechenzyklus mit dem Initialwert und danach mit dem Berechnungsergebnis aus dem vorhergehenden Rechenzyklus verarbeitet wird.

Elemente der Ausführungssteuerung

Auch in FBS kann die Reihenfolge der Bearbeitung der Bausteine durch Elemente der Ausführungssteuerung verändert werden.

Die Sprungzielmarke „Ziel1“ markiert die Stelle, an der der Funktionsplan ausgeführt wird.

TRUE ——— >>Ziel1 unbedingter Sprung

X ——— >>Ziel2 bedingter Sprung

Ziel1: Sprungziel

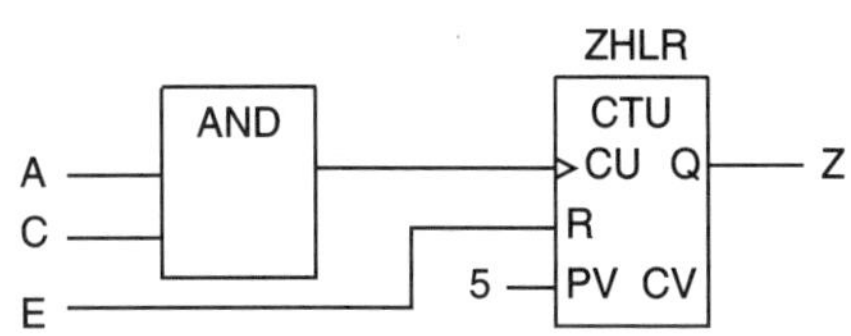

M2 ——— <RETURN> bedingter Rücksprung

END_FUNCTION unbedingter Rücksprung aus einer Funktion

END_FUNCTION_BLOCK unbedingter Rücksprung aus einem Funktionsbaustein

Bild 7.8: Elemente der Ausführungssteuerung in FBS

Beispiel

Zum Vergleich mit dem Kontaktplan wird im Bild 7.9 der Rumpf des Funktionsbausteins DOSIERUNG auch in FBS gezeigt. Da hier neben den bereits im KOP verwendeten Instanzen auch der rücksetzdominante Speicher RS instanziert werden muss, muss in Liste 7.1 im Block der internen Variablen VAR ... END_VAR eingefügt werden: FlipFlop : RS ;. Die Vereinbarungen für M1, M2 und M3, die im Kontakplan notwenig waren, können hier entfallen.

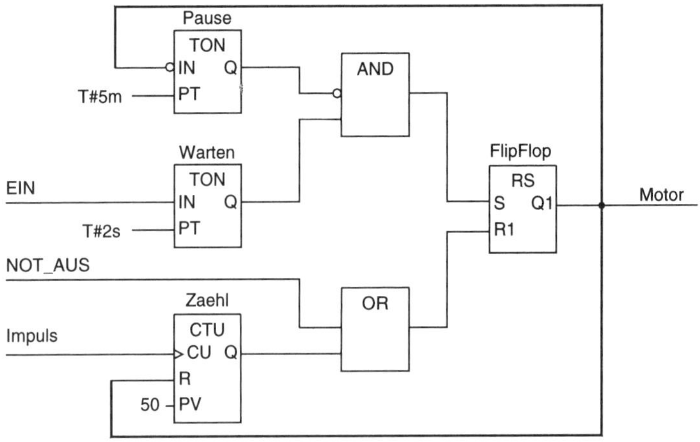

Bild 7.9: Rumpf des Funktionsbausteins „Dosierung“ in FBS

Hier ist die Ausgangsvariable „Motor“ die Rückkopplungsvariable. Beim Start des FB wird für den Zustand des Motors der Initialwert FALSE genommen, da boolesche Variablen standardmäßig mit FALSE initialisiert werden. Bei den späteren Rechenzyklen wird jeweils der Zustand des Motors genommen, der beim vorhergehenden Zyklus errechnet wurde.

Aufgabe 7.3

Zeichnen Sie den Rumpf des Funktionsbausteins „Verdunkelung“ in Funktionsbausteinsprache.

7.3 Textsprachen

7.3.1 Gemeinsame Elemente

Auch für die Textsprachen muss der Deklarationsteil der Programmorganisationseinheit mit den bereits vorgestellten Schlüsselwörtern formuliert werden.

7.3.2 Anweisungsliste (AWL / IL)

In der Anweisungsliste (AWL) oder Instruction List (IL) stehen die einzelnen Anweisungen wie bei einer maschinenorientierten Programmiersprache in einer Liste untereinander. Jede Zeile enthält also eine Anweisung, die sich in Operator, ggf. Modifizierer und einem oder mehreren, durch Kommata voneinander getrennten Operanden gliedert. Eine Anweisung kann durch eine Marke gekennzeichnet werden. Beispiele zeigt die folgende Tabelle.

Marke	*Operator (OP)*	*Operand*	*Kommentar*
START:	LD	Taster	(* Taster *)
	ANDN	%I2	(* Notaus *)
	ST	%QX5	(* Motor *)

Tabelle 7.1: Beispiele für Anweisungen

Bei der Verarbeitung der einzelnen Anweisungen wird ein Ergebnisregister verwendet, mit dem der Operand entsprechend dem Operator verknüpft wird. Damit wird das neue Ergebnis nach folgender Methode ermittelt:

```
Ergebnis := Ergebnis OP Operand
```

Das setzt voraus, dass zu Beginn einer Berechnung der erste Operand in das Ergebnis geladen und das Berechnungsergebnis nach Abschluss aller Operationen vom Ergebnis in die Zielvariable gespeichert werden muss. In dem Beispiel wird also zunächst der Zustand des Tasters in das Ergebnis geladen. Dieser wird dann mit dem negierten Inhalt der direkten Adresse %I2 UND-verknüpft und das Ergebnis in dem Ausgang %QX5 abgelegt.

Anweisungen

Die folgende Tabelle zeigt alle Operatoren zusammen mit ihren möglichen Modifikatoren, die in der Anweisungsliste verwendet werden können.

Operator	*Modifizierer*	*Bedeutung*
LD	N	Kopiert den Operanden in das Ergebnis (-register)
ST	N	Speichert das Ergebnis im Operanden
S		Setzt den booleschen Operanden auf TRUE, wenn im Ergebnis TRUE steht
R		Setzt den booleschen Operanden auf FALSE, wenn im Ergebnis TRUE steht
AND	N, (	Logisches UND
&	N, (	Logisches UND
OR	N, (	Logisches ODER
XOR	N, (	Logisches Exklusiv-ODER
NOT	N, (	Logische Negation (Einer-Komplement)

Operator	*Modifizierer*	*Bedeutung*
ADD	(	Addition
SUB	(	Subtraktion
MUL	(	Multiplikation
DIV	(	Division
MOD	(	Modulo-Division
GT	(	Vergleich auf größer als >
GE	(	Vergleich auf größer-gleich >=
EQ	(	Vergleich auf gleich =
NE	(	Vergleich auf ungleich <>
LE	(	Vergleich auf kleiner-gleich <=
LT	(	Vergleich auf kleiner als <
JMP	C, N	Sprung zur Marke
CAL	C, N	Aufruf eines Funktionsbausteins
RET	C, N	Rücksprung aus aufgerufener POE
)		Bearbeitung der zurückgestellten Operation

Tabelle 7.2: Operatoren der Anweisungsliste

Der Modifizierer „N“ gibt an, dass der boolesche Operand negiert (N: Negation) wird.

Der Modifizierer „(“ gibt an, dass die Operation erst nach dem Auftreten des Operators „)“ ausgeführt werden darf.

Beispiel:

```
AND (    |  AND( A
LD    A  |  OR    B
OR    B  |  )
)        |
```

Beide Schreibweisen sind gleichwertig.

Der Modifizierer „C“ gibt an, dass die Operation nur dann ausgeführt wird, wenn gleichzeitig im Ergebnis eine 1 (TRUE) steht (C: Condition).

Die Operatoren S und R sind nur für boolesche Operanden zulässig.

NOT führt eine bitweise Negation des Ergebnisses durch.

MOD liefert den Rest bei einer INT-Division. (z. B. 5 MOD 2 = 1)

Der Operand von JMP muss eine Marke sein.

Der Operand von CAL muss der Instanz-Name eines FB sein.

RET und „)“ dürfen keinen Operanden haben.

Funktionen

Funktionen werden in Anweisungsliste dadurch aufgerufen, dass der Funktionsname als Operator angegeben wird. Die Übergabe der Eingangsparameter erfolgt in einer der beiden Methoden:

```
Formaler Aufruf                    Nichtformaler Aufruf

LIMIT(                                   LD    0.0
EN:=        BED,                         LIMIT X, 100.0
IN:=        X,                           ST    Y
MN:=        0.0,
MX:=        100.0
ENO=>       OK
)
ST          Y
```

Liste 7.2: Aufruf von Funktionen in AWL

Beim formalen Aufruf wird hinter der Nennung der aufzurufenden Funktion je Zeile einer der Eingangsparameter übergeben. Mit der geschlossenen Klammer wird die Funktion bearbeitet und der Funktionswert in dem Ergebnis abgelegt. Die letzte Anweisung speichert das Ergebnis dann in die Zielvariable. Bei einer Ausführungssteuerung mit EN / ENO werden diese Parameter zusätzlich aufgeführt, wobei der Ausgang ENO mit dem Zuweisungszeichen „=>" an eine andere Variable übergeben wird.

Beim nichtformalen Aufruf muss der erste Eingangsparameter zunächst in das Ergebnis geladen werden. Danach erfolgt der Funktionsaufruf, wobei im Operandenteil die restlichen Eingangsparameter in der richtigen Reihenfolge, durch Kommata voneinander getrennt, übergeben werden.

Funktionsbausteine

Funktionsbausteine werden mit der Operation CAL unbedingt oder mit CALC bedingt aufgerufen. Als Beispiel dient der in Aufgabe 6.4 verwendete Zähler, der in FBS programmiert wurde.

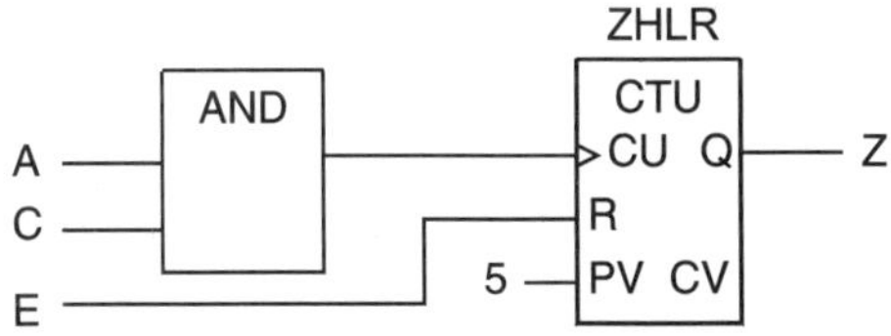

Bild 7.10: Aufruf eines FB in FBS

Die Norm bietet vier verschiedene Möglichkeiten, die Funktionsbausteininstanz ZHLR aufzurufen.

1. Aufruf mit *nichtformaler Argumentenliste*:

```
LD   A                Lade Inhalt der Variable A in das Ergebnis
AND  C                Undverknüpfung zwischen Variable C und
                      Ergebnis
ST   AC               Ergebnis in Variable AC abspeichern
CAL  ZHLR(AC, E, 5)   Aufruf der Instanz der Zählers und
                      Übergabe der Eingangswerte (Argumente)
LD   ZHLR.Q           Lade Ausgang Q der Instanz ZHLR in das
                      Ergebnis
ST   Z                Ergebnis in Variable Z abspeichern
```

Liste 7.3: Nichtformaler Aufruf eines FB in AWL

Da nur Konstanten oder Variable übergeben werden dürfen, muss die UND-Verknüpfung zuvor ausgewertet werden. Die Übergabe der Argumente muss in der bei der Deklaration des FB festgelegten Reihenfolge erfolgen. Wenn die Argumentenliste nicht vollzählig ist, werden die Werte, die vorher zugewiesen wurden, beibehalten oder es werden die Initialwerte genommen.

2. Aufruf mit *formaler Argumentenliste*:

```
LD   A          Lade Inhalt der Variable A in das Ergebnis
AND  C          Undverknüpfung zwischen Variable C und Ergebnis
ST   AC         Ergebnis in Variable AC abspeichern
CAL  ZHLR(      Aufruf der Instanz ZHLR
     CU := AC,  Übergabe von AC an den Zähleingang
     R := E,    Übergabe von E an den Rücksetzeingang
     Q => Z)    Übergabe des Ausgangs Q an die Variable Z
```

Liste 7.4: Formaler Aufruf eines FB in AWL

Es müssen nicht alle Argumente angegeben werden. So wird hier der alte Wert für PV mit 5 beibehalten. Der Ausgang wird innerhalb des Aufrufes mit „=>“ an Z übergeben.

3. Aufruf mit *Laden und Speichern* von Argumenten:

```
LD   A          Lade Inhalt der Variable A in das Ergebnis
AND  C          Undverknüpfung zwischen C und Ergebnis
ST   ZHLR.CU    Speichere im Eingang CU der Instanz ZHLR
LD   E          Lade Inhalt der Variable E in das Ergebnis
ST   ZHLR.R     Speichere im Eingang R der Instanz ZHLR
CAL  ZHLR       Aufruf der Instanz ZHLR
```

```
LD    ZHLR.Q       Lade des Ausgang Q der Instanz ZHLR
ST    Z            Speichere Ergebnis in Variable Z
```

Liste 7.5: Aufruf eines FB in AWL mit Laden und Speichern

Nach der Zuweisung der zu aktualisierenden Eingänge wird die FB-Instanz aufgerufen. Danach wird das Ergebnis ZHLR.Q an Z übergeben.

4. Mit Hilfe von *FB-Eingangsoperatoren*

```
LD    A            Lade Inhalt der Variable A in das Ergebnis
AND   C            Undverknüpfung zwischen C und Ergebnis
CU    ZHLR         Übergabe Ergebnis an CU und Aufruf der Instanz
LD    E            Lade Inhalt der Variable E in das Ergebnis
R     ZHLR         Übergabe Ergebnis an R und Aufruf der Instanz
LD    ZHLR.Q       Lade des Ausgang Q der Instanz ZHLR
ST    Z            Speichere Ergebnis in Variable Z
```

Liste 7.6: Aufruf eines FB in AWL mit Eingangsoperatoren

Mit jeder Zeile, in der ein FB-Eingang als Operator und die Instanz als Operand formuliert ist, wird der FB mit der Übergabe des aktuellen Inhaltes des Ergebnisses aufgerufen. Die anderen Eingänge des FB bleiben auf dem bisherigen Wert stehen.

Für die Standard-Funktionsbausteine (vgl. Kapitel 9.2) können folgende Eingangsoperatoren verwendet werden.

Operator	*FB-Typ*	*Kommentar*
S1, R	SR	Setzdominanter Speicher
S, R1	RS	Rücksetzdominanter Speicher
CLK	TRIGGER	R-Trigger und F-Trigger
CU, R, PV	CTU	Aufwärtszähler (Count up)
CD, PV	CTD	Abwärtszähler (Count down)
CU, CD, R, PV	CTUD	Auf-Abwärtszähler
IN, PT	TP	Zeitpulsglied
IN, PT	TON	Einschaltverzögerung
IN, PT	TOF	Ausschaltverzögerung

Tabelle 7.3: Eingangsoperatoren für Standard-FB in AWL

Das obige Beispiel der Dosierung würde bei einer Programmierung in Anweisungsliste folgenden Funktionsbaustein-Rumpf erhalten.

1. Nichtformale Argumentenliste:		*2. Formale Argumentenliste:*	
LDN	Motor	LDN	Motor
ST	NMotor	ST	NMotor
CAL	Pause (NMotor, T#5m)	CAL	Pause (
CAL	Warten (EIN, T#2s)		IN:=NMotor,
CAL	Zaehl (Impuls, NMotor, 50)		PT:=T#5m)
LDN	Pause.Q	CAL	Warten (
AND	Warten.Q		IN:=EIN,
S	Motor		PT:=T#2s)
LD	NOT_AUS	CAL	Zaehl (
OR	Zaehl.Q		CU:=Impuls,
R	Motor		R:=NMotor,
			PV:=50)
		LDN	Pause.Q
		AND	Warten.Q
		S	Motor
		LD	NOT_AUS
		OR	Zaehl.Q
		R	Motor
3. Aufruf mit Laden und Speichern von Argumenten:		*4. Mit Hilfe von FB-Eingangsoperatoren*	
LDN	Motor	LDN	Motor
ST	Pause.IN	IN	Pause
LD	T#5m	LD	T#5m
ST	Pause.PT	PT	Pause
CAL	Pause	LD	EIN
LD	EIN	IN	Warten
ST	Warten.IN	LD	T#2s
LD	T#2s	PT	Warten
ST	Warten.PT	LD	Impuls
CAL	Warten	CU	Zaehl
LD	Impuls	LDN	Motor
ST	Zaehl.CU	R	Zaehl
LDN	Motor	LD	50
ST	Zaehl.R	PV	Zaehl
LD	50	LDN	Pause.Q
ST	Zaehl.PV	AND	Warten.Q
CAL	Zaehl	S	Motor
LDN	Pause.Q	LD	NOT_AUS
AND	Warten.Q	OR	Zaehl.Q
S	Motor	R	Motor
LD	NOT_AUS		
OR	Zaehl.Q		
R	Motor		

Tabelle 7.4: Anweisungslisten für das Beispiel „Dosierung“

Für die Versionen 1 und 2 muss im Deklarationsteil nachträglich vereinbart werden:

```
NMotor : BOOL ;
```

Aufgabe 7.4

Schreiben Sie den Rumpf des Funktionsbausteins „Verdunkelung“ in Anweisungsliste mit formaler Argumentenliste.

7.3.3 Strukturierter Text (ST)

Der strukturierte Text (ST) oder die Structured Control Language (SCL) entspricht einer höheren Programmiersprache. Darin sind Ausdrücke, Zuweisungen und unterschiedliche Anweisungen formuliert.

Ausdrücke

In Ausdrücken werden Berechnungen definiert, die zu einem Ergebnis führen, das einem Datentyp entspricht. Ein Ausdruck enthält Operatoren und Operanden. Operanden können Literale, Variable, Funktionsaufrufe oder andere Ausdrücke sein.

Die möglichen Operatoren sind hierarchisch geordnet und werden innerhalb eines Ausdrucks entsprechend dieser Hierarchie oder aber von links nach rechts ausgeführt. Die Tabelle 7.5 gibt die Operatoren der Sprache ST wieder. Die Hierarchie nimmt dabei von oben nach unten ab.

Operation	*Symbol*
Klammerung	(Ausdruck)
Funktions-Bearbeitung BEISPIELE	Bezeichner (Argumentliste) SIN(X), MIN(A, B) etc.
Negation Komplement	- NOT
Potenzierung	**
Multiplizieren Dividieren Modulo	* / MOD (Divisionsrest)
Addieren Subtrahieren	+ -
Vergleich	<, >, <=, >=

Operation	*Symbol*
Gleichheit Ungleichheit	= <>
Boolesches UND	AND oder &
Boolesches Exklusiv-ODER	XOR
Boolesches ODER	OR

Tabelle 7.5: Operanden der Sprache ST

Beispiele:

Folgende Werte werden festgelegt: A = 2, B = 5, C = 3, D = 7, E = 11

Dann liefert: A + B * C = 17, (A + B) * C = 21, D + MIN(C, D, E) = 10

Zuweisungen

Mit einer Zuweisung wird einer Variablen oder einer Funktion ein Wert zugewiesen, der durch Auswertung eines Ausdruckes ermittelt wurde. Das Zuweisungszeichen ist „:=“. In der Zuweisung A := B werden bei einer Datenstruktur oder einem Feld alle einzelnen Elemente übertragen. Die Variable auf der linken Seite muss vom selben Datentyp wie der Ausdruck auf der rechten Seite sein. Ggf. muss eine Typumwandlung erfolgen.

Anweisungen

Die im strukturierten Text verwendbaren Anweisungen sind in der folgenden Tabelle 7.6 aufgelistet. Jede Anweisung wird durch ein Semikolon (;) abgeschlossen.

Anweisung	*Beispiel*
Zuweisung	A := B; SUM := SUM + X; C := SIN(X);
Aufruf eines FB und Verwendung seines Ausgangs	ZHLR(CU:=AC, R:=E, PV:=5) ; Z := ZHLR.Q ;
RETURN	RETURN ;
 IF bool THEN ..... ; ..... ; ELSIF ...... ; ..... ; ELSE .... ; .... ; END_IF ;	W := A + B*C ; IF W < 5 THEN FALL := 1; Z := 2*W ; ELSIF W = 5 THEN FALL := 2 ; Z := 6*W ; ELSE FALL := 3 ; Z := 20*W ; END_IF ;

Anweisung	*Beispiel*
CASE key OF Mark1: ... ; Mark2: ... ; . . ELSE END_CASE ;	KEY := A*D ; CASE KEY OF 1, 5: Z := A + B ; 2: Z := C*D ; 3 .. 10: Z := A ; ELSE Z := 0 ; END_CASE ;
FOR zv := anf TO end BY step DO ...... ; ...... ; END_FOR ;	SUM := 0.0 ; FOR I:=1 TO 100 BY 2 DO SUM := SUM + ARR[I] ; END_FOR ;
WHILE bool DO ...... ; ...... ; ...... ; END_WHILE ;	I := 1 ; WHILE I <= 10 & KEY = 1 DO Z[I] := 6*I ; I := I + 1 ; END_WHILE;
REPEAT ...... ; ...... ; ...... ; UNTIL bool END_REPEAT ;	I := 0 ; REPEAT I := I + 1 ; Z[I] := 6*I ; UNTIL I = 9 END_REPEAT;
EXIT ;	EXIT ;
Leer-Anweisung	;

Tabelle 7.6: Anweisungen der Sprache ST

Bei IF-Anweisungen wird zunächst geprüft, ob der boolesche Ausdruck hinter IF (bool) gleich TRUE ist. Wenn das der Fall ist, wird die Gruppe der Anweisungen ausgeführt, die zwischen dem Schlüsselwort THEN und END_IF bzw. ELSE bzw. ELSIF folgt. Wenn der Ausdruck FALSE ist, wird entweder keine Anweisung ausgeführt oder es werden die Anweisungen ausgeführt, die hinter dem Schlüsselwort ELSIF (bei Erfüllung der weiteren booleschen Bedingung) oder ELSE folgen.

Bei der CASE-Anweisung wird ein Ausdruck (key) vom Typ ANY_INT als Selektor ausgewertet und damit entschieden, welche Gruppe aus einer Auswahl von markierten Gruppen (Mark1, Mark2, ...) ausgeführt werden muss. Je nach Wert des Selektors wird die Gruppe bearbeitet, deren Markierung zum Selektor passt. Die Markierung kann durch einen ganzzahligen Zahlenwert, eine Liste von

Werten oder einen Bereich von Werten erfolgen. Falls der Selektor auf keine Markierung zeigt, werden die Anweisungen ausgeführt, die hinter ELSE stehen, falls dieser vorkommt.

In einer FOR-Schleife wird ein Zählindex (zv) vom Typ SINT, INT oder DINT verwendet, dem ein Anfangswert (anf) zugewiesen wird. Mit jedem Durchlauf der Schleife wird der Zählindex um die Schrittweite (step) bis zu einem Endwert (end) erhöht. Innerhalb der Schleife dürfen Anfangs- und Endwert nicht verändert werden. Die Schrittweite kann auch negativ sein, so dass der Zähler zurückzählt. Falls der Anfangswert den Endwert bei positiver/negativer Schrittweite über-/unterschreitet, wird die Schleife nicht bearbeitet.

Die FOR-Schleife wird dann verwendet, wenn die Anzahl der Wiederholungen vorher bekannt ist. Eine solche Schleife kann aber auch vorzeitig beendet werden, wenn man die Anweisung EXIT verwendet. Das folgende Beispiel zeigt die Wirkung von EXIT.

```
SUM := 0 ;
FOR I := 1 TO 3 DO
  FOR J := 1 TO 2 DO
     IF FLAG THEN EXIT ; END_IF ;
          SUM := SUM + J ;
  END_FOR ;
  SUM := SUM + I ;
END_FOR ;
```

Liste 7.7: Anwendung von EXIT

Wenn die Anweisung EXIT erreicht wird, muss die Schleife, in der sich EXIT befindet, sofort verlassen werden. So ergibt sich bei dem gezeigten Beispiel für FLAG = FALSE ein Wert SUM = 15 und für FLAG = TRUE ergibt sich SUM = 6.

Mit WHILE wird eine sogenannte kopfgesteuerte Schleife definiert, bei der vor Eintritt in die Schleife geprüft wird, ob die Schleife bearbeitet werden muss. So lange die Bedingung bool erfüllt ist, werden alle Anweisungen bis zu END_WHILE ausgeführt. Sobald bool = FALSE wird, wird die Schleife abgebrochen. Wenn bool bereits zu Beginn FALSE ist, wird die Schleife nicht bearbeitet.

Mit REPEAT wird eine fußgesteuerte Schleife definiert, deren Anweisungen bis zu END_REPEAT auf jeden Fall einmal bearbeitet werden. Die Bearbeitung wird wiederholt, wenn die Bedingung bool erfüllt ist.

Im strukturierten Text lautet der Funktionsbaustein-Rumpf der DOSIERUNG:

```
NMotor := NOT Motor ;
Pause (IN:=NMotor, PT:=T#5m) ;
```

```
Warten (IN:=EIN, PT:=T#2s) ;
Zaehl (CU:=Impuls, R:=NMotor, PV:=50) ;
Setz := Pause.Q AND Warten.Q ;
Ruecks := NOT_AUS OR Zaehl.Q) ;
FlipFlop (S:= Setz, R1:=Ruecks) ;
Motor := FlipFlop.Q1 ;
```

Liste 7.8: Rumpf des FB „Dosierung" in ST

Im Deklarationsteil muss noch nachträglich innerhalb der internen Variablen deklariert werden:

```
NMotor :        BOOL ;
Setz :          BOOL ;
Ruecks :        BOOL ;
```

Liste 7.9: Deklaration der internen Variablen

Aufgabe 7.5

Schreiben Sie den Rumpf des Funktionsbausteins „Verdunkelung" in strukturiertem Text.

8 Realisierung von Verknüpfungssteuerungen

8.1 Verwendete Programme

Im Kapitel 7 wurde im Zusammenhang mit der Vorstellung der vier Programmiersprachen für Verknüpfungssteuerungen das Beispiel DOSIERUNG behandelt. Hier soll nun gezeigt werden, wie diese wenig modifizierte Aufgabe mit CoDeSys und mit STEP 7 realisiert werden kann.

Die Beispiele in diesem Buch sollen möglichst anschaulich werden und dem Leser die Möglichkeit bieten, selbst interaktiv an SPS-Steuerungen zu arbeiten. Dazu benötigt man folgende Programme:

1. CoDeSys V3.2 SP1 Patch 3 von „3S-Smart Software Solutions GmbH" und/oder
2. STEP 7 Professional 2006 SR5 und ggf.
3. CFC V7.0 SP1 und ggf.
4. WinCC flexible 2008

CoDeSys ist ein verbreitetes, allgemeines (nicht von einem SPS-Hersteller stammendes) Programmiersystem der Firma 3S-Smart Software Solutions GmbH, das z. B. für Soft-SPS (auf PC emulierte SPS) oder Industrie-PC (IPC) den Standard IEC 61131-3 unterstützt. Mit dem in CoDeSys enthaltenen Visualisierungs-Werkzeug kann man Anlagen für die Bedienung und Beobachtung grafisch darstellen. Eine Demoversion dieses Programmiersystems befindet sich auf der beigelegten Verlags-DVD.

STEP 7 ist das Standard-Programmiersystem von Siemens für S7-Steuerungen und das Prozessleitsystem PCS7 für die Programmierung in AWL, KOP, FUP, ST (SCL) und in der Ablaufsprache GRAPH. In dieses Buch ist eine Installations-DVD von Siemens mit einer 14-tägigen Versuchslizenz eingebunden.

CFC V7.0 SP1 ist ein komfortabler Editor zur Programmierung einer Verknüpfungssteuerung in FBS, der nicht an Netzwerke wie KOP/FUP gebunden ist. Die

Programmierung in CFC wird von Siemens in erster Linie für das Prozessleitsystem PCS7 eingesetzt, ist aber ebenfalls für SPSn verwendbar. Die Demoversion befindet sich auf der beigefügten Siemens-Installations-CD mit 14-tägiger Versuchslizenz.

WinCC flexible wird bei Siemens u. a. für die Visualisierung verwendet. Man kann damit aber auch einfache Simulationen von Anlagen realisieren. Hierbei handelt es sich um ein leistungsfähiges Werkzeug mit einer Bibliothek von Anlagenkomponenten, die sehr anschauliche Grafiken ermöglichen. Siemens hat auch für WinCC flexible eine Installations-DVD mit einer 30-tägigen Versuchslizenz zur Verfügung gestellt, die Sie diesem Buch entnehmen können.

Die Software von Siemens verlangt das Betriebsystem Windows XP Professional mit Service Pack SP2. Falls Ihr PC ein anderes Betriebssystem – z. B. Windows Vista Home Edition – aufweist und Sie über die Lizenz für Windows XP Professional verfügen, können sie dieses in einer virtuellen Maschine (z. B. „Virtual PC“ von Microsoft kann kostenlos aus dem Netz geladen werden) installieren. Eine Installation in einer virtuellen Maschine hat den Vorteil, dass dadurch Ihr PC nicht durch die STEP 7-Programme verändert wird. Beachten Sie bei einer Installation in einem virtuellen PC bitte auch die Lizenzvorschriften. Diese bedeuten, dass die beiliegende Software nur zum Kennenlernen auf einem Rechner installiert werden und 14 bzw. 30 Tage genutzt werden darf. Danach ist eine Neuinstallation auf diesem Rechner nicht mehr möglich!

Bei der Betrachtung der Beispiele kann man sich damit begnügen, die in diesem Buch gezeigten Lösungen, die mit CoDeSys und STEP 7 erstellt wurden, anzusehen. Diese befinden sich auf der Verlags-DVD. Wer etwas mehr Erfahrung sammeln möchte, kann die Beispiele mit der Demoversion von CoDeSys oder/und von STEP7/CFC auf dem eigenen PC betrachten und die Aufgaben lösen. Beide Werkzeuge bieten einen SPS-Emulator, auf dem das jeweilige Programm ablaufen kann. Damit wird es möglich, die erstellte Logik am PC zu kontrollieren. Sehr nahe an der realen Situation ist man, wenn man die zu den Beispiel- und Übungsprojekten gehörenden Prozesse, die in CoDeSys und WinCC-flexible (Siemens) simuliert und visualisiert wurden, verwendet und die Steuerung im Zusammenspiel mit dem simulierten Prozess überprüft.

Die diesem Buch beigelegte Verlags-DVD enthält neben der Installationssoftware für die Demoversion von CoDeSys Applikationen für CoDeSys und STEP 7. Wenn Sie das Verzeichnis „DVD_IEC_61131_3“ auf das Laufwerk C:\ als „C:\DVD_IEC_61131_3“ kopieren, können Sie die Projekte so verwenden, wie das hier gezeigt wird.

Wenn Sie wollen, können Sie die Leer-Projekte „***-Ler“ auf der Verlags-DVD verwenden, um die Steuerungen selbst zu programmieren und zu testen.

Mit dem Beispiel „Dosierung“ wird nun schrittweise in den Umgang mit der Programmiersoftware und die Programmierung in den verschiedenen Programmiersprachen eingeführt. Dabei wird der Test der Logik sowohl im Programmiereditor als auch mit einer grafischen Bedienoberfläche gezeigt.

8.2 Programmiersystem CoDeSys

Für das Anlegen von Projekten und die Programmierung von Steuerungen steht als Programmierwerkzeug das Programm „CoDeSys V3.2 Patch3“ zur Verfügung. Nach der Installation der Software werden die beiden Windowsdienste „CoDeSys Gateway V3 Version 3.2.0.3“ und „CoDeSys SP Win V3 Version 3.2.0.3“ angelegt und gestartet. Wenn der Gateway oder die SPS z. B. wegen Ablauf der Nutzungsdauer abgeschaltet wurden, können sie manuell unter Windows mit „Start / Systemsteuerung / Verwaltung / Dienste“ gestartet werden.

Die verschiedenen Fenster können mit der Maus in der Größe und Lage verändert, ausgeschaltet und über den Menuepunkt „Ansicht“ eingeschaltet werden.

Unter CoDeSys können komplexe Projekte erstellt werden. Das folgende Bild zeigt die Struktur.

- Programmiergerät „CoDeSys V3.2 Patch 3“
  - Gateway 1 (z. B. „CoDeSys Gateway V3 Version 3.2.0.3")
    - *Netzvariablenliste (NVL)*
    - Gerät 1.1 (z. B. „CoDeSys SP Win V3 Version 3.2.0.3")
      - Applikation 1.1.1 (z. B. „Dosierung")
        - Globale Variablenliste (GVL)
        - Programm 1.1.1.1 ... *Programm 1.1.1.n*
        - Task 1.1.1.1 ... *Task 1.1.1.n*
      - *etc.*
      - *Applikation 1.1.n*
    - *etc.*
    - *Gerät 1.n*
  - *etc.*
  - *Gateway n*

Bild 8.1: Struktur eines CoDeSys-Projektes

Das Programmiergerät „CoDeSys V3.2 Patch 3“ kann über Gateways mit verschiedenen Geräten (SPSn) verbunden werden, um Programme z. B. auf mehrere Steuerungen zu übertragen und Daten damit auszutauschen.

Pro Gateway kann eine netzweite globale Variablenliste (NVL) definiert werden, auf die alle Programmorganisationseinheiten zugreifen können, die auf Geräten ablaufen, die an demselben Gateway hängen.

Pro Gerät können mehrere Applikationen angegeben werden, die wiederum mehrere Programme (mit Funktionsbausteinen und Funktionen) und mehrere Tasks enthalten können.

Da hier eine Demoversion eingesetzt wird, wird das Programm zur Emulation der SPS („CoDeSys SP Win V3 Version 3.2.0.3“) nach zwei Stunden beendet. Wenn man nach dieser Zeit weiterarbeiten möchte, muss man diesen Dienst manuell über „Start / Systemsteuerung / Verwaltung / Dienste“ oder über das Icon mit dem Symbol einer SPS in der Icon-Leiste unten rechts im Windows-Fenster erneut starten. Wenn beim Versuch, ein Programm auf ein Gerät zu übertragen, die Fehlermeldung „Verbindung zum Gerät geschlossen“ erscheint, ist das ein Hinweis darauf, dass die SPS inzwischen gestoppt wurde.

8.3 SPS-Steuerung mit CoDeSys

Das Beispiel der Dosierung wurde in CoDeSys simuliert und dazu eine Visualisierung erstellt. Die Bedienoberfläche zeigt das folgende Bild.

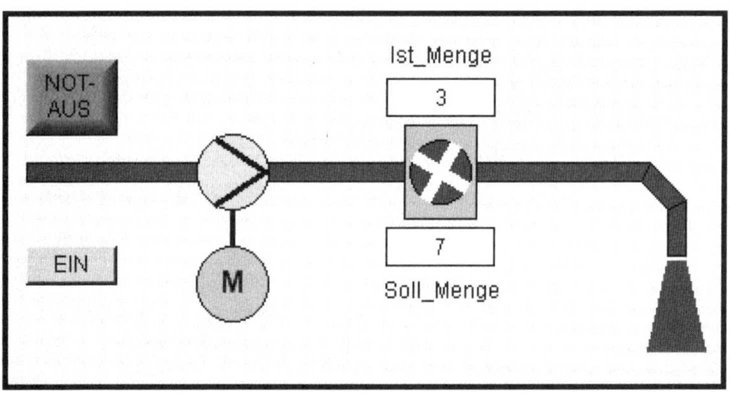

Bild 8.2: Visualisierung der Dosierung

Links unten befindet sich der EIN-Taster und darüber der NOT-AUS-Schalter. Die abzufüllende Menge wird im Eingabefeld „Soll-Menge“ vorgegeben. Die SPS liefert das boolesche Signal „Motor“, mit dem der Motor, der die Pumpe antreibt, eingeschaltet wird. Der Volumenmesser liefert an die SPS das boolesche Signal „Impuls“, mit dem der Steuerung mitgeteilt wird, dass ein weiterer Liter abgefüllt wurde.

8.3.1 SPS-Programm in CFC

Die Signale „Motor“ und „Impuls“ werden zwischen der SPS und der Anlage über globale Variable ausgetauscht. Alle anderen Signale sind interne Variable des SPS-Programms. Die eigentliche Steuerung wird im Funktionsbaustein „Dosierung“ programmiert, der im Programm „PLC_PRG“ instanziert wird.

Ein neues CoDeSys-Projekt wird angelegt mit: „Datei / Neues Projekt / Allgemein / Standardprojekt“ / Name: z. B. „Dosierung_CFC“ / Location: z. B. „C: \ DVD_IEC_61131_3 \ CoDeSys_Applikationen \ BeispielProjekte \ 083_Dosierung“ / OK / Gerät: „CoDeSys SP Win V3“ / PLC_PRG in: „Continous Function Chart (CFC) / OK“. So entsteht das Projekt mit dem Projektnamen: „Dosierung_CFC“.

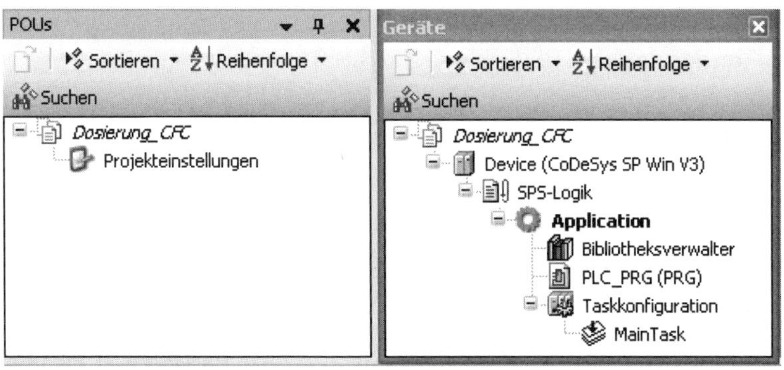

Bild 8.3: Projektstruktur

Im linken Fenster werden Programmorganisationseinheiten (POUs) und im rechten die Gerätestruktur angezeigt. Das SPS-Programm wird standardmäßig mit „PLC_PRG“ bezeichnet und zusammen mit den dazu gehörenden Funktionen und Funktionsbausteinen unter „Application“ abgelegt.

Ein Funktionsbaustein wird mit der rechten Maustaste (RM) auf „Application / Objekt hinzufügen / POU / Name: „Dosierung“ / Typ: Funktionblock / Implementationssprache: Continous Function Chart (CFC) / Öffnen“ eingefügt. Dadurch wird ein neues Fenster mit dem leeren Deklarationsteil, dem Arbeitsblatt (unten links) für den Rumpf des Funktionsbausteins und ein Bereich mit den unter CFC zur Verfügung stehenden Werkzeugen geöffnet.

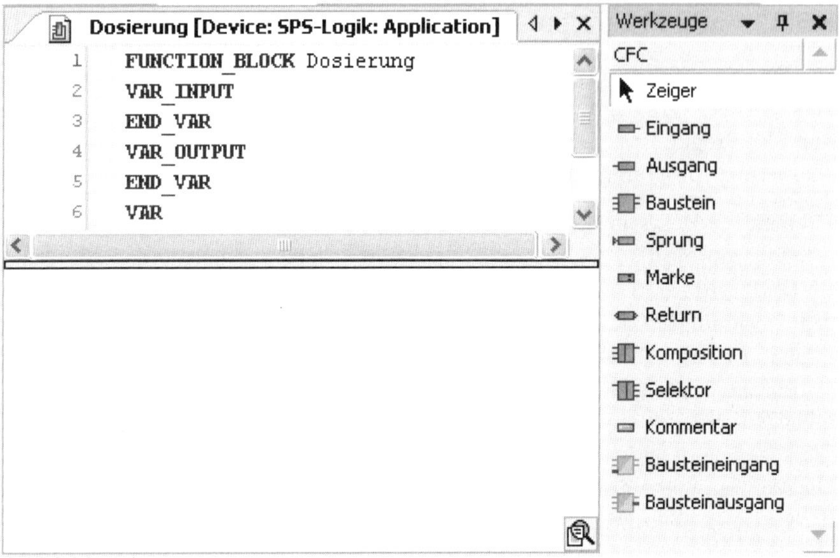

Bild 8.4: Deklarationsteil, Rumpf und Werkzeuge

In CFC programmiert man, indem man je nach Bedarf z. B. Bausteine, Eingänge und Ausgänge in das Arbeitsblatt zieht und anschließend bei „???" den aktuellen Namen für die Funktion, den Funktionsbaustein, den Ein- oder Ausgang eingibt. Gibt man beim Ein- oder Ausgang einen Namen ein, der bisher noch nicht verwendet wurde, wird ein Dialog eingeblendet, mit dem diese Variable z. B. als Eingang (VAR_INPUT) oder Ausgang (VAR_OUTPUT) mit dem zugehörigen Datentyp definiert wird. Wenn man bei einem Baustein den Namen einer Funktion oder eines Funktionsbausteins angibt, erscheint das entsprechende Symbol der Funktion oder des Funktionsbausteins. Beim Funktionsbaustein wird über das Symbol mit „???" die Eingabe eines Instanzennamens erwartet, der ebenfalls über ein Dialogfenster deklariert und automatisch in den Deklarationsteil übernommen wird. Während der Programmierung kann das Arbeitsblatt beispielsweise folgendes Aussehen annehmen:

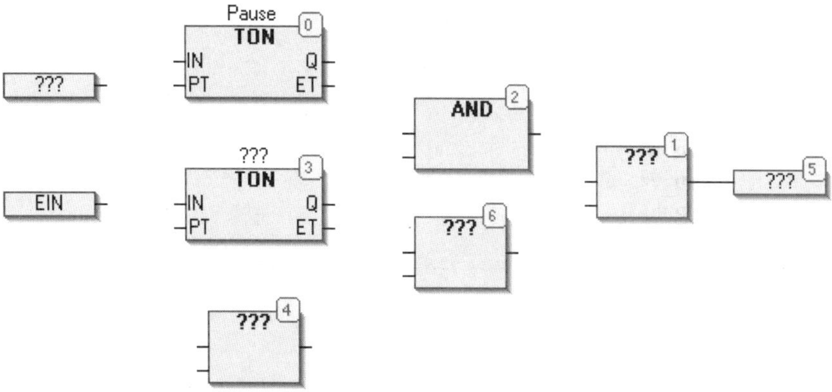

Bild 8.5: Bausteine, Ein- und Ausgänge im Arbeitsblatt

Die Verbindung zwischen den Ein- und Ausgängen werden entweder automatisch erzeugt, wenn man z. B. mit einer Eingangsvariablen nahe an den entsprechenden Eingang eines Bausteins geht, oder dadurch, dass man von einem Eingang (Ausgang) mit gedrückter linker Maustaste zum entsprechenden Ausgang (Eingang) geht und dort die Taste loslässt. Bei automatisch erzeugten Verbindungen sollte man durch Verschiebung eines Objektes prüfen, ob die Verbindung wirklich besteht! Wenn ein Eingang in einen FB oder in eine Funktion negiert werden soll, wird er mit der Maus markiert und mit „RM / Negieren" mit dem Kreissymbol für eine Negation dargestellt.

In der rechten oberen Ecke der Funktionen bzw. Funktionsbausteine wird mit der Zahl angegeben, in welcher Reihenfolge die Bausteine eingefügt wurden. Bei der späteren Abarbeitung des Programms werden die Bausteine auch in dieser Reihenfolge verarbeitet. Oft stimmt diese Reihenfolge nicht mit der logischen Reihenfolge überein, weswegen man bei aktivem Arbeitsblatt (Mausklick ins Arbeitsblatt) mit „CFC / Ausführungsreihenfolge / Nach Datenfluss ordnen" die Reihenfolge neu festlegen muss.

Im Vergleich zu der im Kapitel 7 gezeigten Dosierung wird hier zusätzlich die abgefüllte Menge (Ist_Menge) ausgegeben, um in der Visualisierung angezeigt werden zu können. Außerdem wurde hier die Pause zwischen zwei Dosiervorgängen von fünf Minuten auf fünf Sekunden reduziert, damit man beim Testen der Steuerung nicht so lange warten muss.

Der fertig programmierte Funktionsbaustein „Dosierung" hat nun folgendes Aussehen. Die Änderung der Reihenfolge der Einträge und andere Änderungen kann man im Deklarationsteil direkt vornehmen.

```
FUNCTION_BLOCK Dosierung
VAR_INPUT
    EIN:         BOOL;    (* Ein-Taster *)
    Impuls:      BOOL;    (* Impulse vom Mengenzaehler *)
    NOT_AUS:     BOOL;    (* Notaus-Schalter *)
    Soll_Menge:  INT;     (* zu dosierende Soll-Menge *)
END_VAR
VAR_OUTPUT
    Motor:       BOOL;    (* Motor-Ausgang *)
    Ist_Menge:   INT;     (* bereits abgefüllte Menge *)
END_VAR
VAR
    Pause:       TON;     (* Pause zwischen 2 Dosierunbgen *)
    Warten:      TON;     (* Mindestzeit für Druck auf Taste *)
    Zaehl:       CTU;     (* Volumenzaehler *)
    FlipFlop:    RS;      (* Speicher für Motor-Ausgang *)
END_VAR
```

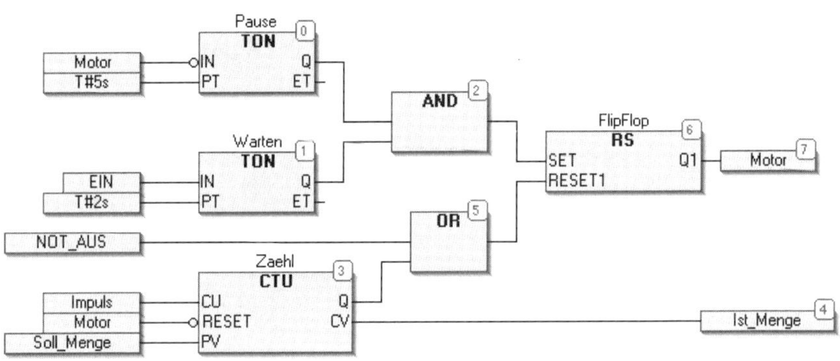

Bild 8.6: Funktionsbaustein „Dosierung" in CFC

Mit „Erstellen / Application neu übersetzen" wird der Funktionsbaustein nun übersetzt. Im Meldungsfenster kann man sehen, ob Übersetzungsfehler aufgetreten sind.

Wenn der FB fehlerfrei übersetzt wurde, kann er im Programm instanziert werden. Dazu aktiviert man im Strukturbaum des Gerätes mit einem Doppelklick auf „PLC_PRG" das Programmierwerkzeug zur Programmierung des Deklarationsteils und des Rumpfes.

Da die Signale „Motor" und „Impuls" zwischen der SPS und der Anlage bzw. der Simulation und Visualisierung der Anlage ausgetauscht werden, werden sie als globale Variable im Projekt definiert und als externe Variable im Programm bekannt gemacht.

Globale Variable definiert man in der globalen Variablenliste (GVL), die über den Strukturbaum mit RM auf „Application / Objekt hinzufügen / Globale Variablenliste / Öffnen“ geöffnet wird. Hier trägt man die globalen Variablen ein. Danach enthält die Applikation zusätzlich zum FB „Dosierung“ auch die globale Variablenliste GVL mit den global verfügbaren Variablen.

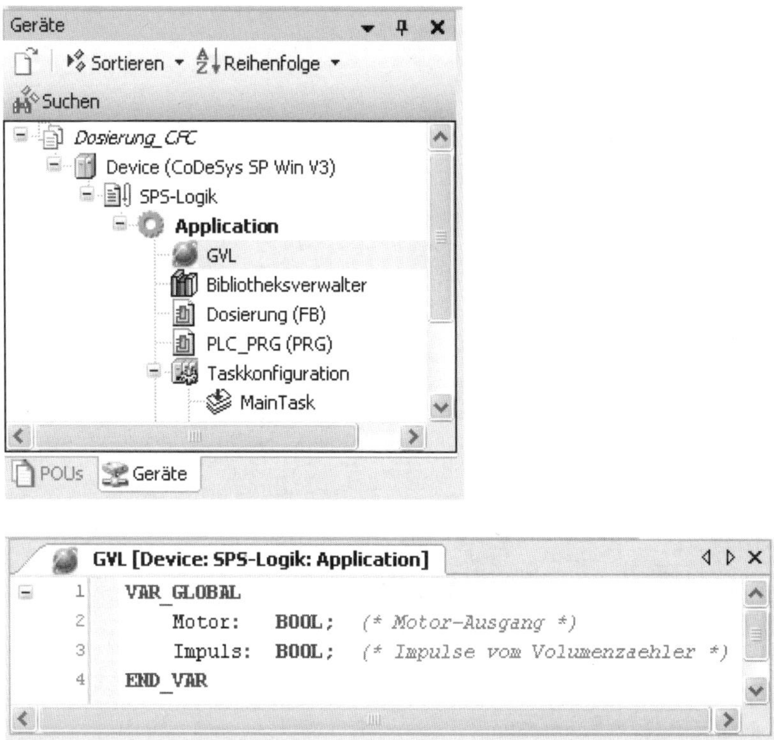

Bild 8.7: Globale Variablen

Den FB instanziert man im Programm, indem man einen Baustein in das Arbeitsblatt zieht und als Namen „Dosierung“ einträgt. Anschließend zeigt sich das Symbol des FB mit den Ein- und Ausgängen. Wenn die Ein- oder Ausgänge in anderer Reihenfolge angezeigt werden sollen, muss man diese Reihenfolge im Deklarationsteil des FB entsprechend ändern. Als Instanzenname kann man z. B. „DB_Dosierung“ angeben, was deutlich macht, dass hier der Datenbaustein für die benötigten internen Variablen des Funktionsbausteins „Dosierung“ abgespeichert ist.

Da die externen Variablen „Motor" und „Impuls" globale Variable sind, die in der globalen Variablenliste enthalten sind, müssen diese Variablen mit dem vollen Namen „GVL.Motor" bzw. „GVL.Impuls" angegeben werden. Es genügt hier nicht, diese Variablen im Programm als externe Variable zu deklarieren, weil CoDeSys V3 mehrere globale Variablenlisten mit unterschiedlichen Namen (hier GVL) enthalten kann.

Das Programm PLC_PRG hat nun das folgende Aussehen:

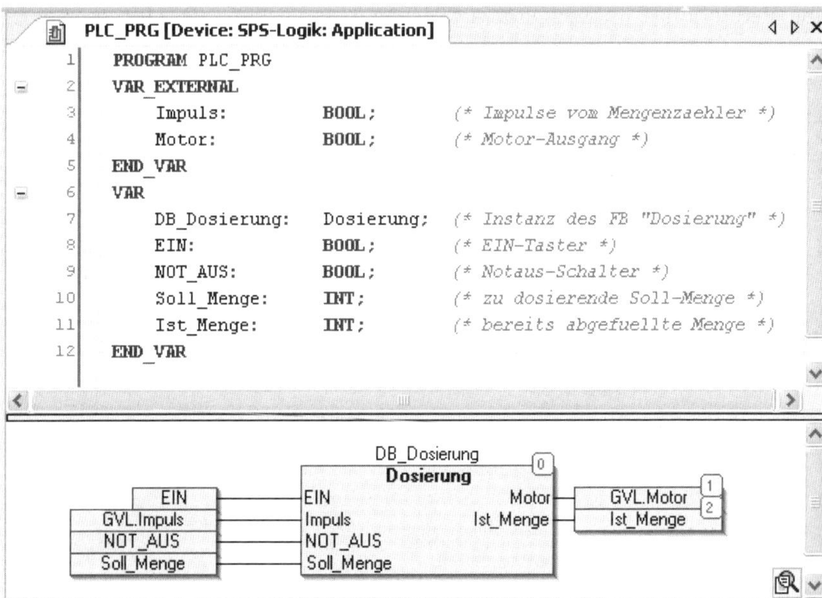

Bild 8.8: Programm PLC_PRG in CFC

Bei der Eingabe der Variablen kann man sich über ggf. automatisch eingeblendete Auswahlfenster führen lassen.

Mit „Erstellen / Application neu übersetzen" wird nun das komplette Programm übersetzt. Wenn Übersetzungsfehler auftreten, kann man mit einem DK auf die Fehlermeldung die Fehlerstelle anzeigen lassen.

Hinweis: In dieser Version von CoDeSys wird – im Gegensatz zur IEC-Norm – als Variable PV bzw. CV bei Zählern ein Datentyp WORD erwartet. Das wurde hier nicht beachtet und logischerweise jeweils eine INT-Variable angebunden. Dieses führt zu einer Warnmeldung, mit der angezeigt wird, dass eine implizite Datentypumwandlung vorgenommen wird. Man kann also diese Warnmeldung ignorieren.

Wenn man nun die Logik des Programms testen möchte, muss man das übersetzte fehlerfreie Programm in die SPS übertragen. Die Soft-SPS „CoDeSys SP Win V3“ wird mit dem Start von CoDeSys automatisch gestartet. Da hier mit der Demoversion gearbeitet wird, wird die Soft-SPS nach zwei Stunden gestoppt. Ein Neustart ist entweder über das Icon in der Iconleiste unter Windows (unten rechts auf dem Bildschirm) oder über den Start des Windows-Dienstes unter Windows über „Start / Systemsteuerung / Verwaltung / Dienste / CoDeSys SP Win V3 Version 3.2.0.3 / Den Dienst starten“ möglich.

Eine Verbindung zwischen Programmiergerät und SPS-Gerät wird über einen Gateway aufgebaut. Dazu wurde beim Start des Programmiersystems neben der Soft-SPS auch der CoDeSys Gateway V3 gestartet. Ein manueller Start ist außerdem mit „Start / Systemsteuerung / Verwaltung / Dienste / CoDeSys Gateway V3 Version 3.2.0.3 / Den Dienst starten“ möglich. Der Dialog zur Einrichtung der Gateway-Verbindung wird mit einem Doppelklick (DK) auf das Gerät (CoDeSys SP Win V3) eröffnet. Zunächst muss ggf. ein Gateway mit „Gateway hinzufügen / Name z. B. „Gateway-1“ / die Parameter können übernommen werden“ eingefügt werden. Wenn der Punkt am Symbol des Gateway grün ist, wurde der Gateway gefunden und kann verwendet werden. Wenn er rot sein sollte, muss der Gateway ggf. noch über die Icon-Leiste unten rechts im Windows-Bildschirm oder manuell gestartet werden.

Das Feld bei „Netzwerkpfad beim Login abfragen“ ist zu aktivieren. Mit „Netzwerk durchsuchen“ kann man feststellen, welche Geräte an den Gateway-1 angeschlossen sind (hier z. B. LEPERS-DESKTOP [0101]). Diese Verbindung wird anschließend mit „Aktiven Pfad setzen“ aktiviert.

Nach dem fehlerfreien Übersetzen muss man sich mit „Online / Einloggen auf Application“ einloggen und das Programm mit „Online / Start Application“ starten. Wenn beim Einloggen die Fehlermeldung „Ungültige Kommunikationsparameter für das Gerät“ erscheint, muss man mit OK im Dialogfenster „Kommunikationsparameter“ den Gateway-1 – wie oben beschrieben – konfigurieren und aktivieren. Wenn hingegen die Fehlermeldung „Verbindung zum Gerät geschlossen“ erscheint, wurde inzwischen die Soft-SPS gestoppt und muss über das Icon (unten rechts) oder über den Windows-Dienst wieder manuell gestartet werden.

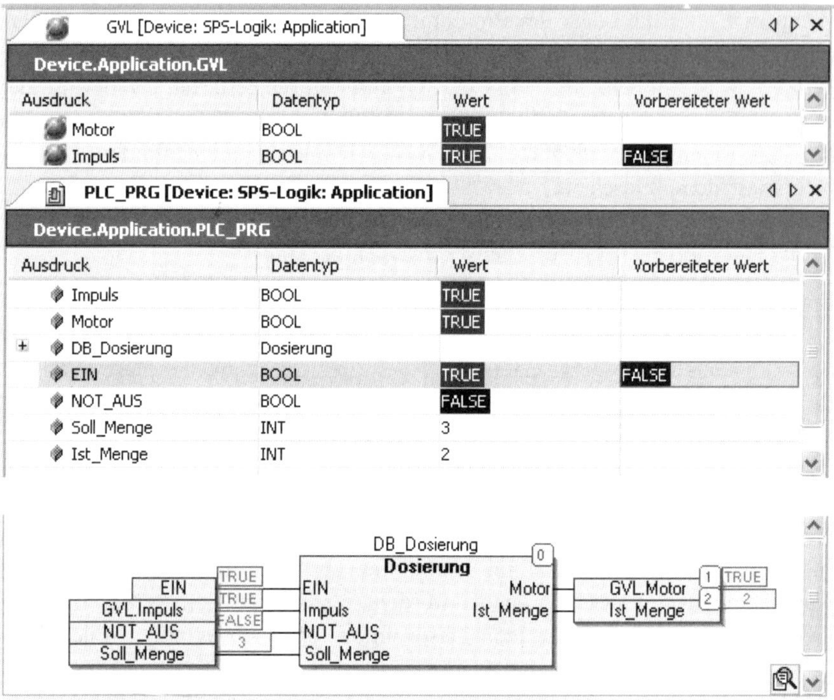

Bild 8.9: Beobachtung des Programms

Nach dem erfolgreichen Laden und Starten kann die Steuerung getestet werden. Dazu können Eingangsvariable in der Liste der verwendeten Variablen unter der Spalte „Vorbereiteter Wert“ vorgegeben werden, die man mit „Online / Werte schreiben“ (STRG+F7) an das Programm übergibt. Dabei müssen die Werte immer auf der höchsten Ebene, also globale Variable in GVL und Programmvariable bei PLC_PRG vorgegeben werden. In dem Fenster für das Programm kann man die Veränderung der Ein- und Ausgänge beobachten.

Man kann so ebenfalls die Ein- und Ausgangssignale von abgeleiteten Funktionen und Funktionsbausteinen beobachten.

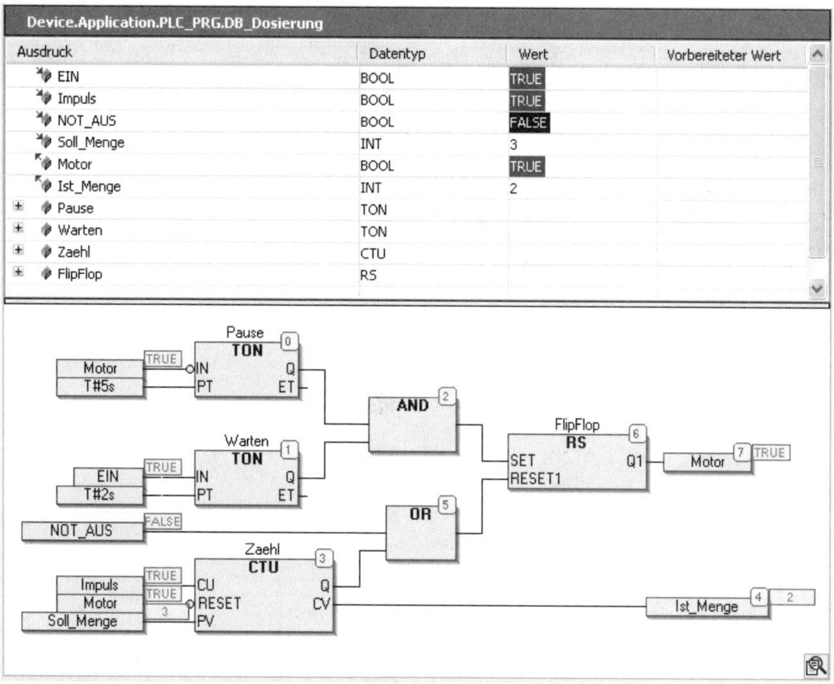

Bild 8.10: Beobachtung des FB „Dosierung“

Wenn man zusätzlich die Werte an den verwendeten Instanzen sehen möchte, muss man durch Öffnen des entsprechenden Astes die Variablen sichtbar machen. Dabei kann man auch Variable in tieferen Strukturebenen darstellen.

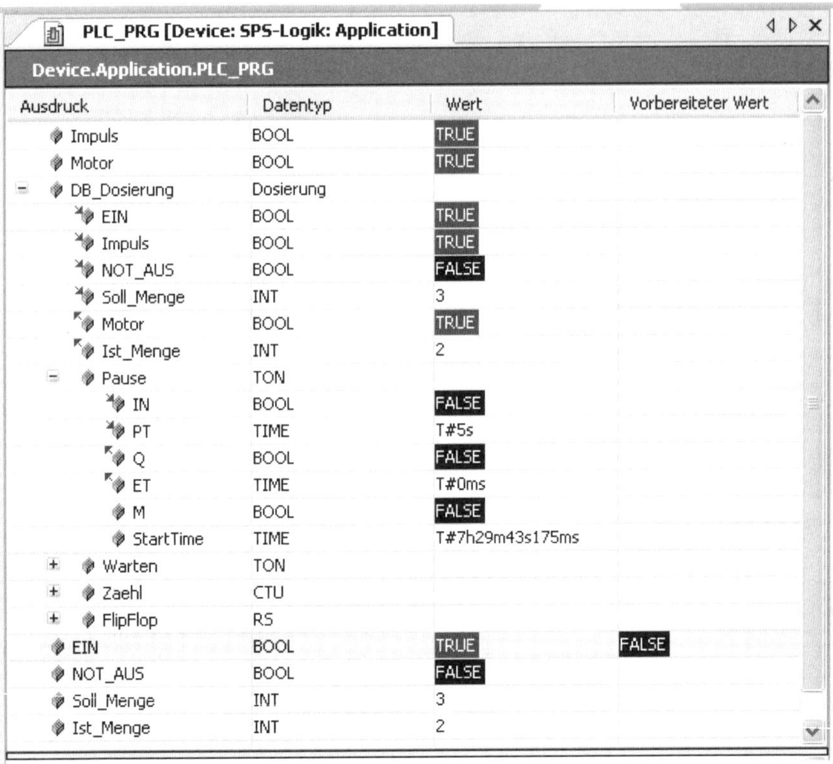
PLC_PRG [Device: SPS-Logik: Application]

Device.Application.PLC_PRG

Ausdruck	Datentyp	Wert	Vorbereiteter Wert
Impuls	BOOL	TRUE	
Motor	BOOL	TRUE	
DB_Dosierung	Dosierung		
EIN	BOOL	TRUE	
Impuls	BOOL	TRUE	
NOT_AUS	BOOL	FALSE	
Soll_Menge	INT	3	
Motor	BOOL	TRUE	
Ist_Menge	INT	2	
Pause	TON		
IN	BOOL	FALSE	
PT	TIME	T#5s	
Q	BOOL	FALSE	
ET	TIME	T#0ms	
M	BOOL	FALSE	
StartTime	TIME	T#7h29m43s175ms	
Warten	TON		
Zaehl	CTU		
FlipFlop	RS		
EIN	BOOL	TRUE	FALSE
NOT_AUS	BOOL	FALSE	
Soll_Menge	INT	3	
Ist_Menge	INT	2	

Bild 8.11: Aktuelle Werte der Variablen in Baumstruktur

Nach einem Test wird das SPS-Programm mit „Online / Stop Application" gestoppt und die Verbindung zur Soft-SPS mit „Online / Ausloggen aus Application" beendet.

8.3.2 Visualisierung mit CoDeSys

CoDeSys bietet einen einfachen Grafikeditor zur Erstellung von Grafiken für die Bedienung und Beobachtung von Prozessen. Damit kann der Test eines SPS-Programms komfortabel und realistisch erfolgen.

Für die Leser, die gerne selbst eine Visualisierung mit CoDeSys realisieren möchten, habe ich eine genaue Schritt-für-Schritt-Anleitung erstellt, die Sie auf der Verlags-DVD finden.

Wenn Sie lediglich die Beispiele in diesem Buch mit der Visualisierung betrachten oder die Programmierung der Beispiele mit den Leer-Projekten „***_Leer" selbst vornehmen und mit der Visualisierung kontrollieren und betrachten wollen, gehen Sie bitte wie folgt vor.

Starten Sie mit einem DK auf „CoDeSys V3.2 Patch 3" das Programmiersystem. Vergewissern Sie sich z. B. mit „Start / Systemsteuerung / Verwaltung / Dienste", dass die Windows-Dienste „CoDeSys SP Win V3" (SPS) und „Codesys Gateway V3" (Gateway) gestartet sind (running).

Öffnen Sie das Projekt, das Sie betrachten bzw. bearbeiten wollen, mit „Datei / Projekt öffnen … / z. B. Projekt „C:\DVD_IEC_61131_3 \ CoDeSys_Applikationen \ BeispielProjekte \ 083_Dosierung \ Dosierung_CFC".

Mit „Online / Einloggen auf ‚Applikation [Device SPS-Logik]' / Ja" laden Sie das Programm auf den Emulator der SPS. Diese müssen Sie nun noch mit „Online / Start Applikation [Device SPS-Logik]" starten.

Nun können Sie mit einem DK auf z. B. „Dosierung" oder „PLC_PRG" den Funktionsbaustein oder das Programm öffnen. Die Visualisierung öffen Sie mit einem DK auf „Visualisierung".

Durch Betätigen der Bedienelemente in der Visualisierung können Sie den Prozess in Betrieb nehmen und die Veränderung der Signale in allen Fenstern beobachten.

Die Applikation beenden Sie, indem Sie alle Fenster schließen, die SPS mit „Online / Stop Applikation [Device SPS-Logik]'" stoppen und das Projekt mit „Datei / Projekt schließen / OK" schließen. Das Programmiersystem CoDeSys beenden Sie mit „Datei / Beenden".

8.3.3 SPS-Programm in FUP, KOP, AWL und ST

CoDeSys unterstützt alle in der IEC-Norn definierten Programmiersprachen. Um den Unterschied zwischen den einzelnen Sprachen für Verknüpfungssteuerungen aufzuzeigen, wird hier das Beispiel „Dosierung" in allen Sprachen gezeigt.

Deklarationen

Die Deklarationen sind für alle Programmiersprachen bis auf kleine Ausnahmen gleich. Als globale Variable werden hier wieder der Motorausgang „Motor" und die Impulse „Impuls", die zwischen Steuerung und simulierter Anlage „Modell" ausgetauscht werden, definiert.

```
VAR_GLOBAL
    Motor:          BOOL;       (* Motor-Ausgang *)
    Impuls:         BOOL;       (* Impulse vom Volumenzaehler *)
END_VAR
```

Bild 8.12: Globale Variable zum Beispiel „Dosierung"

Der Deklarationsteil des Funktionsbausteins „Dosierung“ ist wieder:

```
FUNCTION_BLOCK Dosierung
VAR_INPUT
    EIN:         BOOL;   (* Ein-Taster *)
    Impuls:      BOOL;   (* Impulse vom Volumenzaehler *)
    NOT_AUS:     BOOL;   (* Notaus-Schalter *)
    Soll_Menge:  INT;    (* zu dosierende Soll-Menge *)
END_VAR
VAR_OUTPUT
    Motor:       BOOL;   (* Motor-Ausgang *)
    Ist_Menge:   INT;    (* bereits abgefüllte Menge *)
END_VAR
VAR
    Pause:       TON;    (* Pause zwischen 2 Dosierunbgen *)
    Warten:      TON;    (* Mindestzeit für Druck auf Taste *)
    Zaehl:       CTU;    (* Volumenzaehler *)
    FlipFlop:    RS;     (* Speicher für Motor-Ausgang *)
END_VAR
```

Bild 8.13: Deklarationsteil für den FB „Dosierung“

Die Deklarationen für das Programm PLC_PRG sind:

```
PROGRAM PLC_PRG
VAR_EXTERNAL
    Impuls:          BOOL;       (* Impulse vom Volumenzaehler *)
    Motor:           BOOL;       (* Motor-Ausgang *)
END_VAR
VAR
    DB_Dosierung:    Dosierung;  (* Instanz des FB "Dosierung" *)
    EIN:             BOOL;       (* EIN-Taster *)
    NOT_AUS:         BOOL;       (* Notaus-Schalter *)
    Soll_Menge:      INT;        (* zu dosierende Soll-Menge *)
    Ist_Menge:       INT;        (* bereits abgefuellte Menge *)
END_VAR
```

Bild 8.14: Deklarationen für das Programm PLC_PRG

Strukturierer Text

Neben der Programmierung in CFC ist die Programmierung von Verknüpfungssteuerungen in strukturiertem Text (ST) besonders effektiv, wie den folgenden Programmlisten zu entnehmen ist.

Programm:

```
DB_Dosierung(EIN := EIN, Impuls := GVL.Impuls,
    NOT_AUS := NOT_AUS, Soll_Menge := Soll_Menge);
GVL.Motor := DB_Dosierung.Motor;
Ist_Menge := DB_Dosierung.Ist_Menge;
```

Funktionsbaustein:

```
Pause(IN := NOT Motor, PT := T#5S);
Warten(IN := EIN, PT := T#2S);
Zaehl(CU := Impuls, Reset := NOT MOTOR, PV := Soll_Menge);
FlipFlop(Set := Pause.Q AND Warten.Q, Reset1 := NOT_AUS OR Zaehl.Q);
Motor := FlipFlop.Q1;
Ist_Menge := Zaehl.CV;
```

Bild 8.15: Rümpfe von Programm und FB zum Beispiel „Dosierung" in ST

Die Programmierung erfolgt in einem Texteditor. Ein wesentlicher Bestandteil des Programmcodes sind die Aufrufe der Instanzen von Funktionsbausteinen, bei denen in der Parameterliste die Eingangsvariablen zugewiesen werden. Die Ausgänge werden durch direkte Zuweisungen an Ausgangsvariable übergeben.

FUP / KOP / AWL

Bis heute ist die Programmierung von speicherprogrammierbaren Steuerungen in Funktionsplan (FUP), Kontaktplan (KOP) und Anweisungsliste (AWL) noch weit verbreitet. Diese Sprachen sind netzwerkorientiert und ermöglichen es so, den Programmiercode in einzelne Netzwerke aufzuteilen. Die Anzahl der Elemente, die in einem Netzwerk hintereinander geschaltet werden können, ist begrenzt. Deshalb kann es notwendig sein, das Ergebnis eines Netzwerks in Zwischenvariablen (hier M1, M2 und M3) abzulegen, um sie dann später wieder aufzurufen. Wenn in FUP und KOP Ausgänge von Funktionsbausteinen nicht mit Variablen belegt werden, führt das zu Fehlermeldungen beim Übersetzen. Deshalb sind hier die überflüssigen Dummy-Variablen (Dummy1 und Dummy2) als Zeitvariable zusätzlich zu definieren.

Im Bereich der internen Variablen (VAR … END_VAR) des Deklarationsteils sind für FUP und KOP diese Hilfsvariablen wie folgt definiert:

```
VAR
    Pause:       TON;     (* Pause zwischen 2 Dosierunbgen *)
    Warten:      TON;     (* Mindestzeit für Druck auf Taste *)
    Zaehl:       CTU;     (* Volumenzaehler *)
    FlipFlop:    RS;      (* Speicher für Motor-Ausgang *)
    M1:          BOOL;    (* boolesche Hilfsvariable *)
    M2:          BOOL;    (* boolesche Hilfsvariable *)
    M3:          BOOL;    (* boolesche Hilfsvariable *)
    Dummy1:      TIME;    (* Hilfsvariable TIME *)
    Dummy2:      TIME;    (* Hilfsvariable TIME *)
END_VAR
```

Bild 8.16: Interne Variablen im FB „Dosierung“ für FUP und KOP

Programm in FUP:

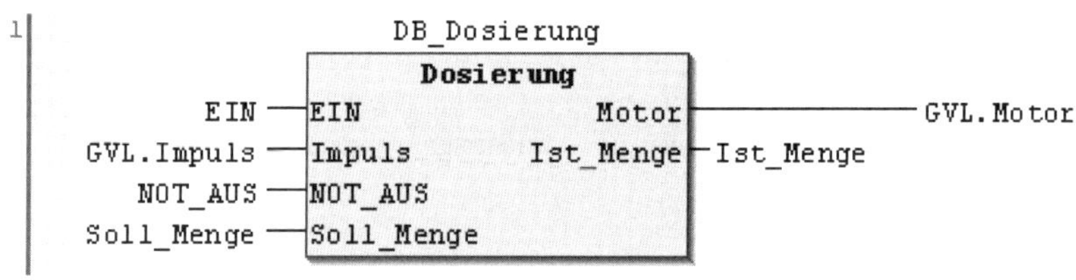

Funktionsbaustein in FUP:

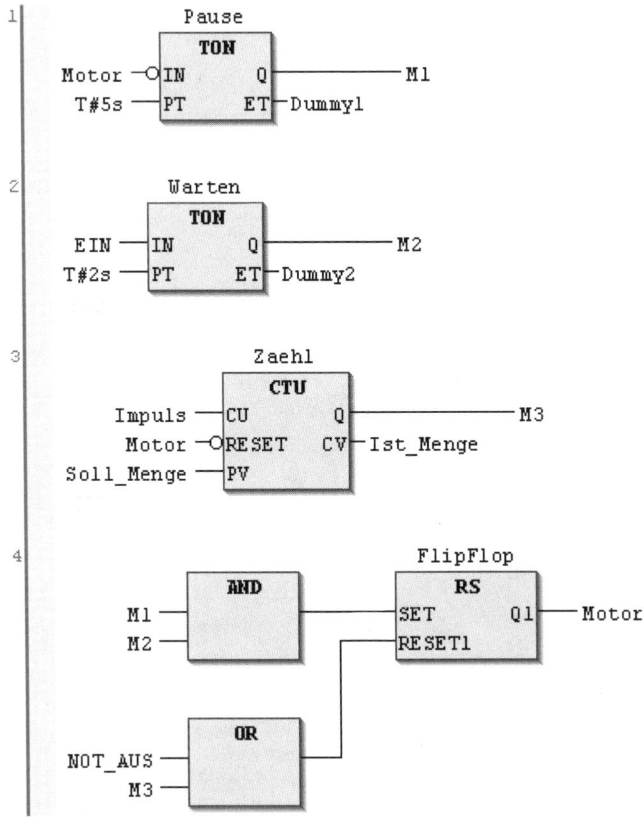

Bild 8.17: Rümpfe von Programm und FB zur „Dosierung" in FUP

Im Kontaktplan sehen Programm und Funktionsbaustein wie folgt aus:

Programm in KOP:

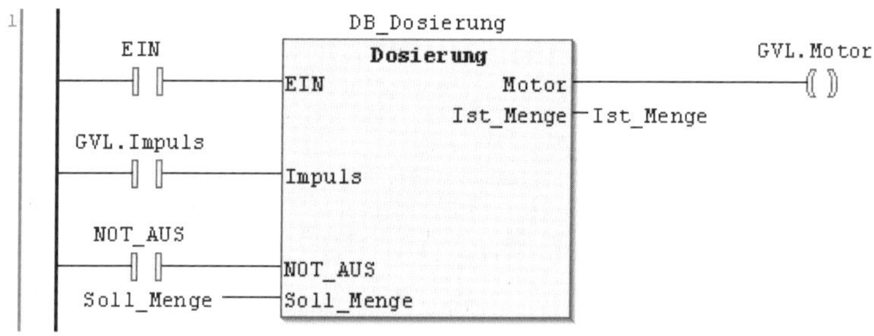

Funktionsbaustein in KOP:

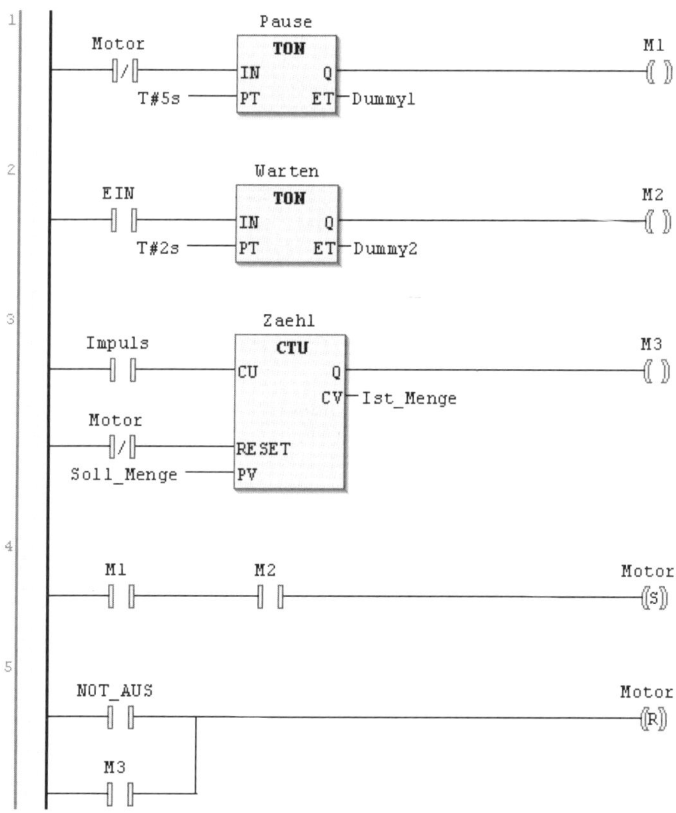

Bild 8.18: Rümpfe von Programm und FB zum Beispiel „Dosierung“ in FUP

Die Werkzeuge für die Programmierung in FUP und KOP sind in verschiedene Kategorien eingeteilt, die den folgenden Bildern entnommen werden können.

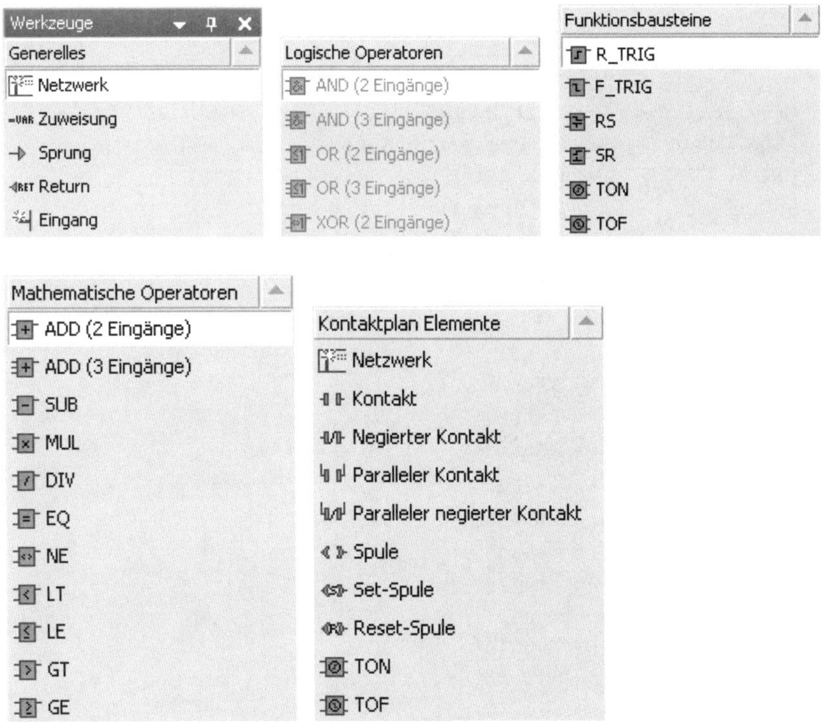

Bild 8.19: Werkzeuge für FUP und KOP

In FUP stehen die Werkzeuge „Kontaktplan Elemente" und im KOP die Werkzeuge „Logische Operatoren" nicht zur Verfügung. Die entsprechende Kategorie ist dann jeweils in einem hellen Blau dargestellt.

Neben der Verwendung der angegeben Werkzeuge kann man mit der RM ein Kontextmenue mit z. T. weiteren Programmiermöglichkeiten aufrufen. Dazu gehört z. B. auch „ Bausteinaufruf einfügen". Darin kann man den gewünschten Namen der Funktion oder des Funktionsbausteins eintragen.

Eine genaue Beschreibung der Programmiermethoden findet man in der Hilfe.

Bei der Programmierung in der Anweisungsliste benötigt man die Hilfsvariable und die Dummy-Zeiten nicht. Das Programm und der Funktionsbaustein werden mit einem Tabelleneditor angelegt, der in Netzwerke unterteilt werden kann. Das folgende Bild zeigt den Programmier-Code:

Programm in AWL:

```
1  CAL                 DB_Dosierung(
                EIN:= EIN,
             Impuls:= GVL.Impuls,
            NOT_AUS:= NOT_AUS,
         Soll_Menge:= Soll_Menge)
   LD                  DB_Dosierung.Motor
   ST                  GVL.Motor
   LD                  DB_Dosierung.Ist_Menge
   ST                  Ist_Menge
```

Funktionsbaustein in AWL:

```
1  LDN                 Motor
   ST                  NMotor
   CAL                 Pause(
                 IN:= NMotor,
                 PT:= T#5s)
2  CAL                 Warten(
                 IN:= EIN,
                 PT:= T#2s)
3  CAL                 Zaehl(
                 CU:= Impuls,
              RESET:= NOT Motor,
                 PV:= Soll_Menge,
                 CV=> Ist_Menge)
4  LD                  Pause.Q
   AND                 Warten.Q
   S                   Motor
5  LD                  NOT_AUS
   OR                  Zaehl.Q
   R                   Motor
6
```

Bild 8.20: Rümpfe von Programm und FB zur „Dosierung“ in FUP

Der Programmcode stimmt mit dem der Programmierung mit formaler Argumentenliste nach IEC exakt überein. Man kann aber auch Werte mit dem Laden und Speichern von Argumenten programmieren. Die Ausgänge können wie hier oder auch innerhalb der Argumentenliste mit „=>“ übergeben werden.

Zur Vereinfachung der Programmierung kann man im Kontextmenue wieder einen „Bausteinaufruf einfügen“, wobei dann direkt alle Argumente angezeigt werden.

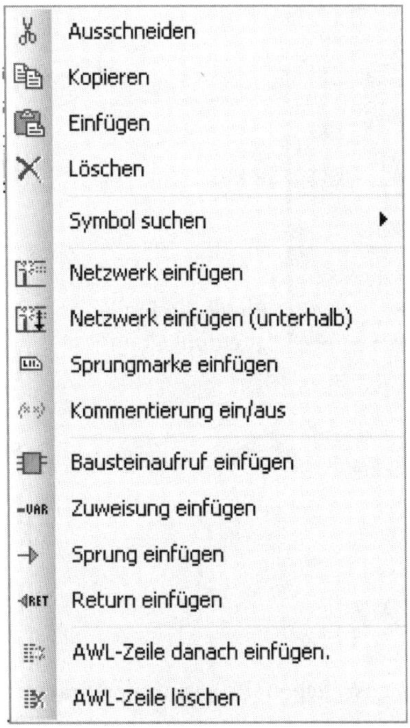

Bild 8.21: Kontextmenue für AWL

Innerhalb eines Netzwerks werden AWL-Zeilen durch entsprechende Befehle eingefügt oder gelöscht. Ein neues Netzwerk kann unterhalb der markierten Zeile eingefügt werden.

Aufgabe 8.1

Nun sollen Sie die Steuerung der Verdunkelung, die bereits im Kapitel 7 vorgestellt wurde, mit CoDeSys realisieren. Da die benötigten FC und FBe bereits bekannt sind, können Sie die Aufgabe ohne Rechner mit Papier und Bleistift lösen. Interessanter ist es sicherlich, wenn Sie CoDeSys installiert haben und das Projekt damit realisieren. Wenn Sie wollen, können Sie das vorbereitete Übungsprojekt „Verdunkelung-Leer“ nutzen, das die Visualisierung bereits enthält.

Das Prozessbild für die Verdunkelung wird hier gezeigt, wobei für AUF, STOP und AB jeweils Taster vorgesehen sind.

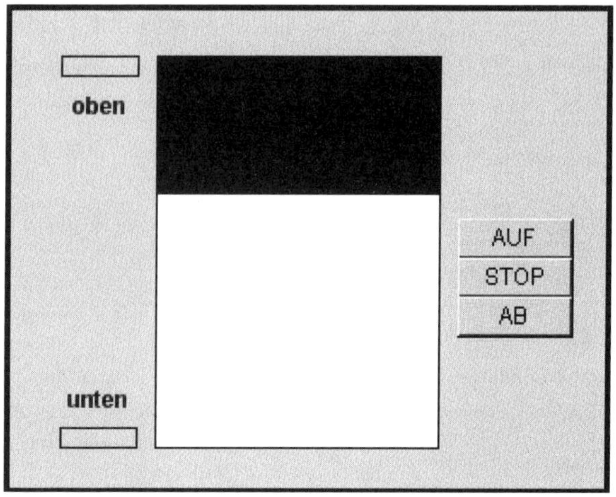

Bild 8.22: Prozess „Verdunkelung"

Sie können Ihre eigenen Projekte z. B. in

„C:\DVD_IEC_61131_3\CoDeSys_Applikationen\Meine_Projekte"

ablegen.

8.4 SPS-Steuerung mit STEP 7

Wenn Sie den SIMATIC Manager mit den zusäzlichen Programmiersprachen CFC (Continuous Flow Chart / FBS), SCL (Structured Control Language / ST) und GRAPH (AS) und dem SPS-Simulator S7-PLCSIM auf Ihrem (virtuellen) Rechner installiert haben, können Sie die in diesem Buch enthaltenen Beispielprojekte auf Ihrem PC betrachten und/oder als neues Projekt anlegen und testen sowie die Übungsprojekte lösen.

Das Beispiel der Dosierung wurde mit STEP 7 für Siemens-Steuerungen realisiert. Dafür wurden die Programmorganisationseinheiten in allen zur Verfügung stehenden Sprachen formuliert. Die Projekte befinden sich nach dem Kopieren auf die Festplatte im Ordner „C:\DVD_IEC_61131_3\Step_7_Applikationen\BeispielProjekte\084_Dosierung"

Bild 8.23: STEP 7 Projekte für „Dosierung"

Hier wird das Projekt „Dosierung" in den weit verbreiteten Sprachen AWL, KOP und FUP gezeigt. Diese Programme enthalten einzelne kleine Netzwerke, damit eine automatische Übersetzung zwischen diesen drei Sprachen möglich wird. Im Projekt „Dos_FU1" wurde die gesamte Logik in einem Netzwerk realisiert, das wegen der Komplexität nicht automatisch nach KOP oder AWL übersetzt werden kann.

Neben diesen einfachen Sprachen wurden auch CFC („Dos_CFC" und „Dos_HCFC") und SCL verwendet („Dos_SCL" und „DosSclOB"). Während „Dos_CFC" und „Dos_SCL" jeweils einen Funktionsbaustein und ein Programm (Organisationsbaustein OB) enthalten, wurde in „Dos_HCFC" und „DosSclOB" jeweils nur ein OB erstellt.

Wenn Sie das Projekt selbst erstellen wollen, können Sie dazu das Leer-Projekt „Dos_Leer" verwenden.

8.4.1 Programmierung in FBS mit CFC

Für IEC 61131-3-konforme Verknüpfungssteuerungen bietet sich die CFC-Programmierung an. Dazu wird die Möglichkeit genutzt, einen hierarchischen FB zu verwenden. Das Projekt ist als „Dos_HCFC" im Ordner „084_Dosierung" abgepeichert. Die Ziffernfolge – hier „084_" – am Anfang der Ordnernamen der Projekte bezieht sich auf die Nummer des Kapitels, in dem das jeweilige Projekt besprochen wird.

Falls Sie die Software STEP 7 nicht installiert haben, so können Sie sich die entsprechenden Abschnitte ohne die Beschreibung der Bedienung der Programmmodule ansehen, um nur einen Eindruck von der Struktur eines STEP 7-Projektes zu erhalten. Anderenfalls kann die folgende Beschreibung sehr hilfreich bei der Realisierung der STEP 7-Projekte sein.

Mit dem Start des SIMATIC Managers meldet sich automatisch der STEP 7-Assistent, mit dem Sie ein neues Projekt anlegen können.

Für ein neues Projekt wählen Sie als CPU die „CPU 315 2DP". Ein Projekt, das in hierarchischer CFC-Programmierung erstellt wird, benötigt keinen Organisationsbaustein (Programm) „OB1" (Markierung entfernen). Sie können den vorgeschlagenen Projektnamen (z. B. „S7_Pro1") verwenden oder ihn in „Dos_HCFC" ändern. Damit erhalten Sie die folgende Projektstruktur, wobei allerdings zunächst noch der Ordner „Pläne" fehlt.

Bild 8.24: Struktur des Projektes „Dosierung" (HCFC_Dsg)

Wenn Sie ein vorhandenes Projekt öffnen wollen, brechen Sie den Assistenten ab und wählen mit „Datei / Öffnen / Durchsuchen" das gewünschte Projekt. Sie sollten dazu vorher mit „Extras / Einstellungen / Ablageort für Projekte" den Pfad auf „C:\DVD_IEC_61131_3\STEP_7_Applikationen" einstellen.

Das Projekt soll mit „WinCC flexible" visualisiert werden. Dazu müssen die Ein- und Ausgänge zwischen der SPS (AS / PLCSIM) und der Operator Station (OS / WinCC flexible) über einen Datenbaustein (hier DB 51) für globale Variable ausgetauscht werden. Einen solchen Datenbaustein fügt man in das Projekt ein mit „RM auf Programm(1) / Neues Objket einfügen / Datenbaustein / Name: „DB 51" / Symbolischer Name: „WinCC" / „OK". Hier trägt man nun alle Ein- und Ausgänge ein. Für das Beispiel der Dosierung ergibt sich damit das folgende Ergebnis. Anschließend speichert man den Datenbaustein ab und schließt das Fenster für „KOP/AWL/FUP". DB 51 befindet sich anschließend im Ordner „Bausteine".

DB51 -- "WinCC" -- Dos_HCFC\SIMATIC 300-Station\CPU315-2 DP(1)\...\DB51

Adresse	Name	Typ	Anfangswert	Kommentar
0.0		STRUCT		
+0.0	EIN	BOOL	FALSE	EIN-Taster
+0.1	Impuls	BOOL	FALSE	Impulse vom Mengenzähler
+0.2	NOT_AUS	BOOL	FALSE	Notaus-Schalter
+2.0	Soll_Menge	INT	3	abzufüllende Menge
+4.0	Motor	BOOL	FALSE	Motorantrieb für die Pumpe
+6.0	Ist_Menge	INT	0	abgefüllte Menge
=8.0		END_STRUCT		

Bild 8.25: Datenbaustein DB51 für globale Daten

Dieser Datenbaustein wird automatisch in die Symboltabelle eingetragen, der sich im Ordner „S7-Programm(1)" befindet. Der CFC-Editor legt beim Übersetzen in der Symboltabelle weitere Einträge wie z. B. die Instanzen von verwendeten FB automatisch ab. Damit der Datenbaustein für globale Variable nicht mit Datenbausteinen, die beim Übersetzen eines Projektes entstehen, wegen Namensgleichheit kollidiert, wird hier die hohe Nummer „51" gewählt.

Über das Kontextmenue (rechte Maustaste) von „S7-Programm(1)" kann man mit „Neues Objekt einfügen / CFC" einen weiteren Ordner „Pläne" anlegen und den CFC-Editor öffnen. Zuvor muss die Symboltabelle abgespeichert und der Symboleditor geschlossen werden.

Den Rumpf programmiert man, indem man aus der Bibliothek im linken Fenster das oberste Symbol „Neuer Plan" aus dem Katalog in das Arbeitsblatt zieht und über das Kontextmenue mit „Objekteigenschaften" benennt. Dadurch erzeugt man einen hierarchischen Baustein, der den Namen („FB_Dosierung") trägt und oben rechts mit dem entsprechenden Symbol gekennzeichnet ist. Durch Doppelklick auf das Symbol kann der Baustein geöffnet werden.

Für „FB_Dosierung" werden die Variablen mit Hilfe des Icons „Plananschlüsse" festgelegt. In Tabellen trägt man die Ein- und Ausgänge und ggf. die internen Variablen ein. Für „FB_Dosierung" ergibt sich damit für die Eingänge:

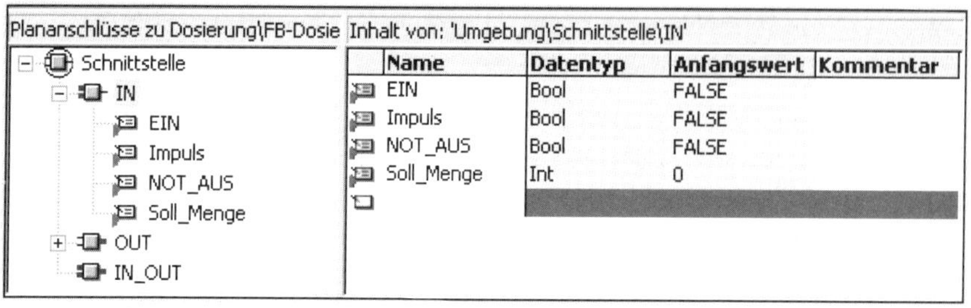

Bild 8.26: Eingangsdeklaration für den FB „Dosierung"

und für die Ausgänge:

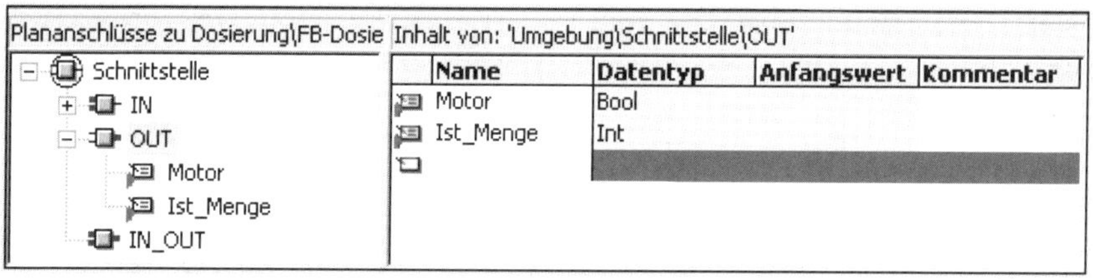

Bild 8.27: Ausgangsdeklaration für den FB „Dosierung"

Den Rumpf dieses Blockes erzeugt man, indem man die FC und FB aus dem Katalog mit Drag & Drop in das Arbeitsblatt zieht. Die IEC-Funktionen und Funktionsbausteine findet man im Katalog unter der Registerkarte „Bausteine/ BIT_LGC" (binäre Logik) oder „.../FLIPFLOP" (Speicher) bzw. „Bibliotheken/ Standard Library/System Function Blocks" (Zähler und Zeitglieder) oder „.../CFC Library/Elem_300/Blocks" (Trigger). Den Bausteinen kann man über das Kontextmenue des Blockes mit „Objekteigenschaften" einen neuen Namen geben, der z. B. einem Instanzennamen entsprechen würde. Der CFC-Editor erzeugt die Instanzierung automatisch.

Verbindungen zwischen den Aus- und Eingängen der Bausteine erzeugt man durch Anklicken des Ausgangs und danach des Eingangs, mit dem der Ausgang verbunden werden soll. Auf der linken Seite des Arbeitsblattes befindet sich die Leiste für die Eingänge in den FB, die als Plananschlüsse (Eingänge in den FB) oder Operanden (globale Variable aus dem Datenbaustein „WinCC" (DB 51) oder Prozess- bzw. Simulatoranschlüsse aus der Symboltabelle) bezeichnet sind. Eine Verbindung eines Eingangs in einen Baustein mit einem Planeingang wird nach der Aktivierung des Eingangs (rechte Maustaste / RM) mit „Verschaltung zum Plananschluss" aus einer Liste aller Eingänge erzeugt. Entsprechend werden Ausgangsverbindungen aufgebaut. Mit „RM / Objekteigenschaften" können den

Eingängen konstante Parameterwerte übergeben werden. Negiert werden binäre Eingänge mit „RM / Invertieren“.

In den Symbolen der Bausteine ist z. B. „OB35 1/3„ eingetragen. Das bedeutet, dass dieser FB als 3. Baustein in der 1. POE im Programm „OB35“ instanziert wurde. Die einzelnen Bausteine werden in dieser Reihenfolge bearbeitet. Wenn die Reihenfolge der Abarbeitung nicht richtig ist, kann sie mit „Ablaufreihenfolge ( )/OB35“ verändert werden, indem man die Bausteine, die später bearbeitet werden sollen, mit der Maus nach unten zieht. Die Bausteine tragen danach neue Nummern.

Nun übersetzt man den Baustein mit „Plan/Übersetzen/Plan als Baustein“ und gibt dabei die Bausteinnummer an. So entsteht im Katalog des CFC-Editors unter dem S7-Programm neben den aufgerufenen Standard-FB „TON“ und „CTU“ auch FB1.

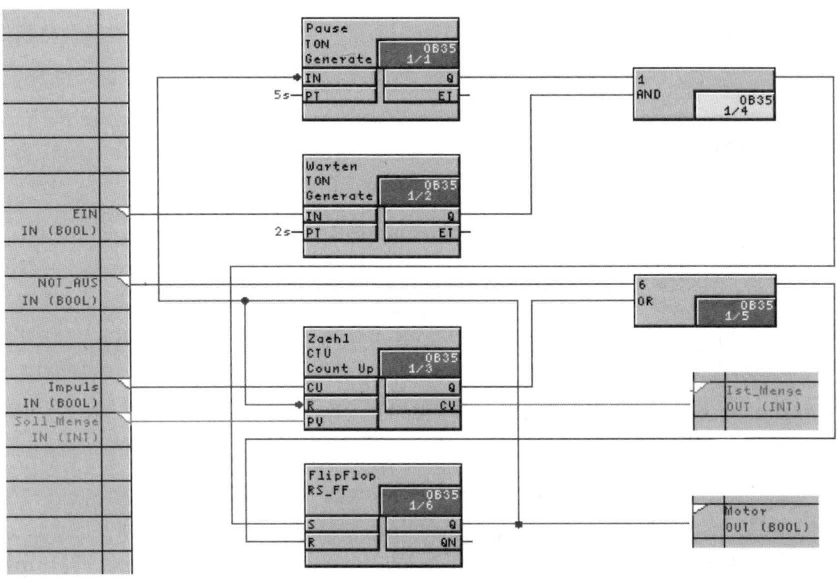

Bild 8.28: Rumpf des FB „Dosierung“ in CFC (HCFC_Dsg)

Damit Sie bei der Beobachtung des Beispiels in STEP 7 und CFC nicht fünf Minuten auf das Ende der Zwangspause warten müssen, habe ich in allen Versionen diese Zeit von fünf Minuten auf fünf Sekunden reduziert.

Für das Beispiel der Dosierung ergibt sich so der CFC-Funktionsplan. Das FlipFlop wurde nicht rechts angeschlossen, da dann das Bild zu breit geworden wäre und die Schrift kaum lesbar würde.

Wenn man nun eine Hierarchieebene höher geht (Kontextmenue „Übergeordneten Plan öffnen"), kann man die Ein- und Ausgänge mit den Operanden verbinden und anschließend das Projekt mit allen Plänen als Programm übersetzen („Plan / Übersetzen / Pläne als Programm / Gesamtes Programm"). Wenn man im CFC-Editor unter „Extras / Einstellungen / Darstellung" in der Abteilung „Operanden" „Symbolisch" markiert, erhält man die folgende Ansicht des Programms:

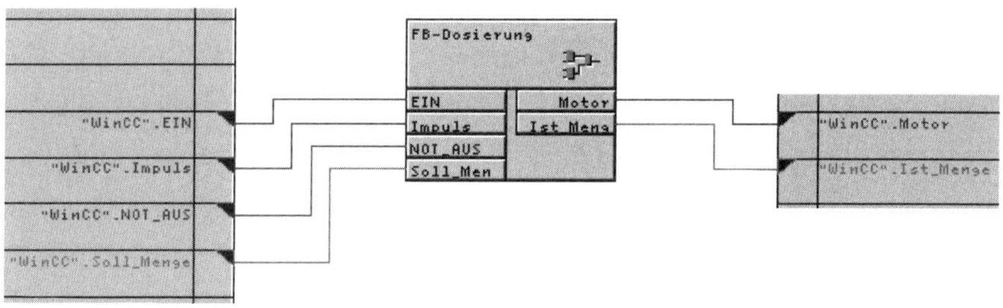

Bild 8.29: Rumpf des Programms (OB35)

Bei der Übersetzung wird ggf. der OB1 gelöscht, weil er in einem hierarchischen CFC-Projekt nicht benötigt wird. Die POEs werden in OB35 instanziert. Bei Problemen kann die „Hilfe" sehr nützlich sein.

In STEP 7 stehen Organisationsbausteine (OB) zur Verfügung, die als Programme mit festgelegter Task zyklisch oder ereignisgesteuert aufgerufen werden können. Nach der Übersetzung werden automatisch alle verwendeten Funktionen (FC) und Funktionsbausteine (FB) mit deren Instanzen (Datenblöcke / DB) sowie das Programm (OB35) im Ordner „Bausteine" abgelegt. Die Übersetzung des CFC-Plans erfolgt über SCL-Zwischendateien, die sich nach der Übersetzung im Ordner „Quellen" befinden.

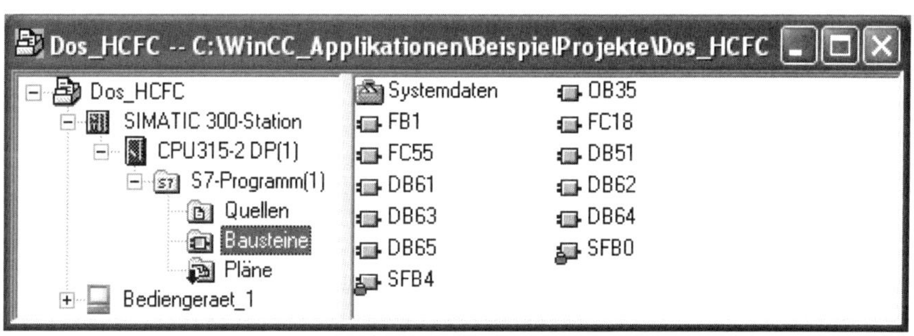

Bild 8.30: Bausteine des Projektes „Dosierung" (HCFC_Dsg)

Der Strukturbaum des Projektes zeigt hier bereits das „Bediengerät_1“, das später von WinCC flexible in das Projekt integriert wird. Darauf wird noch eingegangen.

Das Projekt kann mit dem Simulator S7-PLCSIM getestet werden. Dazu aktiviert man im SIMATIC Manager im Strukturbaum des Projektes den Ordner „Bausteine“. Nach dem Aufruf des Simulators mit muss man im Fenster „Projekt öffnen“ den Simulator mit „CPU-Zugangsknoten wählen / OK / SIMATIC 300-Station / CPU 315-2DP(1) / MPI(1) adr: 2 / OK “ mit dem Projekt verbinden. Es öffnet sich dann die Bedienoberfläche von PLCSIM. Anschließend wird das Programm mit geladen, wobei der Ordner „Bausteine“ markiert sein muss. Die SPS wird mit „RUN-P“ in den Run-Modus gesetzt, wobei das Programm und/oder Variable und Parameter nachträglich verändert werden können. Sollte nach dem Umschalten in den RUN-P-Modus nach der Testphase (blinkende grüne Anzeige) diese Anzeige wieder grau werden, bedeutet das, dass das Projekt nicht in Ordnung ist. Es kann ein Fehler in einer POE vorliegen oder ein Baustein fehlt o. ä.

Wenn man das Programm in PLCSIM kontrollieren möchte, muss man zunächst mit „RM auf S7-Programm(1) / Neues Objekt einfügen / Variablentabelle / Symbolischer Name: z. B. „Dosierung“ / OK“ eine Variablentabelle anlegen. Mit DK auf „Bausteine / Dosierung“ öffnet man die Variablentabelle und trägt in die Spalte „Symbol“ die Namen der Variablen („WinCC.***“) ein, die man bedienen und beobachten möchte. Dabei werden die Einträge in den Spalten „Operand“ und „Anzeigeformat“ automatisch erzeugt. Die Tabelle wird abschließend gespeichert.

Zur Bedienung und Beobachtung des Programms verbindet man die Variablentabelle mit „Zielsystem / Verbindung herstellen zu / projektierter CPU“ mit PLCSIM, schaltet die Variablentabelle mit „Variable / Beobachten“ in den Beobachtungsmodus und trägt in die Spalte „Steuerwert“ die gewünschten Eingangwerte ein. Mit „Zielsystem /Betriebszustand...“ schaltet man die CPU ggf. ein. Mit „Variable / steuern“ überträgt man die Steuerwerte zu PLCSIM. In der Spalte „Statuswert“ kann man den aktuellen Wert aller Variablen beobachten. Durch erneutes Ändern der Steuerwerte und mit „Variable / steuern“, kann man die Eingangswerte ändern und die Reaktion des Programms beobachten.

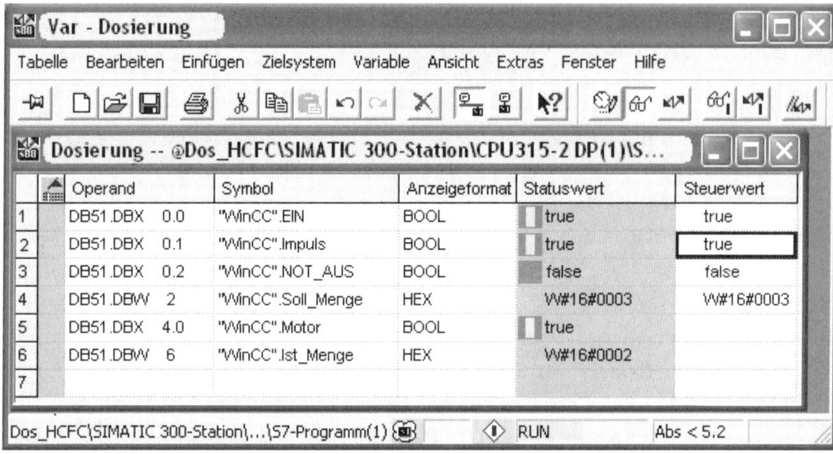

Bild 8.31: Variablentabelle im Beobachtungsmodus

Zusätzlich kann man das Programm auch im Testmodus testen. Dazu öffnet man im Ordner „Pläne“ die Datei „Dosierung“ und schaltet mit „Test / Testmodus“ den Testmodus ein. Mit RM auf die Bausteine und „Beobachten ein“ oder auf die Ein- bzw. Ausgänge mit „Anschluss anmelden“ kann man die aktuellen Werte anzeigen lassen. Eine Veränderung der Eingangswerte nimmt man im Variableneditor vor.

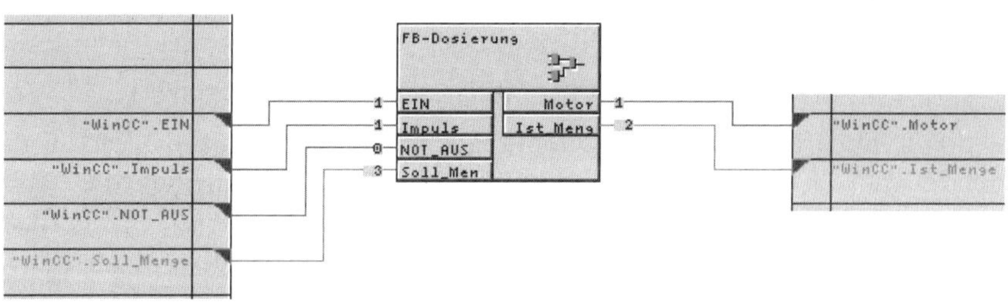

Bild 8.32: Beobachtung der Signale im Programm

Wenn man die Signale eine Hierarchieebene tiefer beobachten will, muss man diese mit DK auf „Plan öffen“ öffnen. Auch hier müssen eventuell Bausteine und/oder Anschlüsse für den Testmodus angemeldet werden. So kann man die Signale mit der Variablentabelle ändern und die Reaktion der Steuerung beobachten.

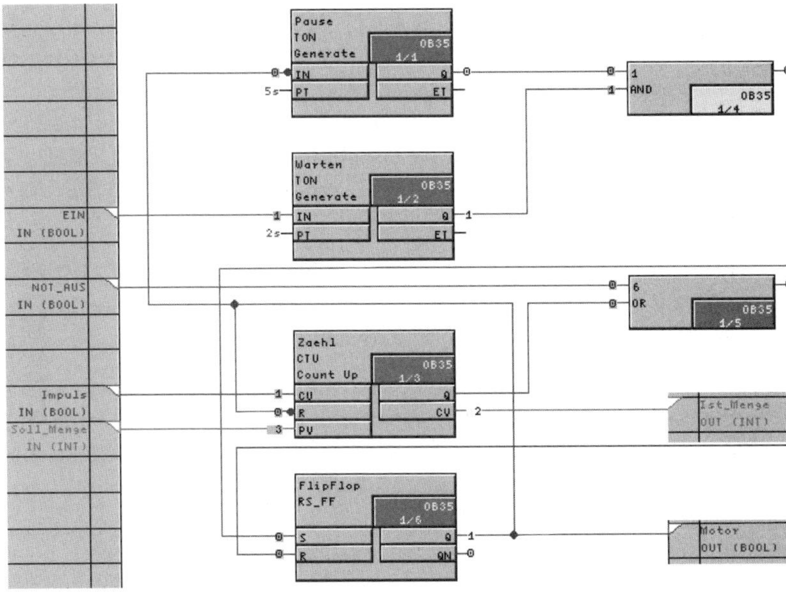

Bild 8.33: Beobachtung der Signale in der unteren Ebene

8.4.2 Visualisierung mit WinCC flexible

WinCC flexible kann u. a. zur Visualisierung von Prozessen verwendet werden, wobei mit Skripten kleinere Programme zur Verarbeitung von Prozessinformationen und zur Simulation des Prozessverhaltens erstellt werden können. In einer umfangreichen Bildbibliothek stehen Fabriksymbole zur Verfügung, mit denen man sehr anschauliche Prozessbilder erstellen kann.

Für die Leser, die gerne selbst eine Visualisierung mit WinCC flexible realisieren möchten, habe ich eine genaue Schritt-für-Schritt-Anleitung erstellt, die Sie auf der Verlags-DVD finden.

Wenn Sie lediglich die Beispiele in diesem Buch mit der Visualisierung betrachten oder die Programmierung der Beispiele mit den Leer-Projekten „***_Ler" selbst vornehmen und mit der Visualisierung kontrollieren und betrachten wollen, gehen Sie bitte wie folgt vor.

Starten Sie mit einem DK auf „SIMATIC Manager" das Programmiersystem. Brechen Sie den „Asistenten" ab und laden Sie das Projekt, das Sie betrachten oder bearbeiten wollen, mit „Datei / Öffnen… / Durchsuchen / z. B. C:\DVD_IEC_61131_3\Step_7_Applikationen\BeispielProjekte\084_Dosierung\Dos_HCFC / OK".

Gehen Sie auf den Projektordner „Dos_HCFC/SIMATIC300/CPU315-2DP(1)/S7-Programm(1)/Pläne“. Falls Sie nicht sicher sind, dass das Programm verändert worden ist, übersetzen Sie das Projekt bitte mit „RM auf „Pläne“ / Übersetzen / Gesamtes Programm / OK / Kontrolle, dass keine Übersetzungsfehler oder Warnung vorliegen / Schließen“. Anschließend starten Sie PLCSIM mit dem 5. letzten Icon „Simulation ein/aus“ und verbinden die SPS (PLCSIM) mit „CPU-Zugangsknoten wählen / OK / MPI(1): adr 2 / OK“.

Anschließend laden Sie mit „RM auf „Pläne“ / Zielsystem / Laden / Gesamtes Programm / OK / Ja / Schließen“ das Projekt nach PLCSIM. Starten Sie die SPS, indem Sie bei PLCSIM das Feld „RUN_P“ aktivieren.

Zur Bedienung und Beobachtung des Projektes öffnen Sie den Projektordner „Bediengerät_1 / WinCC flexible RT / Bilder“ und öffnen Sie mit einem DK auf das Bild (hier: „Dosierung“) die Bedienoberfläche. Starten Sie das WinCC flexible Projet mit „Projekt / Generator / Runtime starten“. So öffnet sich mit einigen Meldungen die folgende Bedienoberfläche:

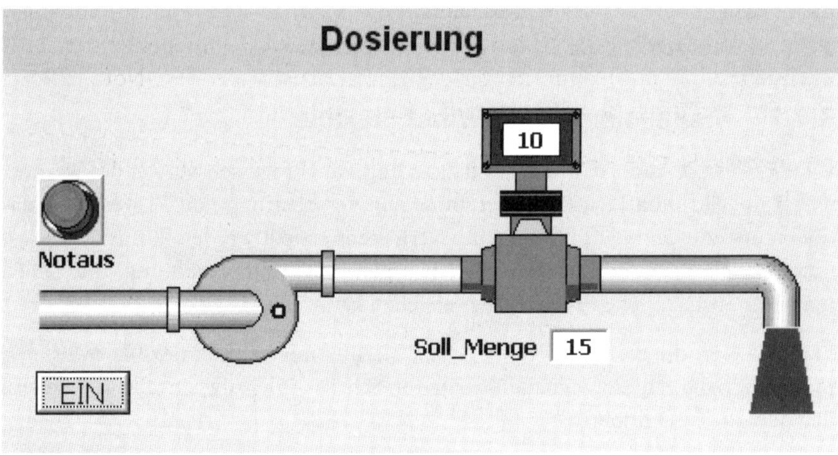

Bild 8.34: Bedienoberfläche in WinCC flexible

Bei Soll_Menge kann man die gewünschte Abfüllmenge eingeben. Nach einem Druck für mindestens zwei Sekunden auf den EIN-Taster wird die Pumpe eingeschaltet. In der Anzeige des Volumenmessers wird die abgefüllte Menge angezeigt. Mit NOT_AUS kann man das Abfüllen jederzeit abbrechen.

Man kann das Projekt durch Schließen aller Fenster beenden.

8.4.3 Vergleich der Programmiersprachen in STEP 7

STEP 7 wird als Basispaket mit den Programmiersprachen AWL, KOP und FUP angeboten. FUP ist auch hier ein netzwerkorientierter grafischer Editor für Funktionen und Funktionsbausteine. Damit man die automatische Übersetzung von FUP nach KOP oder AWL nutzen kann, sollte man in FUP möglichst einfache Netzwerke erstellen.

Die Eigenschaft dieser drei Programmiersprachen ist weitgehend identisch mit den Programmiersprachen, wie sie für die S5 verwendet wurden. Damit sind die Sprachen kaum konform zur IEC-Norm. Lediglich einige Funktionen und Funktionsbausteine wurden an IEC angepasst. Um zu zeigen, wodurch sich diese (alten) Sprachen von den entsprechenden IEC-Sprachen unterscheiden, wird im Folgenden die Programmierung des Projektes „Dosierung“ in FUP, KOP und AWL gezeigt.

In FUP kann man die gesamte Schaltung in einem Netzwerk realisieren (Dos_FU1). Für FUP stehen die Zähler und die Zeitglieder in einer IEC-konformen Darstellung zur Verfügung, während die Speicher noch immer so definiert sind, wie sie bereits bei S5 verwendet wurden. Hierbei entscheidet der letzte Buchstabe über die Dominanz, so dass im Gegensatz zur IEC-Norm SR ein rücksetz- und RS ein setzdominanter Speicher ist.

Nachfolgend werden das Programm OB1 und der Funktionsbaustein FB1 in FUP gezeigt.

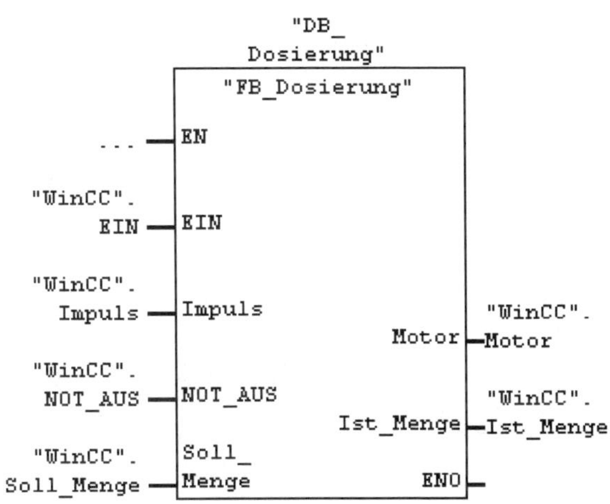

Bild 8.35: Rumpf des Programms in FUP

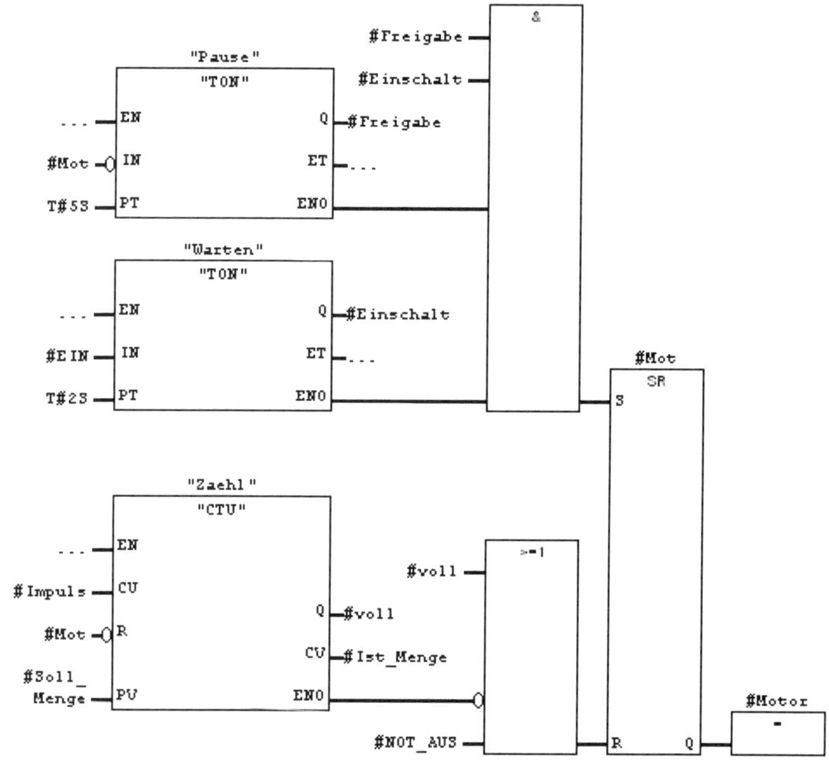

Bild 8.36: Rumpf des FB „Dosierung“ in einem Netzwerk mit FUP

Hier wurde der Rumpf im KOP/AWL/FUP-Editor nur in symbolischer Darstellung („Ansicht / Anzeige mit ... / Symbolischer Darstellung“) angezeigt. Dieser Funktionsplan in FUP kann mit dem Übersetzer zwar in AWL, aber nicht in KOP übersetzt werden, da die komplette Schaltung nicht in ein KOP-Netzwerk passt. Dazu hätte die Schaltung in mehrere Netzwerke aufgeteilt werden müssen, wie im nächsten Beispiel gezeigt (Dos_FUP).

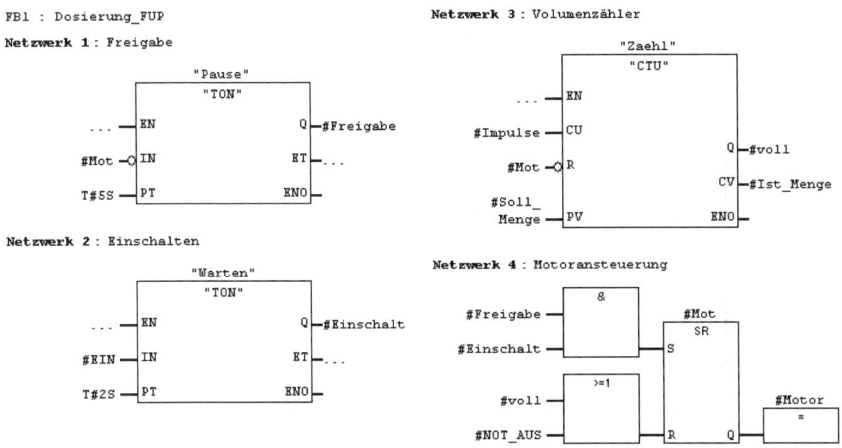

Bild 8.37: Rumpf des FB „Dosierung" in kleinen Netzwerken mit FUP

Mit der automatischen Übersetzung des FB von FUP nach KOP erhält man die folgende Darstellung (Dos_KOP):

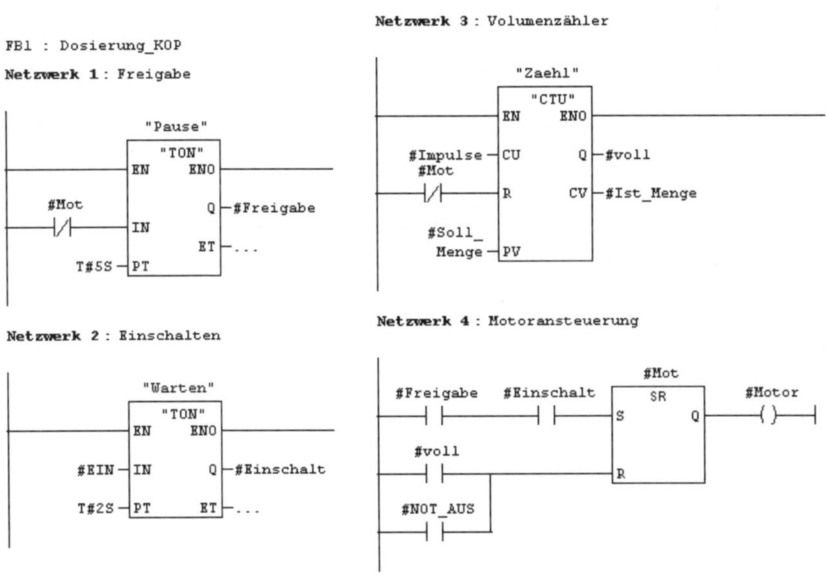

Bild 8.38: Rumpf des FB „Dosierung" in KOP

Die Übersetzung von FUP nach AWL liefert das Projekt „Dos_AWL“.

```
FB1 : Dosierung_AWL

Netzwerk 1 : Freigabe

      UN    #Mot
      =     L      0.0
      BLD   103
      CALL  "TON" , "Pause"
       IN:=L0.0
       PT:=T#5S
       Q :=#Freigabe
       ET:=
      NOP   0

Netzwerk 2 : Einschalten

      U     #EIN
      =     L      0.0
      BLD   103
      CALL  "TON" , "Warten"
       IN:=L0.0
       PT:=T#2S
       Q :=#Einschalt
       ET:=
      NOP   0

Netzwerk 3 : Volumenzähler

      U     #Impulse
      =     L      0.0
      BLD   103
      UN    #Mot
      =     L      0.1
      BLD   103
      CALL  "CTU" , "Zaehl"
       CU:=L0.0
       R :=L0.1
       PV:=#Soll_Menge
       Q :=#voll
       CV:=#Ist_Menge
      NOP   0

Netzwerk 4 : Motoransteuerung

      U     #Freigabe
      U     #Einschalt
      S     #Mot
      U(
      O     #voll
      O     #NOT_AUS
      )
      R     #Mot
      U     #Mot
      =     #Motor
```

Bild 8.39: Rumpf des FB „Dosierung“ in AWL

Wenn man die AWL mit der AWL nach IEC vergleicht, erkennt man, dass beide Sprachen nur Weniges gemeinsam haben. Die STEP 7-AWL stammt weitestgehend noch aus der S5!

Im Zusammenhang mit der Neuentwicklung von S7/PCS7 wurde für STEP 7 der strukturierte Text (SCL) neu eingeführt. Man erkennt die sehr gute Übereinstimmung mit dem strukturierten Text nach IEC 61131-3 (Dos_SCL). Wegen dieser guten Konformität mit der IEC 61131-3 wurde STEP 7 – SCL von PLCopen mit dem „Reusability Level" (RL) zertifiziert.

```
FUNCTION_BLOCK Dosierung
VAR_INPUT
    EIN :           BOOL ;
    Impuls :        BOOL ;
    NOT_AUS :       BOOL ;
    Soll_Menge :    INT ;
END_VAR
VAR_OUTPUT
    Motor :         BOOL ;
    Ist_Menge :     INT ;
END_VAR
VAR
    Pause :         TON ;
    Warten :        TON ;
    Zaehl :         CTU ;
END_VAR

Pause(IN:=NOT Motor, PT:=T#5s) ;
Warten(IN:=EIN, PT:=T#2s) ;
Zaehl(CU:=Impuls, R:=NOT Motor, PV:=Soll_Menge) ;
IF Pause.Q AND Warten.Q THEN Motor:=TRUE ; END_IF ;
IF NOT_AUS OR Zaehl.Q THEN Motor:=FALSE ; END_IF ;
Ist_Menge := Zaehl.CV;

END_FUNCTION_BLOCK
```

Bild 8.40: FB „Dosierung" in SCL

Das Projekt kann alternativ auch in einem Programm (Organisationsbaustein OB1) realisiert werden. Dazu müssen die erforderlichen Deklarationen in der Symboltabelle vorgenommen werden.

S7-Programm(1) (Symbole) -- Dos_SCLOBv\SIMATIC 300-Station\CPU315-2 DP(1)

	Status	Symbol	Adresse	Datentyp	Kommentar
1		Cycle Execution	OB 1	OB 1	
2		Pause	DB 1	SFB 4	Instanz (Datenbaustein) für TON
3		Warten	DB 2	SFB 4	Instanz (Datenbaustein) für TON
4		WinCC	DB 51	DB 51	Globale Daten für Austausch mit WinCC
5		Zaehl	DB 3	SFB 0	Instanz (Datenbaustein) für CTU

Bild 8.41: Symboltabelle für „Dosierung" in OB1 mit SCL

Neben dem automatischen Eintrag für OB1 und den Ein- und Ausgängen müssen die Datenbausteine (DB1 bis DB3) für die verwendeten Standardfunktionsbausteine eingetragen werden.

Jeder OB benötigt für das Betriebssystem einen lokalen Datenbereich von 20 Byte. Dieser Bereich wird zu Beginn deklariert. Funktionsbausteine können in OBs nicht deklariert werden. Daher können sie nicht in der in der IEC-Norm festgelegten Weise über den Instanzennamen aufgerufen werden. Hier wird für den Aufruf an Stelle des Instanzennamens das Konstrukt „FB-Name.DB-Name" verwendet. Der DB-Name wurde in der Symboltabelle festgelegt. Ausgänge der Instanz werden über den DB-Namen (Instanzennamen) gefolgt von „Ausgangsname" adressiert.

```
ORGANIZATION_BLOCK OB1

VAR_TEMP //Notwendig für das Betriebssystem BESY
    HEADER : ARRAY [1..20] OF BYTE ; //20 Byte für Besy
END_VAR

TON.Pause(IN:=NOT WinCC.Motor, PT:=T#5s) ;
TON.Warten(IN:=WinCC.EIN, PT:=T#2s) ;
CTU.Zaehl(CU:=WinCC.Impuls, R:=NOT WinCC.Motor, PV:=WinCC.Soll_Menge) ;
IF Pause.Q AND Warten.Q THEN WinCC.Motor:=TRUE ; END_IF ;
IF WinCC.NOT_AUS OR Zaehl.Q THEN WinCC.Motor:=FALSE ; END_IF ;
WinCC.Ist_Menge := Zaehl.CV ;

END_ORGANIZATION_BLOCK
```

Bild 8.42: OB1 zum Projekt „Dosierung" in SCL

Der Vergleich der STEP 7-Sprachen zeigt, dass für eine IEC-konforme Programmierung von Verknüpfungssteuerungen nur die beiden komfortablen Sprachen CFC und SCL übrig bleiben! Alle Projekte finden Sie auf der Verlags-DVD.

Wenn Sie die Projekte mit den verschiedenen Programmiersprachen auf Ihrem PC betrachten und testen wollen, gehen Sie bitte so vor, wie im Abschnitt 8.4.2 beschrieben wurde.

Aufgabe 8.2

Realisieren Sie nun bitte die Steuerung der in Aufgabe 7.1 vorgestellten Verdunkelung mit STEP 7. Verwenden Sie dabei die Programmiersprachen CFC und SCL. Sie können die Steuerung jeweils im Programm (OB) lösen.

Sie können Ihre eigenen Projekte z. B. in

„`C:\DVD_IEC_61131_3\Step_7_Applikationen\Meine_Projekte`“

ablegen.

9 Binäre Verknüpfungs-steuerungen

In diesem Kapitel sollen Funktionen (FC) und Funktionsbausteine (FB) besprochen werden, die boolesche Signale verarbeiten oder ein boolesches (binäres) Ergebnis liefern. Neben den booleschen (1 Bit) Datentypen können auch Datentypen verarbeitet werden, die vom Typ ANY_BIT sind, damit eine Folge mehrerer Bits enthalten und damit wiederum mehrere binäre Werte aufnehmen.

Die hier vorgestellten Funktionen und Funktionsbausteine sind in der Norm als Standards definiert und in der Bibliothek abgelegt.

9.1 Standard-Funktionen

9.1.1 Binäre Grundfunktionen

Als binäre Grundfunktionen gelten die logische UND-Verknüpfung (AND), das logische (inclusiv) ODER (OR) und die logische NEGATION (NOT). Mit diesen Grundfunktionen können alle beliebigen Berechnungen realisiert werden, so wie jede Information mit einer Folge einzelner Bits dargestellt werden kann.

Bitweise boolesche Standardfunktionen können auf Bitfolgen vom Datentyp ANY_BIT (BOOL, BYTE, WORD, DWORD, LWORD) angewendet werden. Funktionen, die auf allgemeine Datentypen angewendet werden können, nennt man „überladene Funktionen". Funktionen können aber auch auf bestimmte Datentypen beschränkt werden. Dann muss allerdings hinter dem Funktionsnamen der Datentyp z. B. in der Form AND_BOOL angegeben werden.

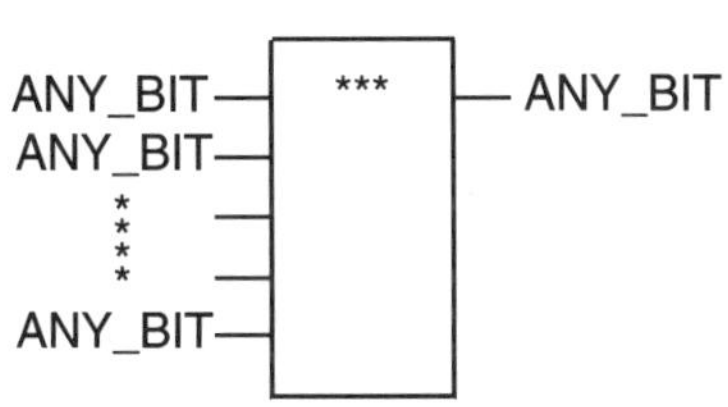

Bild 9.1: Grafisches Symbol von booleschen Standardfunktionen

Die Anzahl der Eingänge in die Funktion muss veränderbar sein. Das gilt allerdings nicht für NOT, die nur einen Eingang haben kann. An Stelle einer ausdrücklichen Negation mit der NOT-Funktion kann ein Signal auch mit einem Negationszeichen (o) am Ein- oder Ausgang negiert werden.

Bei Bit-Folgen werden die Bits an den jeweiligen Positionen entsprechend der Logik miteinander verknüpft.

In einer Textsprache werden die Funktionen durch einen Funktionsaufruf oder in einem logischen Ausdruck verwendet.

Name	*Symbol*	*Beschreibung*
AND	&	OUT := IN1 & IN2 & ... & INn OUT := AND(IN1, IN2, ..., INn)
OR	>=1	OUT := IN1 OR IN2 OR ... OR INn OUT := OR(IN1, IN2, ..., INn)
XOR	=2k+1	OUT := IN1 XOR IN2 XOR ... XOR INn OUT := XOR(IN1, IN2, ..., INn)
NOT		OUT := NOT IN1

Tabelle 9.1: Bitweise boolesche Standardfunktionen

Bei der Verwendung einer solchen Funktion in einer grafischen Sprache wird der Name oder das Symbol als Funktionsname eingetragen. In einer Textsprache kann neben dem Namen nur bei der AND-Funktion das Symbol verwendet werden. Das Symbol „>=1“ deutet an, dass mindestens ein Eingang den Wert 1 haben muss, wenn der Ausgang 1 sein soll (OR). Mit dem Symbol „=2k+1“ wird angezeigt, dass eine ungerade Anzahl von Eingängen gleich 1 sein muss, wenn der Ausgang 1 werden soll (XOR).

Bei einem logischen Ausdruck mit gemischten Operatoren gilt für die Reihenfolge der Verarbeitung die Reihenfolge, wie sie beim strukturierten Text festgelegt wurde. Danach werden zuerst Klammern von innen nach außen, dann AND, danach XOR und zuletzt OR verarbeitet. Bei gleichen Operatoren wird der Ausdruck von links nach rechts abgearbeitet.

Das folgende Zahlenbeispiel soll Ihnen die Wirkung der unterschiedlichen Funktionen zeigen.

Ausdruck	*Wert*
IN1	1010 1101 1000 1111
IN2	0011 1010 0110 0110
IN1 AND IN2	0010 1000 0000 0110

Ausdruck	*Wert*
IN1 OR IN2	1011 1111 1110 1111
IN1 XOR IN2	1001 0111 1110 1001
NOT IN1	0101 0010 0111 0000

Tabelle 9.2: Beispiel für bitweise-boolesche Funktionen

Aufgabe 9.1

Zeichnen Sie die Logik in FBS für den folgenden logischen Ausdruck:

```
OUT := IN1 OR NOT IN2 AND (IN1 XOR IN3);
```

9.1.2 Bitschiebefunktionen

Die Bitmuster in einem Datentyp ANY_BIT können beispielsweise die Stellungen unterschiedlicher Schalter oder anderer binärer Zustände angeben. Für die Auswertung kann es hilfreich sein, wenn man diese Bitmuster innerhalb des Datums oder Speichers verschieben kann. Dazu werden Bitschiebefunktionen angeboten, die in der Tabelle 9.3 angegeben sind.

Name	*Beschreibung*
SHL	OUT := IN links schieben um N Bits, rechts mit 0 füllen
SHR	OUT := IN rechts schieben um N Bits, links mit 0 füllen
ROR	OUT := IN rechts rotieren um N Bits im Kreis
ROL	OUT := IN links rotieren um N Bits im Kreis

Tabelle 9.3: Standardmäßige Bit-Schiebefunktionen

Der Aufruf einer solchen Funktion geschieht in einer grafischen Sprache mit dem folgenden Symbol:

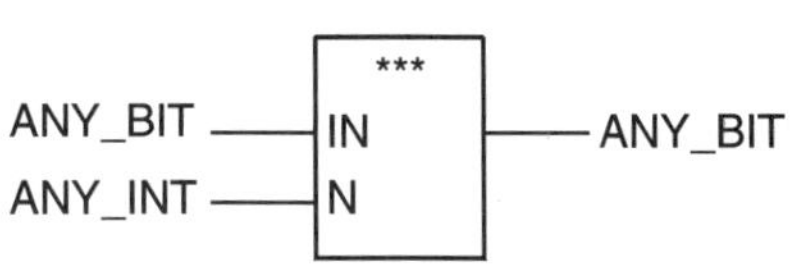

Bild 9.2: Grafisches Symbol für Standard-Bitschiebefunktionen

Im strukturierten Text erfolgt der Aufruf mit dem Funktionsnamen und der Argumentenliste. Ein Zahlenbeispiel soll die Wirkungsweise dieser Funktionen deutlich machen:

Ausdruck	Wert
IN	0110 1001 1101 0001
N	3
SHL(IN:=IN, N:=N);	0100 1110 1000 1000
SHR(IN:=IN, N:=N);	0000 1101 0011 1010
ROL(IN:=IN, N:=N);	0100 1110 1000 1011
ROR(IN:=IN, N:=N);	0010 1101 0011 1010

Tabelle 9.4: Beispiel für Bitschiebefunktionen

Aufgabe 9.2

In der Variablen IN vom Datentyp Byte steht das folgende Bitmuster:

```
IN := 0101_1011.
```

Ermitteln Sie die Ergebnisse für die folgenden Variablen A bis D vom Datentyp Byte, die sich mit den hier angegeben Funktionsaufrufen ergeben:

```
A := SHL(IN:=IN, N:=2) ;

B := SHR(IN:=IN, N:=4) ;

C := ROL(IN:=IN, N:=3) ;

D := ROR(IN:=IN, N:=1) ;
```

9.2 Standard-Funktionsbausteine

9.2.1 Speicherbausteine

Es gibt binäre Prozessereignisse, die nur für kurze Zeit auftreten. Falls man später in einer Steuerung berücksichtigen muss, ob solche Ereignisse eingetreten sind, müssen diese binären Ereignisse zuvor gespeichert werden. Dafür bietet die Norm einen setz- und einen rücksetzdominaten Speicher an. Das nächste Bild zeigt die Symbole und deren innere Struktur.

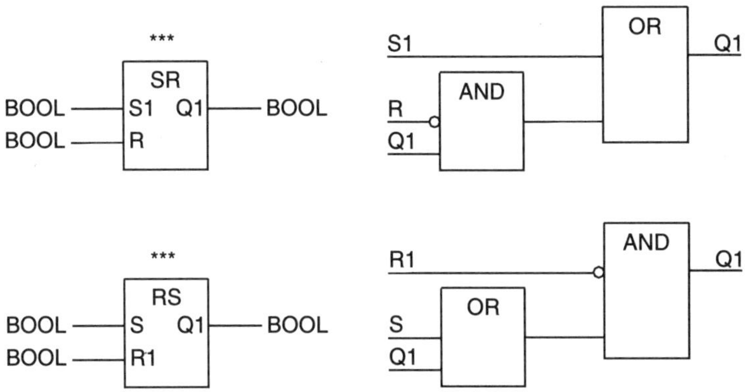

Bild 9.3: Setz- und rücksetzdominanter Speicher

An diesen Funktionsbausteinen kann man sehen, wie die Speicher aus AND, OR und NOT realisiert wurden. Es handelt sich hier um einen Funktionsbaustein, weil neben den Eingängen S (S1) und R1 (R) auch der Wert des Ausgangs vom vorherigen Rechenzyklus benötigt wird.

Aufgabe 9.3

Zeichnen Sie den Funktionsplan in FBS für die folgende Aufgabe:

> Ein Motor (MOTOR := TRUE) wird eingeschaltet, wenn ein Taster START betätigt wird. Er wird ausgeschaltet (MOTOR := FALSE), wenn vom Prozess ein Signal STOP kommt oder wenn der NOTAUS-Schalter betätigt wird.

9.2.2 Flankenerkennung

Mit diesen Funktionsbausteinen kann man erkennen, ob ein boolesches Eingangssignal einen positiven Signalwechsel von FALSE nach TRUE oder einen negativen Signalwechsel von TRUE nach FALSE gemacht hat. Das Ausgangssignal wird in dem Rechenzyklus, in dem der Signalwechsel erkannt wurde, auf TRUE gesetzt und im nächsten dann wieder auf FALSE.

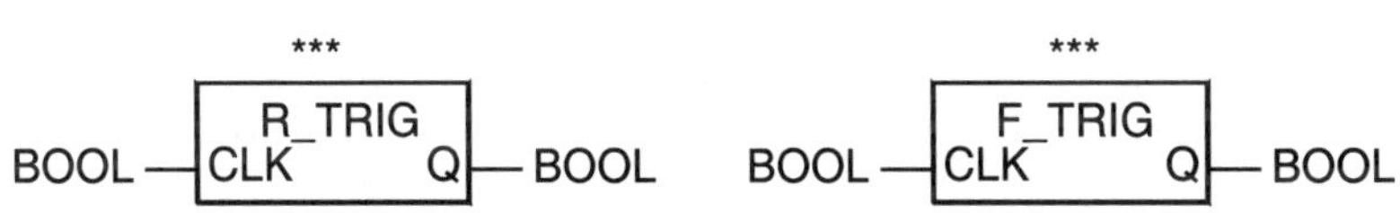

Bild 9.4: Symbole für die Flankenerkennung

Die genaue Logik dieser Funktionsbausteine wird klar, wenn man sich die Funktionsbausteine im strukturierten Text (ST) ansieht.

```
FUNCTION_BLOCK R_TRIG
   VAR_INPUT      CLK :        BOOL; END_VAR
   VAR_OUTPUT     Q :          BOOL; END_VAR
   VAR            M :          BOOL; END_VAR
      Q := CLK AND NOT M;
      M := CLK;
END_FUNCTION_BLOCK

FUNCTION_BLOCK F_TRIG
   VAR_INPUT      CLK :        BOOL; END_VAR
   VAR_OUTPUT     Q :          BOOL; END_VAR
   VAR            M :          BOOL; END_VAR
      Q := NOT CLK AND M;
      M := CLK;
END_FUNCTION_BLOCK
```

Liste 9.1: Flankenerkennung im ST

Aufgabe 9.4

Zeichnen Sie den Rumpf des Funktionsbausteins F_TRIG, der oben im ST angegeben ist, in FBS.

Zähler

In der Norm sind drei Zähler definiert. Die zugehörenden Symbole für den Aufruf in grafischen Sprachen und die genaue Logik der Funktionsbausteine finden Sie in der Tabelle 9.5. In den Rümpfen der Funktionsbausteine werden die Variablen PVmin und PVmax verwendet. Das sind implementationsabhängige Größen, die beim Aufwärtszählen die obere (PVmax) und beim Abwärtszählen die untere Grenze des Zählerstandes angeben. (Hinweis: Die Funktionsbaustein-Rümpfe im Abschnitt 2.5.2.3.3, Tabelle 36 der Norm IEC 61131-3 sind fehlerhaft! Es fehlten dort die Merker M bzw. MU und MD.)

Aufwärtszähler

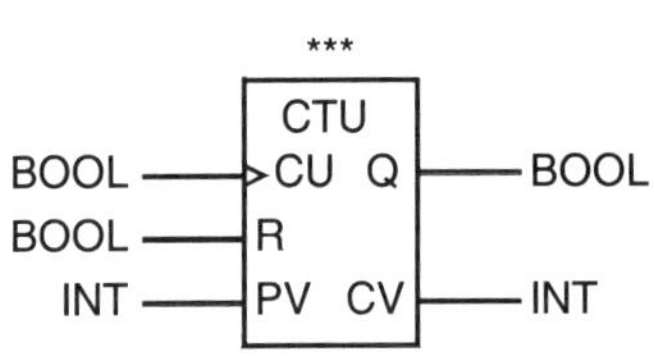


```
IF R THEN CV := 0;
ELSIF CU AND NOT M AND (CV < PVmax)
   THEN CV := CV + 1;
END_IF;
Q := (CV >= PV);
M := CU;
```

Abwärtszähler	
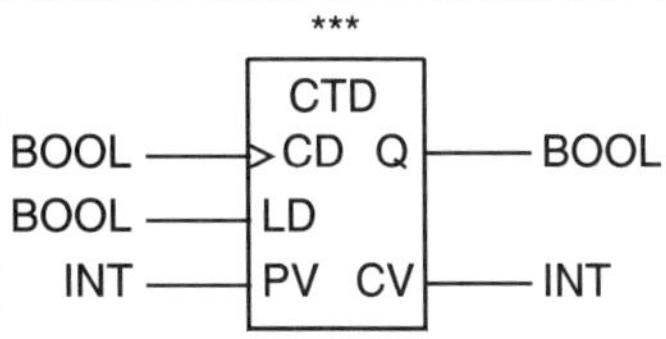	IF LD THEN CV := PV; ELSIF CD AND NOT M AND (CV > PVmin) THEN CV := CV – 1; END_IF; Q := (CV <= 0); M : = CD;
Aufwärts- Abwärts-Zähler	

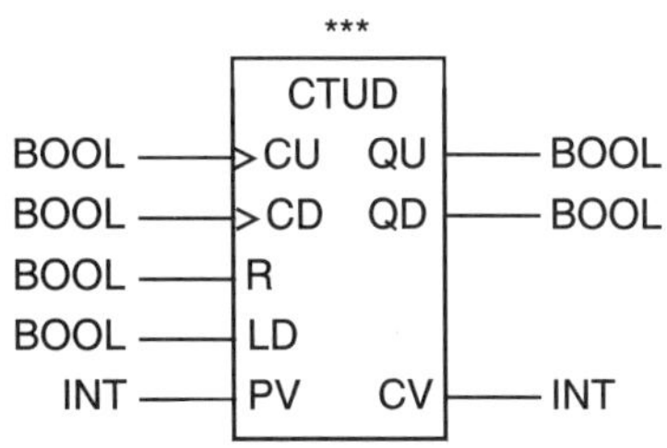	IF R THEN CV := 0;
	ELSIF LD THEN CV := PV;
	ELSE
	IF NOT (CU AND CD) THEN
	IF CU AND NOT MU AND (CV < PVmax)
	THEN CV := CV + 1;
	ELSIF CD NOT MD AND (CV > PVmin)
	THEN CV := CV – 1;
	END_IF;
	END_IF;
	QU := (CV >= PV);
	QD := (CV <= 0);
	MU : = CU;
	MD : = CD;

Tabelle 9.5: Zähler mit Symbol und FB-Rumpf in ST

Die Standard-Zähler sind für Zählerwerte vorgesehen, die vom Datentyp INT sind. Für Zähler mit den Datentypen DINT, LINT, UDINT und ULINT sind die nicht-überladenen Funktionsbausteine CTU_DINT bis CTUD_ULINT vorgesehen.

Aufgabe 9.5

Schreiben Sie bitte für folgende Steuerung den Funktionsbaustein „TRANSPORT“ in ST:

> Mit dem Taster START wird der Motor eingeschaltet (MOTOR := TRUE). Wenn der Motor steht (MOTOR := FALSE), wird der Zähler MENGE zurückgesetzt. Bei laufendem Motor (MOTOR := TRUE) werden die positiven Signalwechsel der Impulse IMP, die von einer Lichtschranke ausgelöst werden, gezählt. Wenn insgesamt 12 Signalwechsel gezählt worden sind, soll der Motor wieder ausgeschaltet werden.

9.2.3 Zeitglieder

Mit Zeitgliedern kann man mit einer positiven Flanke eines booleschen Eingangssignals IN einen Impuls von vorgegebener Dauer PT erzeugen oder eine Einschaltflanke (positiver Signalwechsel von FALSE nach TRUE) oder eine Ausschaltflanke (negativer Signalwechsel von TRUE nach FALSE) eines booleschen Eingangssignals IN um eine vorgegebene Zeit PT verzögern.

Das Puls-Zeitglied

Die Arbeitsweise eines Puls-Zeitgliedes kann wie folgt beschrieben werden:

1. Wenn bei zurückgesetzter Uhr (ET = T#0s) IN einen positiven Signalwechsel (von FALSE nach TRUE) macht, wird die Uhr gestartet und der Ausgang Q := TRUE:
2. Die Uhr läuft auf jeden Fall bis ET = PT. Danach wird Q := FALSE.
3. Wenn bei abgelaufener Uhr (ET = PT) der Eingang IN = TRUE ist, bleibt die Uhr bei ET = PT.
4. Wenn nach Ablauf der Uhr (ET = PT) der Eingang IN = FALSE ist oder wird, wird die Uhr zurückgesetzt (ET := T#0s).

Das nächste Bild illustriert das Verhalten des Puls-Zeitgliedes.

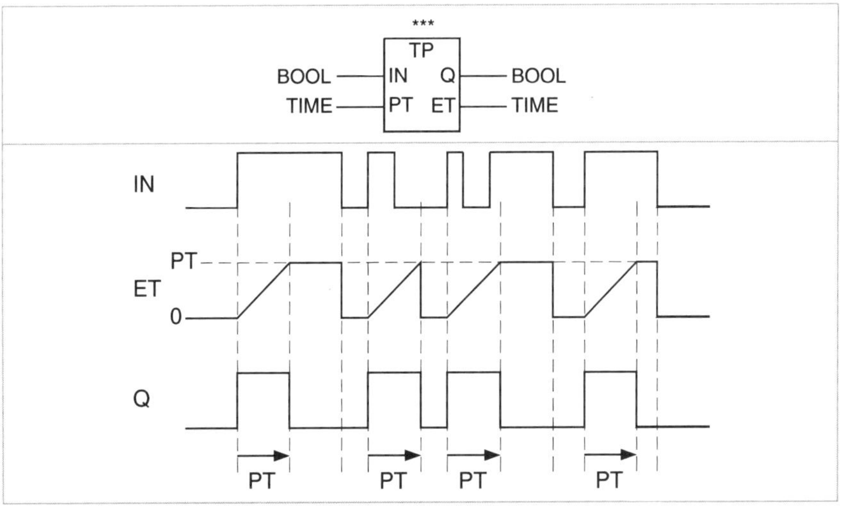

Bild 9.5: Puls-Zeitglied mit Symbol und Zeitablaufdiagramm

Die Einschaltverzögerung

In den grafischen Sprachen kann dieser Funktionsbaustein mit dem Namen „TON“ oder dem Symbol „T ---- 0“ gekennzeichnet werden.

Die Arbeitsweise einer Einschaltverzögerung kann wie folgt beschrieben werden:

1. Mit einem positiven Signalwechsel des Eingangs IN wird die Uhr gestartet und der Ausgang bleibt Q := FALSE.
2. Die Uhr läuft nur dann, wenn der Eingang IN = TRUE ist und die Uhr nicht abgelaufen ist (ET < PT).
3. Wenn die Uhr den Zielwert ET = PT erreicht, geht der Ausgang Q auf TRUE.
4. Wenn der Eingang IN = FALSE ist, ist auch der Ausgang Q := FALSE und die Uhr zurückgesetzt (ET := T#0s).

Das Verhalten einer Einschaltverzögerung zeigt das nächste Bild.

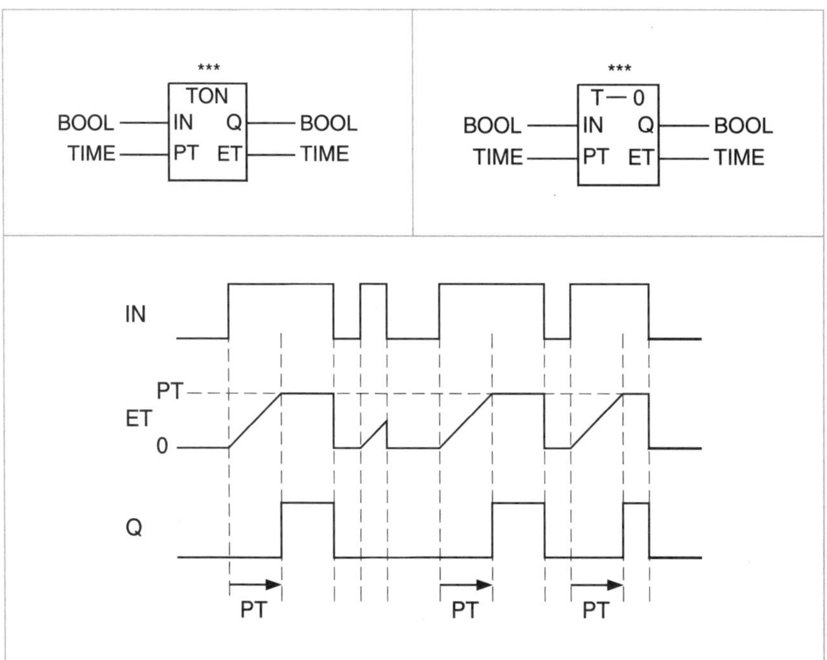

Bild 9.6: Einschaltverzögerung mit Symbol und Zeitablaufdiagramm

Ausschaltverzögerung

In den grafischen Sprachen kann dieser Funktionsbaustein mit dem Namen „TOF“ oder dem Symbol „0 ---- T“ gekennzeichnet werden.

Die Arbeitsweise einer Ausschaltverzögerung kann wie folgt beschrieben werden:

1. Mit einem negativen Signalwechsel des Eingangs IN wird die Uhr gestartet und der Ausgang bleibt Q := TRUE.
2. Die Uhr läuft nur dann, wenn der Eingang IN = FALSE ist und die Uhr nicht abgelaufen ist (ET < PT).
3. Wenn die Uhr den Zielwert ET = PT erreicht, geht der Ausgang Q auf FALSE.
4. Wenn der Eingang IN = TRUE ist oder wird, wird der Ausgang Q := TRUE und die Uhr zurückgesetzt (ET := T#0s).

Das Verhalten einer Ausschaltverzögerung zeigt das nächste Bild.

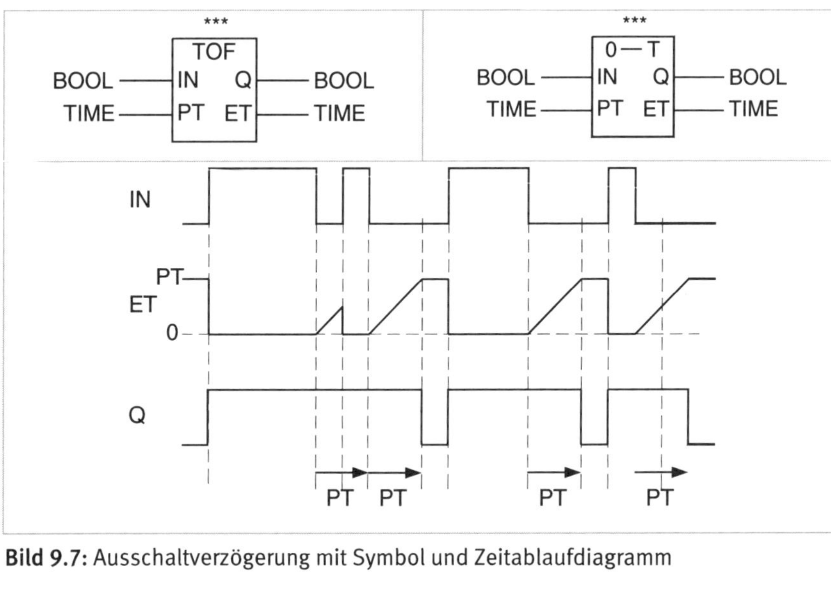

Bild 9.7: Ausschaltverzögerung mit Symbol und Zeitablaufdiagramm

Aufgabe 9.6

Die Zeitglieder TP, TON und TOF werden mit PT := T#3s und dem Eingangssignal IN mit folgendem zeitlichen Verlauf belegt:

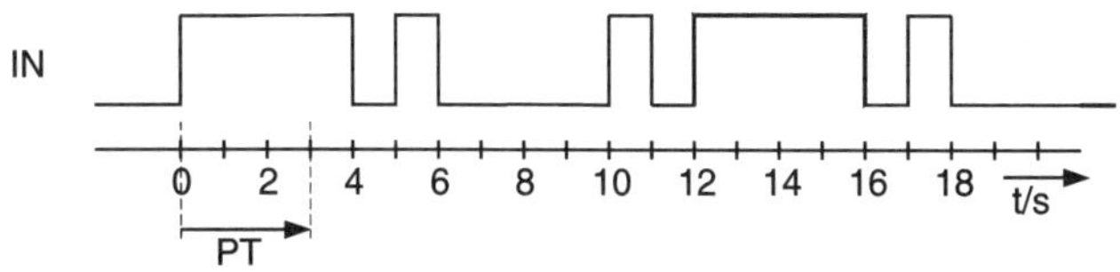

Bild 9.8: Zeitablauf des Eingangssignals

Zeichnen Sie dazu jeweils den zeitlichen Verlauf der abgelaufenen Zeit ET und des Ausgangs Q.

9.3 Beispiele und Lösungen nach IEC

9.3.1 Förderband

Das Förderband wird mit einem Motor MOTOR angetrieben. Mit einer Lichtschranke L1 wird erkannt, ob ein Transportgut am Anfang des Bandes liegt. Mit der Lichtschranke L2 wird erkannt, ob sich ein Transportgut im Auslauf des Transportbandes befindet. Die Lichtschranken arbeiten so, dass sie bei offener Lichtschranke ein Signal TRUE und bei unterbrochenem Lichtstrahl ein Signal FALSE liefern.

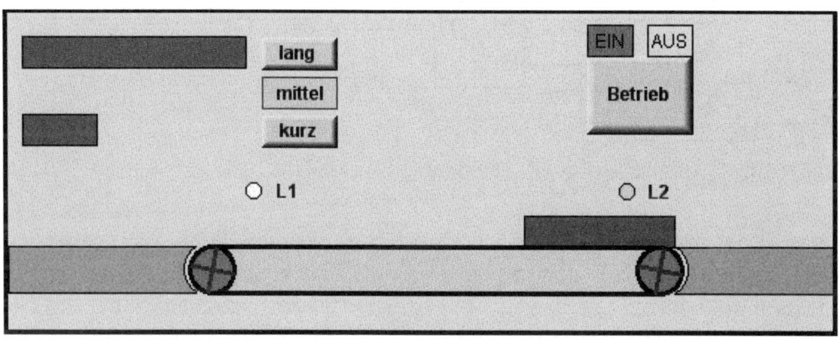

Bild 9.9: Förderband (Visualisierung mit CoDeSys)

Bei der Bedienung der Visualisierung des simulierten Prozesses können kurze, mittellange und lange Pakete auf das Förderband gelegt werden. Dazu muss der jeweilige Button angeklickt werden. Durch nochmaliges Anklicken oder nach dem kompletten Durchlauf über das Transportband hinaus wird das Paket an den Ursprungsort zurückgeholt. Solange sich ein Paket zwischen den Lichtschranken befindet, kann kein neues Paket auf das Förderband gelegt werden.

Die Steuerung des Förderbandes soll folgendermaßen ablaufen.

> Der Transport ist eingeschaltet (MOTOR := TRUE), wenn der Betriebsschalter das Signal EIN := TRUE liefert und die Lichtschranke L1 unterbrochen ist (L1 := FALSE). Das Band läuft so lange, bis nach dem Verlassen der Lichtschranke L2 eine Zeit von 5 Sekunden verstrichen ist. Wenn allerdings zwischen den Zeitpunkten des Verlassens der Lichtschranke L2 und dem Ablauf der Wartezeit von 5 Sekunden ein neues Transportgut die Lichtschranke L1 unterbricht, läuft das Band weiter.

Für die Steuerung des Transportbandes wird ein Funktionsbaustein verwendet, der die binären Eingangssignale EIN, L1 und L2 aufnimmt und damit das binäre Ausgangssignal MOTOR ermittelt.

Es ist vorausgesetzt, dass sich zu dem Zeitpunkt, wo ein Paket das Transportband verlässt, kein weiteres Paket zwischen den Lichtschranken befindet.

Das Austreten des Transportgutes aus der Lichtschranke L2 wird mit R_TRIG erkannt. Der Rumpf des Funktionsbausteins sieht in FBS wie folgt aus:

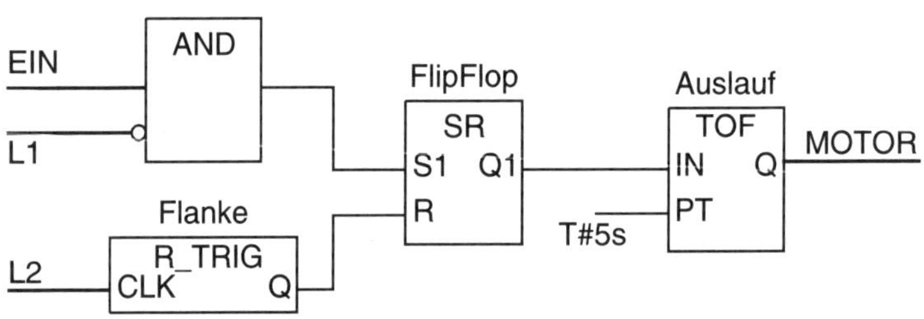

Bild 9.10: Funktionsplan des FB „Foerderband" in FBS

Es wird ein setzdominanter Speicherbaustein verwendet, damit beim Austreten des Transportgutes aus der Lichtschranke L2 und gleichzeitig unterbrochener Lichtschranke L1 der Speicher nicht kurzfristig (für einen Rechenzyklus) zurückgesetzt wird. Durch die anschließende Ausschaltverzögerung würde das Band allerdings weiter laufen.

Der Deklarationsteil ist damit:

```
FUNCTION_BLOCK Foerderband
   VAR_INPUT    EIN, L1, L2 :          BOOL ; END_VAR
   VAR_OUTPUT   MOTOR :                BOOL , END_VAR
   VAR          Flanke :               R_TRIG ;
                FlipFlop :             SR ;
                Auslauf :              TOF ;
```

```
  END_VAR

  (* Rumpf des FB *)

END_FUNCTION_BLOCK
```

Liste 9.2: Deklarationsteil des FB „Foerderband"

Der Funktionsbaustein kann in einer grafischen Programmiersprache mit den äußeren Schnittstellen entsprechend Bild 9.11 verwendet werden.

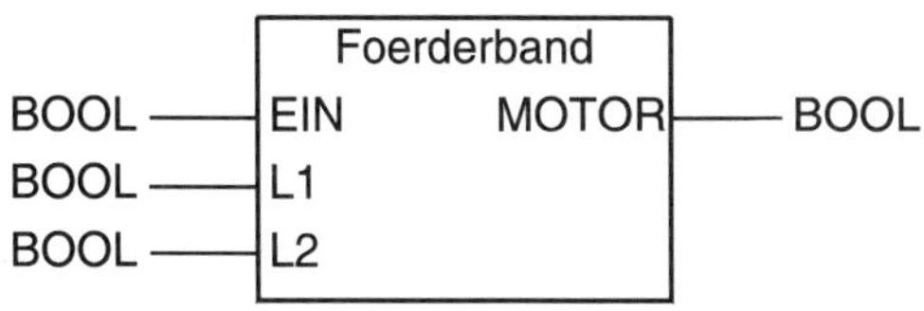

Bild 9.11: Äußere Schnittstellen des FB „Foerderband"

Alternativ zur FBS kann der Rumpf auch als Kontaktplan programmiert werden.

Die Setzdominanz des Speichers wird dadurch erreicht, dass das Setzen nach dem Rücksetzen bearbeitet wird. Die Hilfsvariable M1 muss zusätzlich im Deklarationsteil als boolesche interne Variable definiert werden. M1 ersetzt die Instanz FlipFlop.

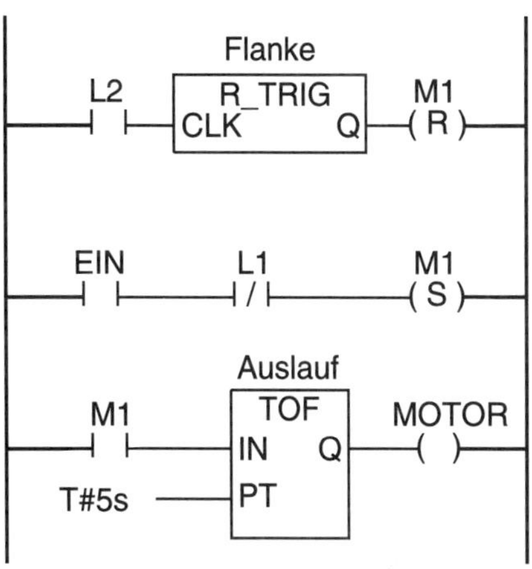

Bild 9.12: Kontaktplan zur „Foerderband"

In AWL (Laden und Speichern von Argumenten) sieht der Rumpf des FB wie folgt aus. Auch hier wird die Hilfsvariable M1 benötigt.

```
LD      L2
ST      Flanke.CLK
CAL     Flanke
LD      Flanke.Q
R       M1
LD      EIN
ANDN    L1
S       M1
LD      M1
ST      Auslauf.IN
LD      T#5s
ST      Auslauf.PT
CAL     Auslauf
LD      Auslauf.Q
ST      MOTOR
```

Liste 9.3: AWL für den Rumpf des FB „Foerderband“

Als letzte Variante wird nun der Rumpf in strukturiertem Text gezeigt. Da nach der IEC-Norm bei der Übergabe der Argumente keine Ausdrücke formuliert werden dürfen, wird auch hier die Hilfsvariable M1 benötigt.

```
Flanke(CLK:=L2) ;
M1 := EIN & NOT L2 ;
FlipFlop(S1:= M1, R:=Flanke.Q) ;
Auslauf(IN:=FlipFlop.Q1, PT:=T#5s) ;
MOTOR := Auslauf.Q ;
```

Liste 9.4: ST für den Rumpf des FB „Foerderband“

9.3.2 Parkhaus

Das Bild zeigt die Animation eines Parkhauses. Die Steuerung für die Anzeigen am Parkhaus soll hier realisiert werden.

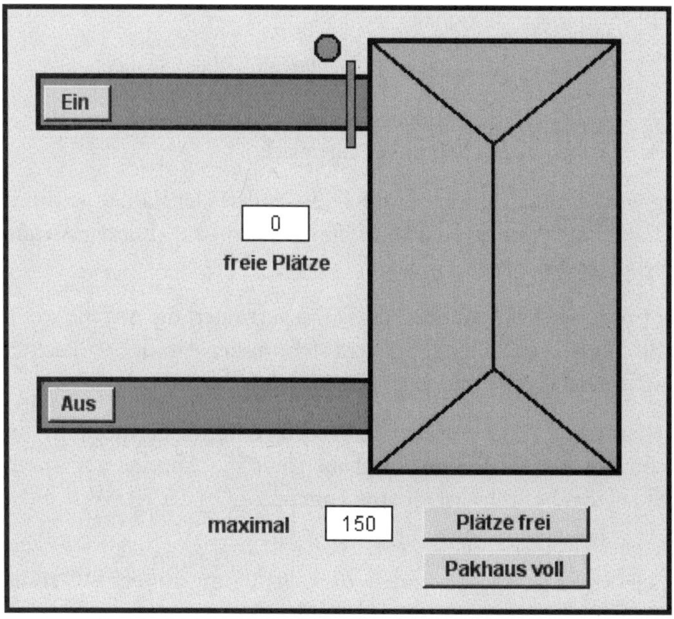

Bild 9.13: Parkhaus (Visualisierung mit CoDeSys)

Dazu werden folgende Signale an die SPS übertragen:

EIN (BOOL):	Taster, der mit einem Impuls angibt, dass 1 Auto einfährt
AUS (BOOL):	Taster, der mit einem Impuls angibt, dass 1 Auto ausfährt
Maximum (INT):	gibt die maximale Anzahl freier Plätze (Kapazität) im Parkhaus an
Parkhaus_voll (BOOL):	Setzt Zähler freier Plätze auf CV := 0
Plaetze_frei (BOOL):	Setzt Zähler freier Plätze auf CV := Maximum

Die Steuerung ermittelt die aktuelle Anzahl freier Plätze. Bei vollem Parkhaus wird das boolesche Signal „voll“ und bei leerem Parkhaus das boolesche Signal „leer“ auf TRUE gesetzt.

Damit liefert die SPS also folgende Signale:

Plaetze (REAL):	Anzahl freier Plätze für die Anzeige
voll (BOOL):	Parkhaus ist voll, rote Ampel und Schranke zeigen sich.

Für die Steuerung wird ein Auf-Abwärts-Zähler verwendet. Der Zähler wird mit dem Signal „Parkhaus_voll" zurückgesetzt bzw. mit „Plaetze_frei" mit der Anzahl der maximalen Parkplätze (Kapazität) geladen.

Jedes einfahrende Fahrzeug (Klick auf die Taste EIN) verringert die Anzahl, wenn das Parkhaus nicht voll ist. Bei vollem Parkhaus steht in der Anzeige 0, leuchtet die rote Ampel und die Zufahrt ist mit einer Schranke gesperrt.

Jedes ausfahrende Fahrzeug (Klick auf die Taste AUS) erhöht die Anzahl, wenn das Parkhaus nicht leer ist. Bei leerem Parkhaus steht die Anzeige auf ihrem Maximalwert und das Symbol für ausfahrende Fahrzeuge (Taster AUS) ist nicht sichtbar.

Der Deklarationsteil des Programms, mit dem diese Steuerung auf der SPS realisiert wird, ist also:

```
PROGRAM PARKHAUS
  VAR_EXTERNAL
    EIN:                BOOL;
    AUS:                BOOL;
    Maximum:            INT;
    Plaetze_frei:       BOOL;
    Parkhaus_voll:      BOOL;
    Plaetze:            REAL;
    voll:               BOOL;
  END_VAR
  VAR
    Zaehler:            CTUD;
    leer:               BOOL;
  END_VAR
```

Liste 9.5: Deklarationsteil des Programms „Parkhaus"

Alle Variable, die als EXTERNAL vereinbart sind, werden in der Simulation als globale Variable mit der Animation des Parkhauses ausgetauscht. Wenn bei einer realen Steuerung die Ein- und Ausgangssignale direkt an die SPS angeschlossen sind, müssen hier mit AT die Zuordnungen zu den direkten Variablen (Klemmen) angegeben werden.

Die boolesche Variable „leer" wird intern als Rückkopplungsvariable verwendet.

Im Funktionsplan sieht die Steuerung demnach folgendermaßen aus:

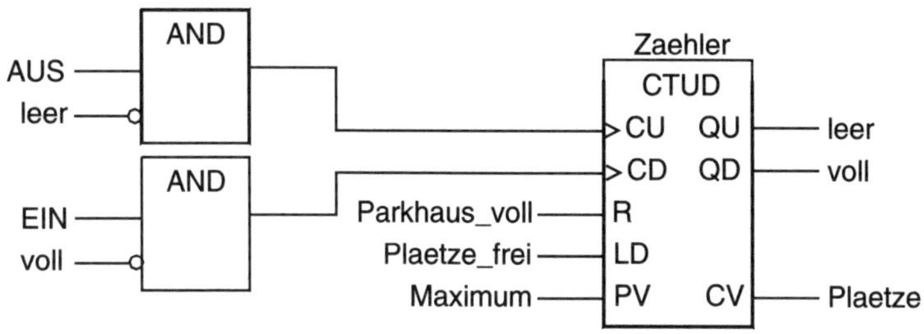

Bild 9.14: Funktionsplan des Programms „Parkhaus" in FBS

Im Kontaktplan muss mindestens ein Kontakt als Eingang und eine Spule als Ausgang an einen Funktionsbaustein angeschlossen werden. Hier werden fast ausschließlich (außer Minimum) boolesche Signale angeschlossen, die als Kontakt bzw. als Spulen dargestellt werden.

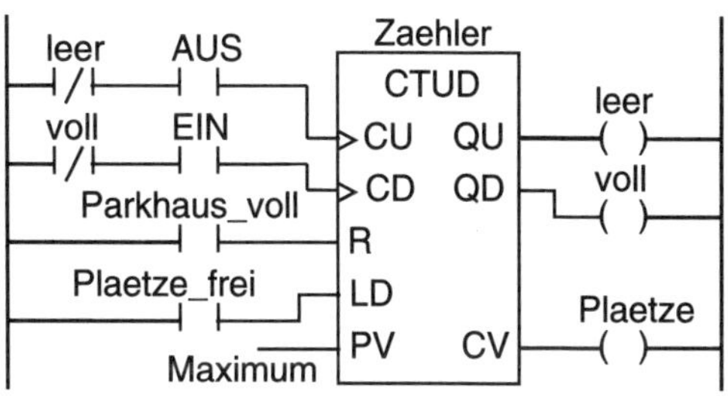

Bild 9.15: Kontaktplan des Programms „Parkhaus"

In „Anweisungsliste" wird dieser Funktionsbaustein aufgerufen, nachdem die Eingänge zuvor belegt werden. Danach werden die verschiedenen Ausgänge des FB den entsprechenden Variablen zugewiesen.

```
LDN         leer
AND         AUS
ST          Zaehler.CU
LDN         voll
AND         EIN
ST          Zaehler.CD
LD          Parkhaus_voll
ST          Zaehler.R
LD          Plaetze_frei
ST          Zaehler.LD
LD          Maximum
```

```
ST      Zaehler.PV
CAL     Zaehler
LD      Zaehler.QU
ST      leer
LD      Zaehler.QD
ST      voll
LD      Zaehler.CV
ST      Plaetze
```

Liste 9.6: Anweisungsliste des Programms „Parkhaus“

Im Vergleich dazu ist das Programm in strukturiertem Text wesentlich kürzer:

```
hoch := NOT leer & AUS;
ab := NOT voll & EIN;
Zaehler(CU:=hoch, CD:=ab, R:=Parkhaus_voll, LD:=Plaetze_frei,
                                              PV:=Maximum);
leer := Zaehler.CU;
voll := Zaehler.CD;
Plaetze := Zaehler.CV;
```

Liste 9.7: Strukturierter Text des Programms „Parkhaus“

Hier müssen die Hilfsvariablen „hoch“ und „ab“ im Deklarationsteil als interne Variable definiert werden, da die Norm – im Gegensatz zu einigen Programmierwerkzeugen – keine Ausdrücke bei der Argumentenübergabe erlaubt.

9.4 Lösungen mit CoDeSys

9.4.1 Förderband

Für jede der fünf Programmiersprachen, die für Verknüpfungssteuerungen geeignet sind, wird jeweils ein eigenes Projekt angelegt. In jedem Projekt gibt es neben dem Programm PLC_PRG(PRG) einen Funktionsbaustein, der „Foerderband“ heißt.

Auf der Registerkarte POUs für weitere Programmorganisationseinheiten ist das Programm (PRG) „Modell“ abgelegt, in dem der Prozess simuliert wird. Ein solches Programm wird in fast allen im Buch verwendeten Projekten benötigt.

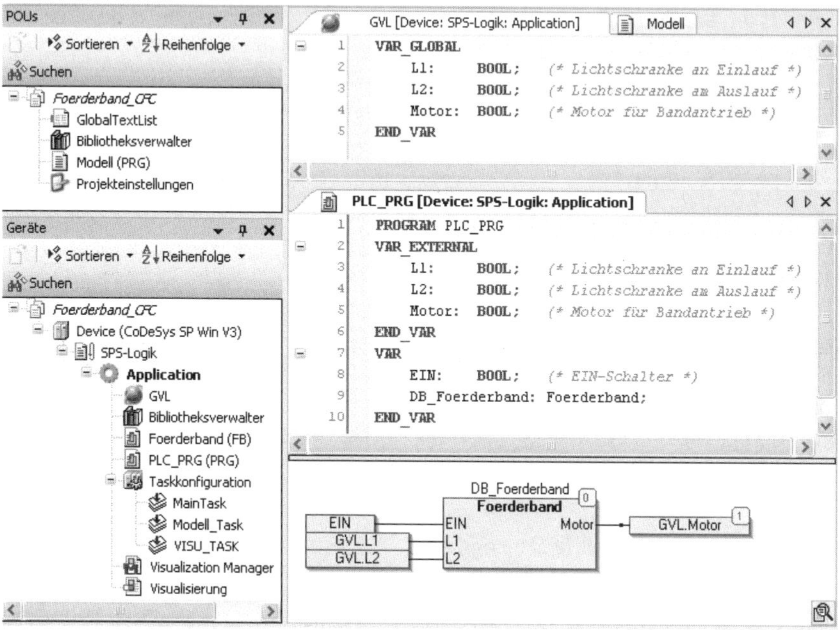

Bild 9.16: Projekt „Foerderband_CFC“

Da die Prozesssignale „L1“, „L2“ und „Motor“ von einem anderen Programm in derselben Ressource stammen bzw. dafür bestimmt sind, müssen sie als globale Variable definiert werden.

Damit das Programm auf diese Daten zugreifen kann, müssen die als globale Variable definierten Signale hier als externe Variable festgelegt werden. Außerdem wird die Instanz „DB_Foerderband“ des Funktionsbausteins als interne Variable deklariert.

Die Deklarationsteile der in verschiedenen Sprachen formulierten Funktionsbausteine unterscheiden sich ebenfalls nur geringfügig voneinander. Je nach Sprache können zusätzliche Hilfsvariable erforderlich werden, die als interne Variable vereinbart werden müssen. Wenn der Speicher z. B. durch speichernde Spulen oder speichernde Variable realisiert wird, erübrigt sich die Instanz „FlipFlop“.

Für CFC ist hier der Deklarationsteil des FB gezeigt:

```
FUNCTION_BLOCK Foerderband
VAR_INPUT
    EIN:      BOOL;    (* Ein-Schalter *)
    L1:       BOOL;    (* Lichtschranke am Einlauf
                          TRUE: Schranke offen *)
    L2:       BOOL;    (* Lichtschranke am Auslauf
                          TRUE: Schranke offen *)
END_VAR
VAR_OUTPUT
    Motor:    BOOL;    (* Bandantrieb *)
END_VAR
VAR
    Flanke:      R_TRIG;
    FlipFlop:    SR;
    Auslauf:     TOF;
END_VAR
```

Bild 9.17: Deklarationsteil zu „Foerderband"

Nun folgen die Rümpfe des Funktionsbausteins in verschiedenen Sprachen. Zunächst sieht man den Funktionsplan in CFC:

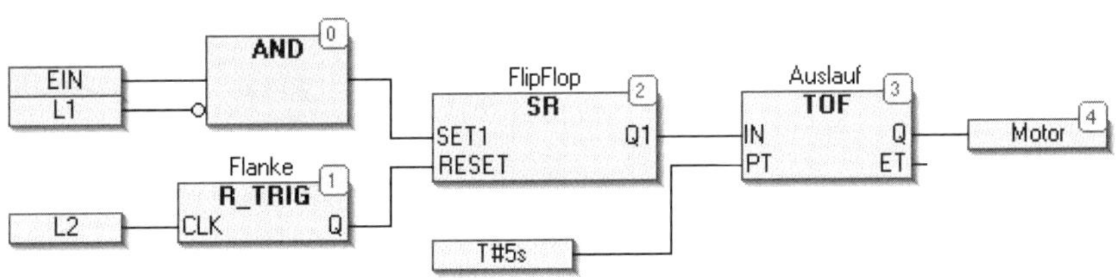

Bild 9.18: Rumpf des FB „Foerderband" in CFC

Wenn man nicht den freien Editor für Funktionspläne (CFC), sondern den netzwerkorientierten Editor FUP verwendet, sieht der Funktionsplan folgendermaßen aus. Hier werden die Verbindungslinien automatisch angelegt und Ein- und Ausgänge unmittelbar an die Anschlüsse von FC oder FB gelegt.

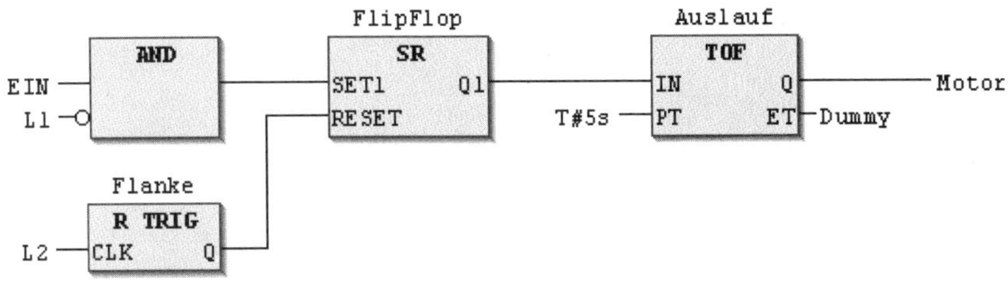

Bild 9.19: Rumpf des FB „Foerderband" in FUP

Eine automatische Übersetzung des Funktionsbausteins, der in FUP programmiert wurde, in die Sprachen KOP und AWL liefert für die Rümpfe die beiden folgenden Bilder.

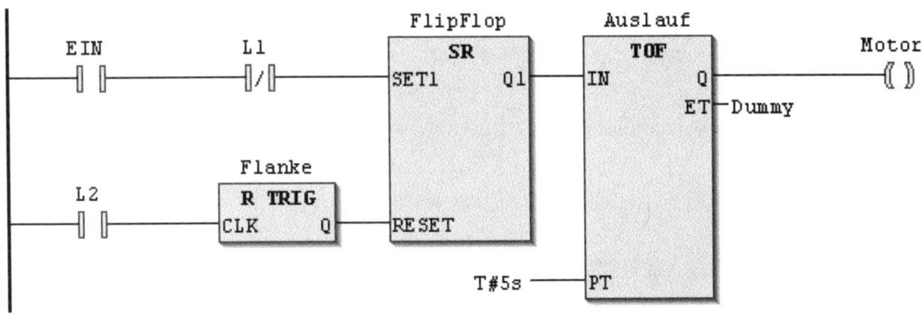

Bild 9.20: Rumpf von „Foerderband" in KOP

```
LD              EIN
ANDN            L1
ST              FlipFlop.SET1
CAL             Flanke(
          CLK:= L2)
LD              Flanke.Q
ST              FlipFlop.RESET
CAL             FlipFlop()
LD              FlipFlop.Q1
ST              Auslauf.IN
CAL             Auslauf(
           PT:= T#5s,
           ET=> Dummy)
LD              Auslauf.Q
ST              Motor
```

Bild 9.21: Rumpf des FB „Foerderband" in AWL

Die Programmierung in strukturiertem Text liefert:

```
Flanke(CLK := L2);
FlipFlop(SET1 := EIN AND NOT L1, RESET := Flanke.Q);
Auslauf(IN := FlipFlop.Q1, PT := T#5S);
Motor := Auslauf.Q;
```

Bild 9.22: Rumpf des FB „Foerderband" in ST"

Wenn Sie dieses Beispiel auf Ihrem eigenen Rechner aktivieren wollen, gehen Sie bitte so vor, wie das im Kapitel 8.3 erklärt wurde.

9.4.2 Parkhaus

Für jede der Programmiersprachen, die für Verknüpfungssteuerungen geeignet sind, wird wieder jeweils ein eigenes Projekt angelegt. In jedem Projekt gibt es nur das Programm PLC_PRG(PRG). Da das Programm im Wesentlichen aus einem einzelnen Funktionsbaustein besteht, gibt es zwischen dem Ergebnis der Editoren CFC und FUP fast keinen Unterschied. Daher wird hier auf die Darstellung in FUP verzichtet. Das Projekt ist damit wie folgt:

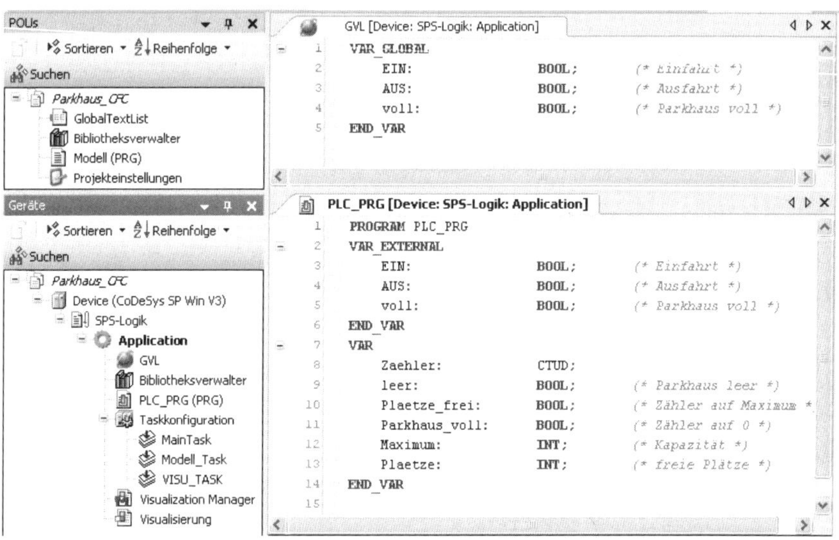

Bild 9.23: Projekt „Parkhaus"

Für die Kommunikation mit der Simulation des Parkhauses „Modell" werden die Variablen „EIN", „AUS" und „voll" als global deklariert.

Nun folgen die Darstellungen der Programmrümpfe für die verschiedenen Programmiersprachen.

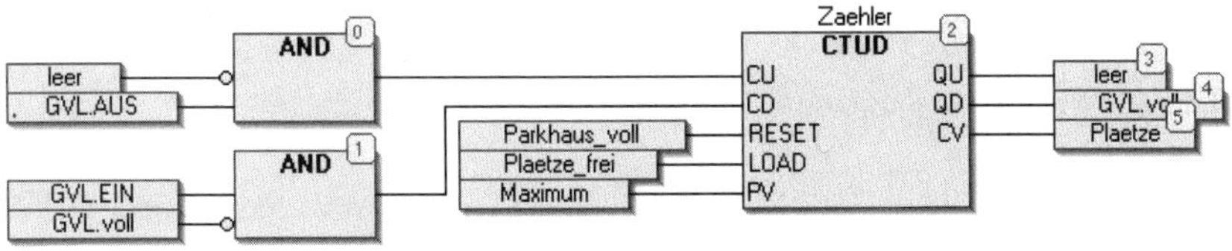

Bild 9.24: Rumpf des Programms „Parkhaus" in CFC

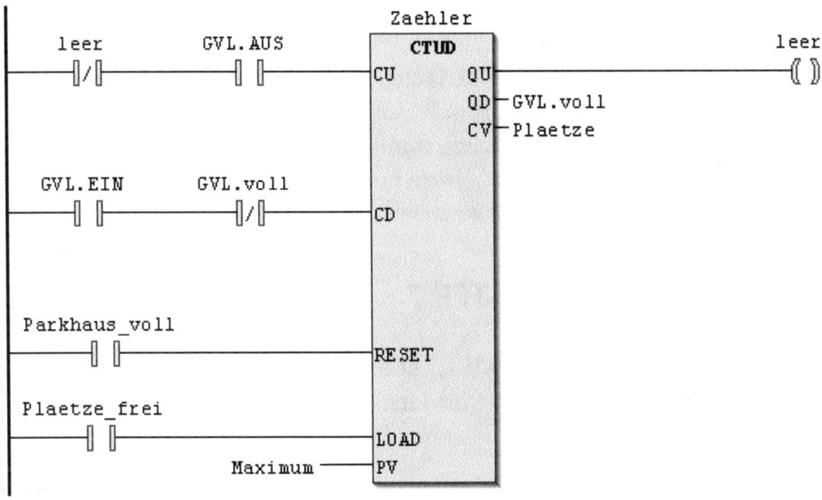

Bild 9.25: Rumpf des Programms „Parkhaus" in KOP

```
LDN             leer
AND             GVL.AUS
ST              Zaehler.CU
LD              GVL.EIN
ANDN            GVL.voll
ST              Zaehler.CD
CAL             Zaehler(
        RESET:= Parkhaus_voll,
         LOAD:= Plaetze_frei,
           PV:= Maximum,
           QD=> GVL.voll,
           CV=> Plaetze)
LD              Zaehler.QU
ST              leer
```

Bild 9.26: Rumpf des Programms „Parkhaus" in AWL

```
Zaehler(CU := NOT leer AND GVL.AUS, CD := NOT GVL.voll AND GVL.EIN,
    Reset := Parkhaus_voll, Load := Plaetze_frei, PV := Maximum);
leer := Zaehler.QU;
GVL.voll := Zaehler.QD;
Plaetze := Zaehler.CV;
```

Bild 9.27: Rumpf des Programms „Parkhaus" in ST

Für alle Projekte, die in CFC, KOP, AWL oder ST realisiert werden, ist der Deklarationsteil identisch. Da beim Aufruf von Funktionen und Funktionsbausteinen nach IEC 61131-3 in der Argumentenliste keine Ausdrücke verwendet werden dürfen, mussten Hilfsvariable verwendet werden. CoDeSys hingegen erlaubt hier Ausdrücke, so dass keine Hilfsvariablen notwendig werden.

Im Vergleich zum Symbol des CTUD-Zählers in der IEC-Norm wird hier die Bezeichnung des Rücksetzsignals statt R nun „Reset" und der Ladebefehl statt LD nun „Load" genannt. Diese Änderung wurde gemacht, um Verwechselungen mit dem R-Befehl zum Zurücksetzen speichernder Variablen und mit dem Ladebefehl LD in der Anweisungsliste zu vermeiden.

9.5 Lösungen mit STEP 7

Da die Programmiersprachen AWL, KOP und FUP nicht bzw. nur wenig kompatibel zur IEC-Norm sind, wird hier die Verknüpfungssteuerung nur mit CFC und SCL realisiert.

9.5.1 Förderband

CFC

Die Steuerung des Förderbandes wurde im STEP 7-Projekt „Frdb_CFC" in der Sprache CFC realisiert. Für CFC-Pläne wurde der Projektordner „Pläne" angelegt, in dem sich alle Arbeitsblätter befinden, die in CFC programmiert wurden. In dem Ordner „Bediengerät_1" befinden sich alle Komponenten, die für die Visualisierung notwendig sind.

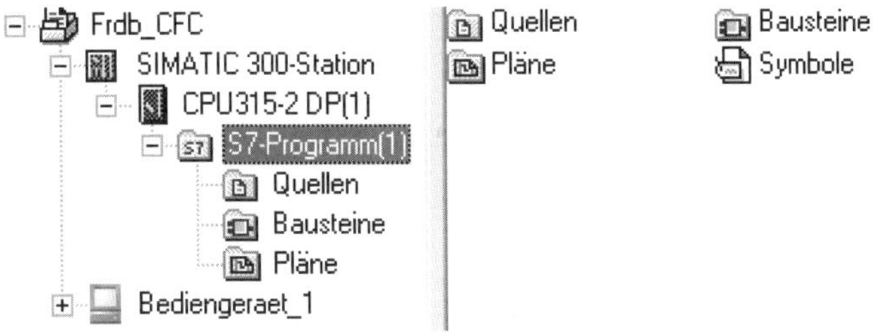

Bild 9.28: Projekt „Frdb_CFC“ für die Förderbandsteuerung

Zunächst müssen die Ein- und Ausgänge, die mit WinCC flexible als globale Variable über den Datenbaustein „WinCC“ (DB 51) ausgetauscht werden sollen, in DB 51 eingetragen werden. Während der Programmierung in CFC aufgerufene Funktionsbausteine werden automatisch in die Symboltabelle im Ordner „Symbole“ eingetragen. Der Datenbaustein „WinCC“ sieht wie folgt aus:

Adresse	Name	Typ	Anfangswert	Kommentar
0.0		STRUCT		
+0.0	EIN	BOOL	FALSE	EIN-Schalter
+0.1	L1	BOOL	FALSE	Lichtschranke am Einlauf
+0.2	L2	BOOL	FALSE	Lichtschranke am Auslauf
+0.3	Motor	BOOL	FALSE	Motor für Bandantrieb
=2.0		END_STRUCT		

Bild 9.29: Datenbaustein „WinCC“ des Projektes Frdb_ CFC“

Das Programm wird in einem CFC-Arbeitsblatt innerhalb eines hierarchischen FB realisiert, wofür mit „Neuer Plan“ das Symbol in das Arbeitsblatt gezogen wird. Durch RM (rechte Maustaste) auf das Symbol und „Plan öffnen“ wird eine Ebene tiefer ein neues Arbeitsblatt geöffnet, in dem der Funktionsplan mit den Plananschlüssen erstellt wird.

Der CFC-Plan sieht danach so aus:

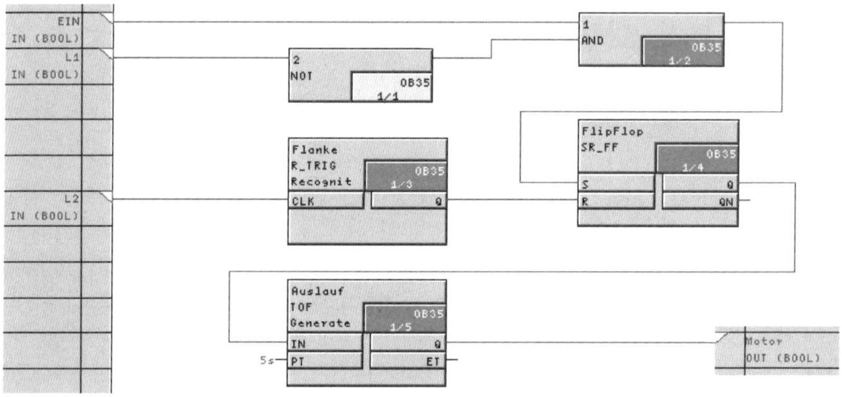

Bild 9.30: Programm „Foerderband“ mit CFC

Wenn man wieder eine Ebene in der Hierarchie nach oben geht, erscheint der Baustein mit den verwendeten Ein- und Ausgängen, die noch mit den Operanden aus der Symboltabelle verbunden werden müssen. So ergibt sich das Programm in der gezeigten Darstellung:

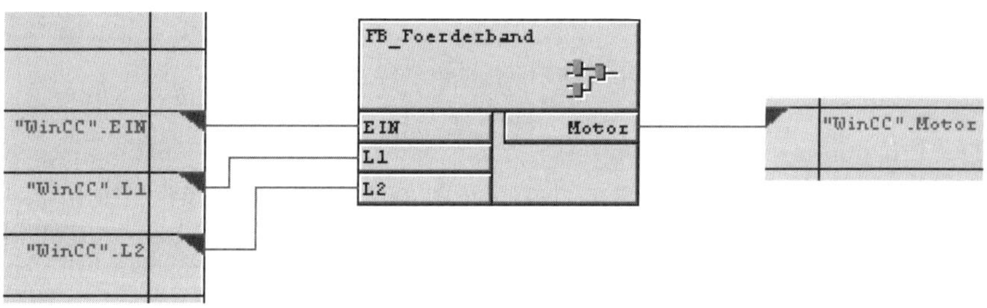

Bild 9.31: Hierarchischer Baustein des Programms „Foerderband“

Nach der Übersetzung der Pläne als Programm kann der Test mit dem Simulator oder durch Beobachtung der Signalwerte (siehe Lösung zu Aufgabe 8.2) erfolgen.

Bei der Programmierung in CFC werden dem Programmierer viele Aufgaben wie z. B. die Instanzierung von FB abgenommen.

Das Programm kann auch mit der Visualisierung getestet werden. Dazu muss im Strukturbaum das Bild „Foerderband“ mit einem DK in WinCC flexible geöffnet und danach mit „Projekt / Generator / Runtime starten“ in Betrieb genommen werden.

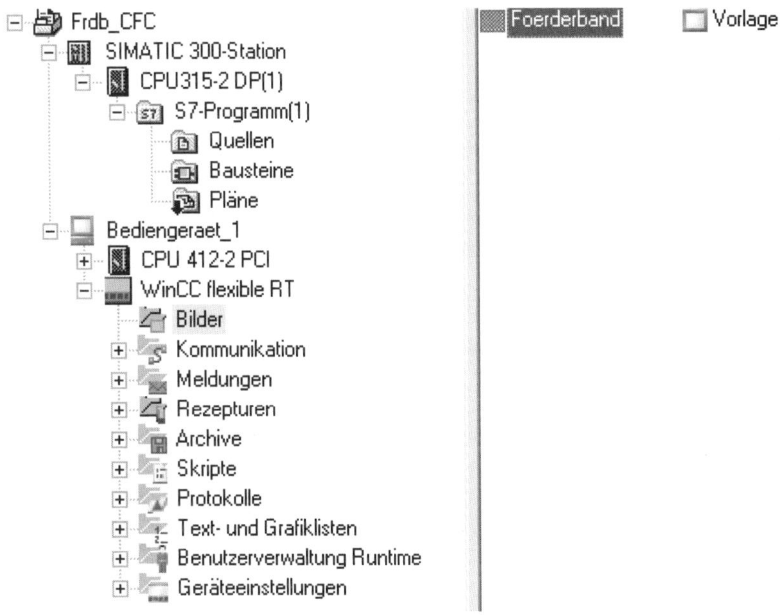

Bild 9.32: Strukturbaum des Projektes

Nach dem Einschalten der Anlage kann man die Pakete durch „Anklicken" auf das Band legen. Dabei ist sichergestellt, dass Sie kein weiteres Paket auf das Band legen können, wenn noch ein anderes Paket unterwegs ist.

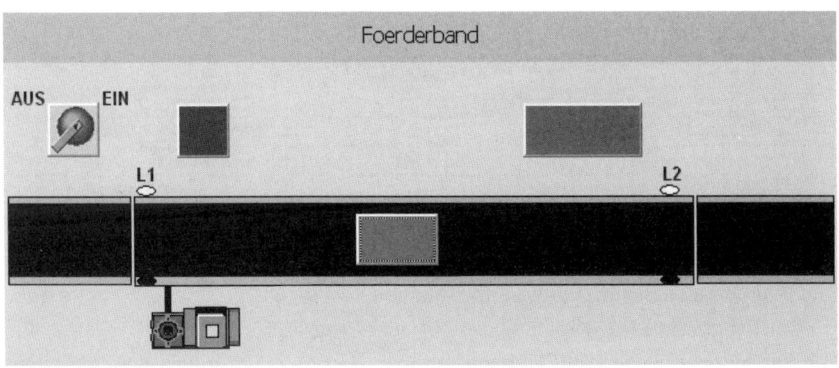

Bild 9.33: Visualisierung des Projektes „Förderband"

SCL

In SCL können keine hierarchischen Bausteine erstellt werden. Man kann hierfür einen FB erstellen, der im Programm (OB1) z. B. in FUP oder SCL instanziert wird.

In die Symboltabelle muss der im OB1 „Foerderband“ aufzurufende FB mit Namen (FB_Foerderband) und Instanzenbezeichnung (DB_Foerderband) eingetragen werden. Die weiteren Einträge für die verwendeten FB werden bei der Übersetzung erzeugt. Der in SCL programmierte FB wird als FB1 mit dem Datenbaustein DB1 und die Ausschaltverzögerung TOF (SFB5) mit dem Datenbaustein DB5 eingefügt.

Strukturbaum des Projektes

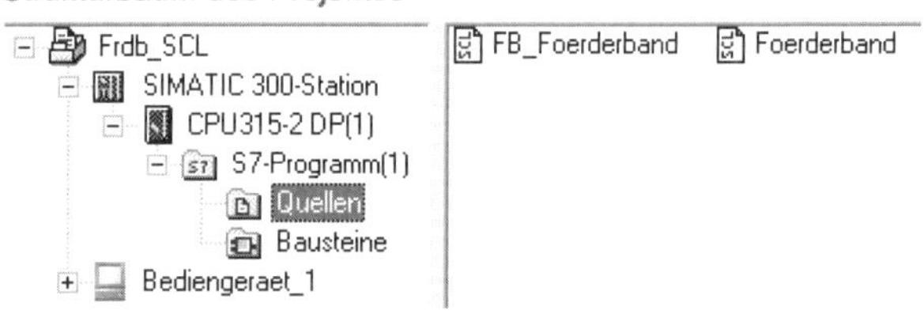

Symboltabelle

	Status	Symbol /	Adresse	Datentyp	Kommentar
1		DB_Foerderband	DB 1	FB 1	Datenbaustein zum Programm OB1
2		FB_Foerderband	FB 1	FB 1	Funktionsbaustein "Foerderband"
3		TOF	SFB 5	SFB 5	Generate an Off Delay
4		WinCC	DB 51	DB 51	globaler Datenbaustein
5					

Datenbaustein „WinCC“

Adresse	Name	Typ	Anfangswert	Kommentar
0.0		STRUCT		
+0.0	EIN	BOOL	FALSE	EIN-Schalter
+0.1	L1	BOOL	FALSE	Lichtschranke am Einlauf
+0.2	L2	BOOL	FALSE	Lichtschranke am Auslauf
+0.3	Motor	BOOL	FALSE	Motor für Bandantrieb
=2.0		END_STRUCT		

Bild 9.34: Projekt, Symboltabelle und Datenbaustein für SCL

Die Variablen, die mit WinCC flexible ausgetauscht werden sollen, werden in den Datenbaustein „WinCC“ (DB 51) eingetragen.

Der Funktionsbaustein „FB_Foerderband“ in SCL enthält den Deklarationsteil und den Rumpf. Instanziert werden können nur Standard-Funktionsbausteine (SFB). Darin gibt es weder FB „R_TRIG“ noch „SR_FF“. Daher müssen deren Aufgaben im strukturierten Text explizit programmiert werden.

```
FUNCTION_BLOCK Foerderband
VAR_INPUT
    EIN :       BOOL ;
    L1 :        BOOL ;
    L2 :        BOOL ;
END_VAR
VAR_OUTPUT
    Motor :     BOOL ;
END_VAR
VAR
    Flanke :    BOOL ;
    FlipFlop :  BOOL ;
    Auslauf :   TOF ;
END_VAR

IF L2 = TRUE AND Flanke = FALSE THEN FlipFlop:= FALSE ; END_IF ;
IF EIN AND NOT L1 THEN FlipFlop:= TRUE ; END_IF ;
Auslauf(IN:=FlipFlop, PT:=T#5s) ;
Motor := Auslauf.Q ;
Flanke := L2 ;

END_FUNCTION_BLOCK
```

Bild 9.35: FB „Foerderband“ in SCL

Dieser FB muss nun im OB1 instanziert werden. Das kann in SCL geschehen. Wenn man dafür die Vorlage eines OB aufruft, wird der für das Betriebssystem erforderliche Datenbereich mit 20 Byte in VAR_TEMP automatisch deklariert.

```
ORGANIZATION_BLOCK OB1

VAR_TEMP
  info : ARRAY[0..19] OF BYTE;
END_VAR

 FB_Foerderband.DB_Foerderband(EIN:=WinCC.EIN,L1:=WinCC.L1,L2:=WinCC.L2) ;
 WinCC.Motor := DB_Foerderband.Motor ;

END_ORGANIZATION_BLOCK
```

Bild 9.36: Instanzierung des FB „Foerderband“ im OB1 mit SCL

9.5.2 Parkhaus

CFC

Für die Steuerung des Parkhauses wurden nur Projekte mit CFC und SCL erstellt. Hier zunächst die Struktur und die Symboltabelle des CFC-Projektes. Die Ein- und Ausgänge wurden wieder manuell und der FB CTUD wurde automatisch in die Symboltabelle eingetragen. Der Organisationsbaustein OB1 wurde bei der Übersetzung gelöscht.

Projektstruktur

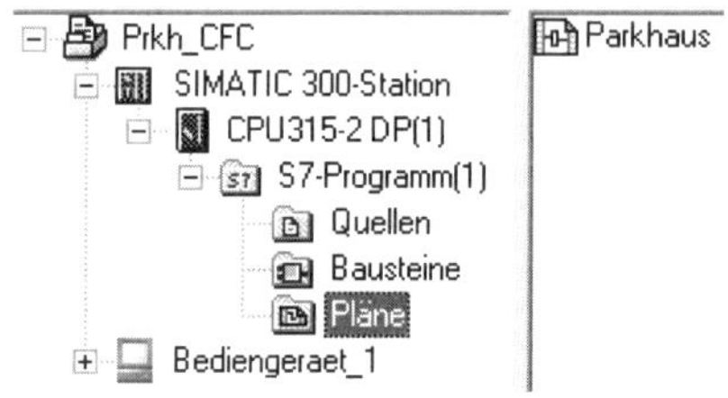

Symboltabelle

	Status	Symbol	Adresse	Datentyp	Kommentar
1		WinCC	DB 51	DB 51	
2					

Datenbaustein „WinCC“

Adresse	Name	Typ	Anfangswert	Kommentar
0.0		STRUCT		
+0.0	EIN	BOOL	FALSE	Einfahrt
+0.1	AUS	BOOL	FALSE	Ausfahrt
+0.2	Parkhaus_voll	BOOL	FALSE	Zähler auf 0
+0.3	Plaetze_frei	BOOL	FALSE	Zähler auf Maximum
+2.0	Maximum	INT	0	Kapazität
+4.0	voll	BOOL	FALSE	Parkhaus voll
+6.0	Plaetze	INT	0	freie Plätze
=8.0		END_STRUCT		

Bild 9.37: CFC_Projekt mit Symboltabelle und Datenbaustein „WinCC“

Der CFC-Plan wurde als Programm übersetzt und in den Simulator geladen.

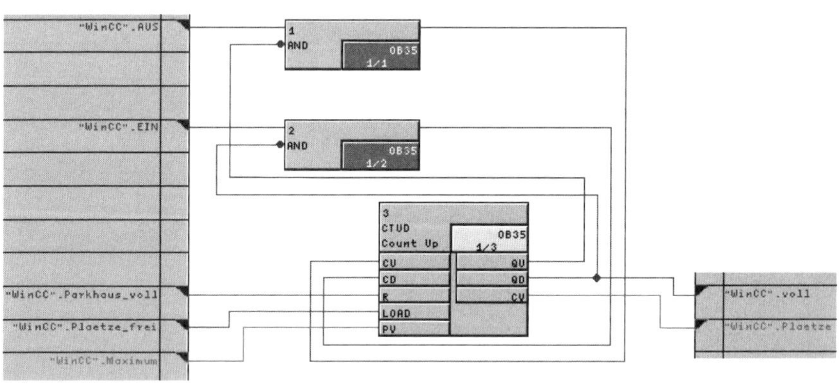

Bild 9.38: CFC-Plan der Parkhaussteuerung

Nach dem Öffnen des Bedienbildes in WinCC flexible kann man den Prozess bedienen und beobachten. So kann man feststellen, ob die Steuerung korrekt arbeitet.

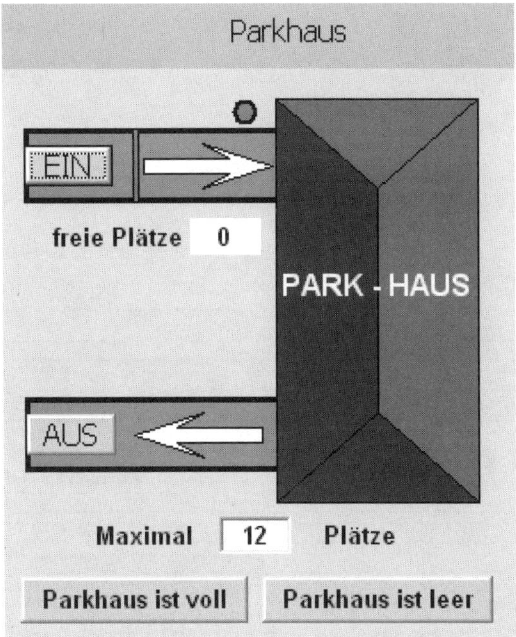

Bild 9.39: Bedienoberfläche des Parkhauses

SCL

Im SCL-Projekt wird die Steuerung im OB1 realisiert. Dazu müssen der verwendete Zähler CTUD und sein Datenbaustein „Zaehler" in die Symboltabelle eingetragen werden. Diese nimmt dann folgendes Aussehen an:

Projektstruktur

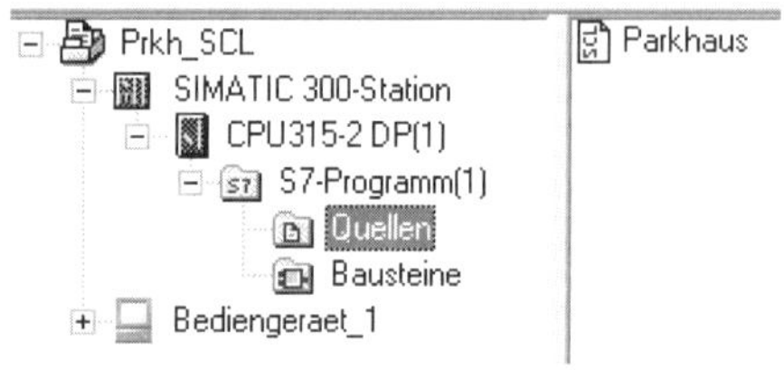

Symboltabelle

	Status	Symbol	Adresse	Datentyp	Kommentar
1		CTUD	SFB 2	SFB 2	Count Up / Down
2		Cycle Execution	OB 1	OB 1	enthält Steuerung in SCL
3		WinCC	DB 51	DB 51	Datenbaustein "WinCC"
4		Zaehler	DB 2	SFB 2	DB für Zähler

Datenbaustein „WinCC"

Adresse	Name	Typ	Anfangswert	Kommentar
0.0		STRUCT		
+0.0	EIN	BOOL	FALSE	Einfahrt
+0.1	AUS	BOOL	FALSE	Ausfahrt
+0.2	Parkhaus_voll	BOOL	FALSE	Zähler auf 0
+0.3	Plaetze_frei	BOOL	FALSE	Zähler auf Maximum
+2.0	Maximum	INT	0	Kapazität
+4.0	voll	BOOL	FALSE	Parkhaus voll
+6.0	Plaetze	INT	0	freie Plätze
=8.0		END_STRUCT		

Bild 9.40: Struktur, Symboltabelle und DB51 des SCL-Projektes

Die Einträge in die Symboltabelle wurden automatisch erzeugt. Alle Variablen für WinCC flexible werden in den globalen Datenbaustein „WinCC" eingetragen. Die interne Variable „leer" wird im Organisationsbaustein als temporäre Variable deklariert.

```
ORGANIZATION_BLOCK OB1

VAR_TEMP
    info : ARRAY[0..19] OF BYTE;
    leer : BOOL ;
END_VAR

CTUD.Zaehler(CU:=NOT leer AND WinCC.AUS, CD:=NOT WinCC.voll AND WinCC.EIN,
   R:=WinCC.Parkhaus_voll, Load:=WinCC.Plaetze_frei, PV:=WinCC.Maximum);
leer := Zaehler.QU;
WinCC.voll := Zaehler.QD;
WinCC.Plaetze := Zaehler.CV;

END_ORGANIZATION_BLOCK
```

Bild 9.41: OB1 „Parkhaus“ in SCL

Der Aufruf des Standardfunktionsbausteins CTU erfolgt – wie bei STEP 7 üblich – mit dem symbolischen Namen des FB, gefolgt von dem Namen des zugehörigen Datenbausteins.

9.6 Übungsprojekt „Dreifachreaktion“

Sie können die folgende Aufgabe je nach eigenem Interesse auf unterschiedliche Art lösen.

1. Lösung auf Papier nach IEC 61131-3
2. Lösung mit CoDeSys in einer oder in allen Programmiersprachen
3. Lösung mit STEP 7 in einer oder in allen Programmiersprachen

So können Sie Erfahrung mit den Werkzeugen sammeln und feststellen, welche der verschiedenen Methoden und Sprachen für diese Aufgabe am besten geeignet ist.

9.6.1 Aufgabenstellung

Das nächste Bild zeigt einen Behälter, in den mit der Pumpe eine Flüssigkeit gefördert werden kann. Mit dem Ventil kann später die Flüssigkeit abgelassen werden. Für diesen kleinen Prozess soll folgende Steuerung als Funktionsbaustein „Dreifachreaktion“ realisiert werden.

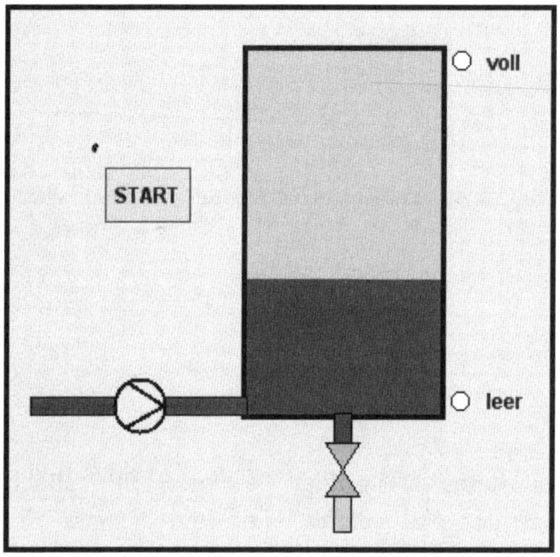

Bild 9.42: Anlage für die „Dreifachreaktion“

Mit dem Startschalter START kann die Pumpe eingeschaltet (Pumpe := TRUE) werden, wenn das Ventil geschlossen (Ventil = FALSE) und der Behälter leer (leer = TRUE) ist. Die Pumpe wird ausgeschaltet (Pumpe := FALSE), sobald das Niveau die geforderte Füllhöhe erreicht (voll = TRUE). Nach Ablauf einer Wartezeit von 5 Sekunden ab diesem Zeitpunkt wird das Ventil geöffnet (Ventil := TRUE). Jetzt läuft die Flüssigkeit ab. Sobald der Behälter leer ist (leer = TRUE), wird das Ventil (Ventil := FALSE) geschlossen.

Wenn jetzt der Startschalter immer noch eingeschaltet ist, wird ein neuer Durchlauf gestartet. Die Anzahl der Durchläufe wird gezählt. Wenn drei Durchläufe abgelaufen sind, ist ein weiterer Durchlauf nur möglich, wenn zuvor der Startschalter START ausgeschaltet und erneut eingeschaltet wurde/wird.

Als Eingangssignale in den Funktionsbaustein werden die Schalterstellung START, das Niveau „leer“ und das Niveau „voll“ aufgenommen. Die Pumpenansteuerung „Pumpe“ und die Ventilansteuerung „Ventil“ werden von dem Funktionsbaustein ausgegeben.

9.6.2 Lösung nach IEC 61131-3

Falls Sie weder die Software für CoDeSys noch für STEP 7 installieren, sollten Sie wenigstens entsprechend der IEC-Norm die Dreifachreaktion als Funktionsbaustein programmieren und diesen im Programm aufrufen.

Geben Sie den Deklarationsteil des Funktionsbausteins an.

Schreiben Sie den Rumpf des FB in den Sprachen FBS, KOP, AWL und ST.

Schreiben Sie den Deklarationsteil des Programms.

Zeichnen Sie den Rumpf des Programms mit dem Aufruf des Funktionsbausteins in FBS.

9.6.3 Lösung mit CoDeSys

Musterlösung

Sie können sich entweder die Lösungen in diesem Buch oder die Projekte auf der Verlags-DVD ansehen. Für die Betrachtung der auf der Verlags-DVD enthaltenen Musterlösungen in den verschiedenen Programmiersprachen wird vorausgesetzt, dass Sie das Verzeichnis „C:\DVD_IEC_61131_3“ erstellt haben. Zusätzlich benötigen Sie CoDeSys für die Programmierung und Simulation der SPS.

Aus der Lösung von Aufgabe 8.1 können Sie ableiten, wie man ein vorhandenes Projekt aufruft und testet.

Eigene Lösung

Auch hier ist vorausgesetzt, dass CoDeSys auf Ihrem Rechner installiert ist. Sie können Ihre eigenen Projekte z. B. unter

„`C:\DVD_IEC_61131_3\CoDeSys_Applikationen\Meine_Projekte`“

ablegen.

Die Vorgehensweise zur Erstellung eigener Projekte wurde bei der Lösung von Aufgabe 8.1 ausführlich angegeben.

9.6.4 Lösung mit STEP 7

Musterlösung

Wenn Sie die erforderliche Kopie von der Verlags-DVD auf Laufwerk C:\ vorgenommen haben, finden Sie im Ordner „C:\DVD_IEC_61131_3\Step_7_Appliktionen\UebungsProjekte\096_Dreifachreaktion“ die Lösungen für CFC und SCL. Wenn Sie die Musterlösung dieser Übung nicht nur in diesem Buch ansehen wollen, müssen Sie STEP 7 mit dem Basispaket, die Programmiersprachen SCL und CFC und WinCC flexible installiert haben.

Aus der Lösung von Aufgabe 8.2 können Sie ableiten, wie man ein vorhandenes Projekt aufruft und testet.

Eigene Lösung

Auch hier ist vorausgesetzt, dass STEP 7 mit dem Basispaket und zusätzlich die Programmiersprachen SCL und CFC installiert sind. Wegen der Übersichtlichkeit ist es von Vorteil, wenn Sie Ihre eigenen Step7-Projekte im Ordner

„C:\DVD_IEC_61131_3\Step_7_Applikationen\Meine_Projekte“

ablegen. Sie können diese dann mit WinCC flexible testen.

Die Vorgehensweise zur Erstellung eigener Projekte wurde bei der Lösung von Aufgabe 8.2 ausführlich angegeben.

10 Verarbeitung digitaler Informationen

Hier werden die Standard-Funktionen vorgestellt, mit denen die nicht booleschen Datentypen verarbeitet werden können.

10.1 Standard-Funktionen

10.1.1 Funktionen zur Datentypumwandlung

Es kommt vor, dass bestimmte Funktionen oder Funktionsbausteine ganz bestimmte Datentypen als Eingänge verlangen oder dass die Ausgänge in einem anderen Datentyp benötigt werden, als sie von einer FC oder einem FB geliefert werden. Daher kann es notwendig werden, ein Datum von einem Datentyp in einen anderen Datentyp umzuwandeln. Dafür stehen Funktionen zur Verfügung, die in einer grafischen Sprache wie folgt verwendet werden:

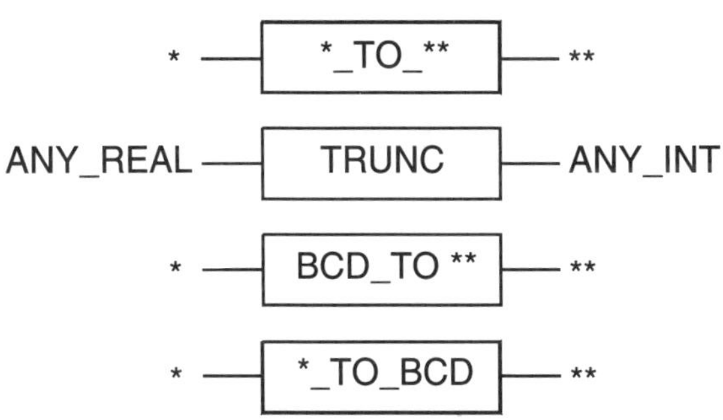

Bild 10.1: Funktionen zur Typumwandlung

Mit einem Stern (*) wird der Datentyp des Eingangs und mit zwei Sternen (**) der des Ausgangs dargestellt. Wenn also eine Variable „D" von Integer nach Real umgewandelt werden soll, benötigt man dafür die Funktion INT_TO_REAL. In strukturiertem Text würde die Funktion wie folgt aufgerufen:

```
A := INT_TO_REAL(D);
```

Während eine Umwandlung von ANY_INT nach ANY_REAL mit der Genauigkeit, die der ANY_REAL_Typ zulässt, möglich ist, wird es problematischer, wenn man umgekehrt ein Datum von ANY_REAL nach ANY_INT umwandeln muss, weil die Zielgröße auf jeden Fall eine ganze Zahl wird. Das gilt auch dann, wenn der Eingang Nachkommastellen hat. Es muss also eine eindeutige Regelung getroffen werden, was mit den Nachkommastellen des Eingangs bei der Umwandlung in eine ganze Zahl geschehen soll.

In der IEC 61131-3 ist festgelegt, dass mathematisch gerundet wird, wobei immer der ganze Wert genommen wird, der am nächsten an der Eingangsgröße liegt. Liegen die Nachbarn des Eingangswertes gleich weit vom Eingang entfernt, dann ist der Wert zu nehmen, der vom Betrag her größer ist. Bei einer Umwandlung mit REAL_TO_INT ergeben sich also folgende Paarungen:

```
2,3 → 2     -2,3 → -2   2,8 → 3     2,5 → 3     -2,5 → -3.
```

Wenn nicht mathematisch gerundet werden soll, sondern die Nachkommastellen abgeschnitten werden sollen, verwendet man die Funktion TRUNC. Durch das Abschneiden der Nachkommastellen entsteht immer die ganze Zahl, die vom Betrag her unter dem Eingangswert liegt. Also:

```
2,3 → 2     -2,3 → -2   2,8 → 2     2,5 → 2     -2,5 → -2.
```

Die Ziffern lassen sich durch Bitmuster als binäre Zahlen beschreiben. Dabei benötigt man 4 Bits, also ein halbes Byte. Solche Bitmuster bezeichnet man auch als binär codierte Dezimalzahlen (BCD). So kann die Ziffer 1 durch 2#0001 und 9 durch 2#1001 in einer Variablen vom Datentyp ANY_BIT dargestellt werden. Eine Umwandlung zwischen einer BCD-Zahl und der entsprechenden Integer-Zahl erfolgt mit BCD_TO_** bzw. *_TO_BCD. Die Größe des Speichers für den BCD-Code kann durch eine Spezifikation wie z. B. WORD_BCD oder BYTE_BCD angegeben werden. Beispiele zeigen die Wirkung der BCD_ Umwandlungsfunktionen:

```
SINT_TO_BCD_BYTE(45)              →         2#0100_0101
WORD_BCD_TO UINT(2#1001_0010_1000_0111) →   9287
```

Aufgabe 10.1

Gegeben sind die Variablen R := 34,56 und DW := 16#32_56_96_12.

Geben Sie bitte an, welchen Wert die Zielgrößen der folgenden Datentypumwandlungen erhalten.

```
IR1 := REAL_TO_INT(R) ;

IR2 := TRUNC(R) ;

BDW := BCD_TO_DINT(DW) ;

BR := SINT_TO_BCD_BYTE(REAL_TO_SINT(R)) ;
```

10.1.2 Arithmetische Funktionen

Mit arithmetischen Funktionen werden die Grundrechenarten und einige wenige zusätzliche Operationen realisiert. Der Aufruf einer solchen Funktion erfolgt in einer grafischen Sprache so, wie das nächste Bild zeigt.

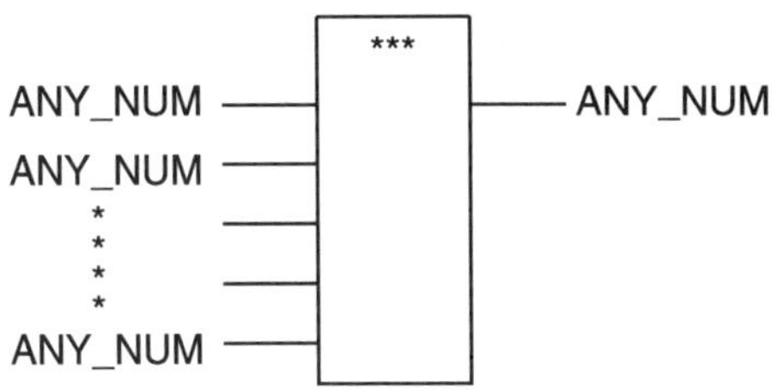

Bild 10.2: Symbol für arithmetische Funktionen

Als arithmetische Funktionen sind definiert:

Name	*Symbol*	*Anzahl Eingänge*	*Beschreibung*
ADD	+	N (implementations-abhängig)	OUT := IN1 + IN2 + ... + INn
MUL	*	N (implementations-abhängig)	OUT := IN1 * IN2 * ... * INn
SUB	-	2	OUT := IN1 – IN2
DIV	/	2	OUT := IN1 / IN2
MOD		2	OUT := IN1 MOD IN2
EXPT	**	2	OUT := $IN1^{IN2}$
MOVE	:=	1	OUT := IN

Tabelle 10.1: Standardmäßige arithmetische Funktionen

Die Eingänge sind von oben (IN1) nach unten (IN2 bzw. INn) durchnummeriert. Der Funktionswert als Ausgang ist mit OUT benannt. Die Anzahl der Eingänge bei der Addition und der Multiplikation kann auf einen vom Hersteller begrenzten Wert erweitert werden.

Die Symbole geben an, wie die entsprechende Funktion im strukturierten Text dargestellt wird.

Bei einer INTEGER-Division wird das Ergebnis auch vom Typ INT, wobei das Ergebnis so gerundet wird, dass die Nachkommastellen abgeschnitten werden.

Bei der MODULO-Funktion (MOD) wird der Ausgang nach der Regel:

```
IN1 MOD IN2 := IN1 - (IN1 / IN2 ) * IN2
```

berechnet. Das Ergebnis muss vom Datentyp ANY_REAL sein.

Bei der Exponentiation muss IN1 vom Datentyp ANY_REAL und IN2 vom Datentyp ANY_INT sein.

Die Funktion MOVE hat nur einen Eingang, der wie der Ausgang vom Datentyp ANY sein kann.

Die Addition ADD und die Subtraktion SUB können neben numerischen (ANY_NUM) Daten auch Daten vom Datentyp Zeitdauer (TIME) verarbeiten.

Aufgabe 10.2

Gegeben sind die Integerwerte I1 := 5 und I2 := 17 vom Datentyp INT.

A1 und A2 sind ebenfalls vom Datentyp INT. Berechnen Sie

```
A1 := I2 / I1 ;

A2 := I2 MOD I1 ;
```

10.1.3 Numerische Funktionen

Für numerische Berechnungen wie z. B. trigonometrische Berechnungen sind Standard-Funktionen vorgesehen, die in der Tabelle 10.2 aufgelistet sind. Diese Funktionen haben jeweils nur einen Eingang. Der Datentyp des Eingangs und des Ausgangs sind gleich.

Name	*Datentyp*	*Beschreibung*
Allgemeine Funktionen		
ABS	ANY_NUM	Absolutwert
SQRT	ANY_REAL	Quadratwurzel
Logarithmische Funktionen		
LN	ANY_REAL	Natürlicher Logrithmus
LOG	ANY_REAL	10er Logarithmus
EXP	ANY_REAL	Exponentialfunktion

Name	*Datentyp*	*Beschreibung*
Trigonometrische Funktionen		
SIN	ANY_REAL	Sinus
COS	ANY_REAL	Cosinus
TAN	ANY_REAL	Tangens
ASIN	ANY_REAL	Arcussinus
ACOS	ANY_REAL	Arcuscosinus
ATAN	ANY_REAL	Arcustangens

Tabelle 10.2: Standardfunktionen für numerische Variable

Bei den Winkelfunktionen SIN, COS und TAN muss der Winkel in Bogenmaß (π statt 180) angegeben werden.

Aufgabe 10.3

Berechnen Sie bitte mit den Winkelfunktionen den exakten Wert PI vom Datentyp REAL, der das Bogenmaß für einen Winkel von 180 Grad angibt.

10.1.4 Vergleichsfunktionen

Variable aller elementaren Datentypen können miteinander verglichen werden. Das Ergebnis einer Vergleichsfunktion ist eine boolesche Größe, die mit TRUE anzeigt, dass der Vergleich zutrifft, und mit FALSE, dass er nicht zutrifft.

Der Aufruf einer Vergleichsfunktion in einer grafischen Sprache erfolgt entsprechend folgendem Bild.

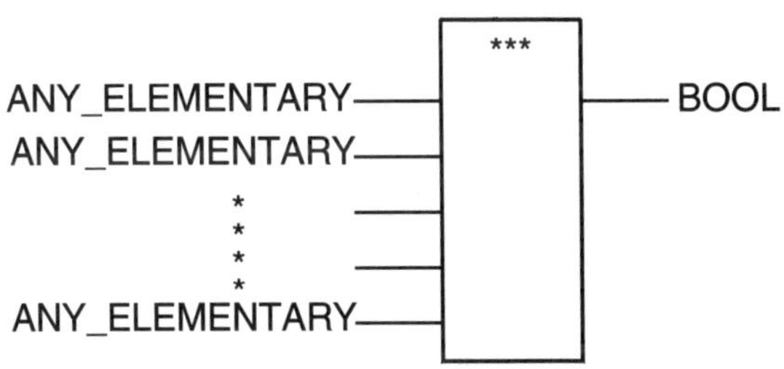

Bild 10.3: Symbol von Vergleichsfunktionen

Als Vergleiche stehen zur Verfügung:

Name	*Symbol*	*Beschreibung*
GT	>	Fallende Folge: OUT := (IN1 > IN2) & (IN2 > IN3) & ...
GE	>=	Monotone fallende Folge: OUT := (IN1 > =IN2) & (IN2 >= IN3) & ...
EQ	=	Gleichheit: OUT := (IN1 = IN2) & (IN2 = IN3) & ...
LE	<=	Monotone steigende Folge: OUT := (IN1 <= IN2) & (IN2 <= IN3) & ...
LT	<	Steigende Folge: OUT := (IN1 < IN2) & (IN2 < IN3) & ...
NE	<>	Ungleichheit: OUT := IN1 <> IN2

Tabelle 10.3: Standardfunktionen für Vergleich

Die Anzahl der Eingänge ist bis auf einen vom Hersteller festgelegten Wert erweiterbar, außer bei der Funktion NE, wo zwei Eingänge vorliegen müssen.

Aufgabe 10.4

Gegeben sind zwei Integerzahlen IN1 und IN2 von Datentyp INT. Schreiben Sie in strukturiertem Text (ST) die abgeleitete Funktion „TEILBAR“, die dann, wenn IN1 durch IN2 ohne Rest teilbar ist, ein boolesches Ausgangsignal OUT := TRUE und sonst OUT := FALSE ausgibt.

10.1.5 Auswahlfunktionen

Für die Auswahl eines von mehreren Eingängen stehen in der IEC-Norm mehrere Auswahlfunktionen zur Verfügung. Die Tabelle 10.4 zeigt jeweils das grafische Symbol mit einer Erklärung und ggf. dem Aufruf in strukturiertem Text.

Grafische Form	*Erklärung / Beispiel in ST*
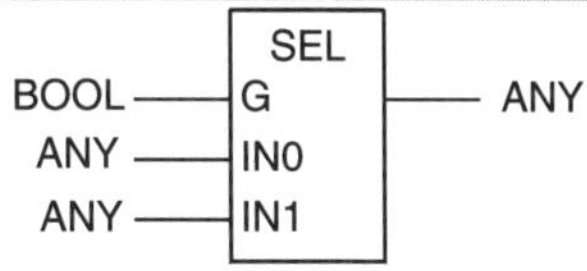	Binäre Auswahl: OUT := IN0, wenn G = 0 OUT := IN1, wenn G = 1 Beispiel: A:= SEL(G:=0,IN0:=X, IN1:=5);
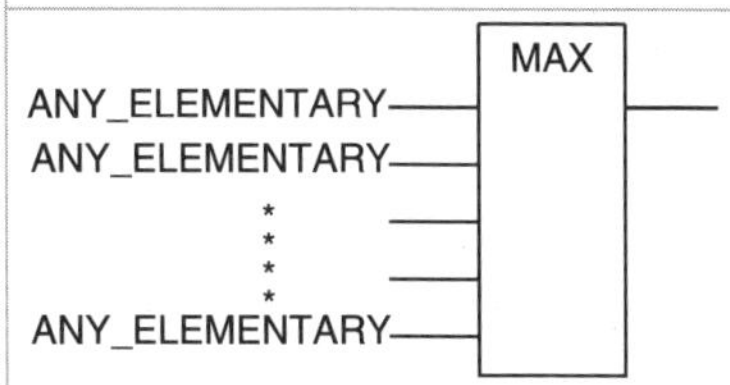	Erweiterbare Maximum-Funktion OUT:=MAX(IN1, IN2, ... INn) Beispiel: A := MAX(B, C, D) ;
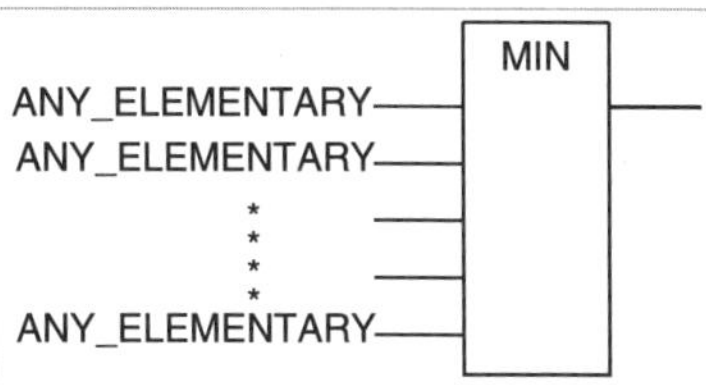	Erweiterbare Minimum-Funktion OUT:=MIN(IN1, IN2, ... INn) Beispiel: A := MIN(B, C, D) ;
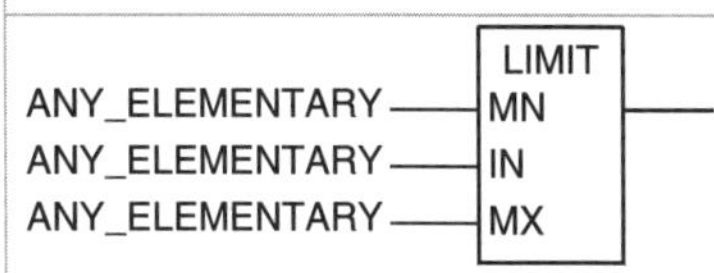	Begrenzer: OUT:=MIN(MAX(IN,MN),MX) Beispiel: A := LIMIT(IN:=B,MN:=0,MX:=5);
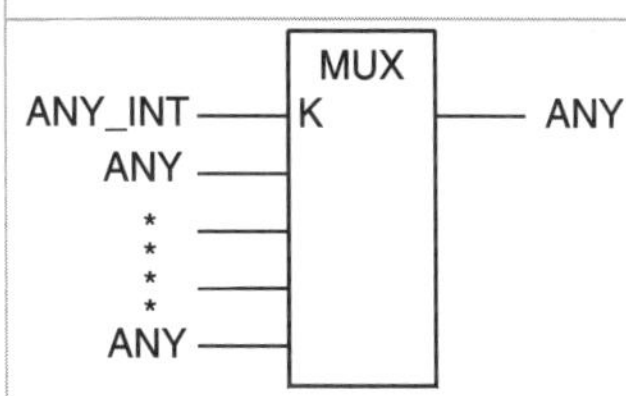	Erweiterbarer Multiplexer: Wählt abhängig von K einen der n Eingänge aus. Beispiel: A := MUX(0, B, C, D); liefert: A := B;

Tabelle 10.4: Standardfunktionen für Auswahl

Aufgabe 10.5

Zeichnen Sie den Funktionsplan in FBS für die Berechnung von

```
Y := KR * (W - X ) + AP ;
```

Das Ergebnis von Y muss auf Werte zwischen 0,0 und 100,0 begrenzt werden. Die Variablen sind alle vom Datentyp REAL.

10.1.6 Funktionen für Zeichenketten

Mit Stringfunktionen können Zeichenketten oder Zeichenfolgen bearbeitet werden. So können Texte ausgewertet, verändert und teilweise gelöscht werden.

Grafische Form	*Erklärung / Beispiel in ST*
	Länge der Zeichenfolge A:=LEN('TEXT'); liefert: A := 4;
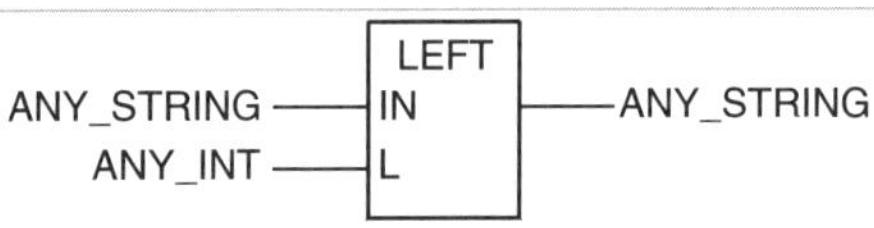	L linke Zeichen von IN A:=LEFT(IN:='HEUTE',L:=3); liefert: A := 'HEU';
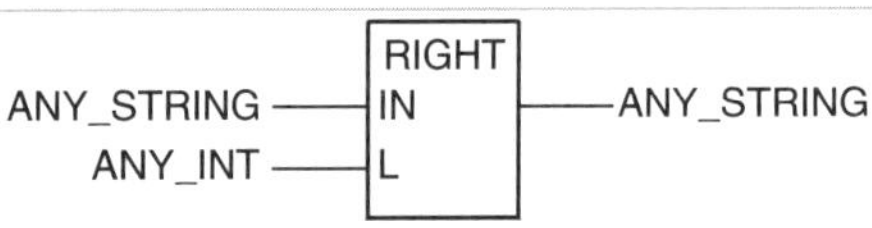	L rechte Zeichen von IN A:=RIGHT(IN:='HEUTE',L:=3); liefert: A := 'UTE;'
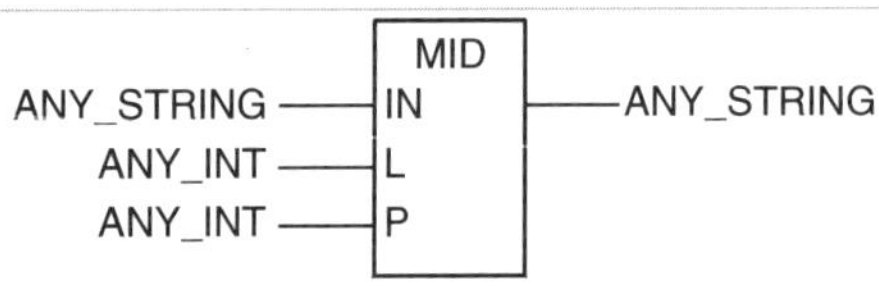	L Zeichen von IN ab der Position P A:=MID(IN:='HEUTE',L:=3,P:=2); liefert: A := 'EUT';
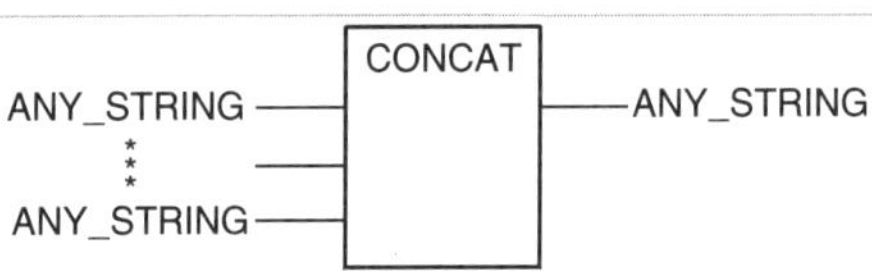	Aneinanderreihung (erweiterbar) A:=CONCAT('AB','C','DE'); liefert: A:='ABCDE';
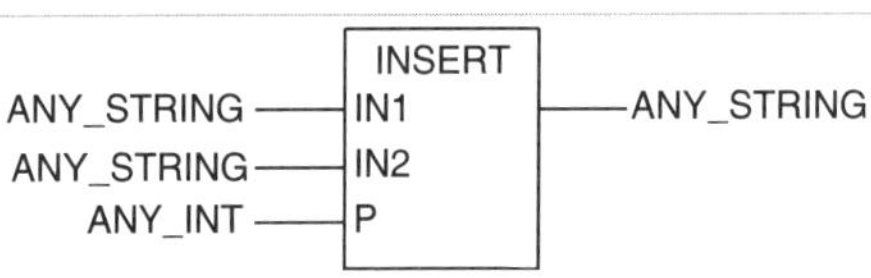	Fügt IN2 in IN1 nach Position P ein A:=INSERT(IN1:='ABC',IN2:='X', P:=2); liefert: A := 'ABXC';
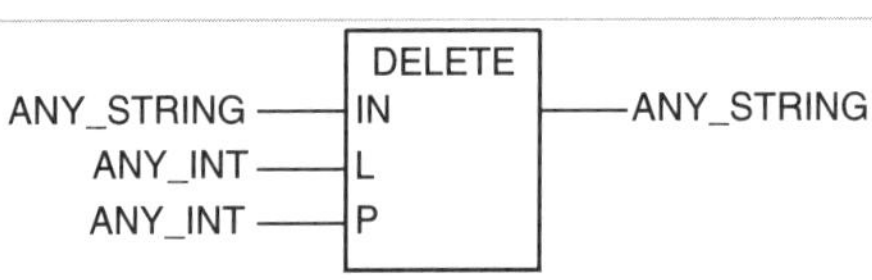	Löscht L Zeichen von IN ab Position P A:=DELETE(IN:='ABCD',L:=1,P:=2); liefert: A := 'ACD';

<table>
<tr><th>*Grafische Form*</th><th>*Erklärung / Beispiel in ST*</th></tr>
<tr><td>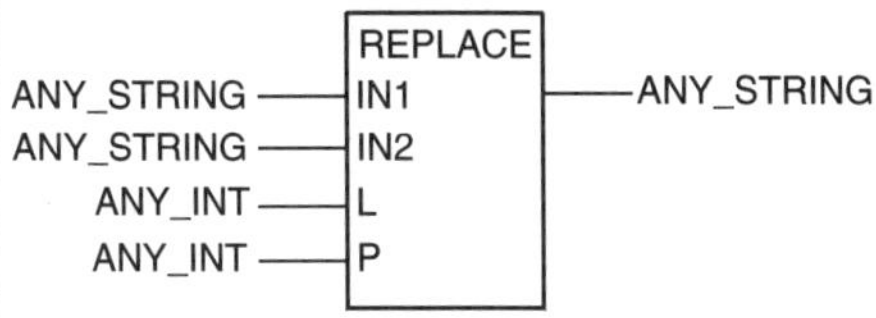
</td><td>Ersetzt ab Position P L Zeichen von IN1 durch IN2
A:=REPLACE(IN1:='ABC',IN2:='X', L:=2,P:=1);
liefert
A := 'XC';</td></tr>
<tr><td>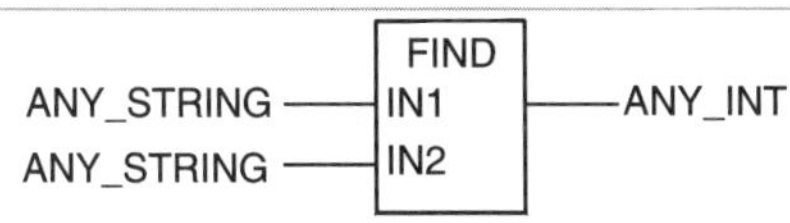
</td><td>Ermittelt die Position des ersten Auftretens von IN2 in IN1. Falls nicht enthalten: OUT := 0.
A:=FIND(IN1:='ABCBC',IN2:='BC');
liefert:
A := 2;</td></tr>
</table>

Tabelle 10.5: Standardfunktionen für Zeichenketten

Aufgabe 10.6

Gegeben sind die drei Zeichenketten T1 := 'Montag', T2 := 'Donnerstag' und T3 := 'Freitag'. Sie sind vom Datentyp STRING.

Berechnen Sie bitte folgende Ergebnisse und geben Sie für jede Ergebnisvariable einen möglichen Datentyp an:

```
I1 := LEN(T2) ;
TA := LEFT(T1, 3) ;
TB := RIGHT(T2, 3) ;
TC := MID(T2, 2, 4) ;
TD := CONCAT('Diens', RIGHT(T3, 3)) ;
TE := INSERT(T1, 'XY', 3) ;
TF := DELETE(T2, 3, 1) ;
TG := REPLACE (T1, 'Diens', 3, 1) ;
I2 := FIND(T2, 'er') ;
```

10.1.7 Funktionen für Datum und Zeit

Für Rechenoperation für Datums- und Zeitangaben enthielt die IEC 61131-3 von 1993 bereits Funktionen, die in der IEC 61131-3 von 2003 um Spezifikationen ergänzt wurden. Hier werden ausschließlich die Funktionen angegeben, die ab der Norm von 2003 gelten. Es handelt sich hier um die vier Grundrechenarten, die Zusammenfügung und die Typumwandlung.

Für die Typumwandlung sind die Funktionen DT_TO_TOD und DT_TO_DATE definiert. Die Wirkung dieser Datentypumwandlung zeigt das folgende Beispiel. Gegeben sei das Datum mit Uhrzeit.

```
D := DT#2001-09-11-14:12:00.
```

Daraus wird mit den Typumwandlungen:

```
Datum := DT_TO_DATE(D) → Datum := DATE#2001-09-11
Zeit := DT_TO_TOD(D)   → Zeit := TOD#14:12:00.
```

Berechnungen mit Datums- und Zeitangaben können mit den folgenden Operationen durchgeführt werden.

Name	*Symbol*	*IN1*	*IN2*	*OUT*
ADD		TIME	TIME	TIME
ADD_TIME	+	TIME	TIME	TIME
ADD_TOD_TIME	+	TOD	TIME	TOD
ADD_DT_TIME		DT	TIME	DT
SUB		TIME	TIME	TIME
SUB_TIME		TIME	TIME	TIME
SUB_DATE_DATE	-	DATE	DATE	TIME
SUB_TOD_TIME	-	TOD	TIME	TOD
SUB_TOD_TOD		TOD	TOD	TIME
SUB_DT_TIME		DT	TIME	DT
MULTIME		TIME	ANY_NUM	TIME
DIVTIME		TIME	ANY_NUM	TIME
CONCAT_DATE_TOD		DATE	TOD	DT

Tabelle 10.6: Standardfunktionen für Datum und Zeit

Für die Datentypen wurde folgende Kurzschreibweise verwendet:

```
TOD: TIME_OF_DAY und DT: DATE_AND_TIME.
```

Bei der Multiplikation MULTIME und der Division DIVTIME kann im Namen der Funktion der Datentyp von IN2 angegeben werden. So könnte z. B. DIVTIME_INT eine Zeit (TIME) mit einer ganzen Zahl (INT) multiplizieren und wieder eine Zeit (TIME) liefern.

Aufgabe 10.7

Folgende Daten sind gegeben:

```
ZEIT := T#20m
UHRZEIT := TOD#03:12:45,
DATUM := DATE#1940-12-24,
DATZEI := DT#1941-07-14-12:15:00
FAKT := 2.5
```

Berechnen Sie bitte folgende Ausgangsgrößen und geben jeweils den passenden Datentyp des Ergebnisses an.

```
A1 := ADD(T#20m, T#5h) ;
A2 := ADD_TIME(ZEIT, T#2h_10m);
A3 := ADD_TOD_TIME(UHRZEIT, ZEIT) ;
A4 := ADD_DT_TIME(DATZEI, T#25m) ;
A5 := T#23m + T#4m ;
A6 := T#56m - T#6s ;
A7 := SUB_TIME(ZEIT, T#2m45s) ,
A8 := SUB_DATE_DATE(DATE#1941-07-14, DATUM) ;
A9 := SUB_TOD_TIME(UHRZEIT, ZEIT) ;
A10 := SUB_TOD_TOD(TOD#12:24:15, UHRZEIT) ;
A11 := SUB_DT_TIME(DATZEI, ZEIT) ;
A12 := MULTIME(ZEIT, 3.5) ;
A13 := DIVTIME(ZEIT, FAKT) ;
A14 := CONCAT_DATE_TOD(DATUM, UHRZEIT) ;
```

10.2 Beispiele und Lösungen nach IEC

10.2.1 Nichtlineare Kennlinie

Mit einer Funktion „Kennlinie" soll eine nichtlineare Kennlinie realisiert werden, die sich aus drei Teilfunktionen zusammensetzt.

Das nächste Bild zeigt die Teilfunktionen und die daraus gebildete Gesamtfunktion.

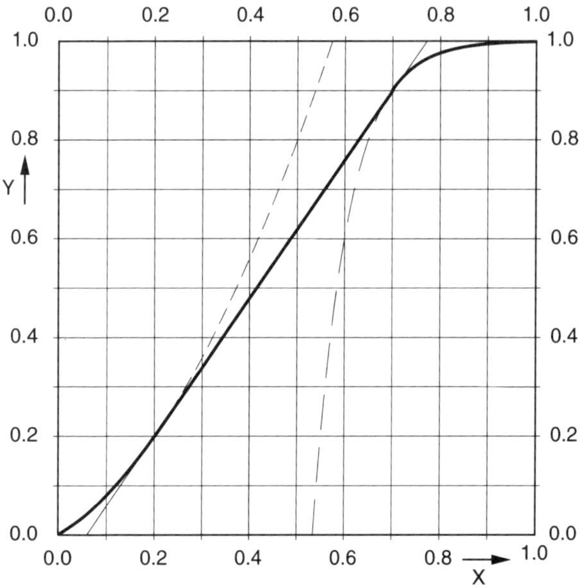

Bild 10.4: Kennlinie

Die erste Kennlinie im Bereich 0.0 • x • 0.2 ist eine quadratische Funktion der Form

$$Y = FKT * (X - X0)^2 + Y0$$

mit FKT = 2, X0 = -0.15 und Y0 = -0.045.

In der Mitte für 0.2 • x • 0.7 gilt die lineare Funktion

$$Y = STG * X + NP$$

mit STG = 1.4 und NP = -0.08.

Im Bereich 0.7 • x • 1.0 gilt die e-Funktion

$$Y = H * (1.0 - e^{-(X - X0)*STG/H} + Y0$$

mit H = 0.1, X0 = 0.7, STG = 1.4 und Y0 = 0.9.

Jede dieser Funktionen soll in einer abgeleiteten Funktion realisiert werden.

Lineare Funktion Lin_FU

Zuerst soll die lineare Funktion abgeleitet werden. Der für alle Programmiersprachen identische Deklarationsteil sieht wie folgt aus:

```
FUNCTION Lin_Fu : REAL
  VAR_INPUT X, STG, NP : REAL ; END_VAR

     (* Rumpf in AWL, ST, FBS oder KOP *)

END_FUNCTION
```

Liste 10.1: Deklaration der abgeleiteten Funktion „Lin_Fu“

Der Rumpf hat in FBS folgendes Aussehen:

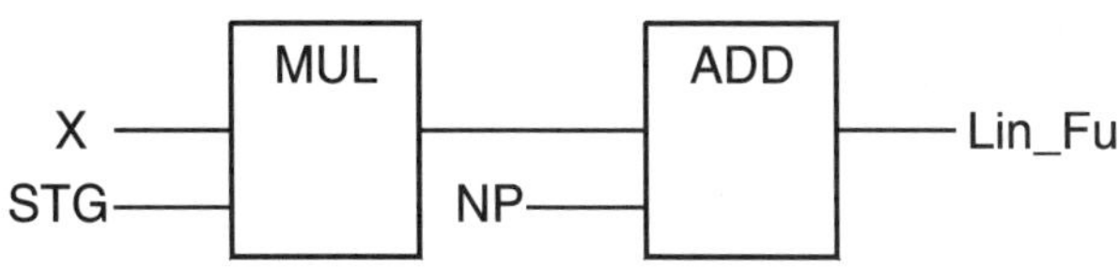

Bild 10.5: Rumpf der Funktion „Lin_Fu“ in FBS

Im Kontaktplan muss an jede Funktion mindestens ein boolesches Signal angeschlossen werden. Also können nur Funktionen mit einem EN-Eingang und einem ENO-Ausgang verwendet werden, die auch entsprechend zu deklarieren sind. Der Kontaktplan ist wie im Bild 10.6 gezeigt.

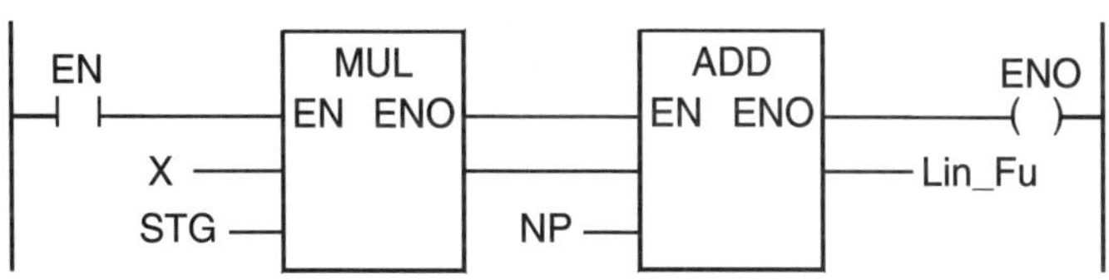

Bild 10.6: Rumpf der Funktion „Lin_Fu“ in KOP

Jetzt kommen noch die Darstellungen des Rumpfes in AWL und in ST.

AWL		*ST*
LD	X	Lin_Fu := X * STG + NP ;
MUL	STG	
ADD	NP	
ST	Lin_Fu	

Tabelle 10.7: Rumpf der FU „Lin_Fu“ in AWL und ST

Quadratische Funktion „Quad_Fu“

Die entsprechenden Darstellungen für die quadratische Funktion „Quad_Fu“ sind folgende:

```
FUNCTION Quad_Fu : REAL;
  VAR_INPUT X, X0, Y0, FKT : REAL ; END_VAR

  (* Rumpf in AWL, ST, FBS oder KOP *)

END_FUNCTION
```

Liste 10.2: Deklaration der Funktion „Quad_Fu“

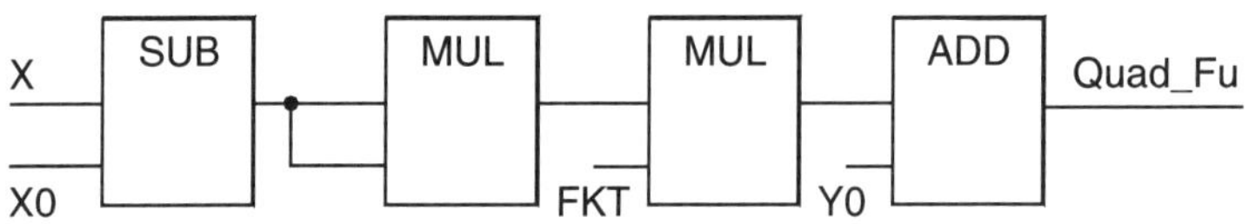

Bild 10.7: Rumpf der Funktion „Quad_Fu“ in FBS

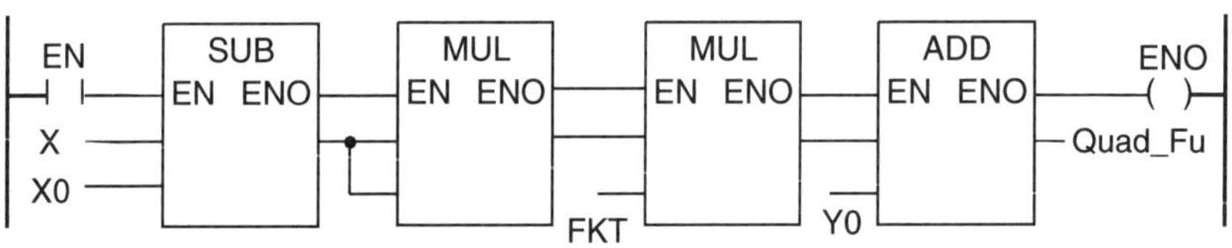

Bild 10.8: Rumpf der Funktion „Quad_Fu“ in KOP

AWL		*ST*
LD	X	Quad_Fu := FKT * (X – X0) ** 2 + Y0 ;
SUB	X0	
ST	M1	
LD	M1	
MUL	M1	
MUL	FKT	
ADD	Y0	
ST	Quad_Fu	

Tabelle 10.8: Rumpf der FU „Quad_Fu“ in AWL und ST

Für die Programmierung in Anweisungsliste muss also eine Hilfsvariable

M1 : REAL ;

deklariert werden.

Exponential-Funktion „E_FU“

Für die Funktion „E_Fu“ zur Berechnung der e-Funktion müssen folgende Deklarationen gemacht werden:

```
FUNCTION E_Fu : REAL
   VAR_INPUT X, X0, Y0, H, STG : REAL ; END_VAR

   (* Rumpf in AWL, ST, FBS oder KOP *)

END_FUNCTION
```

Liste 10.3: Deklaration der Funktion „E_Fu“

Die Rümpfe in den verschiedenen Sprachen zeigen die nächsten Bilder.

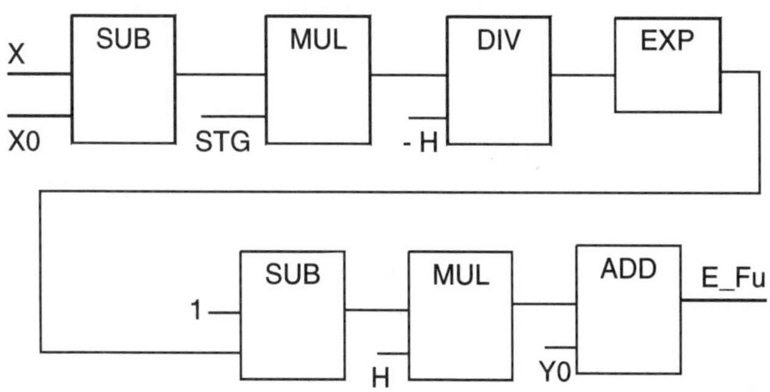

Bild 10.9: Rumpf der Funktion „E_FU“ in FBS

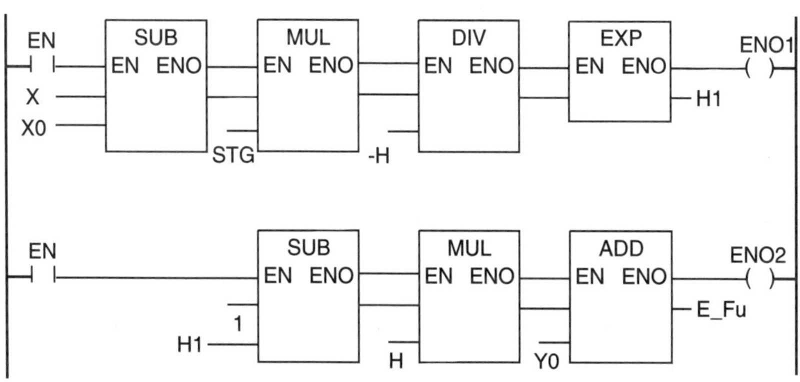

Bild 10.10: Rumpf der Funktion „E_Fu“ im KOP

AWL		*ST*
LD	X	E_Fu := H * (1.0 – EXP(-(X – X0)*STG/H)) + Y0;
SUB	X0	
MUL	STG	
DIV	H	
MUL	-1	
EXP		
MUL	-1	
ADD	1	
MUL	H	
ADD	Y0	
ST	E_Fu	

Tabelle 10.9: Rumpf der Funktion „E_Fu" in AWL und ST

Aus diesen Einzelfunktionen soll nun die gewünschte Kennlinie zusammengesetzt werden. Das geschieht in der neuen Funktion „Kennlinie", die die Einzelfunktionen mit den richtigen Parametern aufruft.

Der Deklarationsteil dazu ist:

```
FUNCTION Kennlinie : REAL
   VAR_INPUT X : REAL ; END_VAR

   (* Rumpf in AWL, ST, FBS oder KOP *)

END_FUNCTION
```

Liste 10.4: Deklaration für die Funktion „Kennlinie"

In Funktionsbausteinsprache ergibt sich folgender Rumpf (siehe Bild 10.11).

Wenn die Funktion als Kontaktplan programmiert werden soll, müssen die Einzelfunktionen mit den Enablesignalen EN und ENO definiert sein. Mit dem folgenden Kontaktplan müssen zusätzlich folgende Variable deklariert werden:

```
VAR          ENO1, ENO2, ENO3, ENO4, ENO5 : BOOL ;
             EN : BOOL := TRUE ;
             FQ, FL, FE : REAL ;
END_VAR
```

Liste 10.5: Zusätzliche Deklaration für den Kontaktplan

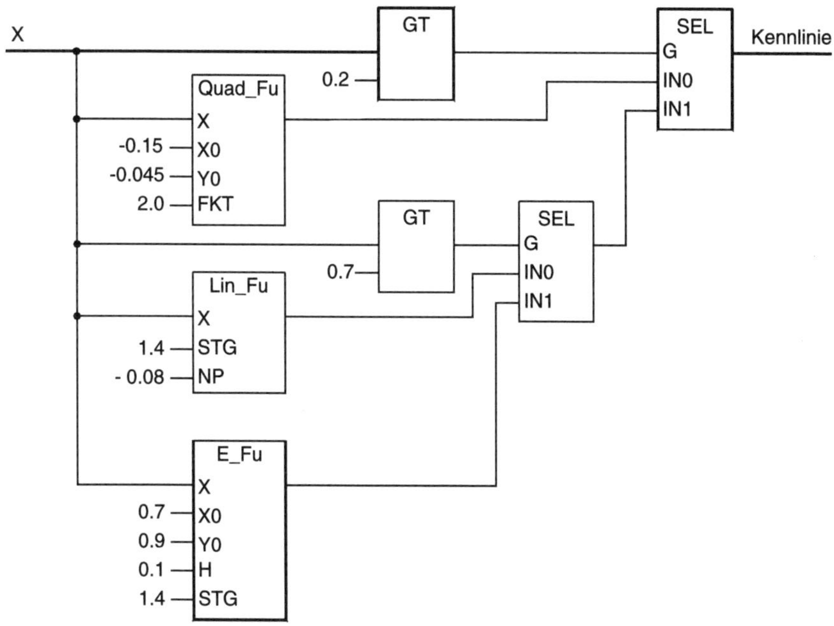

Bild 10.11: Rumpf der Funktion „Kennlinie" in FBS

Da jetzt die Enablesignale nicht als Ein- bzw. Ausgang deklariert sind, kann diese Funktion nicht in einem Kontaktplan verwendet werden. Wenn eine Verwendung für den Kontaktplan vorgesehen werden soll, muss EN als boolescher Eingang und ENO als boolescher Ausgang deklariert werden. ENO muss dann in einem weiteren Netzwerk aus einer ODER-Verknüpfung aus ENO1 bis ENO5 ermittelt werden.

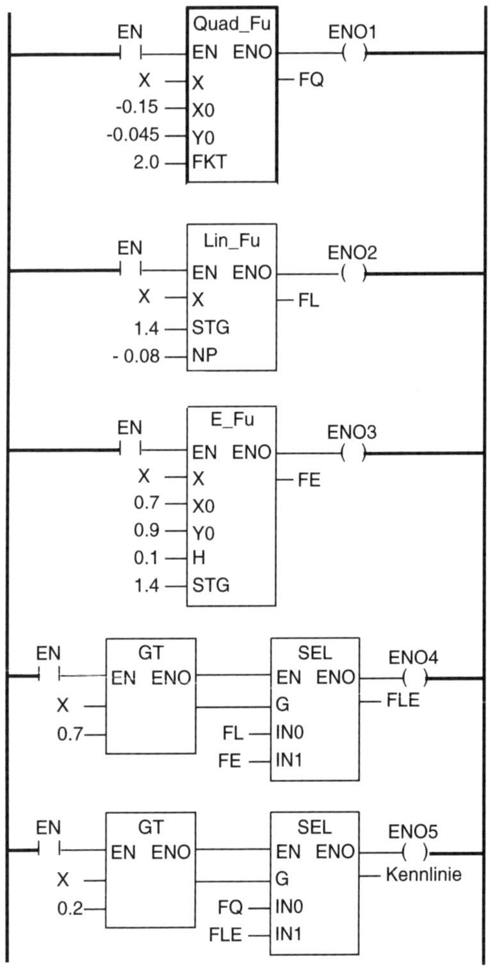

Bild 10.12: Kontaktplan zur Funktion „Kennlinie“

Bei einer Programmierung der Funktion in Anweisungsliste mit nichtformalem Aufruf ergibt sich die folgende Programmliste:

```
LD          X
Quad_Fu     -0.15, -0.045, 2.0
ST          FQ
LD          X
Lin_Fu      1.4, -0.08
ST          FL
LD          X
E_FU        0.7, 0.9, 0.1, 1.4
ST          FE
```

```
LD              X
GT              0.7
SEL             FL, FE
ST              FLE
LD              X
GT              0.2
SEL             FQ, FLE
ST              Kennlinie
```

Liste 10.6: Anweisungsliste der Funktion „Kennlinie“

Bei einer Programmierung im ST ergibt sich der folgende Rumpf:

```
IF X < 0.2 THEN
    Kennlinie := Quad_Fu (X:=X, X0:=-0.15, Y0:= -0.045, FKT:=2) ;
ELSEIF X < 0.7 THEN
    Kennlinie := Lin_Fu (X:=X, STG:=1.4, NP:=-0.08) ;
ELSE
    Kennlinie := E_Fu (X:=X, X0:=0.7, Y0:=0.9, H:=0.1, STG:=1.4) ;
END_IF;
```

Liste 10.7: Strukturierter Text zur Funktion „Kennlinie“

Im Programm muss die Funktion „Kennlinie“ aufgerufen werden. Falls die Ein- und Ausgangsgröße von außen erreichbar sein sollen, müssen X und Y entweder als externe bzw. globale Variable deklariert werden oder aber mit AT einer physikalischen Adresse (direkte Variable) zugewiesen werden.

Der Deklarationsteil ist:

```
    PROGRAM NLKENNL
        VAR X, Y : REAL ; END_VAR

        (* Rumpf des Programms in FBS, KOP, AWL oder ST *)

    END_PROGRAM
```

Liste 10.8: Deklarationsteil des Programms

Der Rumpf wird nun in FBS, AWL und ST gezeigt. In KOP ist die Funktion nicht aufrufbar, da kein boolescher Eingang definiert ist.

Bild 10.13: Programm in FBS

AWL		*ST*
LD Kennlinie ST	X Y	Y := Kennlinie(X) ;

Tabelle 10.10: Programm in AWL und ST

10.2.2 Fehlermeldung

Für den Zustand zweier Behälter, die für einen fehlerfreien Betrieb der Produktion weder leer noch voll sein dürfen, soll eine Fehlermeldung generiert werden. An den Behältern befindet sich jeweils ein Niveauwächter, der bei vollem Behälter eine ganze Zahl B1 = 1 bzw. B2 = 1 und bei leerem Behälter eine ganze Zahl B1 = 2 bzw. B2 = 2 liefert. Wenn das Niveau zwischen diesen Grenzwerten liegt (kein Fehler), sind B1 und B2 gleich 0. Zur Erzeugung der Fehlermeldung ist der Textrumpf 'Der□Behälter□□ist□' als Zeichenkette vorhanden, in die nach dem Leerzeichen (□) hinter dem Wort 'Behälter' entweder 'B1' oder 'B2' eingefügt und an den ‚voll' oder ‚leer' angehängt werden muss. Die folgende Tabelle zeigt, welche Meldung bei den verschiedenen Werten für B1 und B2 ausgegeben werden soll.

B1	*B2*	*Meldung*
0	0	'Kein Fehler'
1	0	'Der Behälter B1 ist voll'
2	0	'Der Behälter B1 ist leer'
0	1	'Der Behälter B2 ist voll'
0	2	'Der Behälter B2 ist leer'
›0	›0	'Mehrfachfehler'

Tabelle 10.11: Fehlersituationen

In der Funktion „Fehler" soll zunächst aus den Werten B1 und B2 der Fehlertext zusammengesetzt werden. Hier muss also entschieden werden, ob in den Text 'B1' oder 'B2' eingefügt und ob an das Ende 'voll' oder 'leer' angehängt werden muss. Die Funktion nimmt also die beiden Integervariable B1 und B2 auf und liefert als Funktionswert eine Zeichenkette mit dem Fehlertext. Der Deklarationsteil ist demnach:

```
FUNCTION Fehler : STRING
   VAR_INPUT B1, B2 : INT ; END_VAR
   (* Rumpf der Funktion *)

END_FUNCTION
```

Liste 10.9: Deklaration der Funktion „Fehler"

Der Rumpf der Funktion wird hier nur in FBS formuliert.

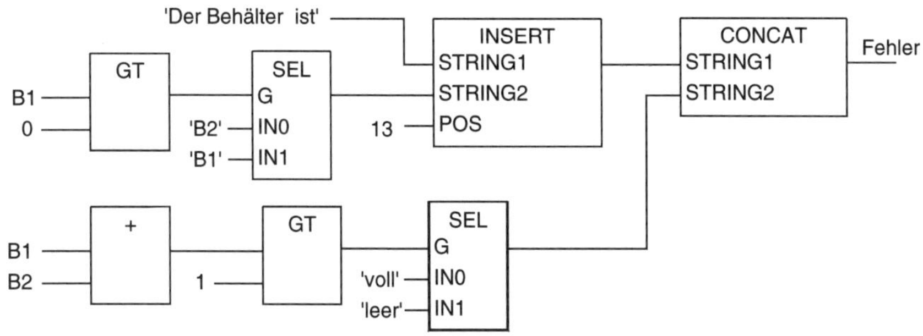

Bild 10.14: Rumpf der Funktion „Fehler"

Die Meldung, die sich aus der obigen Tabelle ergibt, wird in der Funktion „Meldung" erzeugt. Dazu werden die Werte für B1 und B2 aufgenommen. Diese Funktion wird in strukturiertem Text formuliert.

```
FUNCTION Meldung : STRING
     VAR_INPUT B1, B2 : INT ; END_VAR

     IF B1 = 0 AND B2 = 0 THEN
               Meldung := 'Kein Fehler';
     ELSIF B1 > 0 AND B2 > 0 THEN
               Meldung := 'Mehrfachfehler';
     ELSE      Meldung := Fehler(B1,B2);
     END_IF;

END_FUNCTION
```

Liste 10.10: Programmcode für die Funktion „Meldung" in ST

Das Programm, das die Funktion „Meldung" aufruft, wird ebenfalls in strukturiertem Text formuliert.

```
PROGRAM Fehlermeldung
  VAR
          B1, B2 : INT ;
          Text : STRING ;
  END_VAR
  Text := Meldung(B1, B2);

END_PROGRAM
```

Liste 10.11: Programmliste in ST

10.3 Lösungen mit CoDeSys

10.3.1 Nichtlineare Kennlinie

Das Projekt „Kennlinie“ wurde in CoDeSys in allen Programmiersprachen (CFC, FUP, KOP, AWL und ST) realisiert. Dadurch ist ein Vergleich der verschiedenen Sprachen möglich und man kann leicht erkennen, welche der Programmiersprachen für dieses Projekt gut und welche schlecht geeignet ist.

Es werden zunächst der Strukturbaum der enthaltenen Bausteine und das CFC-Programm gezeigt.

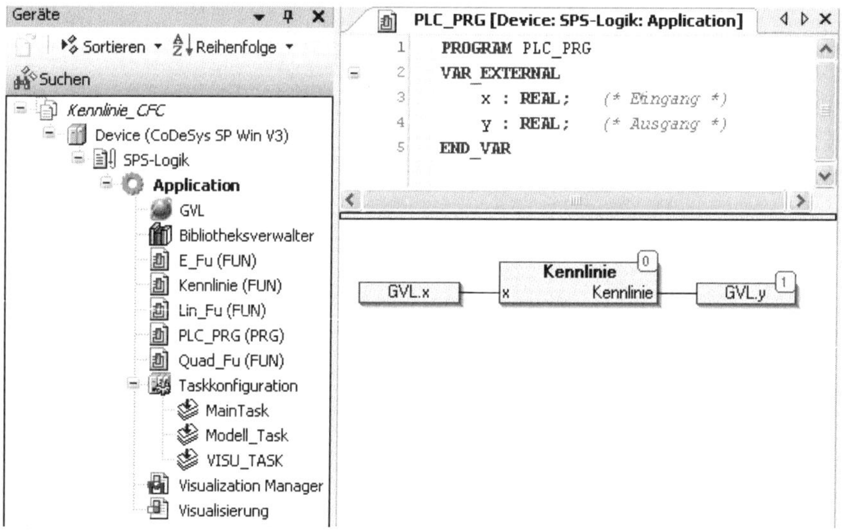

Bild 10.15: Struktur und Programm des Projektes „Kennlinie“ in CFC

Nun folgen die Deklarationen der verwendeten Funktionen „Kennlinie“ und der Elementarfunktionen „Lin_Fu“, „Quad_Fu“ und „E_Fu“, die für die Sprachen CFC und FUP identisch sind.

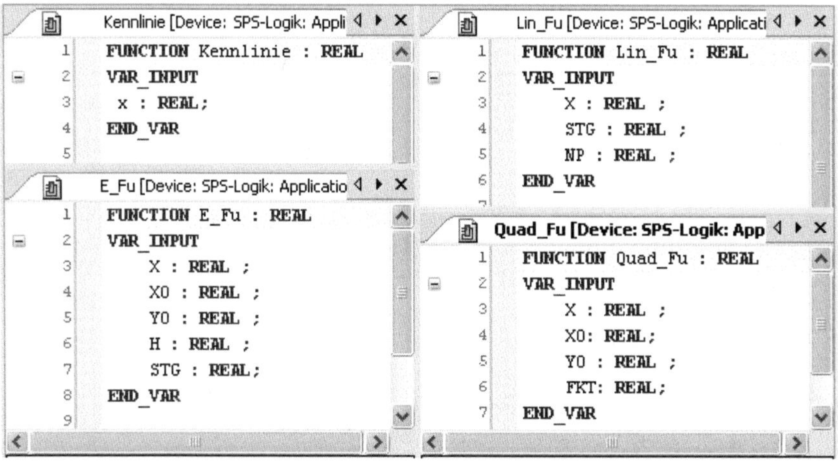

Bild 10.16: Deklarationen der Funktionen

In der Funktion „Kennlinie“ werden die Elementarfunktionen aufgerufen. Für den entsprechenden Wertebereich der Eingangsgröße wird der gültige Funktionswert ausgewählt.

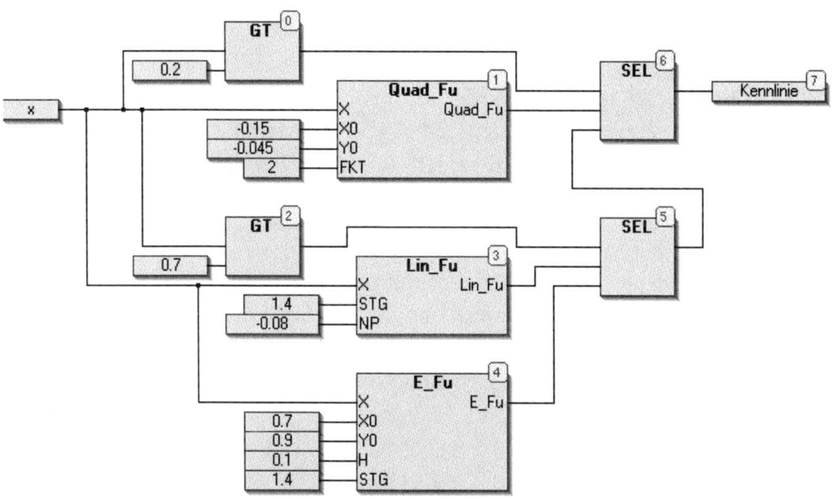

Bild 10.17: Rumpf der FC „Kennlinie“

Die verwendeten Elementarfunktionen werden im nächsten Bild gezeigt.

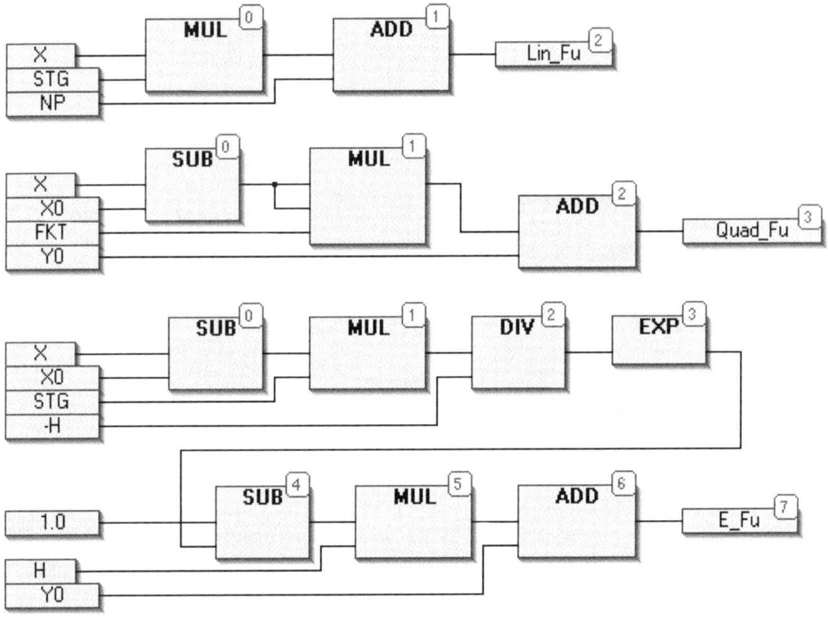

Bild 10.18: Rümpfe der Elementarfunktionen in CFC

Die Programmierung in FUP muss so erfolgen, dass die Rümpfe automatisch nach KOP und AWL übersetzt werden können. Deshalb müssen für die Funktion „Kennlinie" die Zwischenvariablen „Merk1" bis „Merk4" als interne Variable definiert werden, die die Ergebnisse der einzelnen Netzwerke später zur Verfügung stellen. Diese Deklaration der Funktion „Kennlinie" ist für FUP, KOP und AWL identisch.

Zunächst werden der Rumpf des Programms mit dem Aufruf der Funktion „Kennlinie" mit nur einem Netzwerk und anschließend der Rumpf der Funktion „Kennlinie" mit fünf Netzwerken gezeigt. Im darauf folgenden Bild werden die Rümpfe der einzelnen Funktionen ebenfalls im FUP dargestellt.

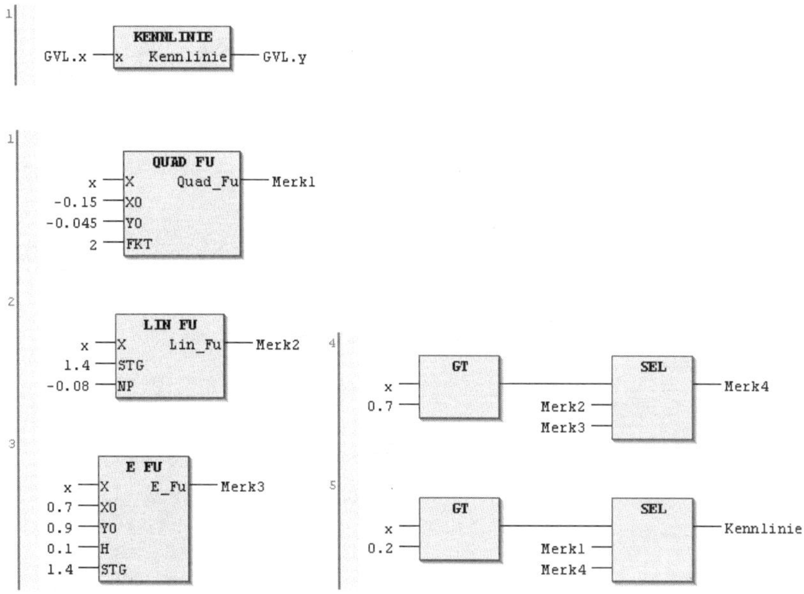

Bild 10.19: Rümpfe des Programms und der FC „Kennlinie" in FUP

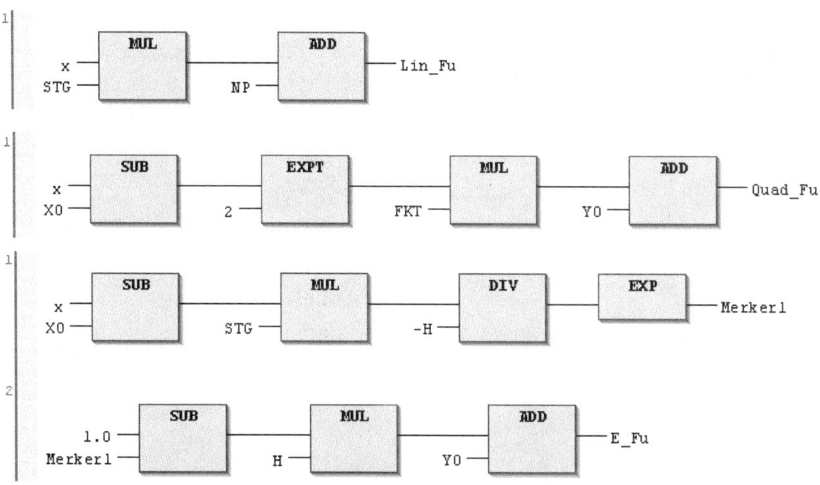

Bild 10.20: Rümpfe der Elementarfunktionen in FUP

Zwischen diesem SPS-Programm in FUP und dem in KOP besteht fast kein Unterschied. Unterschiedlich ist nur, dass die Größen der Funktionsblöcke im Kontaktplan soweit nach unten vergrößert werden, dass weitere Eingänge unter den vorherigen Block gezeichnet werden können. Diese Anordnung wird automatisch vorgenommen und kann nicht geändert werden. Der Kontaktplan ist für die Verarbeitung von digitalen Variablen mit numerischen Funktionen sehr schlecht geeignet.

Es wurde bereits oben erwähnt, dass für die Anweisungsliste AWL der Deklarationsteil für die Funktion „Kennlinie“ identisch ist mit dem für den Funktionsplan FUP.

Die Rümpfe der einzelnen Funktionen in AWL folgen nun.

```
1   LD          x
    QUAD FU     -0.15
                -0.045
                2
    ST          Merk1
2   LD          x
    LIN FU      1.4
                -0.08
    ST          Merk2
3   LD          x
    E FU        0.7
                0.9
                0.1
                1.4
    ST          Merk3
4   LD          x

    ST          Merk3
4   LD          x
    GT          0.7
    SEL         Merk2
                Merk3
    ST          Merk4
5   LD          x
    GT          0.2
    SEL         Merk1
                Merk4
    ST          Kennlinie
```

Bild 10.21: Funktion „Kennlinie“ in AWL

Die Art der Programmierung entspricht keiner der vier in der IEC-Norm möglichen Regeln. Dieser Code wurde automatisch aus dem Funktionsplan erzeugt.

Die Anweisungslisten der Funktionen „Lin_Fu“, „Quad_Fu“ und „E_Fu“ zeigt das Bild 10.22.

```
Lin_Fu [Device: SPS-Logik: Application]
FUNCTION Lin_Fu : REAL

LD      x
MUL     STG
ADD     NP
ST      Lin_Fu
```

```
Quad_Fu [Device: SPS-Logik: Applicatic
FUNCTION Quad_Fu : REAL

LD      x
SUB     X0
EXPT    2
MUL     FKT
ADD     Y0
ST      Quad_Fu
```

```
E_Fu [Device: SPS-Logik: Application]
FUNCTION E_Fu : REAL

LD      x
SUB     X0
MUL     STG
DIV     -H
EXP
ST      Merker1
LD      1.0
SUB     Merker1
MUL     H
ADD     Y0
ST      E_Fu
```

Bild 10.22: Funktionen „Lin_Fu“, „Quad_Fu“ und „E_Fu“ in AWL

Die Bilder des Projektes in strukturiertem Text zeigen deutlich, dass diese Sprache für digitale Signale mit numerischen Funktionen besonders gut geeignet ist. Das wird vor allem dann deutlich, wenn man sieht, wie wenig Aufwand getrieben werden muss, um den Programmcode zu schreiben.

```
PROGRAM PLC_PRG
VAR
    x : REAL;
    y : REAL ;
END_VAR

GVL.y := Kennlinie(GVL.x);
```

Bild 10.23: Programm „Kennlinie“ in ST

```
FUNCTION Kennlinie : REAL
VAR_INPUT
 x : REAL;
END_VAR

IF X < 0.2 THEN
    Kennlinie := Quad_Fu(X := X, X0 := -0.15, Y0 := -0.045, FKT := 2);
    ELSIF X < 0.7 THEN
    Kennlinie := Lin_Fu(X := X, STG := 1.4, NP := -0.08);
    ELSE
    Kennlinie := E_Fu(X := X, X0 := 0.7, Y0 := 0.9, H := 0.1, STG := 1.4);
END_IF
```

Bild 10.24: Funktion „Kennlinie“ in ST

```
FUNCTION Lin_Fu : REAL
VAR_INPUT
    X :     REAL ;
    STG :   REAL ;
    NP :    REAL ;
END_VAR

Lin_Fu := STG*X + NP;
```

```
FUNCTION Quad_Fu : REAL
VAR_INPUT
    X :     REAL ;
    X0:     REAL ;
    Y0 :    REAL ;
    FKT:    REAL ;
END_VAR

Quad_Fu := FKT*(X-X0)*(X-X0)+Y0;
```

```
FUNCTION E_Fu : REAL
VAR_INPUT
    X :     REAL ;
    X0 :    REAL ;
    Y0 :    REAL ;
    H :     REAL ;
    STG :   REAL ;
END_VAR

E_Fu := H*(1.0-EXP(-(X-X0)*STG/H))+Y0;
```

Bild 10.25: Funktionen „Lin_Fu“, „Quad_Fu“ und „E_Fu“ in ST

Für den Test des Programms wurde eine komfortable Bedienoberfläche realisiert, die Sie am PC selbst testen können. Dabei können Einzelwerte der Kennlinie berechnet oder der Gesamtverlauf der Funktion bestimmt werden. Wenn die Punkte auf der vorgegebenen Kennlinie liegen, ist das Programm in Ordnung.

Man kann mit den unteren Schaltern angeben, ob man die Funktion komplett berechnen oder löschen möchte oder ob man einen Einzelwert berechnen möchte. Die Berechnung erfolgt immer erst nach dem Druck auf die Taste „START“.

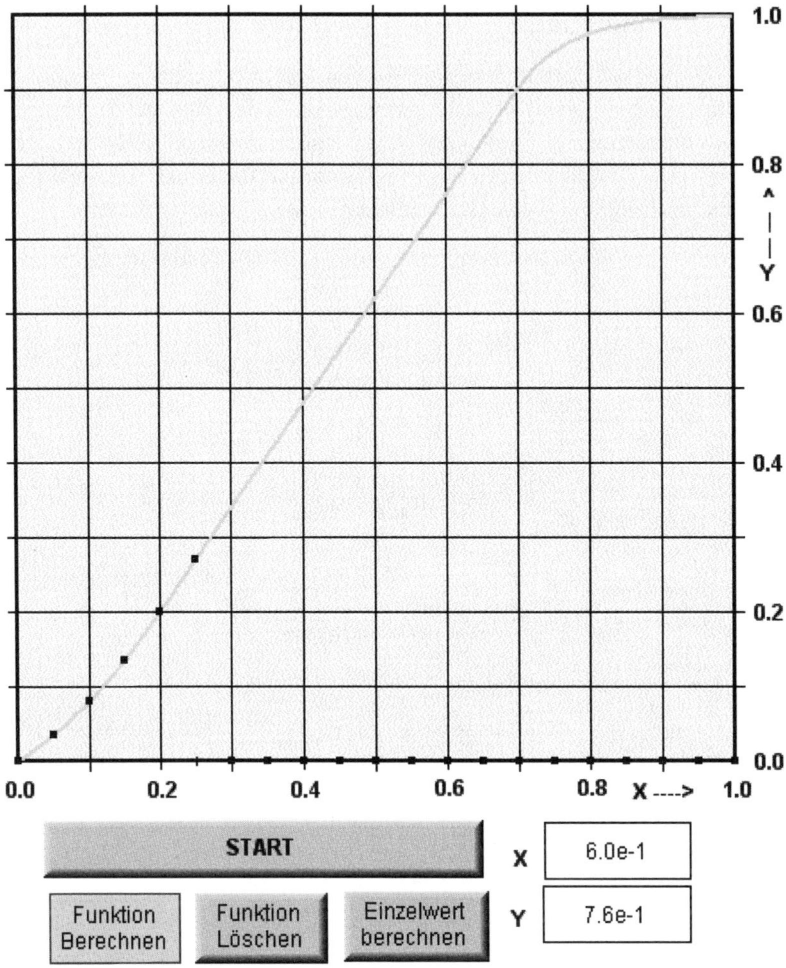

Bild 10.26: Bedienoberfläche

Hier finden Sie einige Einzelwertepaare:

X	*Y*		*X*	*Y*		*X*	*Y*		*X*	*Y*
0.0	0.0		0.3	0.34		0.6	0.76		0.9	0.993919
0.1	0.08		0.4	0.48		0.7	0.9		1.0	0.9985
0.2	0.2		0.5	0.62		0.8	0.97534			

Tabelle 10.12: Funktionswerte der Kennlinie

10.3.2 Fehlermeldung

Für dieses Beispiel soll darauf verzichtet werden, alle möglichen Programmiersprachen anzuwenden. Es soll vielmehr gezeigt werden, dass man die Programmorganisationseinheiten eines Programms in verschiedenen Programmiersprachen formulieren kann. Deshalb wurden das Programm und die Funktion „Meldung" im strukturierten Text und die Funktion „Fehler" mit CFC programmiert.

Das Projekt mit der Projektstruktur, Programm und den Funktionen zeigt das Bild 10.27.

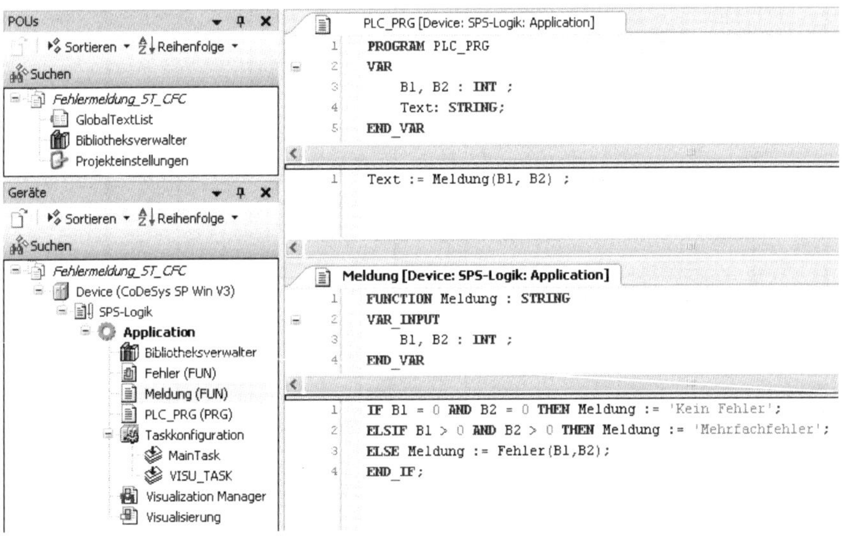

Bild 10.27: Projekt „Fehlermeldung" ohne Funktion „Fehler"

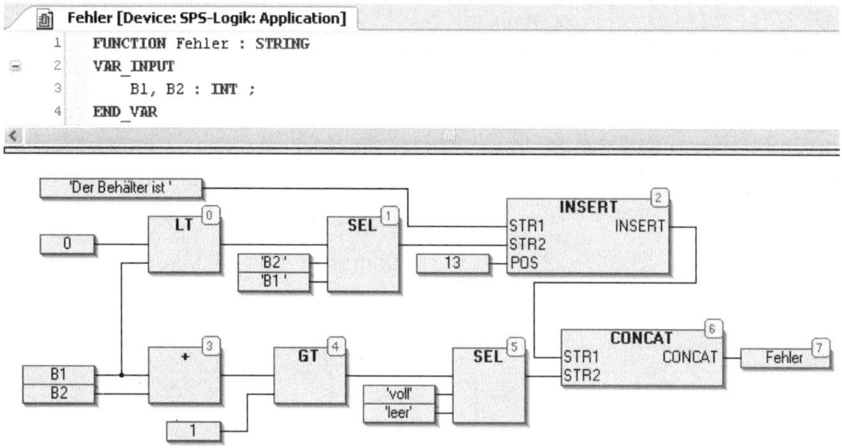

Bild 10.28: Funktion „Fehler"

Nach dem Übersetzen, dem Laden (Einloggen) und Starten kann mit der Visualisierung getestet werden, ob in den jeweiligen Situationen die richtige Fehlermeldung generiert wird.

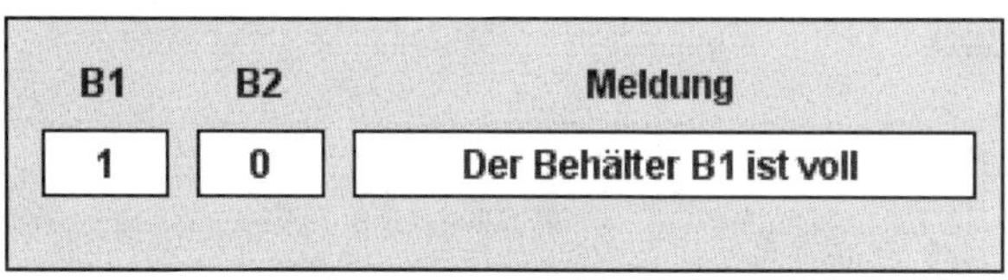

Bild 10.29: Visualisierung der „Fehlermeldung"

10.4 Lösungen mit STEP 7

10.4.1 Nichtlineare Kennlinie

Für STEP 7 stehen als IEC-konforme Programmiersprachen CFC und SCL zur Verfügung. In beiden Sprachen wird das Projekt „Kennlinie" realisiert.

CFC

Das Einganssignal X und das Ausgangssignal Y werden als globale Variable im Datenbaustein „WinCC" definiert und können so in der Bedienoberfläche von WinCC flexible verändert bzw. betrachtet werden. Die in den Elementarfunktionen verwendeten Funktionen wurden automatisch in die Symboltabelle eingetragen.

Projektstruktur

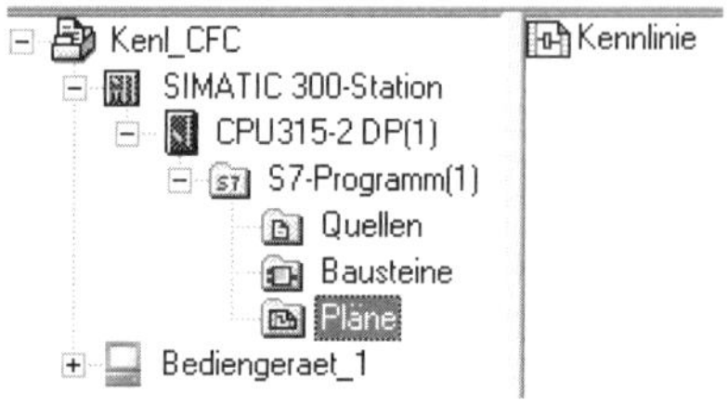

Symboltabelle

	Status	Symbol	Adresse	Datentyp	Kommentar
1		ADD_R	FC 61	FC 61	REAL-Addition
2		CMP_R	FC 60	FC 60	REAL-Comparator
3		Compare Flt Pnt Numbers	FC 67	FC 67	Compare floating point numbers
4		Cycle Execution	OB 1	OB 1	
5		DIV_R	FC 64	FC 64	REAL-Divider
6		EXP	FC 68	FC 68	Exponentialfunction
7		MUL_R	FC 63	FC 63	REAL-Multiplier
8		RD_SINFO	SFC 6	SFC 6	Read OB Start Information
9		SUB_R	FC 62	FC 62	REAL-Subtraction
10		WinCC	DB 51	DB 51	

Datenbaustein „WinCC"

Adresse	Name	Typ	Anfangswert	Kommentar
0.0		STRUCT		
+0.0	x	REAL	0.000000e+000	Eingangswert
+4.0	y	REAL	0.000000e+000	Ausgangswert
=8.0		END_STRUCT		

Bild 10.30: Projektstruktur, Symboltabelle und Datenbaustein „WinCC"

Die Kennlinie wird in dem hierarchischen Block „Kennlinie" realisiert, der die Elementarfunktionen aufruft und je nach Wertebereich des Eingangssignals X den richtigen Funktionswert Y auswählt.

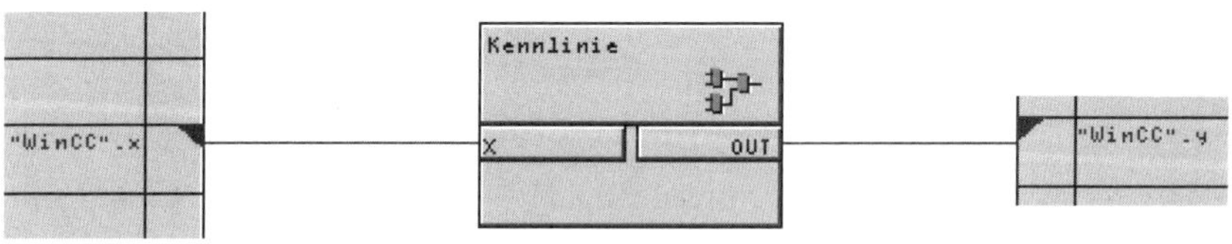

Bild 10.31: Hierarchischer Baustein für das CFC-Projekt „Kennlinie"

Durch Markieren des Bausteins und Öffnen des Plans gelangt man eine Hierarchiestufe nach unten, wo sich der Plan für die Berechnung der Kennlinie befindet.

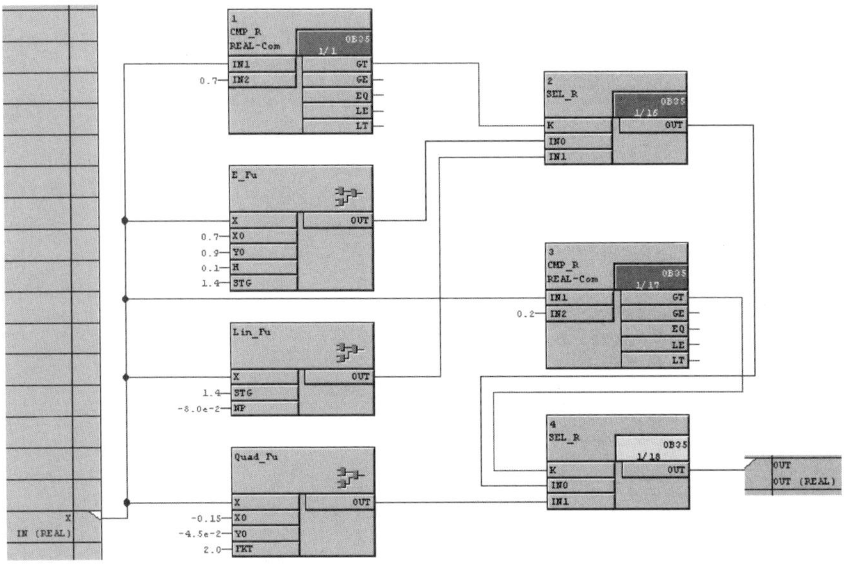

Bild 10.32: CFC-Plan zur Berechnung der Kennlinie

Die Elementarfunktionen werden später gezeigt. Für die Auswahl des Gültigkeitsbereiches stehen die einfachen Vergleichsfunktionen (nicht IEC-konform) nur in einem Gesamtbaustein für Vergleiche reeller Zahlen CMP_R zur Verfügung, wo man den passenden Ausgang auswählt. Auch die Auswahl zwischen zwei REAL-Werten erfolgt nicht IEC-konform, da dieser Selektor für K = 0 den Eingang IN1 und für K = 1 den Eingang IN0 durchschaltet!

Die lineare Funktion „Lin_Fu", die quadratische „Quad_Fu" und die exponentialfunktion „E_Fu" wurden in eigenständigen CFC-Plänen realisiert.

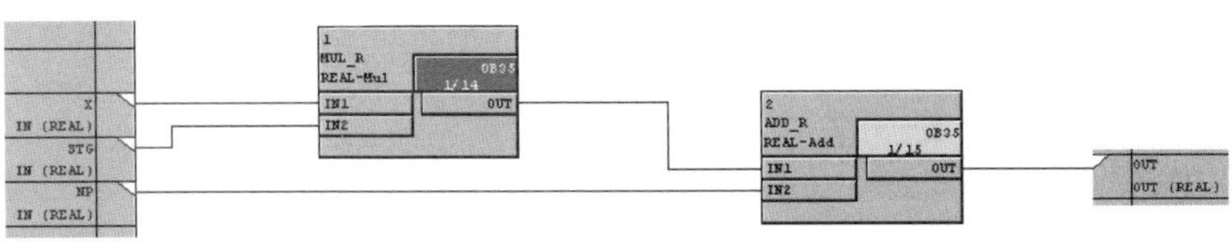

Bild 10.33: CFC-Plan der linearen Funktion „Lin_Fu"

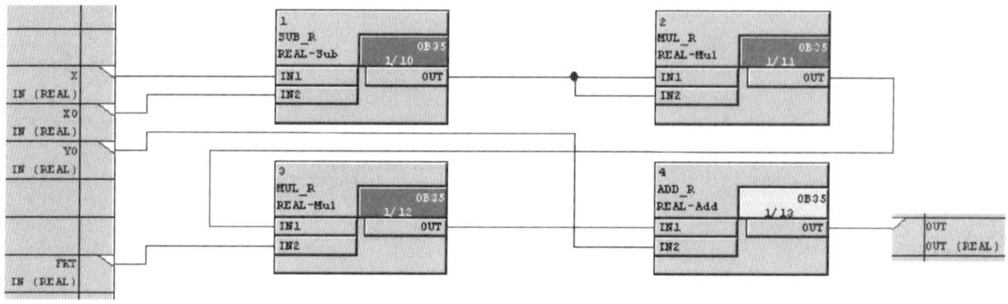

Bild 10.34: CFC-Plan der quadratischen Funktion „Quad_Fu"

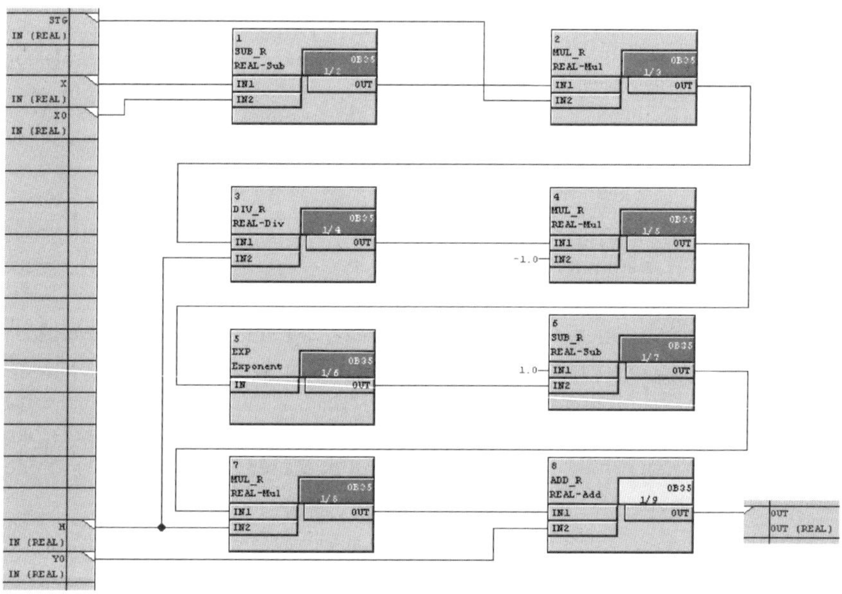

Bild 10.35: CFC-Plan der Exponentialfunktion „E_FU"

Die mathematischen Funktionen sowie die Vergleichfunktion findet man in der CFC-Bibliothek „CFC Library_ELEMENTA\Blocks". Der Auswahlschalter SEL_R befindet sich in den Bausteinen „MULTIPLX". Durch Verschieben der Bausteine kann die Lage der Verbindungslinien beeinflusst werden.

Der Test kann mit WinCC flexible erfolgen. Zum Vergleich wird neben dem in der SPS berechneten Ergebnis auch der exakte Funktionswert angezeigt. Dadurch kann man schnell feststellen, ob das Programm OK ist.

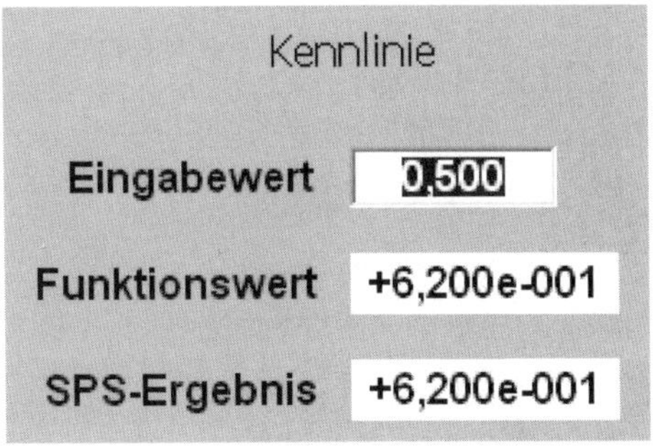

Bild 10.36: Simulator zum Test der Realisierung der Kennlinie

Wenn man den hierarchischen CFC-Plan öffnet und bei laufender Simulation mit „Test/Testmodus" die Signale beobachtet, erhält man z. B. folgende Darstellung, in der die aktuellen Werte gelb hinterlegt sind.

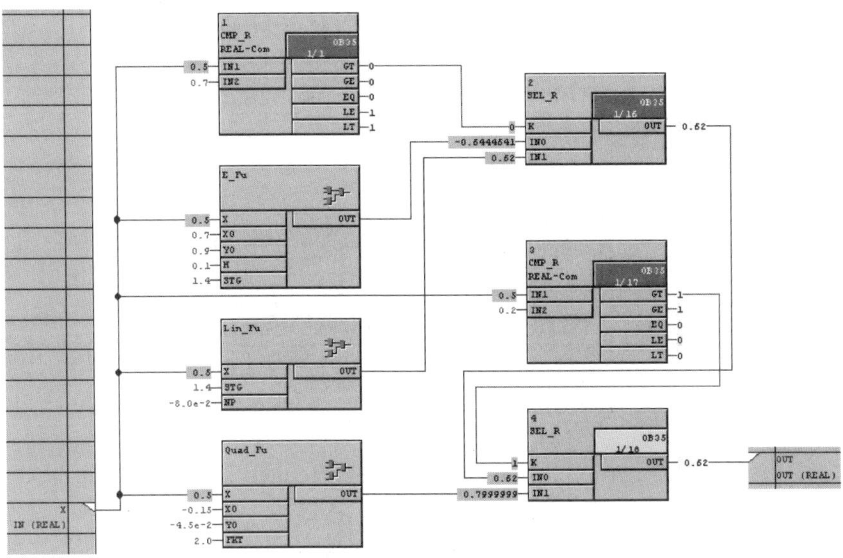

Bild 10.37: CFC-Plan mit eingeblendeten Werten der Variablen

SCL

Das Projekt Kennlinie wurde alternativ auch mit SCL realisiert. In den Datenbaustein „WinCC" wurden X und Y wieder manuell eingetragen. Die restlichen Einträge werden bei der Programmentwicklung automatisch vorgenommen.

Projektstruktur

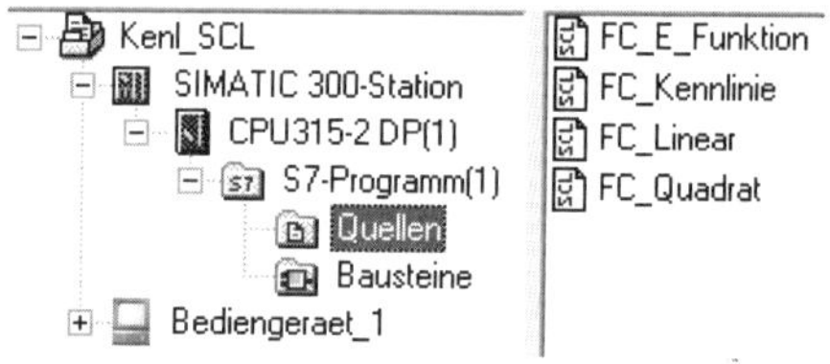

Symboltabelle

	Status	Symbol	Adresse	Datentyp	Kommentar
1		ADD_R	FC 61	FC 61	REAL-Addition
2		CMP_R	FC 60	FC 60	REAL-Comparator
3		Compare Flt Pnt Numbers	FC 67	FC 67	Compare floating point numbers
4		Cycle Execution	OB 1	OB 1	
5		DIV_R	FC 64	FC 64	REAL-Divider
6		E_Fu	FC 3	FC 3	e-Funktion
7		EXP	FC 68	FC 68	Exponentialfunction
8		Kennlinie	FC 4	FC 4	Kennlinienfunktion
9		Lin_Fu	FC 1	FC 1	lineare Funktion
10		MUL_R	FC 63	FC 63	REAL-Multiplier
11		Quad_Fu	FC 2	FC 2	quadratische Funktion
12		RD_SINFO	SFC 6	SFC 6	Read OB Start Information
13		SUB_R	FC 62	FC 62	REAL-Subtraction
14		WinCC	DB 51	DB 51	

Datenbaustein „WinCC"

Adresse	Name	Typ	Anfangswert	Kommentar
0.0		STRUCT		
+0.0	x	REAL	0.000000e+000	Eingangswert
+4.0	y	REAL	0.000000e+000	Ausgangswert
=8.0		END_STRUCT		

Bild 10.38: Projektstruktur, Symboltabelle und Datenbaustein „WinCC"

Im OB1 wird die Funktion in der Sprache FUP aufgerufen.

```
OB1 :   "Main Program Sweep (Cycle)"
Netzwerk 1: Kennlinie
```

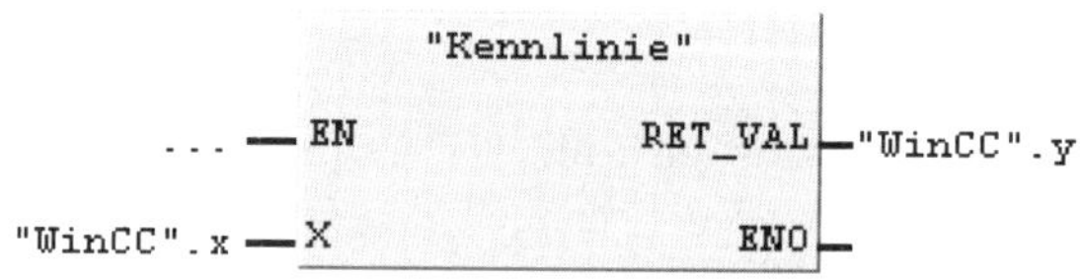

Bild 10.39: Aufruf der Funktion „Kennlinie" im OB1

Die in diesem Projekt erforderlichen arithmetischen Operationen lassen sich in SCL sehr einfach durch mathematische Ausdrücke an Stelle von Aufrufen von Funktionen realisieren.

Die folgenden Bilder zeigen die jeweiligen Funktionen, die exakt der in IEC vorgegebenen Syntax folgen.

```
FUNCTION Kennlinie : REAL
VAR_INPUT
    X : REAL ;
END_VAR

IF X<0.2 THEN
    Kennlinie := Quad_Fu(X:=X, XO:=-0.15, YO:=-0.045, FKT:=2) ;
    ELSIF X < 0.7 THEN
    Kennlinie := Lin_Fu(X:=X, STG:=1.4, NP:=-0.08) ;
    ELSE
    Kennlinie := E_Fu(X:=X, XO:=0.7, YO:=0.9, H:=0.1,  STG:=1.4) ;
END_IF ;

END_FUNCTION
```

Bild 10.40: Funktion „Kennlinie" in SCL

```
FUNCTION Lin_Fu : REAL
VAR_INPUT
    X, STG, NP : REAL;
END_VAR

LIN_FU := STG*X+NP ;

END_FUNCTION
```

```
FUNCTION Quad_Fu : REAL
VAR_INPUT
    X, XO, YO, FKT :     REAL ;
END_VAR

Quad_Fu := FKT*(X-XO)*(X-XO)+YO ;

END_FUNCTION
```

```
FUNCTION E_Fu : REAL
VAR_INPUT
    X, XO, YO, H, STG :    REAL ;
END_VAR

E_Fu := H*(1.0-EXP(-(X-XO)*STG/H))+YO ;

END_FUNCTION
```

Bild 10.41: Funktionen „Lin_Fu", „Quad_Fu" und „E_Fu" in SCL

Das Projekt kann wieder mit der WinCC flexible-Bedienoberfläche getestet werden. Man kann dann, wenn PLCSIM läuft, mit „Test/Beobachten" die Werte der Variablen in einem Beobachtungsfenster neben dem strukturierten Text anzeigen lassen. Damit ist es möglich, einen Programmfehler zu lokalisieren.

Hier wurde die Breite des Fensters mit dem Programmiercode veringert, damit die Schrift lesbar wird. Im rechten Fenster stehen die Ergebnisse für drei Eingangswerte. Die alten Ergebnisse bleiben stehen, bis sie durch eine neue Eingabe verändert werden. Deshalb kann man hier drei Werte und nicht nur den aktuellsten Wert sehen.

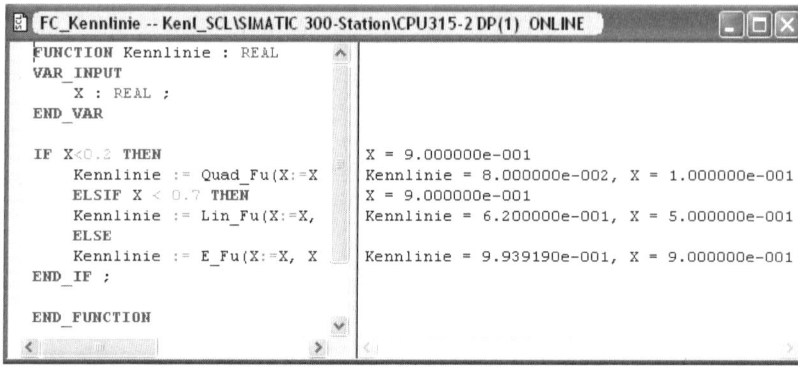

Bild 10.42: Beobachtung von Variablen in SCL

10.4.2 Fehlermeldung

Dieses Beispiel wird in SCL realisiert.

Projektsstruktur

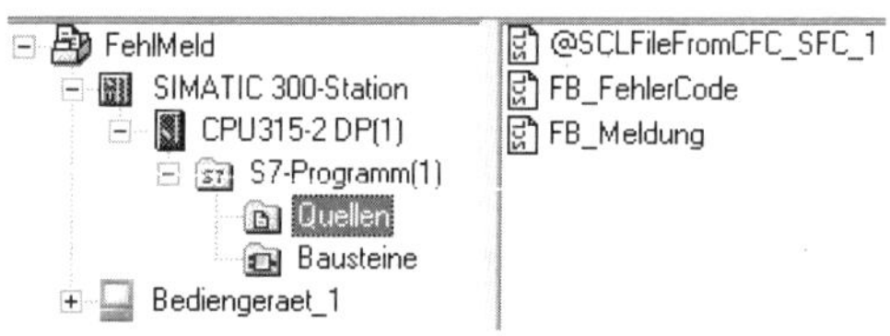

Symboltabelle

	Status	Symbol	Adresse	Datentyp	Kommentar
1		CONCAT	FC 2	FC 2	Concatenate String
2		Cycle Execution	OB 1	OB 1	
3		DB_FehlerCode	DB 1	FB 1	
4		DB_Meldung	DB 2	FB 2	
5		EQ_STRNG	FC 10	FC 10	Equal String
6		FehlerCode	FB 1	FB 1	Erzeugt Meldungs_Nr.
7		INSERT	FC 17	FC 17	Insert String
8		Meldung	FB 2	FB 2	Erzeugt Fehlertext
9		WinCC	DB 51	DB 51	

Datenbaustein „WinCC“

Adresse	Name	Typ	Anfangswert	Kommentar
0.0		STRUCT		
+0.0	B1	INT	0	Fehlercode Tank 1
+2.0	B2	INT	0	Fehlercode Tank 2
+4.0	Meldungs_Nr	INT	0	für Ausgabe als INT
+6.0	Fehlertext	STRING[254]	''	Fehlermeldung als Text
=262.0		END_STRUCT		

Bild 10.43: Projektstruktur, Symboltabelle und Datenbaustein „WinCC“

WinCC flexible kann auf der Bedienoberfläche keine Inhalte von STRING-Variablen anzeigen. Wenn man mit WinCC flexible Meldungen in der Bedienoberfläche anzeigen will, kann man das z. B. über Textbausteine erreichen, die über Integer-Zahlen ausgewählt werden. Aus diesem Grund wird die Fehlermeldung, die im FB „Meldung" erzeugt wird, vom FB „FehlerCode" ausgewertet und in je eine INT-Zahl „Meldungs_Nr" umgewandelt. Damit wird dann der jeweile Text innerhalb der Bedienoberfläche ausgewählt.

Die Auswertung der Meldung erfolgt im FB „FehlerCode".

```
FUNCTION_BLOCK Fehlercode
VAR_INPUT
    B1, B2 :    INT ;
END_VAR
VAR
    DB_Meldung :     Meldung ;
END_VAR
VAR_OUTPUT
    Meldungs_Nr :   INT ;
    Text :          STRING ;
END_VAR

DB_Meldung(IN1:=WinCC.B1, IN2:=WinCC.B2) ;
Text := DB_Meldung.Fehler ;
IF Text = 'Kein Fehler'  THEN Meldungs_Nr := 0 ;
    ELSIF Text = 'Mehrfachfehler' THEN Meldungs_Nr := 9 ;
    ELSIF Text = 'Der Behälter B1 ist voll' THEN  Meldungs_Nr := 19 ;
    ELSIF Text = 'Der Behälter B1 ist leer' THEN  Meldungs_Nr := 10 ;
    ELSIF Text = 'Der Behälter B2 ist voll' THEN  Meldungs_Nr := 29 ;
    ELSIF Text = 'Der Behälter B2 ist leer' THEN  Meldungs_Nr := 20 ;
END_IF ;

END_FUNCTION_BLOCK
```

Bild 10.44: FB „Fehlercode" in SCL

Im FB „Meldung" werden nach den einfachen Fehlermeldungen zunächst die Textteile bestimmt, aus denen die Fehlermeldung zusammengesetzt wird. Danach wird in den ersten Teiltext nach der 13. Position „B1" oder „B2" eingesetzt und dann am Ende des Textes „voll" oder „leer" angehängt.

```
FUNCTION_BLOCK Meldung
VAR_INPUT
    IN1, IN2 :    INT ;
END_VAR
VAR
    Fehl1 : STRING ;
    Fehl2 : STRING ;
    Fehl3 : STRING ;
    Beh :   STRING ;
    Fuell : STRING ;
END_VAR
VAR_OUTPUT
    Fehler : STRING ;
END_VAR

IF IN1 = 0 AND IN2 = 0
    THEN Fehler := 'Kein Fehler' ;
    ELSIF IN1 > 0 AND IN2 > 0
        THEN  Fehler := 'Mehrfachfehler' ;
        ELSE    Fehl1 := 'Der Behälter  ist ' ;
          IF 0 < IN1
            THEN Beh := 'B1' ;
            ELSE Beh := 'B2' ;
          END_IF ;
          IF IN1 + IN2 > 1
            THEN Fuell := 'leer' ;
            ELSE Fuell := 'voll' ;
          END_IF ;
    Fehl2 := INSERT(IN1:=Fehl1, IN2:=Beh, P:=13) ;
    Fehl3 := CONCAT(IN1:=Fehl2, IN2:=Fuell);
    Fehler := Fehl3 ;
END_IF ;

END_FUNCTION_BLOCK
```

Bild 10.45: FB „Meldung“ in SCL

Der FB „FehlerCode“ muss nun noch im OB1 instanziert werden. Hier wird die Instanzierung in FUP gezeigt.

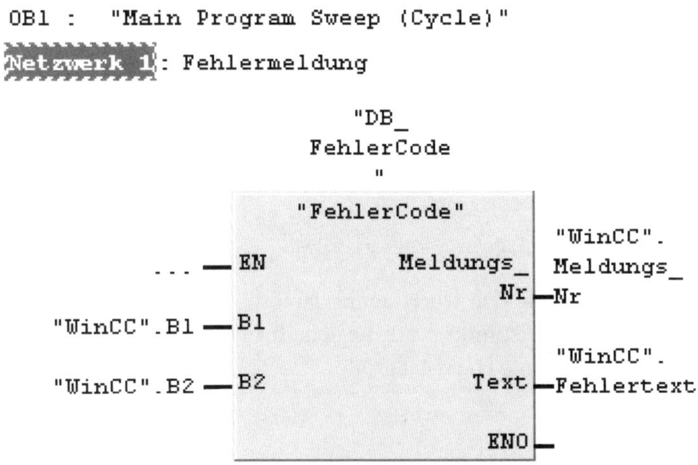

Bild 10.46: Instanzierung des FB „FehlerCode“ im OB1 mit FUP

Für den Test des Projektes wurde die Bedienoberfläche mit WinCC flexible erstellt.

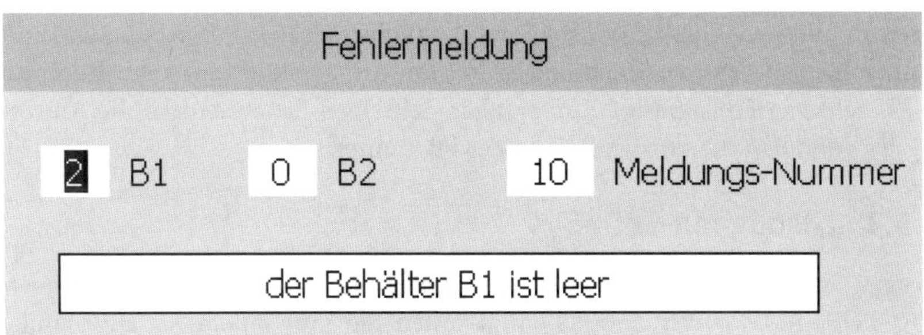

Bild 10.47: Bedienoberfläche zum Test der Fehlermeldung

10.5 Übungsprojekt „Proportionalregler“

Sie können die folgende Aufgabe je nach eigenem Interesse auf unterschiedliche Art lösen.

1. Lösung auf Papier nach IEC 61131-3
2. Lösung mit CoDeSys in einer oder in allen Programmiersprachen
3. Lösung mit STEP 7 in CFC und/oder SCL

So können Sie Erfahrungen mit den Werkzeugen sammeln und feststellen, welche der verschiedenen Methoden für diese Aufgabe am besten geeignet ist.

10.5.1 Aufgabenstellung

Ein Proportionalregler erzeugt eine Stellgröße Y, die im Automatikbetrieb (AUTO := TRUE) nach der Rechenvorschrift

```
Y := KR * (X - W) + AP ;
```

berechnet wird. Darin ist KR der Übertragungsfaktor, W der Sollwert, X die Regelgröße und AP der Arbeitspunkt des P-Reglers. Im Handbetrieb (AUTO := FALSE) wird Y auf die konstante Handstellgröße

```
Y := YH ;
```

eingestellt. Für den Fall, dass ein Eingang nicht belegt wird, sollen folgende Defaultwerte eingestellt sein:

```
W := 50.0, KR := 1.0, AP := 50.0 und YH := 50.0 .
```

10.5.2 Lösung nach IEC 61131-3

Schreiben Sie den Deklarationsteil des Funktionsbausteins P_REGLER und zeichnen Sie mit den Symbolen der IEC-Norm den Funktionsplan des Rumpfes des P-Reglers in FBS und im Kontaktplan. Schreiben Sie außerdem die Anweisungsliste und den strukturierten Text des FB-Rumpfes.

10.5.3 Lösung mit CoDeSys

Erzeugen Sie den Funktionsbaustein P_REGLER in allen Programmiersprachen (CFC, FUP, KOP, AWL und ST) und testen Sie ihn, indem Sie den Funktionsbaustein im Programm instanzieren, das Projekt übersetzten (Projekt / Alles Übersetzen), laden (Online / Einloggen) und starten (Online / Start).

10.5.4 Lösung mit STEP 7

Erstellen Sie einen hierarchischen CFC-Plan für den P_REGLER, in dem die Logik realisiert und anschließend als Gesamtprogramm übersetzt wird. Testen Sie das Projekt mit der Bedienoberfläche in WinCC flexible.

Alternativ oder zusätzlich sollten Sie das Projekt auch mit SCL realisieren und testen.

11 Verarbeitung analoger Informationen

Hier werden Funktionsbausteine vorgestellt, die für die Verarbeitung von analogen Prozesssignalen geeignet sind. Damit können Aufgaben des Messens, Steuerns und Regelns gelöst werden. Diese Bausteine werden also vor allem zur Automatisierung von Prozessen mit Prozessleitsystemen verwendet.

Die IEC-Norm zeigt beispielhaft, wie bestimmte Aufgaben der Prozessautomatisierung auf der Grundlage der bereits vorgestellten Funktionen und Funktionsbausteine realisiert werden können. Die Beispiele haben keinen normativen Charakter, da eine eventuelle Normung dieser Funktionsbausteine den dafür zuständigen Gremien vorbehalten bleiben soll.

Die in der Norm enthaltenen Funktionsbausteine werden hier vorgestellt. Die Rümpfe der Funktionsbausteine werden meist in strukturiertem Text formuliert.

11.1 Funktionsbausteine in der IEC 61131-3

11.1.1 Filter 1. Ordnung (LAG1)

Ein Filter 1. Ordnung, das auch als dynamisches Verzögerungsglied 1. Ordnung (PT1) verwendet werden kann, wird durch die Differenzialgleichung

$$T_S * dx(t)/dt + x(t) = y(t)$$

mit dem Eingangssignal y(t), dem Ausgangssignal x(t) und der Zeitkonstanten T_S beschrieben. Wenn die Signale mit einem digitalen System erfasst werden, werden sie in gleich großen zeitlichen Abständen T übernommen. Mit dieser Zykluszeit T kann man näherungsweise schreiben:

$$T_S * \big(x(kT) - x\big((k-1)T\big)\big) / T + x(kT) = y(kT).$$

Mit kT wird der aktuelle Abtastzeitpunkt und mit (k-1)T der vorherige Abtastzeitpunkt angegeben.

Durch Umrechnungen kann man die Berechnungsformel für das aktuelle Ausgangssignal x(kT) finden:

$$x(kT) = x\big((k-1)T\big) + T / (T + T_S) * \big(y(kT) - x\big((k-1)T\big)\big).$$

In jedem Rechenzyklus der SPS wird aus dem aktuellen Eingang y(kT) und dem vorherigen Ausgang $x\big((k\text{-}1)T\big)$ die aktuelle Ausgangsgröße x(kT) berechnet.

Der Funktionsbaustein LAG1 erfasst das boolesche Signal RUN, mit dem die Verzögerung ein- bzw. ausgeschaltet wird, das Eingangssignal XIN (y(kT)), die Zeitkonstante TAU (T_S) und die Zykluszeit CYCLE (T). Das Ergebnis x(kT) steht mit der Variablen XOUT zur Verfügung.

Aufgerufen wird dieser FB mit der folgenden Außenschnittstelle:

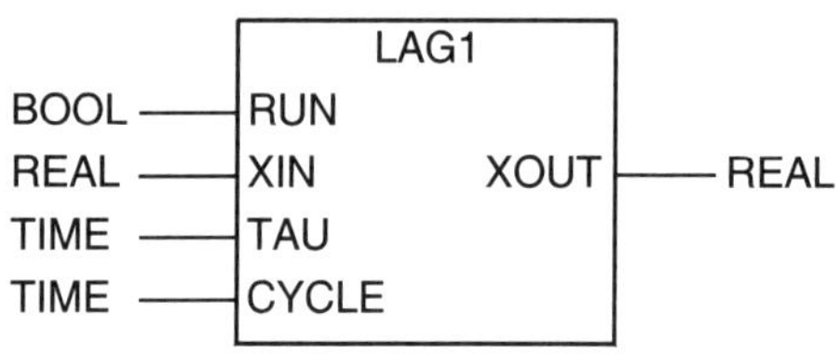

Bild 11.1: Außenschnittstelle des FB „LAG1"

Es folgt der Funktionsbaustein im strukturierten Text.

```
FUNCTION_BLOCK LAG1
   VAR_INPUT
            RUN :              BOOL ;
            XIN :              REAL ;
            TAU :              TIME ;
            CYCLE :            TIME ;
   END_VAR
   VAR_OUTPUT      XOUT :      REAL ;              END_VAR
   VAR             K :         REAL ;              END_VAR

   IF RUN THEN XOUT := XOUT + K*(XIN - XOUT);
   ELSE     XOUT := XIN ;
            K := TIME_TO REAL(CYCLE) / TIME_TO_REAL(CYCLE + TAU) ;
   END_IF ;

END_FUNCTION_BLOCK
```

Liste 11.1: Funktionsbaustein „LAG1" als ST

Wenn der FB nicht im RUN-Modus ist (RUN = FALSE), wird das Eingangssignal unverändert am Ausgang ausgegeben. Die Konstante K wird aus der Verzögerungszeit TAU und der Abtastzeit CYCLE berechnet. Mit diesem Wert von K wird im RUN-Modus (RUN = TRUE) das Ausgangssignal ermittelt.

Das bedeutet, dass sich in diesem RUN-Modus die Verzögerungszeit TAU und die Zykluszeit CYCLE nicht verändern dürfen.

11.1.2 Totzeit (DELAY)

Durch Transportvorgänge in Prozessen kommt es vor, dass sich Ereignisse erst verspätet an der Messstelle zeigen. Solches Verhalten kann durch Totzeiten beschrieben werden. Der Funktionsbaustein DELAY kann dann, wenn RUN gleich TRUE ist, ein Eingangssignal XIN am Ausgang bei XOUT um N Zyklen verspätet ausgeben. Wenn RUN gleich FALSE ist, wird das Eingangssignal unverändert ausgegeben.

Der Aufruf erfolgt entsprechend der folgenden Außenschnittstelle.

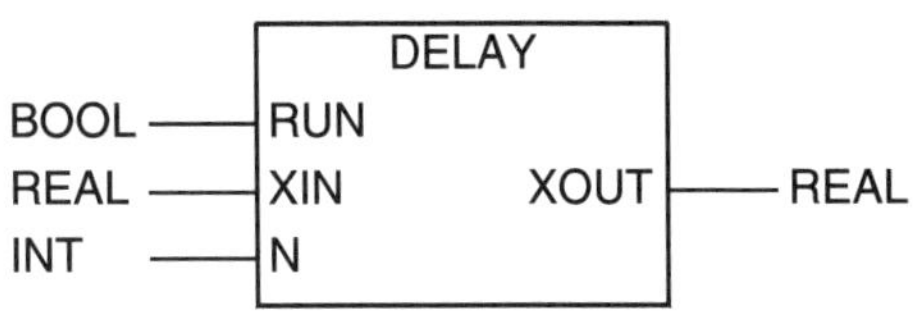

Bild 11.2: Außenschnittstelle des FB „DELAY"

Die genaue Funktionsweise zeigt der Programmcode in ST.

```
FUNCTION_BLOCK DELAY
  VAR_INPUT
              RUN :      BOOL ;
              XIN :      REAL ;
              N :        INT ;
  END_VAR
  VAR_OUTPUT   XOUT :     REAL ;          END_VAR
  VAR
    X :                  ARRAY [0..127] OF REAL ;
    I, IXIN, IXOU :      INT := 0 ;
  END_VAR

  IF RUN THEN   IXIN := MOD(IXIN + 1, 128)
                X[IXIN] := XIN ;
                IXOUT := MOD(IXOUT + 1, 128) ;
                XOUT := X[IXOUT] ;
  ELSE          XOUT := XIN ;
                IXIN := N ;
                IXOUT := 0 ;
                FOR I := 0 TO N DO
                     X[I] := XIN ;
```

```
                END_FOR ;
   END_IF ;

END_FUNCTION_BLOCK
```

Liste 11.2: Funktionsbaustein „DELAY“ in ST

Der FB arbeitet intern mit einem Ringspeicher X, der hier 128 Plätze enthält. Im Modus RUN = FALSE wird XIN unverändert ausgegeben. Als Vorbereitung auf den RUN-Modus wird der Zeiger IXIN für das Ablegen des Eingangssignals XIN im Ringspeicher X auf N und der Zeiger IXOUT für die Ausgabe des Signals aus dem Ringspeicher X in die Ausgangsvariable XOUT auf 0 gesetzt. Außerdem werden die ersten N+1 Plätze des Ringspeichers mit dem aktuellen Eingang XIN belegt. Dadurch wird nach dem Umschalten in den RUN-Modus zunächst N+1 mal der aktuelle Eingang XIN am Ausgang ausgegeben.

Für diesen FB muss also die Totzeit kleiner als das 127-fache der Abtastzeit sein!

Aufgabe 11.1

Für das Totzeitglied DELAY ist N = 3. Der Modus RUN und das Eingangssignal XIN haben die in der folgenden Tabelle vorgegebenen Werte. Bestimmen Sie die Werte, die sich aufgrund des Programmcodes des FB DELAY für die in der Tabelle freigelassen Plätze ergeben.

RUN	*XIN*	*IXIN*	*X[0]*	*X[1]*	*X[2]*	*X[3]*	*X[4]*	*X[5]*	*X[6]*	*X[7]*	*X[8]*	*X[9]*	*IXOUT*	*XOUT*
0	1													
0	2													
1	3													
1	4													
1	5													
1	6													
1	7													
1	8													

Tabelle 11.1: Wertetabelle für „DELAY“

11.1.3 Mittelwert (AVERAGE)

Dieser Funktionsbaustein berechnet zu einem Eingangssignal XIN den Mittelwert, der sich aus den N letzten Signalwerten ergibt. Damit kann man ein verrauschtes Signal glätten.

Aufgerufen wird der FB mit folgender Schnittstelle:

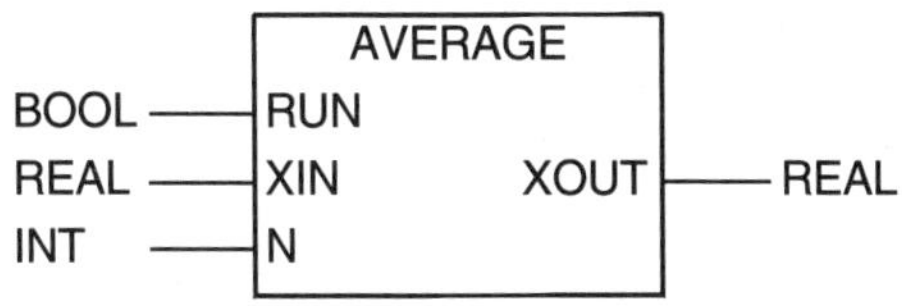

Bild 11.3: Außenschnittstelle des FB „AVERAGE"

Mit jedem neuen Rechenzyklus wird das veraltete Signal, das nun nicht mehr zur Berechnung des Mittelwerts verwendet wird, von der bisherigen Summe abgezogen und durch den neuen Eingangswert ersetzt. (Hinweis: der Programmiercode im Anhang F.6.3 der Norm IEC 61131-3 ist fehlerhaft!)

```
FUNCTION_BLOCK AVERAGE
   VAR_INPUT
      RUN :               BOOL ;
      XIN :               REAL ;
      N :                 INT ;
   END_VAR
   VAR_OUTPUT             XOUT : REAL ;     END_VAR
   VAR
      SUM :               REAL := 0.0 ;
      FIFO :              DELAY ;
   END_VAR

   FIFO(RUN:=RUN, XIN:=XIN, N:=N) ;
   SUM := SUM - FIFO.XOUT + XIN ;
   IF RUN THEN            XOUT := SUM / N ;
   ELSE                   SUM := N*XIN ,
                          XOUT := XIN ;
   END_IF ;

END_FUNCTION_BLOCK
```

Liste 11.3: Funktionsbaustein „AVERAGE" in ST

Für RUN = FALSE liefert der FB das Eingangssignal als Mittelwert und stellt das N-fache des Eingangswerts für die Berechnung des Mittelwerts nach dem Umschalten auf RUN = TRUE zur Verfügung.

Aufgabe 11.2

Zum besseren Verständnis der Funktionsweise des FB „AVERAGE“ sollen die fehlenden Plätze in der folgenden Tabelle für N = 3 ermittelt werden.

RUN	*XIN*	*FIFO.XOUT*	*SUM*	*XOUT*
0	1			
0	2			
0	3			
1	4			
1	5			
1	6			
1	7			
1	8			
1	9			

Tabelle 11.2: Wertetabelle für „AVARAGE“#

11.1.4 Integration (INTEGRAL)

Wenn ein Eingangsignal XIN aufintegriert werden soll, kann man den FB INTEGRAL verwenden. Aufgerufen wird der FB wie folgt:

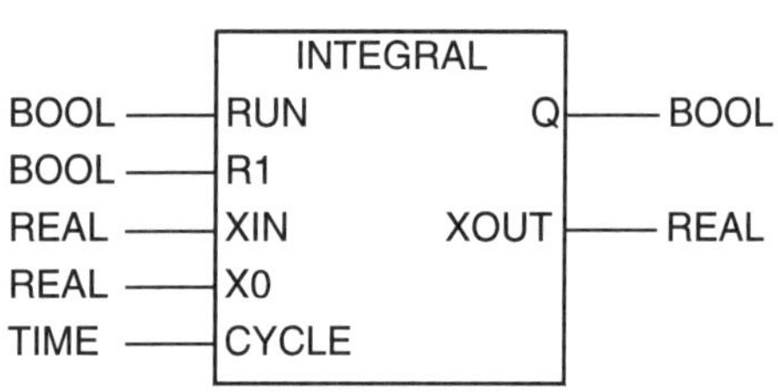

Bild 11.4: Aufruf des FB „INTEGRAL“

Der Integrator wird mit dem Rücksetzsignal R1 auf einen Anfangswert X0 gesetzt. Wenn RUN = TRUE ist, wird mit jedem Rechenzyklus das Produkt aus dem Signalwert XIN und der Abtastzeit CYCLE aufaddiert.

Die interne Arbeitsweise des Integrators ergibt sich aus dem folgenden strukturierten Text.

```
FUNCTION_BLOCK INTEGRAL
     VAR_INPUT
          RUN, R1 :          BOOL ;
          XIN, X0 :          REAL ;
          CYCLE :            TIME ;
     END_VAR
     VAR_OUTPUT
          Q :                BOOL ;
          XOUT :             REAL ;
     END_VAR

          Q := NOT R1 ;
          IF R1 THEN XOUT := X0 ;
          ELSEIF RUN THEN
            XOUT := XOUT + XIN * TIME_TO_REAL(CYCLE) ;
          END_IF ;

END_FUNCTION_BLOCK
```

Liste 11.4: Funktionsbaustein „INTEGRAL“ in ST

11.1.5 Differenzierung (DERIVATIVE)

Für die zeitliche Ableitung eines Signals XIN, das mit gleichmäßigen Abtastzeiten CYCLE erfasst wurde, kann man folgenden Funktionsbaustein verwenden:

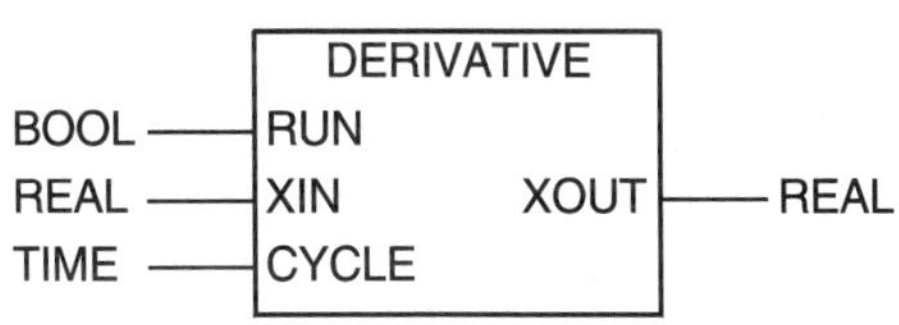

Bild 11.5: Aufruf des FB „DERIVATIVE“

Die genaue Arbeitsweise dieses FB ergibt sich aus dem strukturierten Text.

```
FUNCTION_BLOCK DERIVATIVE
  VAR_INPUT      RUN :          BOOL ;
                 XIN :          REAL ;
                 CYCLE :        TIME ;
  END_VAR
  VAR_OUTPUT     XOUT :         REAL ; END_VAR
  VAR            X1, X2, X3 :   REAL ; END_VAR
```

```
   IF RUN THEN
            XOUT   := (3.0*(XIN - X3) + X1 - X2) /
                        (10*TIME_TO_REAL(CYCLE)) ;
            X3 := X2 ;
            X2 := X1 ;
            X1 := XIN ;
   ELSE     XOUT := 0.0 ;
            X1 := XIN ;
            X2 := XIN ;
            X3 := XIN ;
   END_IF ;

END_FUNCTION_BLOCK
```

Liste 11.5: Funktionsbaustein „DERIVATIVE" in ST

Mit den internen Variablen X1 bis X3 werden Vergangenheitswerte des Eingangssignals für die numerische Differentation vorgehalten. Für RUN = FALSE wird die Steigung nicht berechnet und XOUT = 0.0 ausgegeben.

11.1.6 Hysterese (HYSTERESIS)

Das boolesche Ergebnis Q des FB ist 1, wenn das Eingangssignal XIN1 um mehr als die halbe Hysteresebreite EPS größer als das Eingangsignal XIN2 ist. Wenn XIN1 um mehr als EPS unter XIN2 liegt, wird Q = 0. Wenn der Abstand zwischen XIN1 und XIN2 nicht größer als EPS ist, bleibt Q auf dem alten Wert.

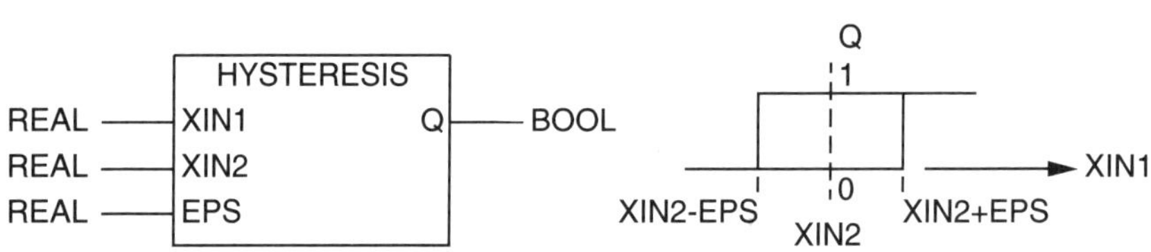

Bild 11.6: Aufruf des FB „HYSTERESIS"

Die genaue Funktionsweise geht wieder aus dem strukturierten Text hervor.

```
FUNCTION_BLOCK HYSTERESIS
   VAR_INPUT      XIN1, XIN2, EPS: REAL ; END_VAR
   VAR_OUTPUT     Q :              BOOL ; END_VAR

   IF Q THEN
      IF          XIN1 < (XIN2 - EPS) THEN Q := 0 ; END_IF;
```

```
    ELSEIF      XIN1 > (XIN2 + EPS) THEN Q := 1 ;
  END_IF ;

END_FUNCTION_BLOCK
```

Liste 11.6: Funktionsbaustein „HYSTERESIS" in ST

11.1.7 Grenzwertüberwachung (LIMITS_ALARM)

Mit diesem Funktionsbaustein kann ein Signal X daraufhin überwacht werden, ob ein oberer Grenzwert H überschritten oder ein unterer Grenzwert L unterschritten wird. Für beide Grenzwerte wird eine Hysterese EPS berücksichtigt, die angibt, wie weit das Signal X wieder in den Bereich zwischen H und L zurück gegangen sein muss, damit der Grenzalarm gelöscht wird.

Der Aufruf erfolgt entsprechend der folgenden Außenschnittstelle:

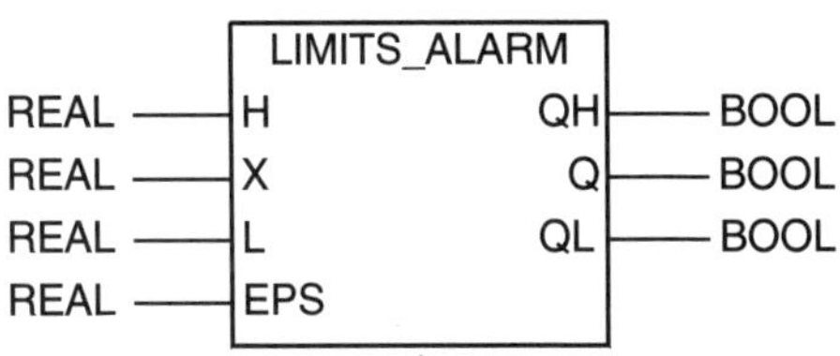

Bild 11.7: Außenschnittstelle des FB „LIMITS_ALARM"

Der Rumpf des FB wird nun in FBS gezeigt.

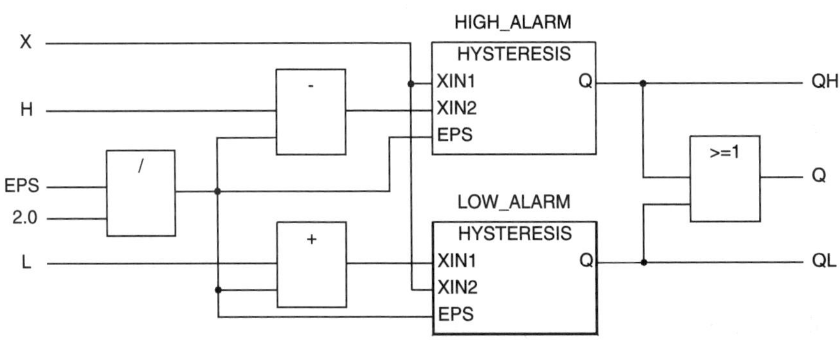

Bild 11.8: Rumpf des FB „LIMITS_ALARM" in FBS

Man erkennt, dass mit EPS die ganze Hysteresebreite definiert ist. Deshalb müssen die halbierten Werte an den FB „HYSTERESIS" übergeben werden.

Aufgabe 11.3

Der FB „LIMITS_ALARM“ wird mit dem Instanzennamen GRENZAL instanziert und wie folgt aufgerufen:

```
GRENZAL(H:=50.0, X:=X, L:=30.0, EPS:=6.0) ;
```

Zeichnen Sie für Werte von X zwischen 20.0 und 60.0 die Ausgangswerte QH und QL.

11.1.8 Analogsignalüberwachung (ANALOG _ MONITOR)

Unter Verwendung des FB LIMITS_ALARM wird eine Überwachung eines Analogsignals X vorgenommen. Für die Parameter, auf die das Analogsignal überwacht wird, wird ein abgeleiteter Datentyp ANALOG_LIMITS als Struktur definiert. Diese Struktur hat folgendes Aussehen:

```
TYPE ANALOG_LIMITS :
    STRUCT
           HS :    REAL ; (* oberes Ende des Signalbereichs *)
           HM :    REAL ; (* oberes Ende des Messbereichs *)
           HA :    REAL ; (* obere Alarmgrenze *)
           HW :    REAL ; (* obere Warngrenze *)
           NV :    REAL ; (* Nennwert *)
           EPS :   REAL ; (* Hysterese *)
           LW :    REAL ; (* untere Warngrenze *)
           LA :    REAL ; (* untere Alarmgrenze *)
           LM :    REAL ; (* unteres Ende des Messbereichs *)
           LS :    REAL ; (* unteres Ende des Signalbereichs *)
    END_STRUCT
END_TYPE
```

Liste 11.7: Datentyp ANALOG_LIMITS als Struktur

Da alle Elemente vom selben elementaren Datentyp sind, hätte man sie auch in einem Feld zusammenfassen können. Dann könnte man die Parameter aber nicht mit deren Namen wie z. B. LIMITS_ALARM.HS adressieren.

Der Funktionsbaustein „ANALOG_MONITOR“ zur Signalüberwachung wird wie folgt aufgerufen:

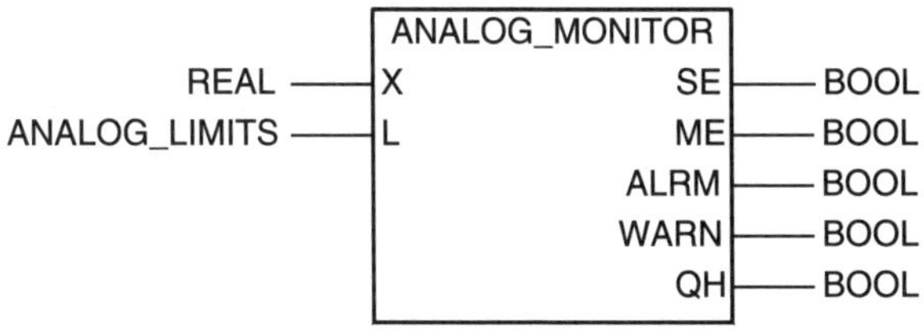

Bild 11.9: Aufruf des FB „ANALOG_MONITOR“

Der Rumpf wird wieder in FBS formuliert.

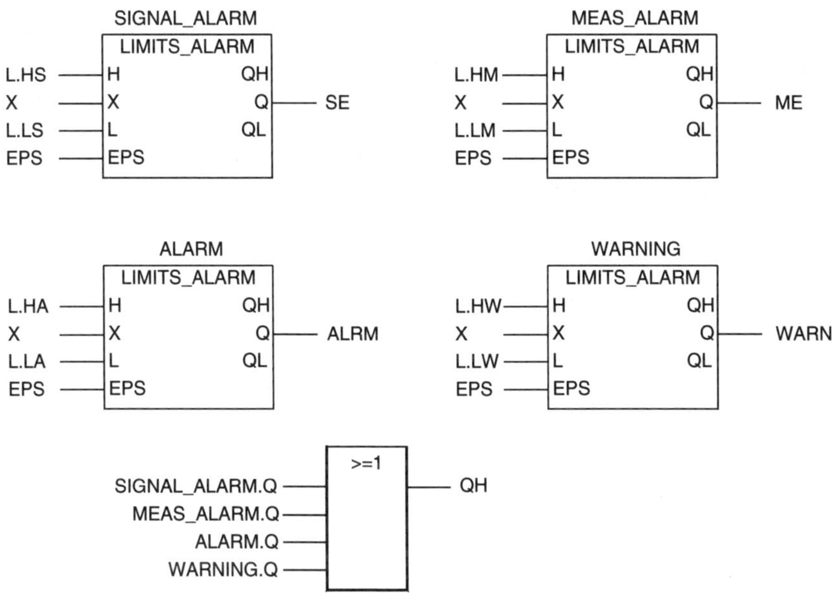

Bild 11.10: Rumpf des FB „ANALOG_MONITOR“ in FBS

Hierbei wird der Signalalarm SE = 1, wenn X größer als die obere (L.HS) oder kleiner als die untere (L.LS) Signalgrenze ist. Der Alarm wird aufgehoben (SE = 0), wenn X um EPS größer als die untere oder kleiner als die obere Signalgrenze wird.

Auf die gleiche Art werden der Messalarm (ME), der Alarm (ALRM) und die Warnung (WARN) ermittelt.

Wenn mindestens einer der genannten Alarme anspricht, geht der Ausgang QH auf TRUE.

11.1.9 PID-Regler (PID)

Für die kontinuierliche Regelung von Prozessen wird in erster Linie ein PID-Regler eingesetzt. Im Modus AUTO = TRUE wird die Regelabweichung zwischen der Regelgröße PV (Process Value) und dem Sollwert SP (SetPoint) (PV – SP) proportional, integriert und differenziert übertragen. Das mit dem FB INTEGRAL berechnete zeitliche Integral über der Regelabweichung wird dividiert durch die Nachstellzeit TR. Die mit DERIVATIVE berechnete zeitliche Ableitung wird multipliziert mit der Vorhaltzeit TD. Der Übertragungsfaktor KP wirkt auf alle drei Anteile des Reglers. Im Modus AUTO = FALSE wird die Stellgröße XOUT auf die Handstellgröße X0 eingestellt.

Die Gleichung zur Berechnung der Stellgröße y aus der Regelabweichung e ist damit:

$$y = KP * \left(e + 1/TR * \int e\,dt + TD * \dot{e}\right)$$

Der Aufruf des Reglers erfolgt entsprechend folgender Außenschnittstelle:

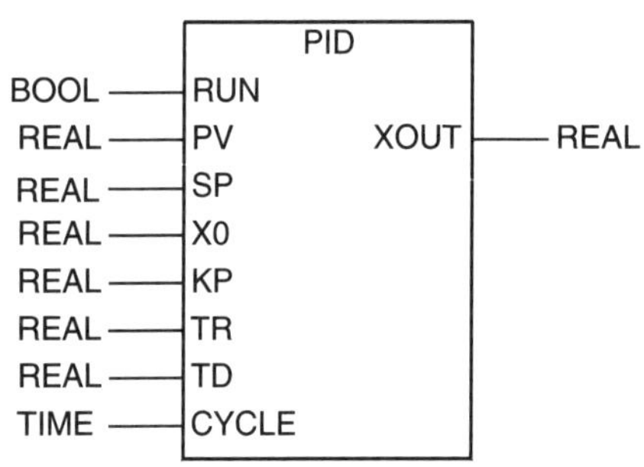

Bild 11.11: Außenschnittstelle des FB „PID“

Die genaue Logik des PID-Reglers ergibt sich aus dem Programmiercode im ST.

```
FUNCTION_BLOCK PID
   VAR_INPUT AUTO :                        BOOL ;
            PV, SP, X0, KP, TR, TD :       REAL ;
            CYCLE :                        TIME ;
   END_VAR
   VAR_OUTPUT XOUT :                       REAL ; END_VAR
   VAR      ERROR, YH :                    REAL ;
            N_AUTO :                       BOOL ;
            ITERM :                        INTEGRAL ;
            DTERM :                        DERIVATIVE ;
   END_VAR

   ERROR := PV - SP ;
```

```
    N_AUTO := NOT AUTO ;
    YH := TR*(XO/KP-ERROR) ;
    ITERM(RUN:=AUTO, R1:=NOT AUTO, XIN:=ERROR, XO:=YH,
                                        CYCLE:=CYCLE) ;
    DTERM(RUN:=AUTO, XIN:=ERROR, CYCLE:=CYCLE) ;
    XOUT := KP*(ERROR + ITERM.XOUT/TR + DTERM*TD) ;

END_FUNCTION_BLOCK
```

Liste 11.8: Funktionsbaustein „PID" im ST

Der integrale Anteil wurde so modifiziert, dass in der Betriebsart „Manuell" (AUTO = FALSE) als Ausgangssignal des Integrators nicht die Handstellgröße sondern ITERM.XOUT := TR*(X0/KP – ERROR) berechnet wird. Dadurch wird erreicht, dass bei der abschließenden Berechnung des Ausgangssignals PID.XOUT der P-Anteil aufgehoben, dem I-Anteil die normierte Handstellgröße X0/KP übergeben und dem D-Anteil der Wert 0.0 zugewiesen werden. Diese Tatsache kann man leicht prüfen, wenn man in die letzte Zeile den Wert, der sich im manuellen Modus für ITERM.XOUT ergibt, einsetzt. (Hinweis: Der Programmcode im Anhang F.6.10 der Norm ist fehlerhaft.)

Durch diese Begrenzung des I-Anteils wird ein stoßfreies Umschalten des Reglers in den Automatikmodus erreicht. Der in der Norm vorgestellte PID-Regler enthält allerdings keine Vorrichtung, die den Regler daran hindert, Stellgrößen zu berechnen, die kleiner als 0.0 % oder größer als 100.0 % sind. Das wäre aber notwendig, wenn man vermeiden möchte, dass der Regler bei lange anhaltender Regelabweichung übersteuert und nach einer Vorzeichenumkehr der Regelabweichung zunächst erst aus der Übersteuerung herauslaufen muss, bevor die Stellgröße sich im Stellbereich zwischen 0.0 % und 100.0 % ändert.

11.1.10 Allgemeine Differenzengleichung (DIFFEQ)

Mit der allgemeinen Differenzengleichung

$$a_n x_{k-n} + a_{n-1} x_{k-n+1} + _{...} + a_3 x_{k-3} + a_2 x_{k-2} + a_1 x_{k-1} + x_k = b_0 y_k + b_1 y_{k-1} + b_2 y_{k-2} + _{...} + b_m y_{k-m}$$

wird der dynamische Zusammenhang zwischen dem Eingangssignal y und dem Ausgangsignal x beschrieben. Dabei sind y_k und x_k die aktuellen Werte des Ein- und des Ausgangs. Die Werte x_{k-i} stellen die Ausgangshistorie und y_{k-i} die Eingangshistorie dar. Diese Differenzengleichung kann man nach x_k auflösen. Man findet dann, dass das aktuelle Ausgangssignal gleich dem mit b_0 gewichteten Eingangssignal y_k plus der Summe der gewichteten Eingangshistorie minus der Summe der gewichteten Ausgangshistorie ist.

$$x_k = b_0 y_k + (b_1 y_{k-1} + b_2 y_{k-2} + _{...} + b_m y_{k-m}) - (a_n x_{k-n} + a_{n-1} x_{k-n+1} + _{...} + a_3 x_{k-3} + a_2 x_{k-2} + a_1 x_{k-1})$$

In der Norm ist dafür ein FB vorgeschlagen, der folgende Außenschnittstelle hat:

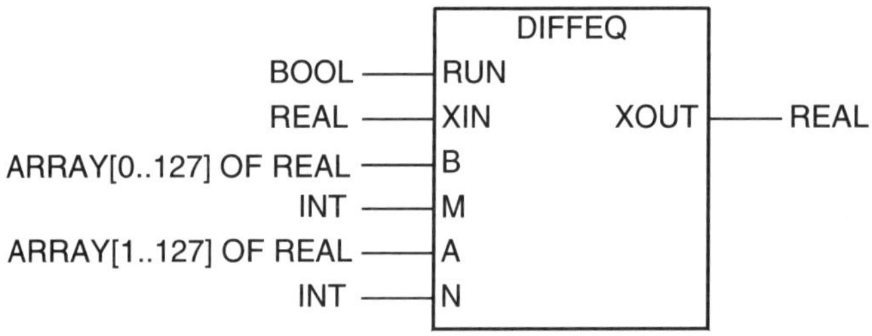

Bild 11.12: Außenschnittstelle des FB „DIFFEQ“

In diesem Symbol wurde die Reihenfolge der Eingangswerte im Vergleich zum Anhang F.6.11 der Norm verändert, da üblicherweise die Historie des Eingangssignals XIN mit den M Gewichten b_i und die Historie des Ausgangssignals XOUT mit den N Gewichten a_i bewertet werden. Es wurden also A und B vertauscht. Der Programmiercode im ST wurde ebenfalls modifiziert, da das Beispiel in der Norm fehlerhaft ist.

```
FUNCTION_BLOCK DIFFEQ
    VAR_INPUT
            RUN :        BOOL ;
            XIN :        REAL ;
            B :          ARRAY [0..127] OF REAL ;
            M :          INT ;
            A :          ARRAY [1..127] OF REAL ;
            N :          INT ;
    END_VAR
    VAR_OUTPUT XOUT :    REAL := 0.0 ; END_VAR
    VAR     I :          INT ;
            XI :         ARRAY [0..127] OF REAL ;
            XO :         ARRAY [0..127] OF REAL ;
    END_VAR

    XO[0] := XOUT ; XI[0] := XIN ;
    XOUT := B[0] * XIN ;
    IF RUN THEN
            FOR I := M TO 1 STEP -1 DO
                         XOUT := XOUT + B[I] * XI[I] ;
                         XI[I] := XI[I-1] ;
            END_FOR ;
            FOR I := N TO 1 STEP -1 DO
                         XOUT := XOUT - A[I] * XO[I] ;
                         XO[I] := XO[I-1] ;
```

```
            END_FOR ;
    ELSE
            FOR I := 1 TO M DO XI[I] := XIN ; END_FOR ;
            FOR I := 1 TO N DO XO[I] := XOUT ; END_FOR ;
    END_IF ;

END_FUNCTION_BLOCK
```

Liste 11.9: Funktionsbaustein „DIFFEQ“ in ST

Die Felder XI und XO nehmen die historischen Werte des Ein- und des Ausgangsignals auf und werden im RUN-Modus mit jedem Takt um eine Position im Speicher weiter geschoben. Wenn der FB nicht im RUN-Modus ist, werden die historischen Werte auf 0.0 gesetzt, wodurch der FB ein Proportionalverhalten mit dem Übertragungsfaktor B[0] annimmt.

11.1.11 Rampenfunktion (RAMP)

Zur Erzeugung eines Zeitsignals, das in einer vorgegeben Zeit TR vom Anfangswert X0 zum Endwert X1 läuft, bietet die IEC-Norm den FB „RAMP“ an. Das Ausgangssignal startet mit dem Einschalten des RUN_Modus. Der Ausgang BUSY zeigt an, ob sich das Ausgangssignal XOUT noch verändert.

Der Aufruf der Rampe ist wie folgt:

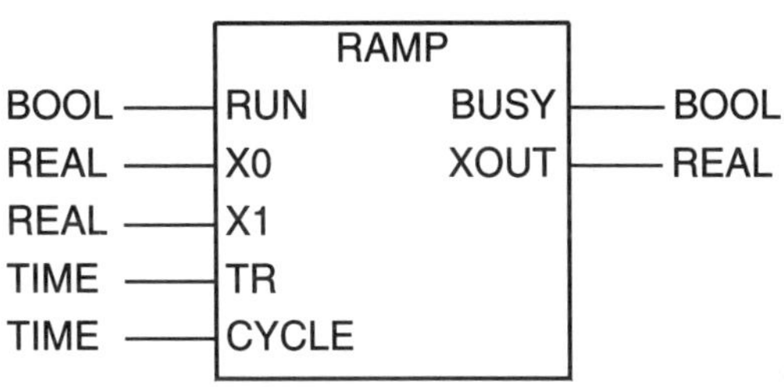

Bild 11.13: Außenschnittstelle des FB „RAMP“

Der strukturierte Text dieses FB sieht folgendermaßen aus:

```
FUNCTION_BLOCK RAMP
   VAR_INPUT       RUN :              BOOL ;
                   X0, X1 :           REAL ;
                   TR, CYCLE :        TIME ;
   END_VAR
   VAR_OUTPUT      BUSY :             BOOL ;
                   XOUT :             REAL ;
   END_VAR
   VAR             XI :               REAL ;
```

```
                T :          TIME := T#0s ;
    END_VAR

    BUSY := RUN ;
    IF RUN THEN
            IF T >= TR THEN BUSY := 0 ; XOUT := X1 ;
            ELSE
                    XOUT := XI + (X1 - XI) * TIME_TO REAL(T)
                                    / TIME_TO REAL(TR) ;
                    T := T + CYCLE ;
            END_IF ;
    ELSE XOUT := X0 ; XI := X0 ; T := T#0s ;
    END_IF ;

END_FUNCTION_BLOCK
```

Liste 11.10: Funktionsbaustein „RAMP“ in ST

Für RUN = 0 liefert der FB den Wert X0 am Ausgang.

Aufgabe 11.4

Der FB „RAMPE“ wird mit den im nächsten Bild vorgegebenen Signalen RUN, X0, X1 und TR aufgerufen. Ermitteln Sie den zeitlichen Verlauf des Ausgangssignals XOUT und der Meldung BUSY.

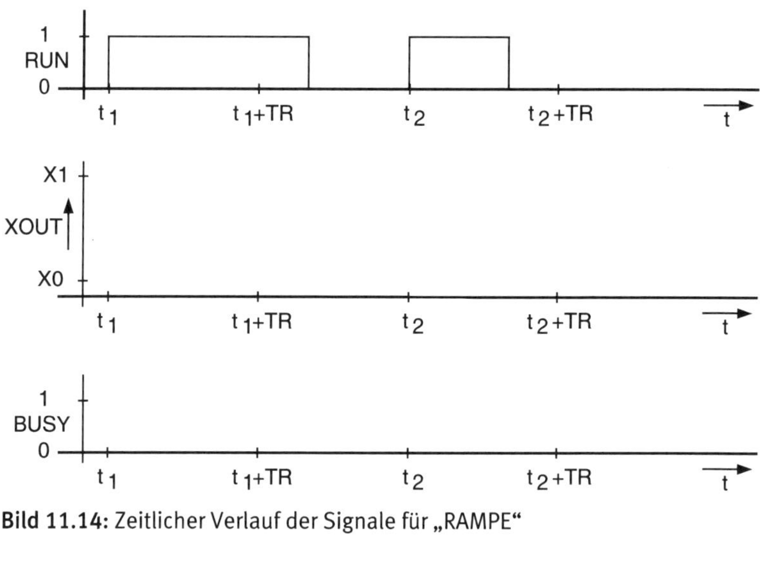

Bild 11.14: Zeitlicher Verlauf der Signale für „RAMPE“

11.1.12 Stoßfreier Übergang (TRANSFER)

Dieser FB liefert im AUTO-Modus (AUTO = 1) am Ausgang XOUT den Wert, der als Eingang XIN angelegt ist. Wenn der FB nicht im AUTO-Modus (AUTO = 0) läuft, kann der Ausgang z. B. mit Hilfe von Drucktastern von diesem Startwert aus mit großer Geschwindigkeit (FAST_RATE) oder mit geringer Geschwindigkeit (SLOW_RATE) verändert werden. Das Ausgangssignal wird schnell hoch (FAST_UP = 1), langsam hoch (SLOW_UP = 1), schnell herunter (FAST_DOWN = 1) oder langsam herunter (SLOW_DOWN = 1) gefahren, solange die entsprechende Taste betätigt ist.

Diese Funktionalität kann verwendet werden, wenn man z. B. die Handstellgröße an einem Regler beim Umschalten des Reglers vom Automatik- in den Manuell-Modus durch Drucktasten kontinuierlich verändern will. Der FB wird wie folgt aufgerufen:

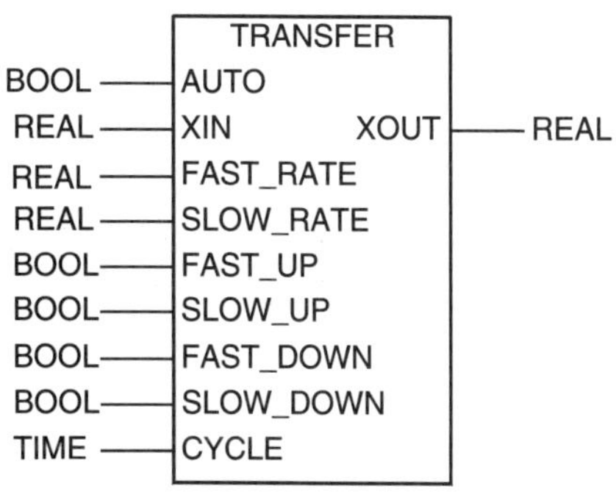

Bild 11.15: Außenschnittstelle des FB „TRANSFER“

Der strukturierte Text zeigt die genaue Arbeitsweise des FB, der den im Abschnitt 11.1.4 besprochenen FB „INTEGRAL“ verwendet.

```
FUNCTION_BLOCK TRANSFER
  VAR_INPUT
        AUTO :                        BOOL ;
        XIN :                         REAL ;
        FAST_RATE, SLOW_RATE :        REAL ;
        FAST_UP, SLOW_UP :            BOOL ;
        FAST_DOWN, SLOW_DOWN :        BOOL ;
        CYCLE :                       TIME ;
  END_VAR
  VAR_OUTPUT XOUT :                   REAL ;      END_VAR
  VAR   XFER_RAMP :                   INTEGRAL ;
        RAMP_RATE :                   REAL ;
```

```
  END_VAR

  RAMP_RATE := 0.0 ;
  IF NOT AUTO THEN
        IF FAST_UP   THEN RAMP_RATE := FAST_RATE ; END_IF ;
        IF SLOW_UP   THEN RAMP_RATE := SLOW_RATE ; END_IF ;
        IF FAST_DOWN THEN RAMP_RATE := - FAST_RATE ; END_IF ;
        IF SLOW_DOWN THEN RAMP_RATE := - SLOW_RATE ; END_IF ;
  END_IF ;
  XFER_RAMP(RUN:=1, CYCLE:=CYCLE, R1:=AUTO,
                              XIN:=RAMP_RATE, X0:=XIN) ;
  XOUT := XFER_RAMP.XOUT ;

END_FUNCTION_BLOCK
```

Liste 11.11: Funktionsbaustein „TRANSFER" in ST

11.2 Funktionen und Funktionsbausteine in CoDeSys

In CoDeSys werden in der Bibliothek „Application/Common/util.lib" Funktionsbausteine für unterschiedliche Aufgaben angeboten, die bis auf wenige Ausnahmen (INTEGRAL, DERIVATIVE, HYSTERESIS, LIMITS_ALARM, PID und RAMP) in der IEC-Norm nicht beispielhaft aufgeführt sind. Die hier genannten FB unterscheiden sich mehr oder weniger stark von den in der IEC vorgeschlagenen FB. Auf diese soll hier nicht näher eingegangen werden. Verwenden kann man diese FB jedoch nur, wenn die Bibliothek „util.lib" installiert ist.

Einen Überblick über die in der Anwendungs-Bibliothek enthaltenen Funktionsbausteine zeigt das nächste Bild:

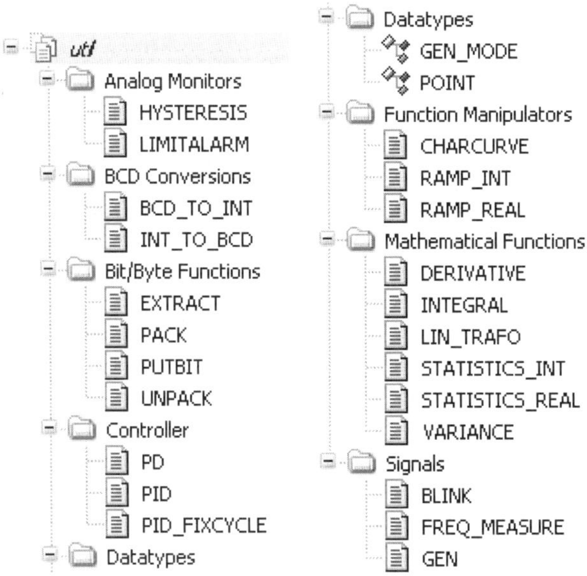

Bild 11.16: Inhalt der Bibliothek „util.lib"

Auf die bisher nicht erwähnten FB in „util.lib" wird nun teilweise kurz eingegangen. Eine genaue Beschreibung kann ggf. wieder der Hilfe entnommen werden.

11.2.1 Bit auslesen (EXTRACT)

Mit EXTRACT(X, N) wird der boolesche Funktionswert auf den Wert eingestellt, der der vom Eingangsbyte N vorgegebenen Bitstelle im Doppelwort X entspricht. Dabei werden die Bitstellen von rechts nach links beginnend mit 0 gezählt.

11.2.2 Bit einfügen (PUTBIT)

Mit PUTBIT(X, N, B) wird die Bitstelle im Doppelwort X, die durch das Eingangsbyte N vorgegebenen wird, auf den booleschen Wert von B gestellt. Dabei werden die Bitstellen von rechts nach links beginnend mit 0 gezählt.

11.2.3 Packen (PACK)

Mit der Funktion PACK(B0, B1, B2, ... , B7) vom Datentyp BYTE werden die 8 booleschen Eingangsbits B0 bis B7 zu einem Byte zusammengefasst.

11.2.4 Auspacken (UNPACK)

Der FB UNPACK(B) mit den Ausgängen UNPACK.B0, UNPACK.B1, ... , UNPACK.B7 verteilt die 8 Bit im Eingangsbyte B auf die 8 booleschen Ausgangswerte B0 bis B7.

11.2.5 Statistische Werte (STATISTICS)

Mit dem FB STATISTICS_INT(IN, RESET) werden einige statistische Werte für das Eingangsignal IN vom Datentyp INT berechnet. Mit RESET können die Ausgangswerte initialisiert werden. Als Ergebnisse werden der Minimalwert STATSTICS.MN, der Maximalwert STATISTICS.MX und der Durchschnittswert STATISTICS.AVG berechnet. Alle Ausgänge sind vom Datentyp INT.

Analog zu STATISTICS_INT wird auch der FB STATISTICS_REAL angeboten, bei dem der Eingang IN und alle Ausgänge von Datentyp REAL sind.

11.2.6 Varianz (VARIANCE)

Mit der Funktion VARIANCE(IN, RESET) wird die Varianz des Eingangs IN berechnet. Funktionswert und Eingang IN sind vom Datentyp REAL. Mit dem booleschen Eingang RESET kann die Varianz neu initialisiert werden. Durch Bildung der Quadratwurzel aus der Varianz kann die Standardabweichung berechnet werden.

11.2.7 PD-Regler (PD)

Der Funktionsbaustein PD hat folgende Eingänge:

```
ACTUAL      : REAL ;    (* Istwert, Regelgröße *)
SET_POINT   : REAL ;    (* Sollwert *)
KP          : REAL ;    (* proportionaler Übertragungsfaktor *)
TV          : DWORD ;   (* Vorhaltzeit in ms *)
Y_MANUAL    : REAL ;    (* Handstellgröße *)
Y_OFFSET    : REAL ;    (* Verschiebung von Y *)
Y_MIN       : REAL ;    (* Minimalwert von Y *)
Y_MAX       : REAL ;    (* Maximalwert von Y *)
MANUAL      : BOOL ;    (* Handbetrieb (TRUE) *)
RESET       : BOOL ;    (* Neuinitialisierung des Reglers *)
```

Liste 11.12: Eingänge für den FB „PD“

Der FB liefert die Stellgröße Y vom Datentyp REAL und das boolesche Ausgangssignal LIMITS_ACTIVE, das anzeigt, ob die Stellgröße an die Grenzwerte stößt.

11.2.8 Blinker (BLINK)

Mit dem FB BLINK(ENABLE, TIMELOW, TIMEHIGH) wird am booleschen Ausgang OUT ein blinkendes Signal erzeugt, das mit dem booleschen Eingang ENABLE jeweils für die Zeit TIMEHIGH ein- und für die Zeit TIMELOW ausgeschaltet ist. Beide Zeitvorgaben sind vom Datentyp TIME.

11.2.9 Funktionsgenerator (GEN)

Zur Erzeugung periodischer Signale kann man die Funktion GEN verwenden, die mit den folgenden Eingängen aufgerufen wird:

```
MODE        : GEN_MODE ;     (* Aufzählungstyp *)
BASE        : BOOL ;         (* TRUE: vorgegebene Zeit *)
                             (* FALSE: Anzahl Zyklen *)
PERIOD      : TIME ;         (* Periodendauer *)
CYCLES      : INT ;               (* Anzahl Zyklen (Aufrufe) *)
AMPLITUDE   : INT ;               (* Amplitude *)
RESET       : BOOL ;         (* Nullsetzen der Funktion *)
```

Liste 11.13: Eingänge in den FB „GEN"

Der Funktionswert ist vom Datentyp INT.

Der hier verwendete abgeleitete Aufzählungsdatentyp ist wie folgt definiert:

```
TYPE        GEN_MODE : (TRIANGLE, TRIANGLE_POS, SAWTOOTH_RISE,
                     SAWTOOTH_FALL, RECTANGLE, SINUS, COSINUS) ;
END_TYPE
```

Liste 11.14: Abgeleiteter Aufzählungsdatentyp „GEM_MODE"

Der MODE gibt an, welche Funktion erzeugt werden soll. Dabei bedeuten:

```
  TRIANGLE :            Dreieckfunktion
  TRIANGLE_POS :        Dreieckfunktion zwischen 0 und + Amplitude
  SAWTOOTH_RISE :       Sägezahn mit ansteigender Flanke
  SAWTOOTH_FALL :       Sägezahn mit fallender Flanke
  RECTANGLE :           Rechteckfunktion
  SINUS :               Sinusfunktion
  COSINUS :             Cosinusfunktion
```

Liste 11.15: Bedeutung der verschiebenen Modi

Alle periodischen Signale außer bei TRIANGLE_POS verändern sich zwischen –Amplitude und +Amplitude.

11.3 Funktionsbausteine in STEP 7

Von den Funktionsbausteinen, die mit STEP 7 in Bibliotheken geliefert werden, sollen hier nur Funktionsbausteine besprochen werden, die in der „Standard Library" als „PID-Control Blocks" enthalten sind. Dabei handelt es sich um den kontinuierlichen PID-Regler CONT_C, den Schrittregler CONT_S und den Pulsgenerator PULSEGEN zur Erzeugung eines pulsbreitenmodulierten Zwei- bzw. Dreipunktsignals.

Die Beschreibung wird hier auf das Notwendige beschränkt, da eine ausführliche Erklärung der FB in der Hilfe vom CFC-Editor enthalten ist. Man kann im CFC-Editor einzelne Eingänge von CFC-Bausteinen über das Kontextmenue (rechte Maustaste) mit „Objekteigenschaften/Anschlüsse/Unsichtbar" unsichtbar machen.

11.3.1 Kontinuierlicher PID-Regler (CONT_C)

Intern arbeitet dieser kontinuierliche PID-Regler mit normierten Signalen im Bereich –100 % bis +100 %. Der Sollwert SP_INT wird normiert vorgegeben und mit der normierten Regelgröße PV_IN verglichen. Mit P_SEL, I_SEL und D_SEL können die parallel angeordneten P-, I- und D-Pfade abgeschaltet werden, um so P-, PI-, PD-, PID- und I-Regler zu realisieren. Die Parameter des Reglers sind GAIN (KR), TI (TN) und TD (TV). Der D-Teil enthält eine Verzögerung mit der Zeitkonstanten TM_LAG. CYCLE gibt die Zykluszeit an.

Der Integrator kann mit INT_HOLD angehalten und mit I_ITL_ON auf den Wert I_ITLVAL gesetzt werden. Damit ein stoßfreier Übergang von Hand- nach Automatikbetrieb möglich wird, wird der Ausgang des Integrators auf LMN – LMN_P – DISV gesetzt, wobei LMN die Ausgangsgröße, LMN_P der Ausgang des P-Teils und DISV der Arbeitspunkt des Reglers bzw. die aufgeschaltete Störgröße ist.

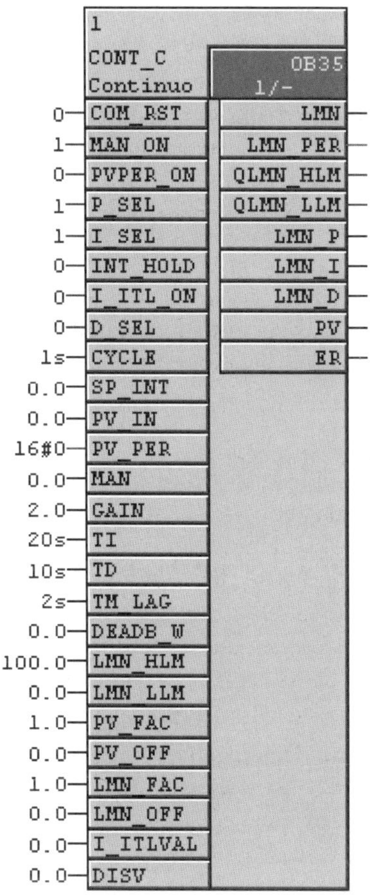

Bild 11.17: Symbol des PID_Reglers

Als Regelgröße kann auch ein physikalischer Messwert PV_PER mit PVPER_ON ausgewählt werden, der mit den Parametern PV_OFF als Nullpunkt und PV_FAC als Steigung normiert wird. Entsprechend kann die interne Stellgröße mit dem Nullpunkt LMN_OFF und der Steigung LMN_FAC an einen Stellbereich angepasst werden.

Die interne Stellgröße kann man auf einen unteren (LMN_LLM) und einen oberen Grenzwert (LMN_HLM) begrenzen.

Die Betriebsart des Reglers wird mit MAN_ON eingestellt. Im manuellen Betrieb wird MAN als normierte Handstellgröße ausgegeben.

Zur Realisierung einer Störgrößenaufschaltung kann ein Signal DISV auf die normierte Stellgröße aufaddiert werden. Außerdem kann man mit DISV den Arbeitspunkt eines P- oder PD-Reglers einstellen.

Wenn die Regelgröße z. B. wegen eines schaltenden Stellsignals kleine Arbeitsbewegungen macht, kann man diese mit einem Schwellwert DEADB_W ausblenden.

Der Regler liefert die normierte Stellgröße LMN und die an den Stellbereich angepasste Stellgröße LMN_PER. Wenn die interne Stellgröße an die obere Grenze angestoßen ist, wird das mit QLMN_HLM angezeigt. Entsprechend zeigt QLMN_LLM an, dass der untere Grenzwert angesprochen hat. Zusätzlich werden die Ausgänge des P-Pfades (LMN_P), des I_Pfades (LMN_I) und des D-Pfades (LMN_D) sowie die Regelgröße PV und die Regelabweichung ER ausgegeben.

Mit den hier angegebenen Eingangswerten handelt es sich um einen PI-Regler mit KR = 2 und TN = 20 s und einer Abtastzeit von T = 1 s.

Eine ausführliche Beschreibung mit Blockschaltbild finden Sie in der Hilfe von CFC.

11.3.2 Schrittregler (CONT_S)

Dieser PI-Schrittregler liefert binäre Stellsignale für integrierende Stellglieder. Die Bedeutung der Eingänge PVPER_ON, CYCLE, SP_INT, PV_IN, PV_PER, GAIN, TI, DEADB_W, PV_FAC, PV_OFF und DISV sind identisch mit denen des kontinuierlichen PID-Reglers. Auch hier werden die Regelgröße PV und die Regelabweichung ER am Ausgang angeboten.

Der I-Teil des Reglers kann mit TI = 0s abgeschaltet werden. Da die Stellung des Stellorgans nicht in den Regler zurückgeführt wird, wird sie intern berechnet. Dafür wird die Motorstellzeit MTR_TM benötigt, die angibt, wie lange das Stellorgan von einem Anschlag zum anderen Anschlag läuft.

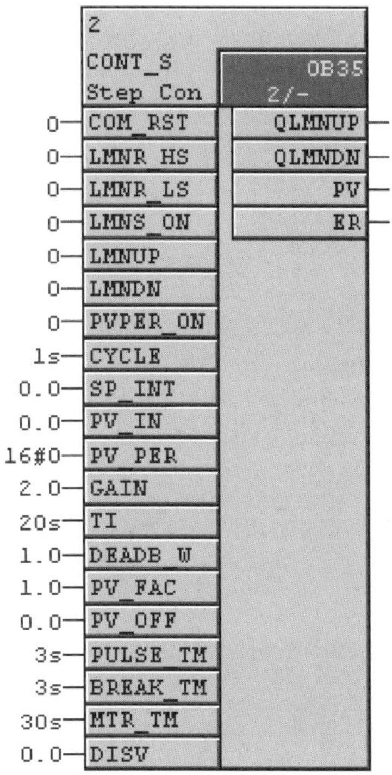

Bild 11.18: Symbol des Schrittreglers

Der Schrittregler kann mit LMNS_ON in Handbetrieb genommen werden. Dabei wird mit LMNUP der obere Ausgang QLMNUP auf 1 gesetzt, wenn das Stellorgan nicht mit LMNR_HS meldet, dass es sich am oberen Anschlag befindet. Entsprechend wird mit LMNDN der untere Ausgang QLMNDN auf 1 gesetzt, wenn das Stellorgan nicht am unteren Anschlag ist (LMNR_LS = 0).

Damit das Stellorgan sicher betrieben werden kann, muss ein Einschaltimpuls eine Mindestzeit PULSE_TM lang eingeschaltet und eine Mindestzeit BREAK_TM lang ausgeschaltet sein.

11.3.3 Impulsgenerator (PULSEGEN)

Mit PULSEGEN kann ein kontinuierliches Signal wie z. B. der Ausgang eines kontinuierlichen PID-Reglers in eine Folge von Impulsen variabler Breite umgewandelt werden. Mit PER_TM wird die Periodendauer des Ausgangssignals angegeben. Die Zykluszeit des FB PULSEGEN muss um ein Vielfaches kleiner sein als die Periodendauer, damit der FB pro Periodendauer mehrfach aufgerufen wird. Bei den im Bild gezeigten Werten wird bei einer Periodendauer von 1 s (PER_TM) und einer Zykluszeit von 10 ms (CYCLE) der FB pro Periodendauer

100 mal aufgerufen. Die Dauer eines Impulses entspricht dem kontinuierlichen Eingangssignal. So wird bei einem Eingangswert von 40 % und einer Periodendauer von 1 Sekunde der Impuls für 400 ms andauern.

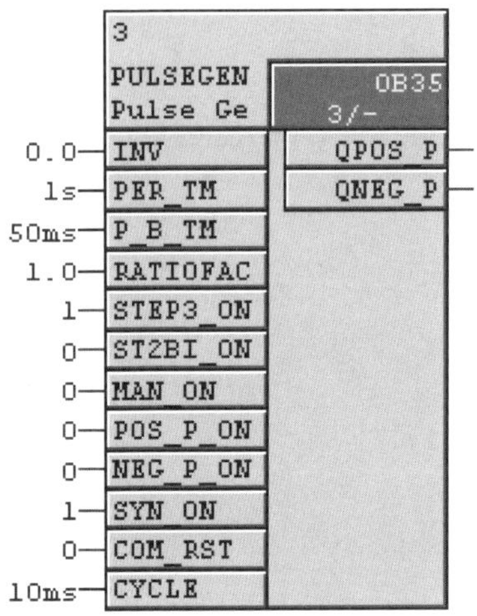

Bild 11.19: Symbol des Pulsgenerators

PULSEGEN kann Zweipunkt- und Dreipunktsignale ausgeben. Im Zweipunktbetrieb ist der boolesche Ausgang QNEG_P invertiert zum Ausgang QPOS_P und umgekehrt. Dieses Zweipunktsignal kann entweder die Werte –100 % und +100 % (bipolar) oder 0 % und +100 % (unipolar) ausgeben. Im Dreipunktbetrieb werden beide Ausgänge benötigt, um so –100 %, 0 % oder +100 % ausgeben zu können.

Mit MAN_ON wird die Betriebsart Manuell eingestellt. Dabei kann im Dreipunktbetrieb mit POS_P_ON der Ausgang QPOS_P und mit NEG_P_ON der Ausgang QNEG_P bedient werden. Im Zweipunktbetrieb kann nur einer der beiden Ausgänge bedient werden, weil der andere immer invertiert zum anderen ist.

Im Automatikbetrieb kann zwischen Dreipunkt- (STEP3_ON), bipolarem Zweipunkt- (ST2BI_ON) und unipolarem Zweipunktverhalten gewählt werden.

Die Mindestzeit, während der ein Ausgang ein- oder ausgeschaltet bleiben muss, wird mit P_B_TM festgelegt. Um Nichtlinearitäten der Regelstrecke auszugleichen, kann man mit RATIOFAC das Verhältnis zwischen der Dauer von negativen zu positiven Impulsen verändern.

Damit bei einer Änderung des Eingangssignals INV die Impulslängen sofort angepasst werden, kann man den FB PULSEGEN mit dem Baustein, der das

Eingangssignal liefert, synchronisieren. Dazu muss der Eingang SYN_ON gesetzt werden.

11.4 Beispiele und Lösungen nach IEC

11.4.1 Signalgenerator

Für spätere Tests wird ein Signalgenerator benötigt, mit dem Rechteck und Dreiecksignale erzeugt werden können. Die Signale beginnen mit einem Nullpunkt NP, um den sich das Signal zwischen NP + AMP und NP – AMP mit der Periodendauer T_PER rechteck- oder dreieckförmig verändert. Das nächste Bild zeigt die Signale.

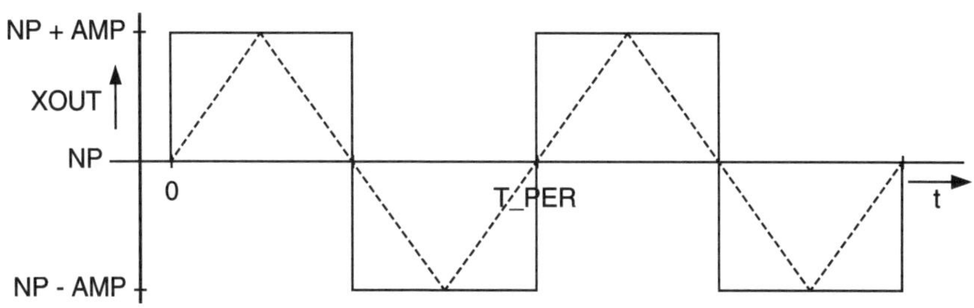

Bild 11.20: Signale des Signalgenerators

Damit kann die äußere Schnittstelle mit dem Deklarationsteil formuliert werden.

```
FUNCTION_BLOCK Signalgenerator
  VAR_INPUT
          RUN :       BOOL ;  (* Startsignal *)
          TYP :       BOOL ;  (* 0: Rechteck, 1: Dreieck *)
          NP :        REAL ;  (* Nullpunkt (Mittelwert) *)
          AMP :       REAL ;  (* Amplitude *)
          T_PER :     REAL ;  (* Periodendauer in Sekunden *)
          CYCLE :     REAL ;  (* Zykluszeit in Millisekunden *)
  END_VAR
  VAR_OUTPUT
          XOUT :      REAL ;  (* Ausgangssignal *)
  END_VAR
  VAR     INC, ANZ :  INT  ;  (*Hilfsvariable *)
          DX :        REAL ;  (* Inkrement *)
          XINT:       REAL ;  (* vorläufiges Ausgangssignal *)
```

```
    END_VAR
                                         (* Rumpf in ST *)
END_FUNCTION_BLOCK
```

Liste 11.16: Deklaration des FB „SIGNALGENERATOR"

Mit RUN wird der Generator eingeschaltet. Wenn RUN = FALSE ist, liefert der Generator den Mittelwert NP. Für RUN = TRUE wird der Ausgang des Generators rechteckförmig (TYP = FALSE) oder dreieckförmig (TYP = TRUE) im Bereich NP + AMP und NP – AMP verändert. Die Periodendauer T_PER wird als REAL-Wert in Sekunden und die Zykluszeit CYCLE in Millisekunden angegeben.

Damit kann nun der Rumpf in strukturiertem Text formuliert werden. Zunächst wird die Schrittweite DX, um die der Ausgangswert mit jedem Zyklus verändert wird, aus der Amplitude AMP, der Periodendauer T_PER und der Zykluszeit CYCLE berechnet. Dabei wird darauf geachtet, dass jede Periode in 4 gleich große Viertelperioden aufgeteilt werden kann.

```
ANZ := REAL_TO_INT(T_PER *1000 / CYCLE)/4*4 ;
DX := 4 * AMP / ANZ ;
IF NOT RUN THEN  XINT := NP ; INC := 0 ;
    ELSE
        IF INC = 0 THEN INC := 1 ; END_IF ;
        IF XINT >= NP + AMP THEN INC := -1; END_IF ;
        IF XINT <= NP - AMP THEN INC := +1; END_IF ;
        XINT := XINT + INC * DX ;
END_IF ;
IF NOT RUN THEN XOUT := NP ;
    ELSE
        IF TYP THEN XOUT := XINT ;
            ELSIF XINT > NP THEN XOUT := NP + AMP;
            ELSE XOUT := NP - AMP ;
        END_IF ;
END_IF ;
```

Liste 11.17: Rumpf des FB „SIG_GEN" in ST

Für RUN = FALSE wird der interne Signalwert XINT auf den Mittelwert NP gesetzt und mit INC := 0 festgelegt, dass das Signal nicht verändert werden soll. Sobald RUN nach TRUE geht, wird INC := 1 gesetzt und damit XINT erhöht. Sobald der Maximalwert NP + AMP erreicht wird, wird INC := -1 und damit XINT verringert, bis XINT den unteren Grenzwert NP – AMP erreicht. Damit wird wieder INC := 1. So erhält man ein internes dreieckförmiges Signal. Im

Abschlussblock wird XOUT abhängig vom RUN_Modus und vom Signaltyp TYP zugewiesen.

11.4.2 Integrator mit Begrenzungen

Es soll ein Funktionsbaustein INTEGRATION_BEGR für einen Integrator entwickelt werden, der das Eingangssignal XIN (REAL) über der Zeit aufintegriert. Die Zykluszeit in Millisekunden ist CYCLE (REAL). Die Integration erfolgt immer dann, wenn das boolesche Eingangsignal RUN = TRUE ist. Wenn RUN = FALSE ist, bleibt der Integrator konstant auf dem bisherigen Integrationsergebnis stehen.

Mit dem booleschen Rücksetzsignal RESET wird der Integrator auf den Startwert X0 (REAL) gesetzt. Sobald der Integrator den oberen Grenzwert XMAX (REAL) oder den unteren Grenzwert XMIN (REAL) erreicht, wird das Integrationsergebnis nicht weiter verändert. Erst dann, wenn sich das Vorzeichen des Eingangssignals ändert, ändert sich auch wieder das Integrationsergebnis.

Mit dem booleschen Ausgangssignal QRUN wird angezeigt, ob sich der Integrator im RUN-Modus, und mit QRES, ob er sich im RESET-Modus befindet. Der boolesche Ausgang QG geht auf 1, wenn der Integrator am Anschlag ist. Das Integrationsergebnis wird am Ausgang XOUT (REAL) ausgegeben.

Der Deklarationsteil sieht demnach wie folgt aus:

```
FUNCTION_BLOCK INTEGRAL_BEGR
  VAR_INPUT
        RUN :      BOOL ;   (* Starsignal *)
        RESET :    BOOL ;   (* Rücksetzsignal *)
        KI :       REAL ;   (* Integrierbeiwert in 1/sec *)
        XIN :      REAL ;   (* Eingangssignal *)
        X0 :       REAL ;   (* Anfangswert *)
        XMAX :     REAL ;   (* Maximalwert *)
        XMIN :     REAL ;   (* Minimalwert *)
        CYCLE :    REAL ;   (* Zykluszeit *)
  END_VAR
  VAR_OUTPUT
        QRUN :     BOOL ;   (* RUN_Modus *)
        QRES :     BOOL ;   (* zurückgesetzt *)
        QG :       BOOL ;   (* am Anschlag *)
        XOUT :     REAL ;   (* Ausgangssignal *)
  END_VAR

        (* Rumpf des FB *)
```

```
END_FUNCTION_BLOCK
```

Liste 11.18: Deklaration des FB „INTEGRAL_BEGR“

Da hier Analogsignale mit arithmetischen Funktionen bearbeitet werden, bietet sich für den Rumpf des FB als effektive Programmiersprache der strukturierte Text (ST) an.

```
QRUN := RUN ;
QRES := RESET ;
IF RESET THEN XOUT := X0 ;
ELSIF RUN THEN
  XOUT := XOUT + XIN * CYCLE*0.001*KI; (* 0.001 wegen ms  *)
END_IF ;
IF XOUT > XMAX THEN XOUT := XMAX ; QG := TRUE ; END_IF;
IF XOUT < XMIN THEN XOUT := XMIN ; QG := TRUE ; END_IF ;
IF XOUT > XMIN AND XOUT < XMAX THEN QG := FALSE; END_IF;
```

Liste 11.19: Rumpf des FB „INTEGRAL_BEGR“

11.4.3 PID-Regler

Unter Verwendung des soeben abgeleiteten FB INTEGRAL_BEGR soll nun ein eigener PID_Regler PID_EIGEN entwickelt werden. Aus der Regelabweichung SP – PV wird die Stellgröße Y berechnet, wobei der Gesamtübertragungsfaktor KP ist. Alle genannten Variablen sind REAL. Der integrale Anteil wird mit KP/TN und der differenzierende mit KP*TV gewichtet. Diese Zeiten werden in Sekunden angegeben und sind vom Datentyp REAL. Die zugehörige Differentialgleichung lautet demnach:

$$Y = KP * (SP - PV) + KP/TN * \int (SP - PV)\, dt + KP * TV * d(SP - PV)/dt\,.$$

Wenn am Regler der Integralanteil abgeschaltet wird (TN = 0 s), wird der Arbeitspunkt des Reglers durch den Initialwert des Reglers mit AP (REAL) festgelegt.

Für eine komfortable Verwendung dieses Funktionsbausteins muss der Regler weitere Eigenschaften erhalten. So soll mit der booleschen Variablen EXTERN eingestellt werden, ob der Sollwert intern am Regler eingestellt (SP_INT) oder extern von einem Signal vorgegeben wird (SP_EXT). Mit der booleschen Eingangsgröße REV wird festgelegt, ob der Regler ein negatives/reversierendes (REV = TRUE → (SP – PV)) oder ein positives Übertragungsverhalten (REV = FALSE → (PV – SP)) erhalten soll. Mit der booleschen Variablen AUTO wird die Betriebsart (AUTO = FALSE → manuell / AUTO = TRUE → automatisch) vorgegeben. Im Handbetrieb wird die Stellgröße auf den manuellen Wert Y_MAN (REAL) gesetzt.

Zur Anpassung des Stellsignals Y an ein Stellorgan kann der Zusammenhang zwischen der internen Stellgröße YR im Bereich zwischen 0 und 100 % auf den Signalbereich zwischen den REAL-Werten Y_MIN und Y_MAX begrenzt und mit Y_OFF (wenn YR = Y_OFF, dann Y = Y_MIN) verschoben werden.

Neben der Stellgröße Y werden die booleschen Werte QA (Automatik-Betrieb), QE (Externer Sollwert), QO (Y auf 100 %) und QU (Y auf 0.0 %) ausgegeben.

Die Reglerstruktur zeigt das Bild 11.21.

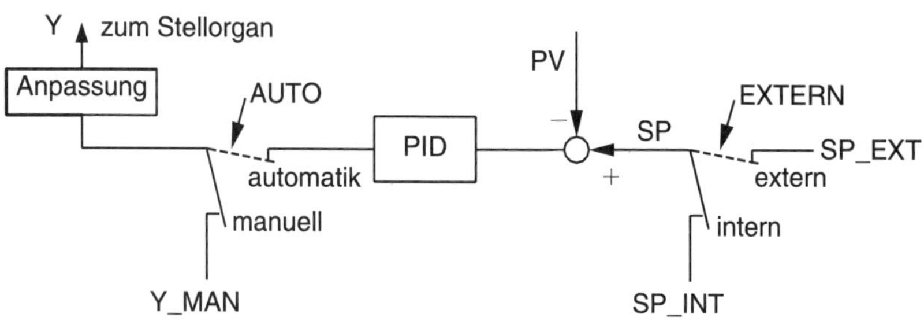

Bild 11.21: Struktur des Reglers

Die Zykluszeit CYCLE (REAL) wird wieder im Millisekunden angegeben.

Der Deklarationsteil des PID-Reglers ist demnach wie in der Liste 11.20 gezeigt.

```
FUNCTION_BLOCK PID_EIGEN
  VAR_INPUT
    AUTO :      BOOL ;     (* Hand-/Automatikschalter *)
    EXTERN :    BOOL ;     (* Umschalter ext. / int. Sollw. *)
    PV :        REAL ;     (* Regelgöße *)
    SP_INT :    REAL ;     (* interner Sollwert *)
    SP_EXT :    REAL ;     (* externer Sollwert *)
    REV :       BOOL ;     (* neg. oder pos. Verhalten *)
    KP :        REAL ;     (* Prop. Übertragungsfaktor *)
    TN :        REAL ;     (* Nachstellzeit in Sekunden *)
    TV :        REAL ;     (* Vorhaltzeit in Sekunden *)
    AP :        REAL ;     (* Arbeitspunkt *)
    Y_MAN :     REAL ;     (* Handstellgröße *)
    Y_MAX :     REAL ;     (* maximale Stellgröße *)
    Y_MIN :     REAL ;     (* minimale Stellgröße *)
    Y_OFF :     REAL ;     (* Nullpunkt der Stellgröße *)
    CYCLE:      REAL ;     (* Zykluszeit in Sekunden *)
```

```
   END_VAR
   VAR_OUTPUT
      Y :          REAL ;          (* Stellgröße *)
      QA :         BOOL ;          (* Quittung "automatisch" *)
      QE :         BOOL ;          (* Quittung "extern" *)
      QO :         BOOL ;          (* Meldung: Regler maximal *)
      QU :         BOOL ;          (* Meldung: Regler minmal *)
   END_VAR
   VAR
      RABW :       REAL ;          (* Regelabweichung *)
      ITERM :      INTEGRAL_BEGR ; (* Funktionsbaustein *)
      QRES :       BOOL ;          (* Rücks. Integrator *)
      XFEST :      REAL ;          (* fester Integralwert *)
      DTERM :      REAL ;          (* Ableitungsterm *)
      RAB1:        REAL;           (* alter Wert von RABW *)
      YR :         REAL ;          (* interne Stellgröße *)
   END_VAR
                   (* Rumpf in ST *)
END_FUNCTION_BLOCK
```

Liste 11.20: Deklaration des FB „PID_EIGEN"

Die Außenschnittstelle für die FBS erhält damit das folgende Aussehen:

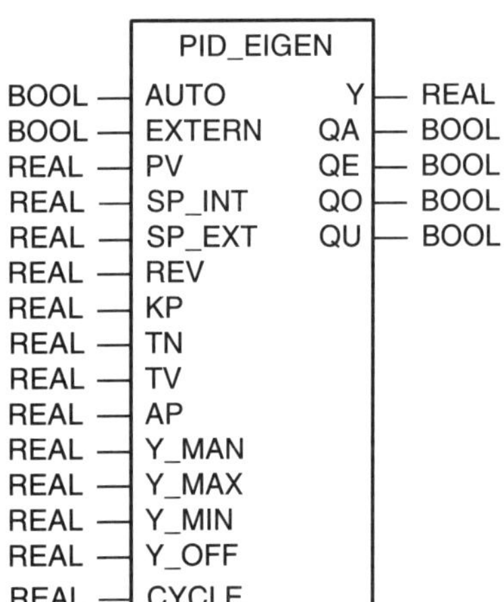

Bild 11.22: Außenschnittstelle des Reglers „PID_EIGEN"

Der Rumpf lässt sich wieder am einfachsten im strukturierten Text formulieren.

Nach der Bestimmung von QA und QE wird entschieden, ob der interne oder der externe Sollwert zum Vergleich mit der Regelgröße verwendet wird und ob der Regler ein positives (PV mit + Zeichen / REV = FALSE) oder ein negatives Übertragungsverhalten (REV = TRUE) hat. Die Ableitung der Regelabweichung soll hier aus der Steigung zwischen den beiden aktuellsten Signalwerten berechnet werden.

Für den Fall, dass der Regler in die Begrenzung geraten (QO oder QU auf TRUE) oder der Regler im manuellen Modus ist, wird der Wert berechnet, auf den der Integrator gestellt werden muss, damit er bei einer Vorzeichenumkehr der Regelabweichung sofort aus der Sättigung läuft.

Wenn der Integrator im Regler nicht abgeschaltet ist (TN > 0.0 s), wird der Integrator aufgerufen und aus P-, I- und D-Teil die Stellgröße berechnet. Wenn hingegen der I-Teil abgeschaltet ist, wird die Stellgröße aus P- und D-Teil sowie dem Arbeitspunkt AP berechnet. Danach wird die Stellgröße darauf überprüft, ob sie einen Grenzwert überschreitet und ob das entsprechende Meldesignal (QU oder QO) gesetzt werden muss.

Zum Abschluss wird im manuellen Modus die Stellgröße auf die Handstellgröße eingestellt und die Stellgröße ggf. an das Stellorgan mit den Begrenzungen und der Verschiebung angepasst. Den strukturierten Text dieses FB zeigt die Liste 11.21.

```
QA :=  AUTO ;
QE := EXTERN ;
IF EXTERN  THEN         RABW := PV - SP_EXT ;
           ELSE         RABW := PV - SP_INT ; END_IF ;
IF REV THEN RABW := - RABW ; END_IF ;
DTERM := KP*TV *1000 / CYCLE * (RABW - RAB1) ;
QRES := QO OR QU OR NOT AUTO ;
IF QO THEN XFEST := 100.0 - KP*RABW - DTERM ; END_IF;
IF QU THEN XFEST := 0.0 - KP*RABW - DTERM ; END_IF ;
IF NOT AUTO THEN XFEST := Y_MAN; END_IF ;
IF QU AND RABW > 0.0 THEN QRES := FALSE ; END_IF ;
IF QO AND RABW < 0.0 THEN QRES := FALSE ; END_IF ;
RAB1 := RABW ;
IF (TN > 0.0) THEN
ITERM (RUN := AUTO, RESET := QRES, KI := KP/TN,
           XIN := RABW, XO := XFEST, XMAX := 100.0,
           XMIN := -100.0, CYCLE := CYCLE) ;
YR := KP * RABW + ITERM.XOUT + DTERM  ;
ELSE YR :=  KP * RABW  + DTERM + AP; END_IF ;
IF YR >= 100.0 THEN YR := 100.0 ; END_IF ;
IF (KP*RABW + ITERM.XOUT) > 100  THEN  QO  := TRUE ;
                                 ELSE  QO := FALSE ;
END_IF ;
IF YR <= 0.0 THEN  YR := 0.0 ; END_IF ;
```

```
IF (KP * RABW + ITERM.XOUT) < 0.0        THEN QU := TRUE ;
                                         ELSE QU := FALSE ;
END_IF ;
IF NOT AUTO THEN  YR := Y_MAN ; END_IF ;
Y := Y_MIN + (YR - Y_OFF) * (Y_MAX - Y_MIN)/100.0 ;
```

Liste 11.21: Rumpf des FB „PID_EIGEN“ in ST

11.5 Lösungen mit CoDeSys

11.5.1 Signalgenerator

Im Abschnitt 11.4.1 wurde ein Signalgenerator entwickelt, der im strukturierten Text nach IEC 61131-3 formuliert wurde. Hier wird dieser FB nun in CoDeSys erstellt. Zum Austesten der Funktionalität wurde das folgende Programm „PLC_PRG“ angelegt:

```
PROGRAM PLC_PRG
VAR
    RUN:          BOOL;        (*Startsignal *)
    TYP:          BOOL;        (* 0: Rechteck, 1: Dreieck *)
    NP:           REAL;        (* Nullpunkt (Mittelwert) *)
    AMP:          REAL;        (* Amplitude *)
    T_PER:        REAL;        (* Periodendauer in Sekunden *)
    CYCLE:        REAL;        (* Zykluszeit in Millisekunden *)
    XOUT:         REAL;        (* Ausgangssignal *)
    DB_Signalgenerator: Signalgenerator;
END_VAR
```

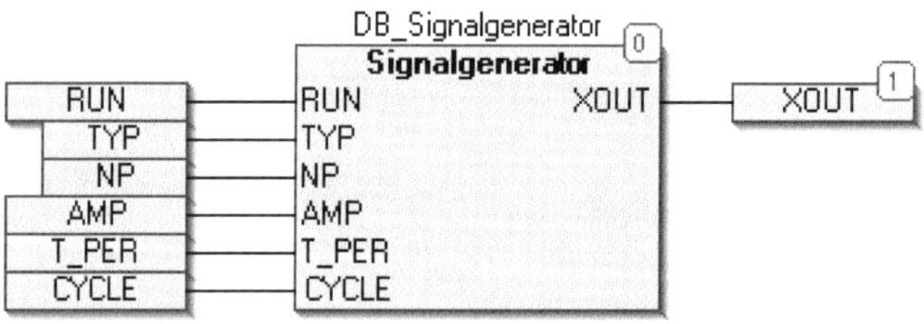

Bild 11.23: Programm zum Testen des FB „Signalgenerator“

Nun folgen die Deklaration und der Rumpf des FB „Signalgenerator“:

```
FUNCTION_BLOCK Signalgenerator
    VAR_INPUT
        RUN:        BOOL;       (*Startsignal *)
        TYP:        BOOL;       (* 0: Rechteck, 1: Dreieck *)
        NP:         REAL;       (* Nullpunkt (Mittelwert) *)
        AMP:        REAL;       (* Amplitude *)
        T_PER:      REAL;       (* Periodendauer in Sekunden *)
        CYCLE:      REAL;       (* Zykluszeit in Millisekunden *)
    END_VAR
    VAR_OUTPUT
        XOUT:       REAL;       (* Ausgangssignal *)
    END_VAR
    VAR
        INC, I:     INT;        (* Richtung, Zähler *)
        ANZ:        INT;        (* Anzahl Abschnitte je Periode*)
        DX:         REAL;       (* Inkrement *)
        XINT:       REAL;       (* interner Ausgangswert *)
    END_VAR
```

Bild 11.24: Deklaration für den FB „Signalgenerator“

```
ANZ := REAL_TO_INT(T_PER * 1000 / CYCLE) / 4;
    DX := AMP / ANZ ;
        IF NOT RUN THEN  I := 0; XINT := NP;
            ELSE
            I := I + 1;
                IF I < 2 * ANZ + 2 THEN XINT := NP - AMP + (I-1) * DX;
                    ELSE XINT := NP + AMP - (I - 2* ANZ - 1)*DX;
                END_IF;
                IF I >= 4 * ANZ THEN I := 0; END_IF;

                IF TYP THEN XOUT := XINT;
                    ELSIF XINT > NP THEN XOUT := NP + AMP;
                    ELSE XOUT := NP - AMP;
                END_IF;
        END_IF;
```

Bild 11.25: Rumpf für den FB „Signalgenerator“

Um nun zu sehen, ob der Signalgenerator auch die gewünschten Signale mit der gewünschten Spezifikation liefert, und um ihn später beim Testen des im nächsten Abschnitt zu erstellenden PID-Reglers verwenden zu können, wurde eine Visualisierung für den Signalgenerator erstellt, an der man den Nullpunkt, die

Amplitude, die Periodendauer und die Zykluszeit einstellen kann. Die Signalform wird mit Schaltern zwischen „Rechteck“ und „Dreieck“ umgeschaltet. Wenn RUN = FALSE ist, liefert der Signalgenerator den Nullpunkt als Ausgang. Mit RUN = TRUE wird das periodische Signal erzeugt, das um den Nullpunkt mit der angegebenen Amplitude pendelt.

Der Verlauf des Signals kann mit Trace beobachtet werden. Dazu muss man im Strukturbaum mit einem DK auf Trace das Trace-Fenster öffnen. Anschließend wählt man im Hauptmenue unter „Trace“ „Trace einloggen“ und „Start Trace“. Mit „Zeitspanne auswählen“ kann man die Anfangs- und die Endzeit der Trenddarstellung angeben. Eine erneute Betätigung „Trace / Start Trace“ startet die Aufzeichnung.

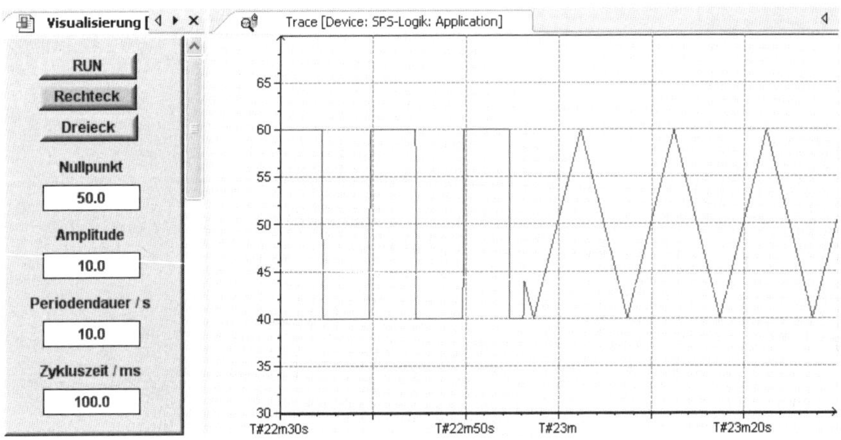

Bild 11.26: Visualisierung des Signalgenerators

Als Zykluszeit muss hier 100 ms eingestellt werden, weil die Tasks für das Programm „MainTask“ und die Visualisierung „VISU_TASK“ ebenfalls auf 100 ms eingestellt sind. Wenn man hier eine andere Zykluszeit einstellt, stimmen die Werte auf der Zeitachse nicht bzw. stimmt die Periodendauer nicht!

11.5.2 PID-Regler

Der bereits vorgestellte PID-Regler, der den FB „INTEGRAL_BEGR“ verwendet, soll nun mit CoDeSys realisiert und getestet werden. Das Projekt enthält also neben dem Programm „PLC_PRG“ den genannten FB „INTEGRAL_BEGR“, den FB „PID_EIGEN“ und zum Testen den FB „Signalgenerator“.

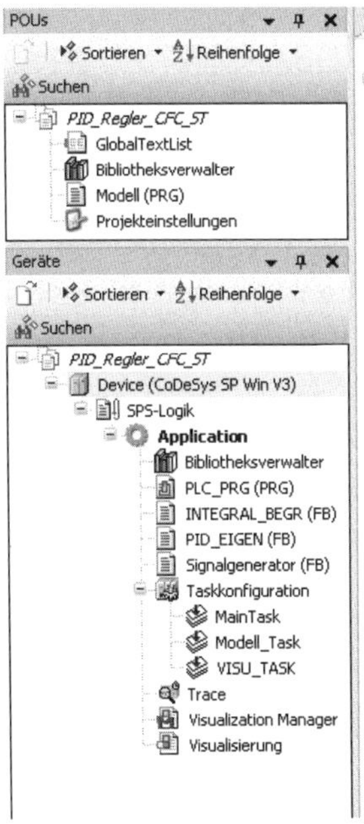

PLC_PRG [Device: SPS-Logik: Application]

```
PROGRAM PLC_PRG
VAR
    AUTO :      BOOL ;      (* Hand-/Automatikschalter *)
    EXTERN :    BOOL ;      (* Umschalter ext. / int. Sollw. *)
    PV :        REAL ;      (* Regelgröße *)
    SP_INT :    REAL ;      (* interner Sollwert *)
    SP_EXT :    REAL ;      (* externer Sollwert *)
    REV:        BOOL ;      (* Vorzeichen des Reglers *)
    KP :        REAL ;      (* Prop. Übertragungsfaktor *)
    TN :        REAL ;      (* Nachstellzeit in Sekunden *)
    TV :        REAL ;      (* Vorhaltzeit in Sekunden*)
    AP :        REAL ;      (* Arbeitspunkt *)
    Y_MAN :     REAL ;      (* Handstellgröße *)
    Y_MAX :     REAL ;      (* maximale Stellgröße *)
    Y_MIN :     REAL ;      (* minimale Stellgröße *)
    Y_OFF :     REAL ;      (* Nullpunkt der Stellgröße *)
    Y :         REAL ;      (* Stellgröße *)
    QA :        BOOL ;      (* Quittung "automatisch" *)
    QE :        BOOL ;      (* Quittung "extern" *)
    QO :        BOOL ;      (* Meldung: Regler maximal *)
    QU :        BOOL ;      (* Meldung: Regler minimal *)
    CYCLE :     REAL ;      (* Zykluszeit in Sekunden *)
    DB_PID_EIGEN :          PID_EIGEN ;
    DB_Signalgenerator :    Signalgenerator;
    RUN:        BOOL;       (*Startsignal *)
    TYP:        BOOL;       (* 0: Rechteck, 1: Dreieck *)
    NP:         REAL;       (* Nullpunkt (Mittelwert) *)
    AMP:        REAL;       (* Amplitude *)
    T_PER:      REAL;       (* Periodendauer in Sekunden *)
END_VAR
```

Bild 11.27: CoDeSys-Projekt und Deklaration PID_Regler

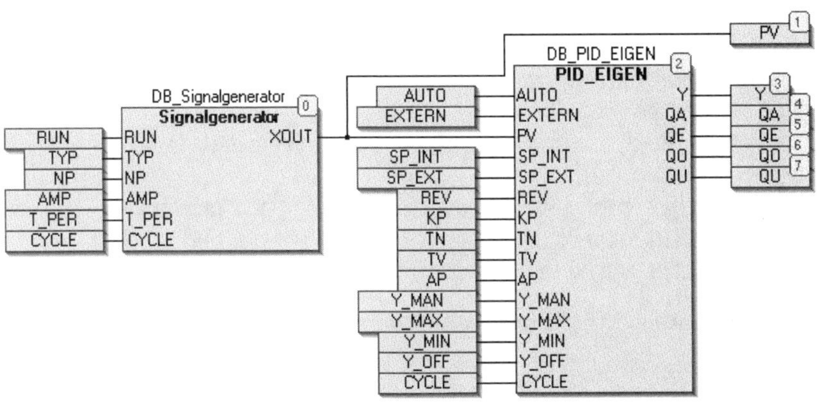

Bild 11.28: Rumpf des Programms in CFC

Der Rumpf enthält den Reglerbaustein mit dem vorgeschalteten Signalgenerator. Den Deklarationsteil des Integrators mit Begrenzung zeigt das Bild 11.29.

```
FUNCTION_BLOCK INTEGRAL_BEGR
VAR_INPUT
    RUN :        BOOL ;     (* Starsignal *)
    RESET :      BOOL ;     (* Rücksetzsignal *)
    KI :         REAL ;     (* Integrierbeiwert *)
    XIN :        REAL ;     (* Eingangssignal *)
    X0 :         REAL ;     (* Anfangswert *)
    XMAX :       REAL ;     (* Maximalwert *)
    XMIN :       REAL ;     (* Minimalwert *)
    CYCLE :      REAL ;     (* Zykluszeit *)
END_VAR
VAR_OUTPUT
    QRUN :       BOOL ;     (* RUN_Modus *)
    QRES :       BOOL ;     (* zurückgesetzt *)
    QG :         BOOL ;     (* am Anschlag *)
    XOUT :       REAL ;     (* Ausgangssignal *)
END_VAR
```

Bild 11.29: Deklaration des FB „INTEGRAL_BEGR"

Es folgt der Rumpf formuliert in strukturiertem Text.

```
QRUN := RUN ;
QRES := RESET ;
IF RESET THEN XOUT := X0 ;
ELSIF RUN THEN
    XOUT := XOUT + XIN * CYCLE*0.001*KI; (* 0.001 wegen ms  *)
END_IF ;
IF XOUT > XMAX THEN XOUT := XMAX ; QG := TRUE ; END_IF;
IF XOUT < XMIN THEN XOUT := XMIN ; QG := TRUE ; END_IF ;
IF XOUT > XMIN AND XOUT < XMAX THEN QG := FALSE; END_IF;
```

Bild 11.30: Rumpf des FB „INTEGRATOR_BEGR" in ST

Es fehlen nun noch die Deklaration und der Rumpf des eigentlichen PID-Reglers.

```
FUNCTION_BLOCK PID_EIGEN
    VAR_INPUT
        AUTO:   BOOL;   (* Hand-/Automatikschalter *)
        EXTERN: BOOL;   (* Umschalter ext. / int. Sollw. *)
        PV:     REAL;   (* Regelgöße *)
        SP_INT: REAL;   (* interner Sollwert *)
        SP_EXT: REAL;   (* externer Sollwert *)
        REV:    BOOL;   (* neg. oder pos. Verhalten *)
        KP:     REAL;   (* Prop. Übertragungsfaktor *)
        TN:     REAL;   (* Nachstellzeit in Sekunden*)
        TV:     REAL;   (* Vorhaltzeit in Sekunden*)
        AP:     REAL;   (* Arbeitspunkt *)
        Y_MAN:  REAL;   (* Handstellgröße *)
        Y_MAX:  REAL;   (* maximale Stellgröße *)
        Y_MIN:  REAL;   (* minimale Stellgröße *)
        Y_OFF:  REAL;   (* Nullpunkt der Stellgröße *)
        CYCLE:  REAL;   (* Zykluszeit in Sekunden *)
    END_VAR
    VAR_OUTPUT
        Y:      REAL;   (* Stellgröße *)
        QA:     BOOL;   (* Quittung "automatisch" *)
        QE:     BOOL;   (* Quittung "extern" *)
        QO:     BOOL;   (* Meldung: Regler maximal *)
        QU:     BOOL;   (* Meldung: Regler minimal *)
    END_VAR
    VAR
        RABW:   REAL;   (* Regelabweichung *)
        QRES:   BOOL;   (* Rücks. Integrator *)
        XFEST:  REAL;   (* fester Integralwert *)
        DTERM:  REAL;   (* Ableitungsterm *)
        RAB1:   REAL;   (* alter Wert von RABW *)
        YR:     REAL;   (* interne Stellgröße *)
        ITERM:  INTEGRAL_BEGR ; (* Funktionsbaustein *)
    END_VAR
```

Bild 11.31: Deklaration des FB „PID_EIGEN“

```
QA := AUTO ;
QE := EXTERN ;
IF EXTERN   THEN    RABW := PV - SP_EXT ;
            ELSE    RABW := PV - SP_INT ; END_IF ;
IF REV THEN RABW := - RABW ; END_IF ;
DTERM := KP*TV *(RABW - RAB1) / CYCLE * 1000;
QRES := QO OR QU OR NOT AUTO ;
IF QO THEN XFEST := 100.0  - KP*RABW  - DTERM ; END_IF ;
IF QU THEN XFEST := 0.0  - KP*RABW  - DTERM ; END_IF ;
IF NOT AUTO THEN XFEST := Y_MAN; END_IF ;
IF QU AND RABW > 0.0 THEN QRES := FALSE ; END_IF ;
IF QO AND RABW < 0.0 THEN QRES := FALSE ; END_IF ;
RAB1 := RABW ;
IF (TN > 0.0) THEN
ITERM (RUN := AUTO, RESET := QRES, KI := KP/TN, XIN := RABW,
     XO := XFEST, XMAX := 100.0, XMIN := -100.0, CYCLE := CYCLE) ;
    YR := KP * RABW + ITERM.XOUT + DTERM  ;
    IF YR >= 100.0 THEN YR := 100.0 ; END_IF ;
    IF (KP*RABW + ITERM.XOUT) > 100 THEN QO  := TRUE ;
           ELSE QO := FALSE ;  END_IF ;
    IF YR <= 0.0 THEN YR := 0.0 ; END_IF ;
    IF (KP * RABW + ITERM.XOUT) < 0.0 THEN QU := TRUE ;
           ELSE QU := FALSE ;  END_IF ;
ELSE QU := FALSE; QO := FALSE; YR :=  KP * RABW  + DTERM + AP; END_IF ;
IF NOT AUTO THEN YR := Y_MAN ; END_IF ;
Y := Y_MIN + (YR - Y_OFF) * (Y_MAX - Y_MIN)/100.0 ;
```

Bild 11.32: Rumpf des FB „PID_EIGEN"

Um das Verhalten dieses Reglers testen zu können, wurde wieder eine Visualisierung erstellt, mit der man z. B. Sprungantworten auf Rechtecksignale und Rampenantworten auf Dreiecksignale beobachten kann. Durch solche Experimente kann man feststellen, ob der Regler in allen Eigenschaften bestimmungsgemäß reagiert.

Während das Bedienfeld des Signalgenerators bereits vorgestellt wurde, müssen die beiden für den Regler noch erklärt werden. Am Regler kann man mit „Man./Aut." die Betriebsart (Man: MANUELL / Aut: AUTOMATIK) wählen und mit „Int./Ext". entscheiden, ob der interne (Int.) oder externe (Ext.) Sollwert gewählt wird.

Oben wird der interne Sollwert (SP) und unten die Handstellgröße (Y) eingestellt. Der Messbereich für die Anzeige von Regelgröße und Sollwert wird durch PV_MIN und PV_MAX angegeben. Die Bargraphen zeigen Regelgröße und Sollwert normiert zwischen 0 und 100 %.

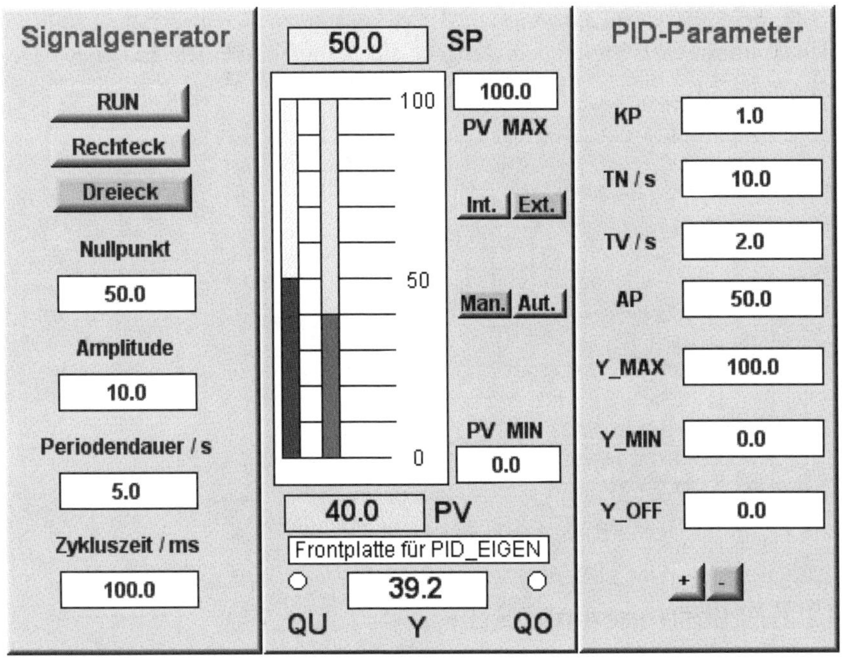

Bild 11.33: „Frontplatten“ für den PID-Regler.

Die Reglerparameter werden an der Frontplatte „PID-Parameter“ eingestellt. Das sind die Reglerparameter KP, TN, TV und AP, das Vorzeichen „+ –„ und die Parameter Y_MAX, Y_MIN und Y_OFF zur Anpassung der internen Stellgröße an ein Stellorgan.

Im Bild 11.34 ist die Reaktion der Stellgröße auf ein rechteck- und ein dreieckförmiges Eingangsignal gezeigt. Der Test mit den Signalen zeigt, dass der D-Teil ordnungsgemäß arbeitet.

So reagiert der D-Teil auf einen Sprung des Eingangssignals mit einem sehr schmalen und hohen Impuls und auf einen Richtungswechsel beim Dreiecksignal mit einem Sprung der Stellgröße. Der P-Teil reagiert auf einen Sprung des Eingangssignals ebenfalls mit einem Sprung und auf einen Richtungswechsel im Dreiecksignal mit einem Knick in der Stellgröße. Der Integrator ändert die Stellgröße bei konstantem Eingangssignal mit konstanter Geschwindigkeit und bei sich kontinuierlich änderndem Eingangssignal mit einer sich ändernden Geschwindigkeit.

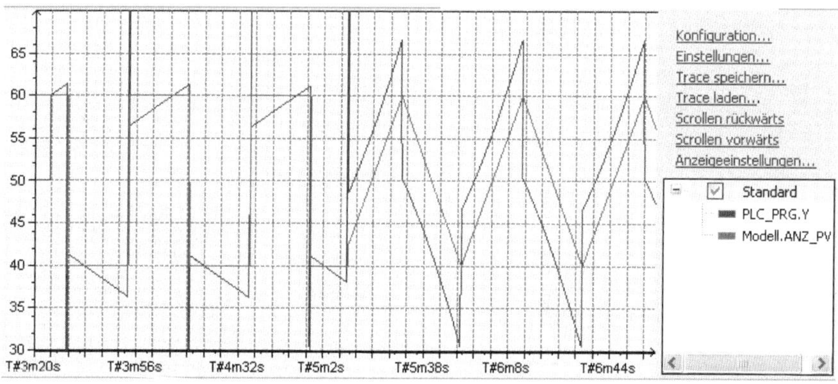

Bild 11.34: Testsignale des PID-Reglers

11.6 Lösungen mit STEP 7

11.6.1 Signalgenerator

Für den bereits nach IEC 61131-3 und für CoDeSys realisierten Signalgenerator wird nun die Realisierung unter STEP 7 gezeigt.

Projektstruktur

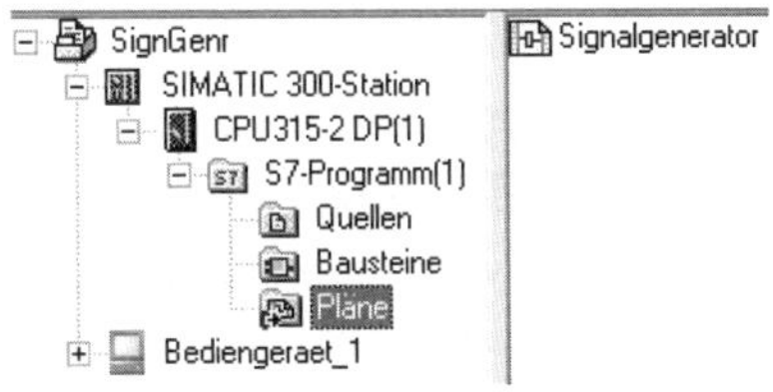

Symboltabelle

	Status	Symbol	Adresse	Datentyp	Kommentar
1		DB_Signalgenerator	DB 1	FB 1	
2		Signalgenerator	FB 1	FB 1	
3		WinCC	DB 51	DB 51	

Datenbaustein

Adresse	Name	Typ	Anfangswert	Kommentar
0.0		STRUCT		
+0.0	NP	REAL	0.000000e+000	Nullpunkt (Mittelwert)
+4.0	AMP	REAL	0.000000e+000	Amplitude
+8.0	T_PER	REAL	0.000000e+000	Periodendauer in Sekunden
+12.0	CYCLE	REAL	0.000000e+000	Zykluszeit in Millisekunden
+16.0	RUN	BOOL	FALSE	Startsignal
+16.1	TYP	BOOL	FALSE	0: Rechteck, 1: Dreieck
+18.0	XOUT	REAL	0.000000e+000	Ausgangssignal
=22.0		END_STRUCT		

Bild 11.35: Projektstruktur, Symboltabelle und Datenbaustein „WinCC“

Der FB wird in CFC instanziert und mit den Operanden aus „WinCC“ verbunden.

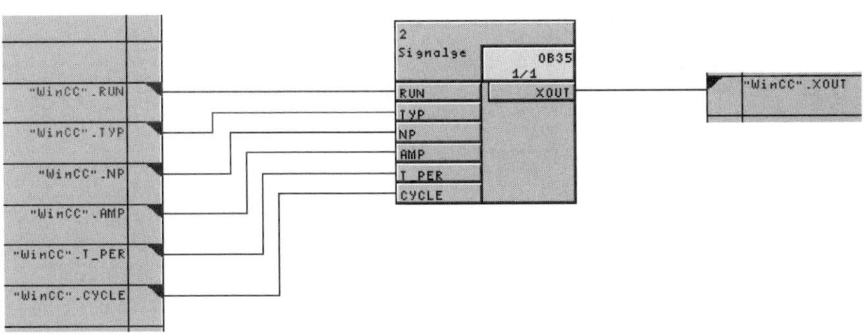

Bild 11.36: Instanzierung des FB „Signalgenerator“ in CFC

Auch hier stimmt der SCL-Code des FB exakt mit dem IEC-Code im ST überein.

```
FUNCTION_BLOCK Signalgenerator
    VAR_INPUT
        RUN :    BOOL ;  // Startsignal
        TYP :    BOOL ;  // 0: Rechteck , 1: Dreieck
        NP :     REAL ;  // Nullpunkt (Mittelwert)
        AMP :    REAL ;  // Amplitude
        T_PER : REAL ;  // Periodendauer in Sekunden
        CYCLE : REAL ;  // Zykluszeit in Millisekunden
    END_VAR
    VAR_OUTPUT
        XOUT :   REAL ;  // Ausgangssignal
    END_VAR
    VAR I, ANZ : INT ;  // Hilfsvariable
        DX :     REAL ;  // Inkrement
        XO:      REAL ;  // vorläufiges Ausgangssignal
END_VAR

ANZ := REAL_TO_INT(T_PER / CYCLE*1000)/4*4 ;
DX := 4 * AMP / ANZ ;
IF NOT RUN THEN  XO := NP ; I := 0 ;
    ELSE
        IF I = 0 THEN I := 1 ; END_IF ;
        IF XO > NP + AMP THEN I := -1; END_IF ;
        IF XO < NP - AMP THEN I := +1; END_IF ;
                 XO := XO + I * DX ;
END_IF ;
IF NOT RUN THEN XOUT := NP ;
    ELSE
        IF TYP THEN XOUT := XO ;
            ELSIF XO > NP THEN XOUT := NP + AMP;
            ELSE XOUT := NP - AMP ;
        END_IF ;
END_IF ;

END_FUNCTION_BLOCK
```

Bild 11.37: FB „Signalgenerator“

Für den Test wurde die WinCC flexible-Bedienoberfläche „Signalgenerator“ geladen und gestartet. Als Zykluszeit muss hier 100 Millisekunden eingestellt werden, weil der Organisationsbaustein OB 35 standardmäßig mit einer Zykluszeit von 100 ms arbeitet. Wenn Sie eine andere Zykluszeit angeben, stimmt die Periodendauer des Signals nicht mit der von Ihnen angegebenen Periodendauer überein.

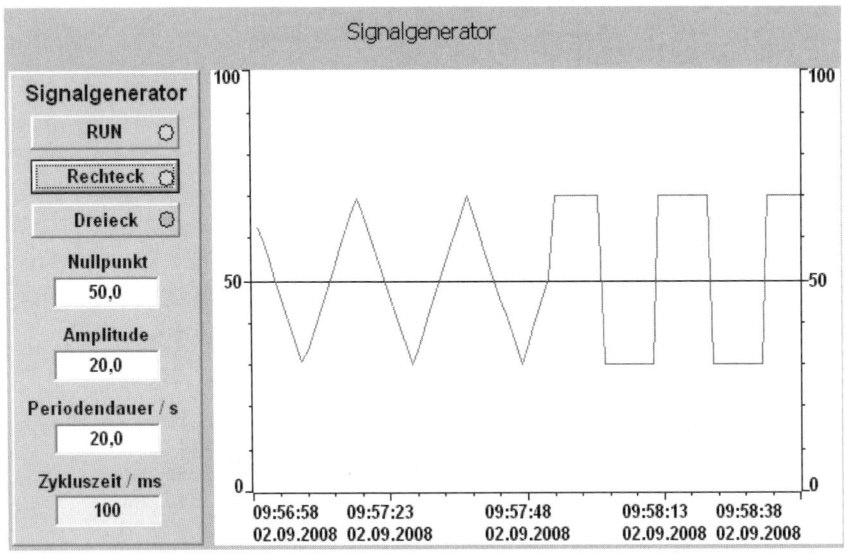

Bild 11.38: Bedienoberfläche des Projektes „Signalgenerator“

11.6.2 PID-Regler

Für dieses Projekt wird zunächst der begrenzte Integrator als FB INTEGRAL_BEGR in SCL als Funktionsbaustein programmiert und übersetzt.

```
FUNCTION_BLOCK INTEGRAL_BEGR
VAR_INPUT
    RUN :         BOOL ;          (* Starsignal *)
    RESET :       BOOL ;          (* Rücksetzsignal *)
    KI :          REAL ;          (* Integrierbeiwert *)
    XIN :         REAL ;          (* Eingangssignal *)
    XO :          REAL ;          (* Anfangswert *)
    XMAX :        REAL ;          (* Maximalwert *)
    XMIN :        REAL ;          (* Minimalwert *)
    CYCLE :       REAL ;          (* Zykluszeit *)
END_VAR
VAR_OUTPUT
    QRUN :        BOOL ;          (* RUN_Modus *)
    QRES :        BOOL ;          (* zurückgesetzt *)
    QG :          BOOL ;          (* am Anschlag *)
    XOUT :        REAL ;          (* Ausgangssignal *)
END_VAR

QRUN := RUN ;
QRES := RESET ;
IF RESET THEN XOUT := XO ;
ELSIF RUN THEN
    XOUT := XOUT + XIN * CYCLE*0.001*KI; (* 0.001 wegen ms  *)
END_IF ;
IF XOUT > XMAX THEN XOUT := XMAX ; QG := TRUE ; END_IF;
IF XOUT < XMIN THEN XOUT := XMIN ; QG := TRUE ; END_IF ;
IF XOUT > XMIN AND XOUT < XMAX THEN QG := FALSE; END_IF;

END_FUNCTION_BLOCK
```

Bild 11.39: Deklaration und Rumpf des FB „INTEGRAL_BEGR“

Danach kann dieser FB im FB PID_EIGEN instanziert werden.

```
FUNCTION_BLOCK PID_EIGEN
    VAR_INPUT
        AUTO :       BOOL ;    (* Hand-/Automatikschalter *)
        EXTERN :     BOOL ;    (* Umschalter ext. / int. Soll
        PV :         REAL ;    (* Regelgöße *)
        SP_INT :     REAL ;    (* interner Sollwert *)
        SP_EXT :     REAL ;    (* externer Sollwert *)
        REV :        BOOL ;    (* neg. oder pos. Verhalten *)
        KP :         REAL ;    (* Prop. Übertragungsfaktor *)
        TN :         REAL ;    (* Nachstellzeit in Sekunden*)
        TV :         REAL ;    (* Vorhaltzeit in Sekunden*)
        AP :         REAL ;    (* Arbeitspunkt *)
        Y_MAN :      REAL ;    (* Handstellgröße *)
        Y_MAX :      REAL ;    (* maximale Stellgröße *)
        Y_MIN :      REAL ;    (* minimale Stellgröße *)
        Y_OFF :      REAL ;    (* Nullpunkt der Stellgröße *)
        CYCLE:       REAL ;    (* Zykluszeit in Sekunden *)
    END_VAR
    VAR_OUTPUT
        Y :          REAL ;    (* Stellgröße *)
        QA :         BOOL ;    (* Quittung "automatisch" *)
        QE :         BOOL ;    (* Quittung "extern" *)
        QO :         BOOL ;    (* Meldung: Regler maximal *)
        QU :         BOOL ;    (* Meldung: Regler minmal *)
    END_VAR
    VAR
        RABW :       REAL ;    (* Regelabweichung *)
        ITERM :      INTEGRAL_BEGR ; (* Funktionsbaustein *)
        QRES :       BOOL ;    (* Rücks. Integrator *)
        XFEST :      REAL ;    (* fester Integralwert *)
        DTERM :      REAL ;    (* Ableitungsterm *)
        RAB1:        REAL;     (* alter Wert von RABW *)
        YR :         REAL ;    (* interne Stellgröße *)
    END_VAR
```

Bild 11.40: Deklaration den FB „PID_EIGEN“

```
QA := AUTO ;
QE := EXTERN ;
IF EXTERN    THEN     RABW := PV - SP_EXT ;
             ELSE     RABW := PV - SP_INT ; END_IF ;
IF REV THEN RABW := - RABW ; END_IF ;
DTERM := KP*TV *(RABW - RAB1) / CYCLE * 1000;
QRES := QO OR QU OR NOT AUTO ;
IF QO THEN XFEST := 100.0  - KP*RABW  - DTERM ; END_IF ;
IF QU THEN XFEST := 0.0  - KP*RABW  - DTERM ; END_IF ;
IF NOT AUTO THEN XFEST := Y_MAN; END_IF ;
IF QU AND RABW > 0.0 THEN QRES := FALSE ; END_IF ;
IF QO AND RABW < 0.0 THEN QRES := FALSE ; END_IF ;
RAB1 := RABW ;
IF (TN > 0.0) THEN
ITERM (RUN := AUTO, RESET := QRES, KI := KP/TN, XIN := RABW,
     XO := XFEST, XMAX := 100.0, XMIN := -100.0, CYCLE := CYCLE) ;
YR := KP * RABW + ITERM.XOUT + DTERM  ;
ELSE YR :=  KP * RABW  + DTERM + AP; END_IF ;
IF YR >= 100.0 THEN YR := 100.0 ; END_IF ;
IF (KP*RABW + ITERM.XOUT) > 100 THEN QO  := TRUE ;
             ELSE QO := FALSE ;  END_IF ;
IF YR <= 0.0 THEN YR := 0.0 ; END_IF ;
IF (KP * RABW + ITERM.XOUT) < 0.0 THEN QU := TRUE ;
             ELSE QU := FALSE ;  END_IF ;
IF NOT AUTO THEN YR := Y_MAN ; END_IF ;
Y := Y_MIN + (YR - Y_OFF) * (Y_MAX - Y_MIN)/100.0 ;
```

Bild 11.41: Rumpf des FB „PID_EIGEN“

Wenn man den Programmcode in SCL von STEP 7 mit dem ST-Code von CoDeSys und IEC vergleicht, erkennt man keinen Unterschied.

Bevor der Regler zusammen mit dem zuvor erstellten Signalgenerator getestet werden kann, müssen in die Symboltabelle alle Ein- und Ausgänge sowie die verwendeten FB eingetragen werden.

Projektstruktur

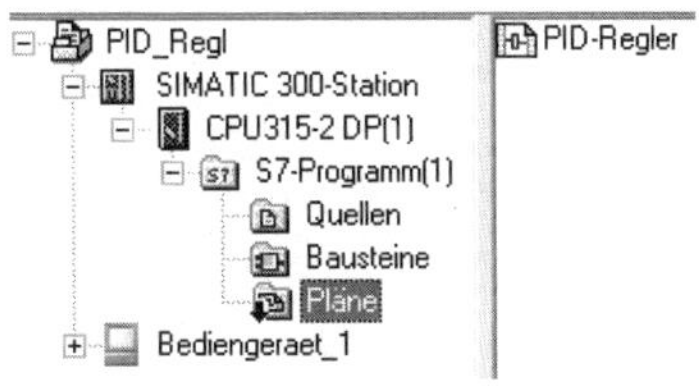

Symboltabelle

	Status	Symbol	Adresse	Datentyp	Kommentar
1		INTEGRAL_BEGR	FB 1	FB 1	begrenzter Integrator
2		PID_EIGEN	FB 2	FB 2	PID-Regler
3		Signalgenerator	FB 3	FB 3	
4		WinCC	DB 51	DB 51	

Datenbaustein „WinCC"

Adresse	Name	Typ	Anfangswert	Kommentar
0.0		STRUCT		
+0.0	RUN	BOOL	FALSE	
+0.1	AUTO	BOOL	FALSE	Hand-/Automatik
+0.2	TYP	BOOL	FALSE	Signaltyp
+2.0	SP_INT	REAL	0.000000e+000	interner Sollwert
+6.0	NP	REAL	0.000000e+000	Nullpunkt
+10.0	AMP	REAL	0.000000e+000	Amplitude
+14.0	T_PER	REAL	0.000000e+000	Periodendauer in Sekunden
+18.0	QA	BOOL	FALSE	Automatik
+18.1	QE	BOOL	FALSE	externer Sollwert
+18.2	QO	BOOL	FALSE	Anschlag oben
+18.3	QU	BOOL	FALSE	Anschlag unten
+20.0	PV	REAL	0.000000e+000	Regelgröße
+24.0	Y	REAL	0.000000e+000	Stellgröße
=28.0		END_STRUCT		

Bild 11.42: Projektstruktur, Symboltabelle und Datenbaustein „WinCC"

Jetzt können der FB PID_EIGEN und der Signalgenerator in einem CFC-Plan instanziert und mit den Operanden des Datenbausteins „WinCC" verbunden werden. Das Bild zeigt diesen Plan. Als Zykluszeit ist hier die vom OB 35 vorgegebene Zeit vom 100 ms eingestellt. Die Reglerparameter werden in diesem Beispiel als konstante Werte vorgegeben und können damit nicht von der Bedienoberfläche aus verändert werden.

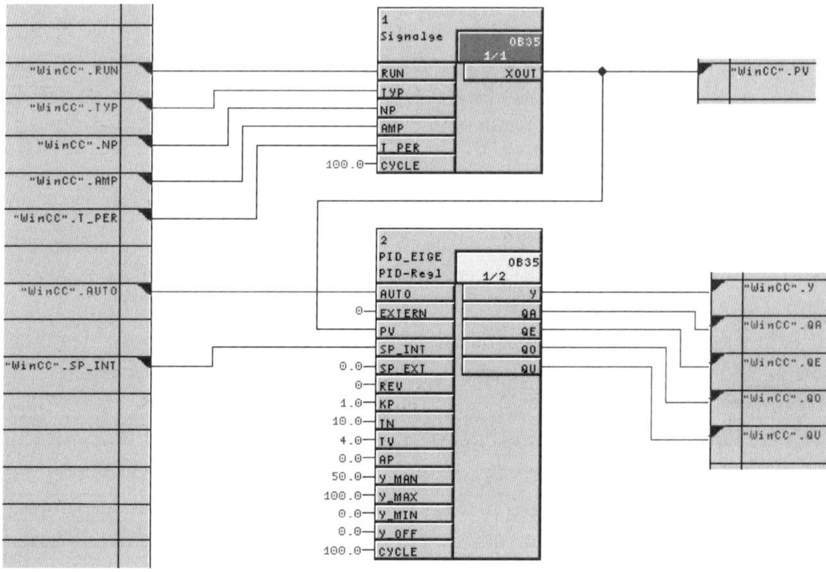

Bild 11.43: OB35 des Projektes „PID-Regler“ im Beobachtungsmodus

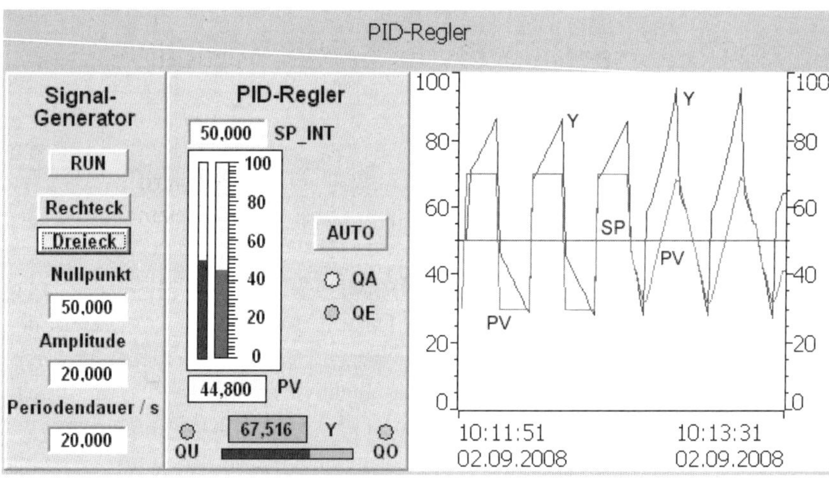

Bild 11.44: Simulator für den Test des Projektes „PID-Regler“

Auf der Bedienoberfläche können die Parameter Nullpunkt, Amplitude und Periodendauer des rechteck- bzw. dreieckförmigen Testsignals eingestellt werden. Dieses Testsignal wird als Regelgöße (PV) auf den Regler gegeben. Bei einem Sollwert (SP) von 50 % ergibt sich in der Betriebsart Automatik der gezeigte Verlauf.

Auf ein Rechtecksignal antwortet ein PID-Regler unmittelbar nach dem Sprung des Eingangssignals (PV) mit einem hohen Impuls. Dieser ist hier nicht zu sehen, weil die Auflösung des Trendsignals so schnelle Änderungen nicht wiedergeben kann. Dass der D-Teil des Reglers vorhanden ist und richtig arbeitet, kann man an dem dreieckförmigen Testsignal sehen. Hier reagiert der D-Teil mit einem Sprung in der Stellgröße (Y), wenn das Eingangssignal einen Knick macht. Die Wirkung des P-Teils erkennt man daran, dass die Stellgröße bei einem Rechtecksignal am Eingang auf einen Sprung ebenfalls mit einem Sprung reagiert. Beim Dreiecksignal veräuft die Stellgröße (Y) unmittelbar nach einem Knick im Testsignal mit konstanter Geschwindigkeit. Das Verhalten des Integrators erkennt man an dem linearen Anstieg der Stellgöße bei konstanter Regelabweichung bzw. an der zunehmenden Geschwindigkeit, mit der die Stellgröße sich ändert, wenn sich die Regelabweichung mit konstanter Geschwindigkeit ändert.

11.7 Übungsprojekt „Dynamisches Modell“

11.7.1 Aufgabenstellung

Die Produkttemperatur an einem Wärmetauscher soll geregelt werden. Gesteuert wird diese Temperatur (PV) über den Durchfluss Y des Heizmittels in den Wärmetauscher. Wegen der Transportwege zeigt die Dynamik der Regelstrecke eine ausgeprägte Totzeit und zusätzlich eine Verzögerung 3. Ordnung.

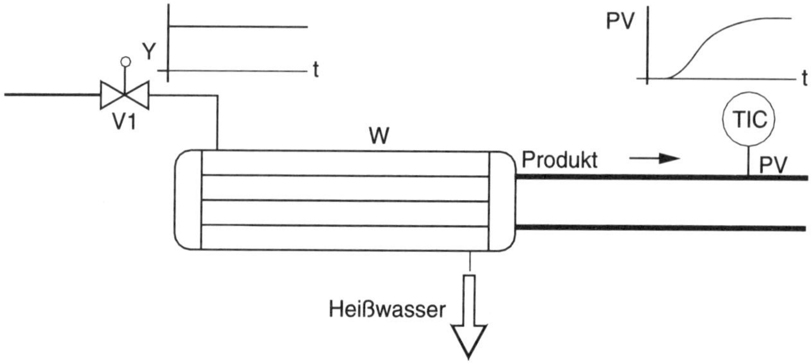

Bild 11.45: Wärmetauscher

Eine genaue Analyse der Sprungantwort ergab einen Übertragungsfaktor KP = 0,5 K / % (Kelvin pro Prozent), eine Totzeit TT von 0,5 min und die Verzögerungszeitkonstanten T1 = 6 min, T2 = 3 min und T3 = 2 min.

Für eine modellgestützte Regelung soll ein FB „PT3_TT_MODELL" entwickelt werden, der als Modell der Regelstrecke dient. Dieser nimmt die Eingangssignale RUN, XIN, KP, T1, T2, T3, TT und CYCLE auf. Das Ausgangssignal ist XOUT.

11.7.2 Lösung nach IEC

Schreiben Sie den Deklarationsteil des FB und zeichnen Sie den Rumpf in FBS. Verwenden Sie dabei die FBe, die in diesem Kapitel für IEC vorgestellt wurden.

11.7.3 Lösung mit CoDeSys

Erstellen Sie das CoDeSys-Projekt „Dynamisches_Modell". Erzeugen Sie dazu bitte zunächst die FB „LAG1" und „DELAY", die mit denen in der IEC-Norm übereinstimmen. Mit Hilfe dieser FB können Sie nun den FB „PT3_TT_MODELL" formulieren. Berücksichtigen Sie dabei, dass die Zeitkonstanten als REAL-Werte in Sekunden und die Zykluszeit als REAL-Wert in Millisekunden (hier 100 ms) angegeben werden sollen, die nachgeordneten FB hingegen die Zeiten als TIME-Variable erwarten. Damit die Dynamik für den Test schneller abläuft, sollen hier die Zeitkonstanten um den Faktor 60 verkleinert werden. Damit entspricht 1 Sekunde in der Simulation 1 Minute in der Realität.

Beim Aufruf des FB „PT3_TT_MODELL" ist zu berücksichtigen, dass das Eingangsignal XIN als Abweichung der Stellgröße Y von einem Bezugswert (z. B. 50 %) und das Ausgangsignal XOUT als Abweichung der Regelgröße PV von einem Arbeitspunkt (z. B. 50 Grad) verwendet werden. Die Stellgröße Y und die Regelgröße PV müssen also entsprechend angepasst werden.

Testen Sie anschließend, ob das Modell korrekt ist.

11.7.4 Lösung mit STEP 7

Realisieren Sie das Modell der Dynamik des Wärmetauschers als STEP 7-Projekt, wobei die Dynamik in einem hierarchischen FB formuliert wird. Zuvor müssen die FB „LAG1" für das PT1- und „DELAY" für das Totzeitverhalten erstellt werden, die danach im hierarchischen FB aufgerufen werden können. Für die Totzeit wird die Anzahl von Zyklen benötigt, um die das Signal verschoben werden muss. Zur Berechnung dieser Zyklenzahl aus der Totzeit und der Zykluszeit muss eine eigene FC erzeugt werden, da in der Bibliothek keine geeignete FC zur Verfügung steht.

Sie können dafür das Leer-Projekt verwenden.

12 Programmierung von Ablaufsteuerungen

12.1 Struktur einer Ablaufsteuerung

Man unterscheidet zwischen Verknüpfungssteuerungen und Ablaufsteuerungen. Bei Verknüpfungssteuerungen werden in jedem Rechenzyklus alle Eingänge abgefragt und entsprechend der programmierten Logik mit internen Variablen und den alten Ausgangswerten verknüpft. Die bisher gezeigten Beispiele waren Verknüpfungssteuerungen.

Bei Ablaufsteuerungen wird eine Kette von verschiedenen Schritten nacheinander oder parallel zueinander abgearbeitet. Der Übergang von einem Schritt zu einem anderen Schritt erfolgt in Abhängigkeit von bestimmten Bedingungen, die in den Transitionen formuliert werden. Mit Schritten und Transitionen wird die Struktur einer Ablaufsteuerung definiert, ohne dass im Einzelnen bereits festgelegt wird, welche Ausgänge wie berechnet werden.

Den Schritten können Aktionen zugeordnet werden, in denen die Belegung der Ausgänge bestimmt wird.

Das Bild 12.1 zeigt ein kleines Beispiel einer Ablaufsteuerung. Darin ist formuliert, dass die Steuerung nach dem Start der Programmorganisationseinheit zunächst im Anfangsschritt „Anfang" darauf wartet, dass ein Signal „Start" kommt. Mit diesem Ereignis geht die Steuerung in den Schritt „Fuellung". Mit der Aktivierung dieses Schrittes werden die zugeordneten Aktionen „Pumpen" und „Ruehren" aktiv. Während die Aktion „Pumpen" nur so lange aktiv ist, wie der Schritt „Fuellung" aktiv ist (N), wird die Aktivierung der Aktion „Ruehren" gespeichert (S) und bleibt so lange aktiv, bis sie im Schritt „Leer" inaktiviert wird. Wenn der obere Grenzwertmelder „L1" anspricht (L1 = TRUE), geht die Steuerung in den Schritt „Voll". Mit dieser Aktivierung wird auch die zugeordnete Aktion „Ablassen" aktiv. Durch die gleichzeitige Inaktivierung des Vorgängerschrittes „Fuellung" wird die Aktion „Pumpen" ebenfalls inaktiv. Die Steuerung wartet jetzt darauf, dass der untere Grenzwertmelder mit L2 = TRUE meldet, dass der Behälter leer ist. Sobald diese Meldung kommt, verlässt die Steuerung durch Inaktivierung den Schritt „Voll" und geht durch Aktivierung in den Schritt „Leer". Hier wird – wie bereits erwähnt – die Aktion „Ruehren" durch Rücksetzen (R) inaktiviert. Nach der Inaktivierung dieser Aktion wird die nachfolgende Transition geprüft. Da die Transitionsbedingung aber immer erfüllt ist (TRUE), geht die Steuerung sofort zurück in den Anfangsschritt „Anfang" und wartet hier wieder auf das Startsignal.

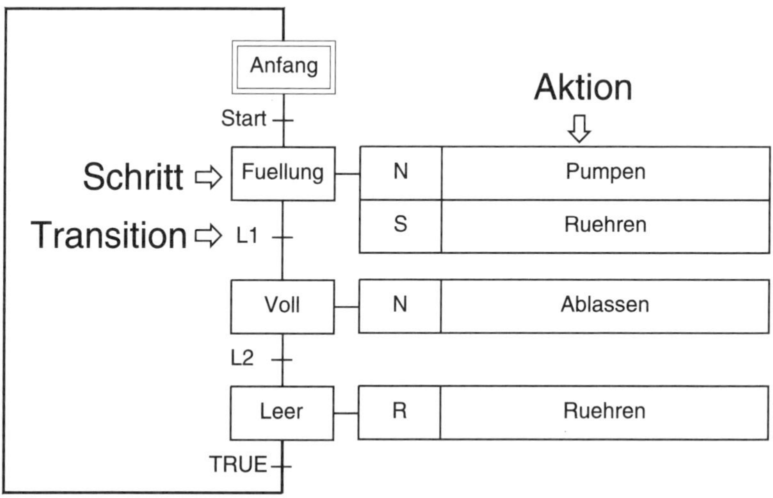

Bild 12.1: Beispiel für eine Ablaufsteuerung

Die hier gezeigten Symbole Schritt, Transition und Aktion dienen ausschließlich der Strukturierung einer Ablaufsteuerung. So ist mit der gezeigten Steuerung noch nicht festgelegt, ob z. B. der Rührer während der ganzen Zeit zwischen dem Auftreten des Signals „Start" bis zum völligen Entleeren (L2 = TRUE) des Behälters läuft oder ob es bestimmte Bedingungen gibt, unter denen der Rührer vorübergehend oder endgültig ausgeschaltet wird. Diese Einzelheiten werden erst in der Logik festgelegt, die in der zugehörigen Aktion „Ruehren" spezifiziert wird.

Auf die einzelnen Elemente wie Schritte, Transitionen und Aktionen wird im folgenden Text ganz ausführlich eingegangen.

12.2 Schritte und Transitionen

12.2.1 Schritte

Mit Schritten werden die einzelnen Stadien oder Phasen gekennzeichnet, die die Ablaufsteuerung durchläuft. In der grafischen Ablaufsteuerung wird ein Schritt durch ein Rechtecksymbol dargestellt, bei dem von oben durch eine Signalleitung die Aktivierung erfolgt. Inaktiviert wird ein Schritt dadurch, dass eine nachfolgende Transition zu einem anderen Schritt weiterschaltet.

Der Zustand eines Schrittes kann an der unteren und an der rechts herausgeführten Signalleitung abgelesen werden. Mit der unteren Signalleitung wird die Steuerung über Transitionen zu weiteren Schritten fortgeführt. An die rechte Signalleitung können Aktionen angeschlossen werden. Der Unterschied zwischen Schritt (einfacher Rahmen) und Anfangsschritt (doppelter Rahmen) liegt im Anfangszustand der Aktivität nach dem Einschalten der POE, in der die Ablaufsteuerung formuliert ist. Jede Ablaufsteuerung muss genau einen Anfangsschritt enthalten, der beim Einschalten der POE aktiv ist. Alle anderen Schritte sind zu diesem Zeitpunkt inaktiv.

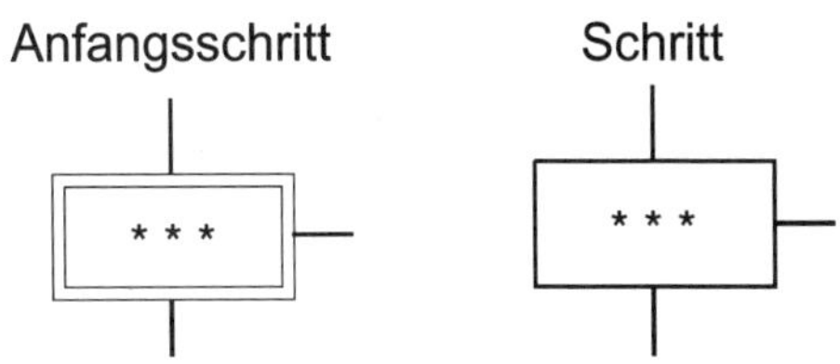

Bild 12.2: Symbole für Schritt und Anfangsschritt

In den Textsprachen ST und AWL können Schritte mit dem folgenden Konstrukt definiert werden. Dabei ist es möglich, auf Aktionen zu verzichten und im Schritt-Rumpf die in diesem Schritt auszuführende Logik in ST oder in AWL zu formulieren.

```
(INITIAL_)STEP ***;

   (* Schritt-Rumpf *)

END_STEP
```

Liste 12.1: (Anfangs-)Schritt in den Textsprachen ST und AWL

Der Zustand eines Schrittes (aktiv oder inaktiv) kann am Ausgang ***.X abgefragt werden. Damit kann ein Schritt als ein rücksetzdominanter Speicher mit dem Ausgang ***.X angesehen werden. Die Norm sieht vor, dass zusätzlich die Zeitspanne, während der der Schritt aktiv war, am Ausgang ***.T vom Datentyp TIME abgelesen werden kann. Nach der Inaktivierung bleibt der Zeitwert erhalten. Erst mit einer erneuten Aktivierung wird die Uhr auf Null gesetzt und wieder neu gestartet.

Die Logik eines Schrittes kann in FBS wie folgt angegeben werden:

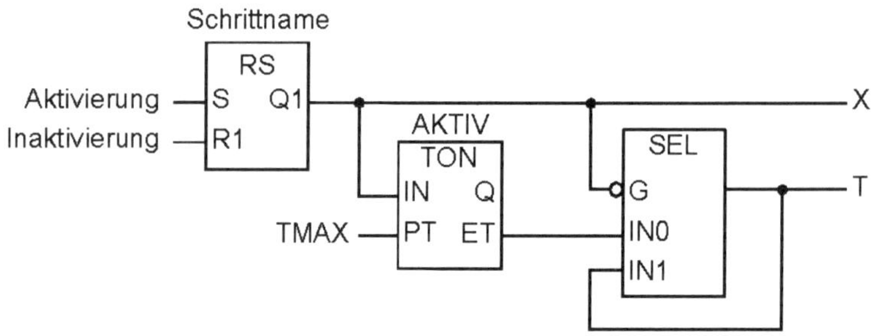

Bild 12.3: Logik eines Schrittes in FBS

Mit TMAX wird eine maximal mögliche Zeit eingestellt, die größer sein muss als die maximal mögliche Aktivierungszeit eines Schrittes. Für den Fall, dass die Aktivierungzeit nicht benötigt wird oder von einem Programmierwerkzeug nicht unterstützt wird, entspricht die Logik eines Schrittes einem schlichten rücksetzdominanten Speicher. Die Aktivierungszeit kann mit der angegeben Schaltung ermittelt werden. Man kann erkennen, dass die Zeit auch dann noch zur Verfügung steht, wenn der Schritt bereits inaktiviert wurde. Erst mit der erneuten Aktivierung wird die Uhr wieder von T#0s an aufwärts gezählt.

12.2.2 Transitionen

Verschiedene Schritte sind durch vertikale Linien miteinander verbunden. Die Bedingung für das Weiterschalten vom oberen zum unteren Schritt erfolgt durch eine Transition, die durch eine kurze horizontale Linie dargestellt ist. Diese muss die vertikale Verbindungslinie schneiden.

Den Transitionen ist eine Transitionsbedingung zugeordnet, die darüber entscheidet, ob ein Weiterschalten vom oberen zum unteren Schritt erfolgt. Die Transitionsbedingung kann eine einfache boolesche Variable oder Konstante sein oder das Ergebnis eines logischen Ausdrucks, der in einer der vier Programmiersprachen (FBS, KOP, ST oder AWL) formuliert werden kann.

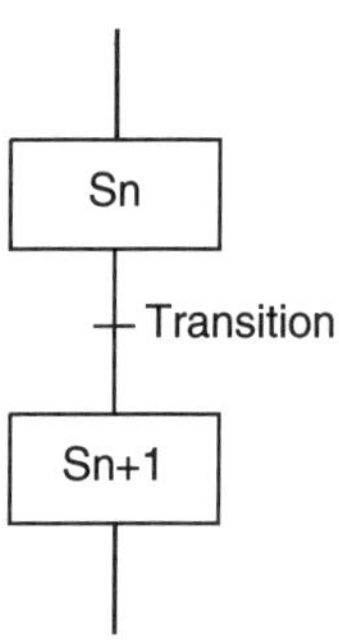

Bild 12.4: Transition

In den Textsprachen können Transitionen mit dem folgenden Konstrukt formuliert werden:

```
TRANSITION FROM Vorgängerschritt TO Nachfolgeschritt
   (* Transitionsbedingung in ST oder AWL *)
END_TRANSITION
```

Liste 12.2: Transition in den Textsprachen ST oder AWL

Das Weiterschalten von einem Vorgängerschritt zu einem Nachfolgeschritt geschieht nach folgender Regel:

1. Wenn der Vorgängerschritt aktiv ist, wird die Transition freigegeben.
2. Bei freigegebener Transition wird die Transitionsbedingung berechnet.
3. Wenn die Transitionsbedingung einer freigegebenen Transition erfüllt (TRUE) ist, schaltet die Transition.

Das Schalten der Transition bewirkt zunächst die Inaktivierung des Vorgängerschrittes und anschließend die Aktivierung des Nachfolgeschrittes. Durch die Aktivierung des Nachfolgeschrittes wird die Transition, die diesem folgt, frei gegeben.

Wenn die Formulierung der Transitionsbedingung in einer grafischen Sprache oder im strukturierten Text vorgenommen wird, kann sie unmittelbar als FBS, KOP oder ST in die Ablaufsteuerung eingetragen und mit der Transition verbunden werden.

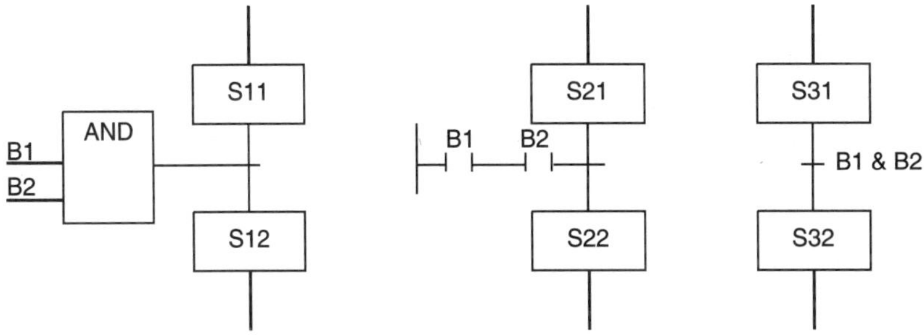

Bild 12.5: Transitionsbedingungen in AS

Da der Datenfluss in FBS und im KOP immer von links nach rechts läuft, ist vorgegeben, dass die grafische Darstellung immer links an die Transition angeschlossen wird. Bei der Formulierung im ST kann der logische Ausdruck links oder rechts stehen. Das gilt natürlich vor allem auch dann, wenn die Transitionsbedingung identisch mit einer booleschen Variablen ist. Wenn der Umfang für diese Darstellung zu groß ist, kann man die Logik separat zeichnen und über einen Konnektor mit der Transition verbinden.

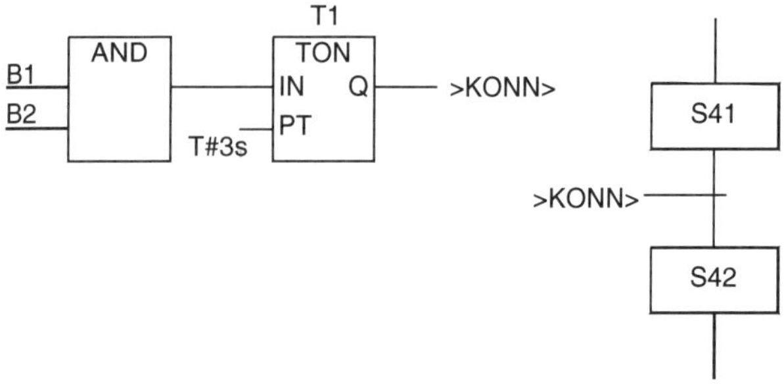

Bild 12.6: Transitionsbedingung mit Konnektor

Bei der Angabe der Transitionsbedingung einer in einer Textsprache formulierten Transition sieht das für das obige Beispiel wie folgt aus:

```
ST:         := B1 & B2 ;
AWL:        LD   B1
            AND  B2 .
```

12.2.3 ABLAUFREGELN

In einer Ablaufsteuerung existiert immer genau ein Anfangsschritt, der mit der Initialisierung aktiv ist. Alle anderen Schritte sind zunächst inaktiv. Sie werden durch das Schalten der Transitionen aktiviert.

In einer Schrittkette muss immer einem Schritt eine Transition und dieser wieder ein Schritt folgen. Es dürfen also nie zwei Schritte oder zwei Transitionen unmittelbar hintereinander folgen. Wenn einer Transition zwei parallel angeordnete Schritte folgen, liegt eine Simultanverzweigung vor.

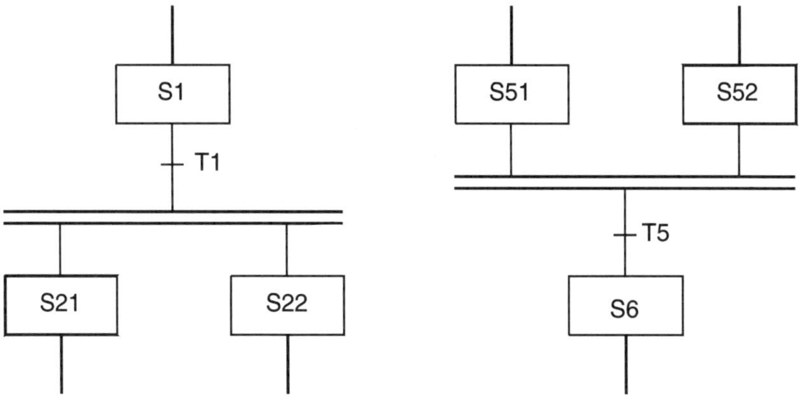

Bild 12.7: Verzweigung und Zusammenführung einer Simultankette

Wenn mehrere Schritte vor oder hinter einer Transition liegen, wird die Weiterschaltregel entsprechend erweitert, so dass eine Transition dann freigegeben wird, wenn ALLE Vorgängerschritte aktiv sind. Bei erfüllter Transitionsbedingung werden alle diese Vorgängerschritte zunächst inaktiviert und danach ALLE Nachfolgeschritte aktiviert.

Wenn die Transitionen sich in den parallelen Zweigen befinden, regeln sie den Zugang zu diesem Pfad. Man spricht dann von einer Kettenauswahl.

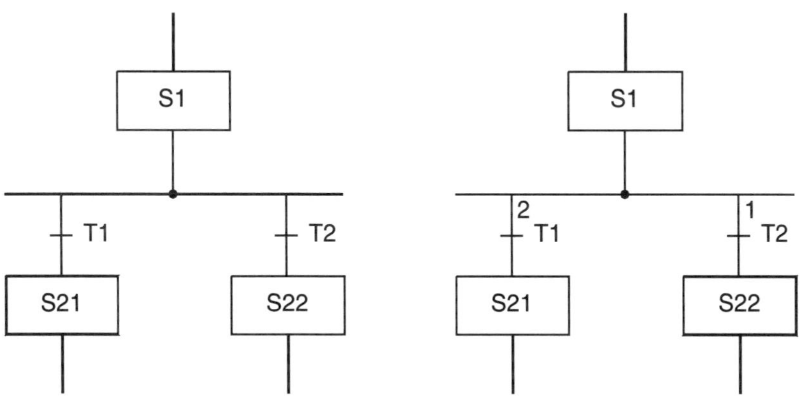

Bild 12.8: Verzweigung in eine Kettenauswahl

In beiden Fällen werden die Transitionen T1 und T2 dann frei gegeben, wenn der Schritt S1 aktiv ist. Im linken Bild (Punkt in der Verzweigung) wird zuerst die Transitionsbedingung T1 geprüft. Wenn diese nicht erfüllt ist, wird danach T2 geprüft. Wenn allerdings T1 erfüllt war, schaltet T1 sofort und durch die sofortige Inaktivierung von Schritt S1 ist dann die Transition T2 nicht mehr freigegeben.

Wenn die Reihenfolge der Verarbeitung der Transitionen verändert werden soll, kann man sie durch Vergabe von Prioritäten festlegen, wie in dem rechten Beispiel vom Bild 12.8 gezeigt.

Wenn der Verzweigungspunkt nicht durch einen Punkt markiert ist, müssen die Transitionsbedingungen sich gegenseitig ausschließen, so dass die Reihenfolge der Verarbeitung der Transitionen ohne Bedeutung ist.

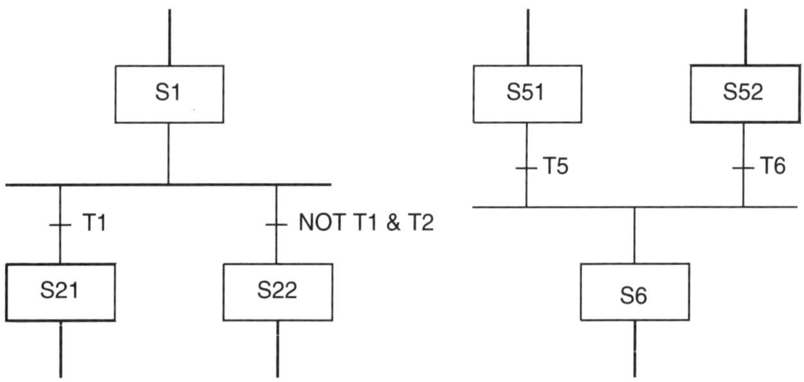

Bild 12.9: Verzeigung und Zusammenführung bei einer Kettenauswahl

Bei der Zusammenführung sind die Transitionen wieder im jeweiligen Pfad vor der Zusammenführung positioniert, so dass sie dann freigegeben werden, wenn der jeweilige Vorgängerschritt aktiv ist.

Als Sonderfälle einer Kettenauswahl können der Kettensprung und die Schleife angesehen werden.

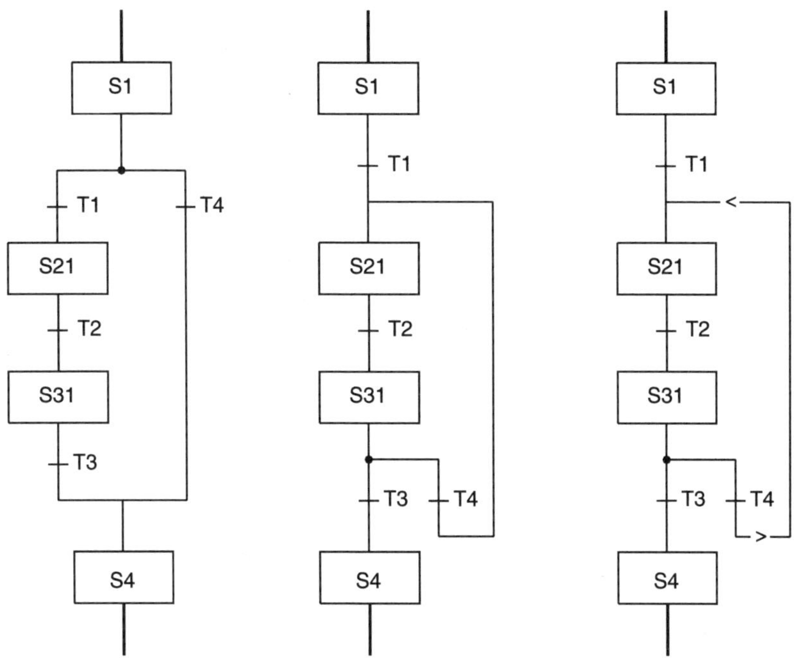

Bild 12.10: Kettensprung und Schleife

Beim Kettensprung befindet sich in einem der alternativen Pfade kein Schritt. Bei der Schleife ist das Sprungziel des Pfades ohne Schritte nicht nach vorne, sondern zurückgelegen. Wenn es sinnvoll ist, kann die Richtung des Signalflusses durch die Zeichen > und < deutlich gemacht werden.

Man sollte darauf achten, dass bei Sprüngen oder Schleifen die Struktur des Programmablaufs eindeutig bleibt. So muss man vermeiden, aus einem Pfad einer Simultankette heraus unter die Zusammenfassung der Simultanverzweigung zu springen. Dann könnte die Simultanverzweigung nie beendet werden, da immer einer der Vorgängerschritte für die Freigabe der abschließenden Transition inaktiv bleibt und so die Transition nie freigegeben wird.

Aufgabe 12.1

Die folgende kleine Ablaufsteuerung für das Abfüllen einer Flüssigkeit in Flaschen soll in der Ablaufsprache AS gezeichnet werden:

Die Steuerung wartet im Schritt „Anfang“ darauf, dass eine leere Flasche in der Lichtschranke am Anfang des Transportbandes erscheint (LS = TRUE). Dann geht die Steuerung in den Schritt „Transport“. Sobald die Flasche an der Füllstation ankommt (FST = TRUE), verlässt die Steuerung den Schritt „Transport“

und geht in den Schritt „Fuellung". Mit einer Waage wird festgestellt, ob die Flasche voll ist. Dieses Signal VOLL = TRUE schaltet die Steuerung vom Schritt „Fuellung" wieder zurück in den Anfangsschritt, wo gewartet wird, bis eine neue Flasche in der Lichtschranke erscheint.

Aufgabe 12.2

Die Struktur der folgenden Ablaufsteuerung soll mit Schritten und Transitionen formuliert werden. Dabei wird davon ausgegangen, dass sich die Steuerung mit der Initialisierung der Programmorganisationseinheit im Anfangsschritt „Anfang" befindet und darauf wartet, dass der Starttaster „EIN" betätigt wird.

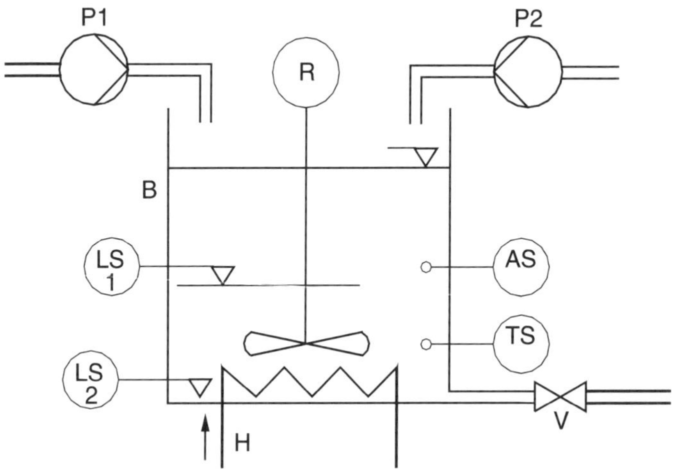

Bild 12.11: Reaktor für Zweistoffgemisch

Mit dem Betätigen des Starttasters geht die Steuerung in den Schritt „Fuellen_1". Sobald der Behälter bis zum Niveau „LS1" gefüllt ist, geht die Steuerung gleichzeitig in die beiden parallel liegenden Schritte „Heizen" und „Fuellen_2". Die Simultanverzweigung wird dann verlassen und in den Schritt „Reagieren" weitergeschaltet, wenn gleichzeitig sowohl die richtige Zusammensetzung des Gemisches mit dem Signalgeber „AS" und die gewünschte Temperatur „TS" gemeldet werden. 15 Minuten nach diesem Ereignis geht die Steuerung vom Schritt „Reagieren" in den Schritt „Ablassen". Sobald der Behälter leer ist (LS2), geht die Steuerung zurück in den Anfangsschritt „Anfang".

12.3 Aktionen

12.3.1 Darstellung einer Aktion

Jedem Schritt können Aktionen zugeordnet werden. Schritte, denen keine Aktion zugeordnet ist, haben eine Wartefunktion, in der darauf gewartet wird, dass die nachfolgende Transitionsbedingung erfüllt ist.

Aktionen werden in der grafischen Sprache AS wie folgt dargestellt:

Bild 12.12: Grafische Form einer Aktion

Eine Aktion kann aus bis zu vier Feldern bestehen. Jede Aktion ist durch ihren Namen, den Aktions-Namen, gekennzeichnet. Dieses Feld ist unverzichtbar! Die Verknüpfung einer Aktion mit einem Schritt (oder einem booleschen Signal) erfolgt über eine Ansteuerungslogik, die durch das Bestimmungszeichen entsprechend der folgenden Tabelle festgelegt wird.

Als Bestimmungszeichen können verwendet werden:

Bestimmungszeichen	*Erklärung*
Kein Zeichen	Nicht gespeichert
N	Nicht gespeichert
R	Vorrangiges Rücksetzen
S	Setzen
L	Zeitlich begrenzt
D	Zeitlich verzögert
P	Impuls
P1	Puls (steigende Flanke)
P0	Puls (fallende Flanke)
SD	Gespeichert und zeitlich verzögert

Bestimmungszeichen	*Erklärung*
DS	Zeitlich verzögert und gespeichert
SL	Gespeichert und zeitlich begrenzt

Tabelle 12.1: Bestimmungszeichen

Mit der optionalen booleschen Anzeige-Variablen kann z. B. eine Zeitüberschreitung, eine Fehlersituation oder eine andere in der Aktion festgelegte boolesche Größe angezeigt werden. Nur wenn genügend Platz vorhanden ist, bietet es sich an, die Logik der Aktion im Aktionsrumpf in das untere Feld einzutragen. In den meisten Fällen wird eine Aktion nur aus dem Bestimmungszeichen und dem Aktionsnamen bestehen.

Beispiele:

In der grafischen Darstellung der AS wird der Aufruf der drei Aktionen ACTION_1 bis ACTION_3 wie folgt dargestellt:

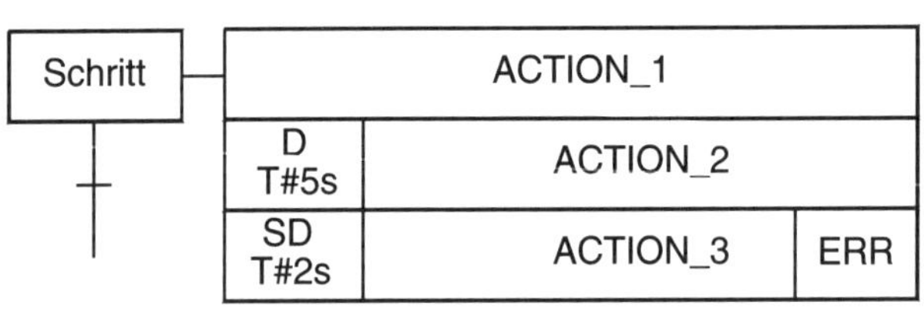

Bild 12.13: Aufruf von Aktionen in AS

Der entsprechende Aufruf in einer Textsprache ist wie folgt:

```
STEP Schritt :

  ACTION_1 ;
  ACTION_2(D, T#5s) ;
  ACTION_3(SD, T#2s,ERR) ;

END_STEP
```

Liste 12.3: Aufruf von Aktionen in einer Textsprache

ACTION_1 wird ohne Bestimmungszeichen aufgerufen. Das bedeutet, dass die Aktion nicht gespeichert ist, also nur dann aktiv ist, wenn der Schritt aktiv ist.

ACTION_2 wird 5 Sekunden nach der Aktivierung des Schrittes aktiv, wenn der Schritt mindestens 5 Sekunden lang aktiv war. Sie wird wieder inaktiv, wenn der Schritt inaktiv wird.

Der Aufruf der ACTION_3 wird gespeichert. 2 Sekunden später wird die Aktion aktiv, auch dann, wenn der Schritt bereits wieder inaktiv geworden ist. Zur Inaktivierung muss die Aktion später mit dem Bestimmungszeichen R aufgerufen werden.

12.3.2 Ansteuerung einer Aktion

Die Ansteuerung einer Aktion erfolgt also über eine spezielle Logik, die durch das Bestimmungszeichen festgelegt wird. Der Ausgang dieser Logik gibt an, ob die Aktion aktiv oder inaktiv ist. In der IEC-Norm kann dieser Zustand an der booleschen Variablen „Aktions-Name.Q“ abgefragt werden. Die Logik der Aktion wird dann bearbeitet, wenn die Aktion aktiv ist (Ausgang Q = TRUE) und noch einmal im Zyklus unmittelbar nach der Inaktivierung der Aktion. Bei einem Aktions-Steuerblock „mit letztem Durchlauf“ wird neben dem Ausgang Q auch der Ausgang A geliefert, der u. a. auch noch im Zyklus nach der Inaktivierung auf TRUE bleibt.

Für die einzelnen Bestimmungszeichen werden nun die speziellen Schaltungen für die Ansteuerung angegeben. Darin sind die Bestimmungszeichen als boolesche Größen anzusehen.

Kein Bestimmungszeichen bzw. „Nicht gespeichert“ (N):

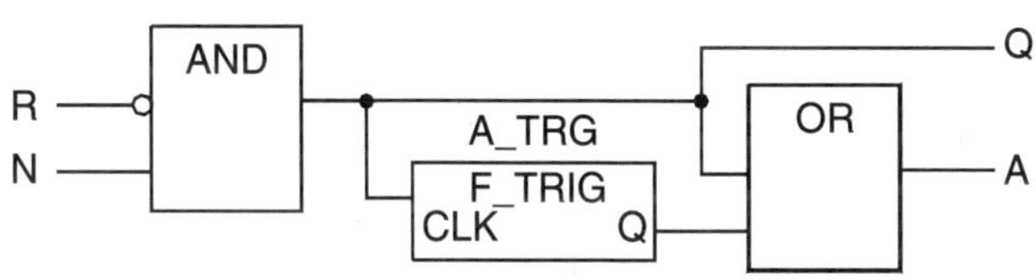

Bild 12.14: Ansteuerung mit Bestimmungszeichen N / R

Der Ausgang Q ist also TRUE, wenn N = TRUE und R = FALSE ist. Das Ausgangssignal A ist TRUE, wenn Q gleich TRUE ist und nach der fallenden Flanke von Q noch für einen weiteren Rechenzyklus. R wirkt als Rücksetzsignal auf einen Speicher oder als Sperrsignal (Negation) auf ein UND-Gatter.

Gespeicherte bzw. zurückgesetzte Aktion (S / R):

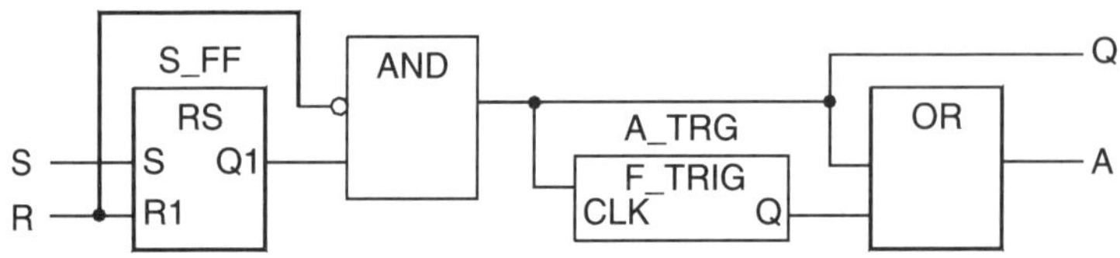

Bild 12.15: Ansteuerung mit Bestimmungszeichen S / R

Zeitlich begrenzte Aktion (L / R):

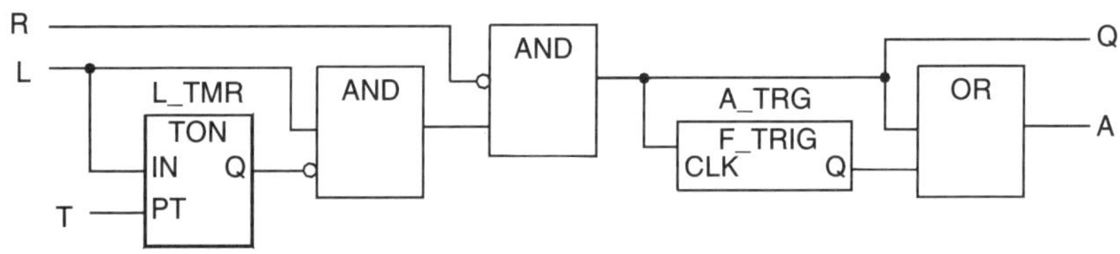

Bild 12.16: Ansteuerung mit Bestimmungszeichen L / R

Zeitlich verzögerte Aktion (D / R):

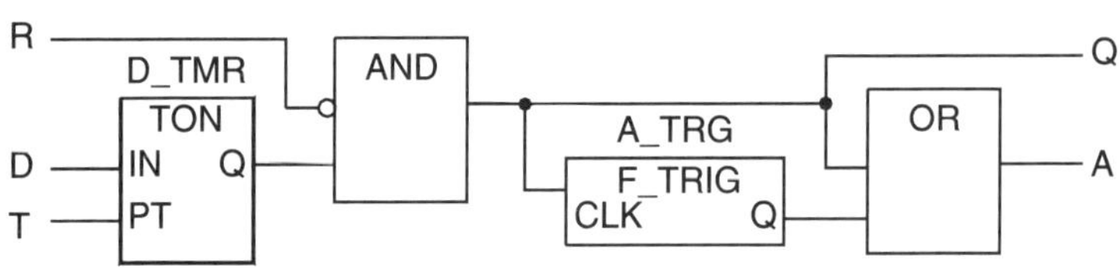

Bild 12.17: Ansteuerung mit Bestimmungszeichen D / R

Impulsförmige Aktion (P / R):

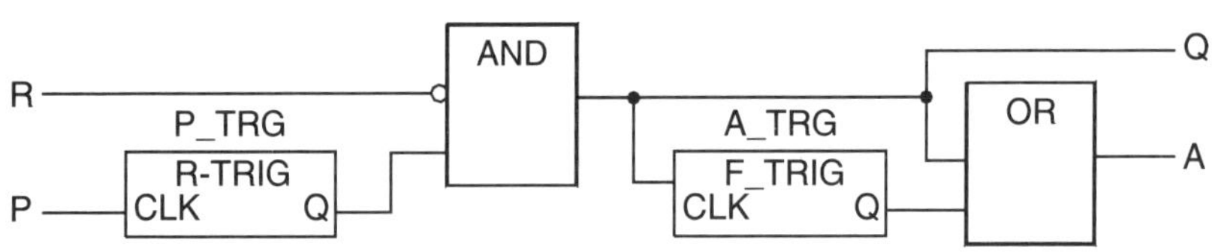

Bild 12.18: Ansteuerung mit Bestimmungszeichen P / R

Impulsförmige Aktion mit steigender Flanke (P1) bzw. fallender Flanke (P0):

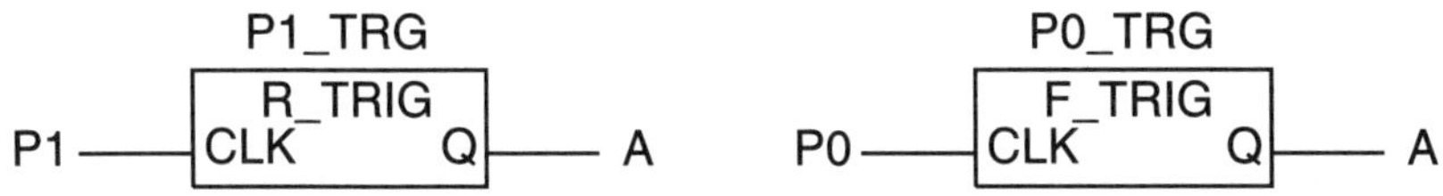

Bild 12.19: Ansteuerung mit Bestimmungszeichen P1 bzw. P0

Auch hier wird die Aktion für einen Rechenzyklus aktiv. Im Gegensatz zur Ansteuerung mit dem Bestimmungszeichen P wird hier jedoch der Ausgang Q FALSE bleiben. Hier kann die Ansteuerung nicht mit R verhindert werden.

Gespeicherte und zeitlich verzögerte Aktion (SD / R):

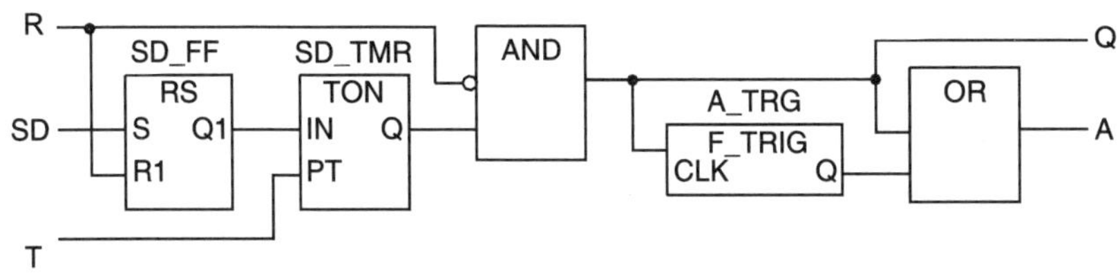

Bild 12.20: Ansteuerung mit Bestimmungszeichen SD / R

Zeitlich verzögerte und gespeicherte Aktion (DS / R):

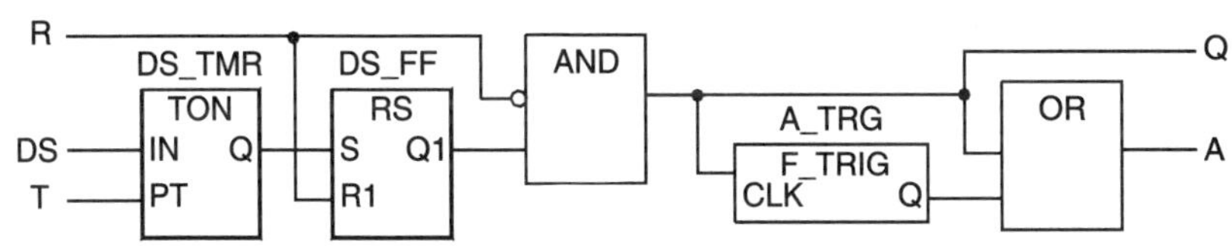

Bild 12.21: Ansteuerung mit Bestimmungszeichen DS / R

Gespeicherte und zeitlich begrenzte Aktion (SL / R):

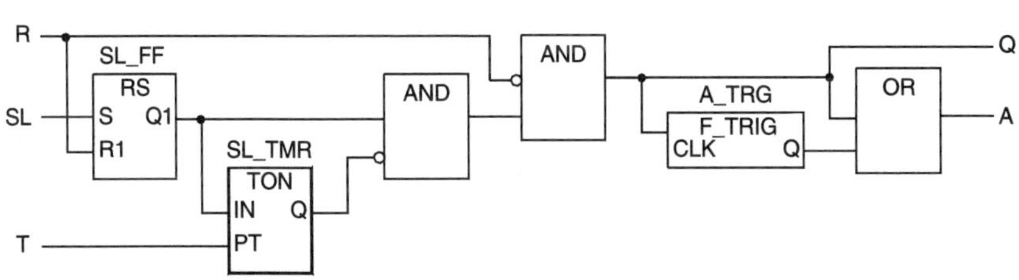

Bild 12.22: Ansteuerung mit Bestimmungszeichen SL / R

12.3.3 Logik einer Aktion

Mit dem Ausgang Q bzw. A kann man feststellen, ob eine Aktion aktiv ist bzw. bearbeitet wird. Bisher sind noch keine Ausgänge berechnet worden. Alle bisherigen Elemente dienen also ausschließlich der Strukturierung der Ablaufsteuerung. Die Berechnung der Ausgänge erfolgt innerhalb der Aktions-Rümpfe in einer der IEC-Sprachen FBS, KOP, ST, AWL oder AS. Die Variablen, die innerhalb der Aktionen verwendet werden, müssen in der POE deklariert sein, in der sich die Ablaufsteuerung befindet. Aktionen enthalten also keinen eigenen Deklarationsteil.

Aktionen werden in grafischen Sprachen durch ein Rechtecksymbol mit Überschrift und in einer Textsprache mit dem Konstrukt ACTION Aktionsname : .... END_ACTION deklariert. Dazu soll als Beispiel eine Aktion „Heizen" deklariert werden, in der der boolesche Ausgang H dann TRUE wird, wenn die Aktion „Heizen" aktiv und die Temperatur T nicht größer als 80 Grad ist.

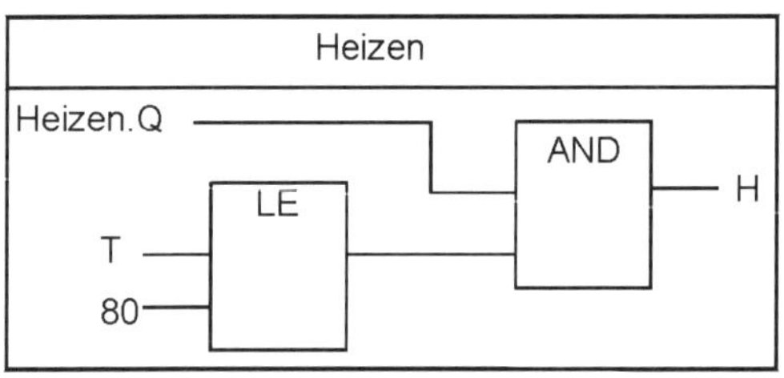

Bild 12.23: Deklaration der Aktion „Heizen" in FBS

```
ACTION Heizen :

  H := Heizen.Q AND T <= 80;

END_ACTION
```

Liste 12.4: Deklaration der Aktion „Heizen" in ST

Bei der Abarbeitung einer Ablaufsteuerung müssen nach einer Aktivierung eines Schrittes zunächst die ihm zugeordneten Aktionen bearbeitet werden. Erst nach deren Abschluss darf die dem Schritt folgende Transitionsbedingung geprüft werden, so dass Ergebnisse der Bearbeitung der Aktionen das Ergebnis der Berechnung der Transitionsbedingung beeinflussen.

Aufgabe 12.3

Zeichnen Sie bitte in der Ablaufsprache einen Schritt „Reinigung", dem die Aktion „Reinigen" zugeordnet ist. Diese Aktion soll 15 Sekunden nach dem Aktivieren des Schrittes aktiv werden und aktiv bleiben, bis sie mit dem Bestimmungszeichen R inaktiviert wird.

Aufgabe 12.4

Deklarieren Sie die Aktion „Pumpen“ in FBS, die dann, wenn die Aktion aktiv ist, die Pumpe P1 einschaltet und 4 Sekunden nach der Aktivierung der Aktion wieder ausschaltet. Dabei ist sicher gestellt, dass die Aktion länger als 4 Sekunden aktiv bleibt. Die Pumpe darf nicht laufen, wenn der obere Grenzwertschalter LSO anspricht (LSO = TRUE).

12.4 Beispiele und Lösungen nach IEC

12.4.1 Reaktor

Der folgende Reaktor soll mit einer Ablaufsteuerung automatisiert werden.

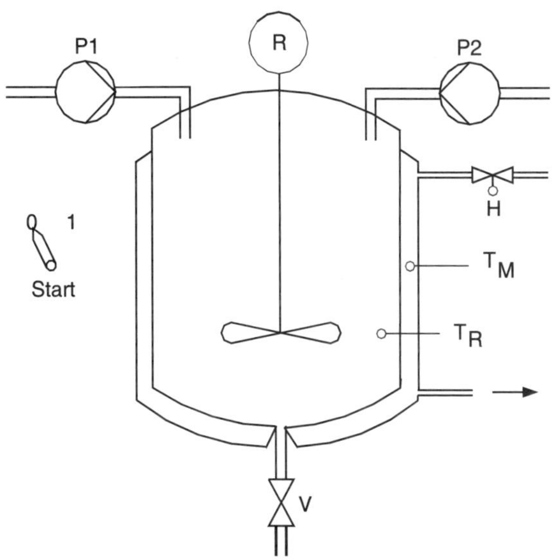

Bild 12.24: Temperierter Reaktor

Nach dem Initialisieren wartet die Steuerung im Anfangsschritt „Anfang“ darauf, dass der Startschalter „Start“ betätigt wird. Mit diesem Signal geht die Steuerung in den Schritt „Fuellung“, wo mit den Aktionen „Pumpen_1“ und „Pumpen_2“ die Pumpen P1 und P2 in Betrieb genommen werden. Die Aktion „Pumpen_1“ wird nach 9 Minuten inaktiviert. Die Aktion „Pumpen_2“ wird erst 3 Minuten nach dem Startsignal aktiviert und 10 Minuten nach dem Startsignal inaktiviert.

Während des Ablaufs dieser Charge hat die Stellung des Startschalters für die Steuerung keine Bedeutung.

Nach diesen 10 Minuten geht die Steuerung weiter zum Schritt „Ruehr_Temp“, wo die Aktionen „Ruehren“ und „Heizen“ aktiviert werden. Die Aktion „Ruehren“ schaltet den Rührer RUE für die gesamte Zeit ein, während der die Aktion aktiv ist.

In der Aktion „Heizen“ wird geprüft, ob das Heizventil „H“ geöffnet (H = TRUE) werden soll. Das ist nur dann der Fall, wenn die Aktion „Heizen“ aktiv ist und die Manteltemperatur „TM“ um weniger als 20 K über der Reaktorinnentemperatur „TR“ liegt. Das Heizventil „H“ wird also eventuell vorübergehend geschlossen, wenn die Manteltemperatur „TM“ um mehr als 20 K über der Reaktorinnentemperatur „TR“ liegt, um so diese Temperatur „nachkommen“ zu lassen und zu verhindern, dass der Temperaturunterschied zwischen Tempermantel und Reaktorinnenraum zu groß wird.

Sobald die Reaktorinnentemperatur „TR“ einen Wert von 80 °C überschreitet, geht die Steuerung in den nächsten Schritt „Reaktion“, wo die Aktionen „Ruehren“ und „Heizen“ wieder inaktiv werden und die Steuerung 10 Minuten wartet, bis die Reaktion abgeschlossen ist.

Nach Beendigung der Reaktion geht die Steuerung in den Schritt „Ende“, wo für 8 Minuten die Aktion „Ablassen“ aktiviert wird. Damit wird das Ablassventil V geöffnet.

Frühestens 12 Minuten nach der Aktivierung des Schrittes „Ende“ geht die Steuerung mit dem Zurückstellen des Startschalters „Start“ zurück in den Anfangsschritt „Anfang“.

Diese Steuerung soll in einem Funktionsbaustein „REAKTOR“ realisiert werden, dessen Außenschnittstelle das nächste Bild zeigt.

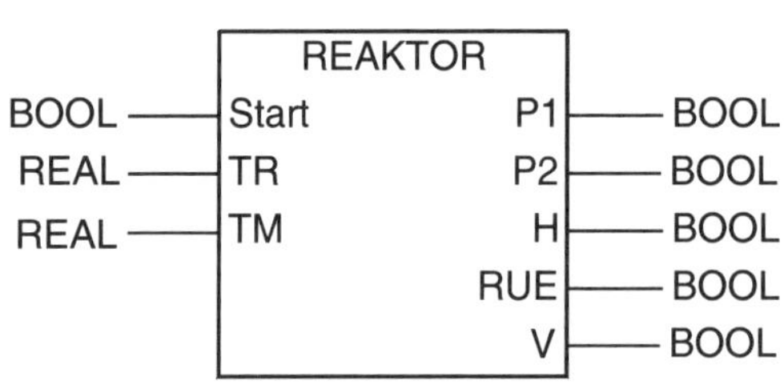

Bild 12.25: Außenschnittstelle des FB „REAKTOR“

Die Struktur dieser Ablaufsteuerung ist in Ablaufsprache AS festgelegt.

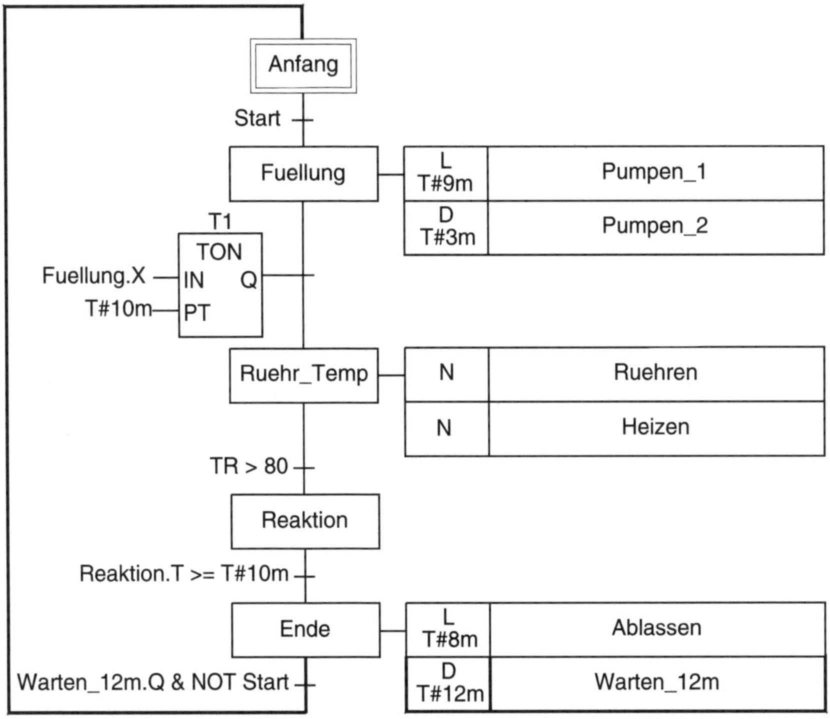

Bild 12.26: Ablaufsteuerung in AS

Hier wurde die Wartezeit von 10 Minuten nach der Aktivierung des Schrittes „Fuellung“ (Fuellung.X) in FBS als Transitionsbedingung mit der Einschaltverzögerung T1 realisiert. Die Reaktionszeit von 10 Minuten wurde dadurch realisiert, dass die Aktivierungszeit des Schrittes „Reaktion“ (Reaktion.T) überwacht wird. Die letzte Wartezeit von 12 Minuten wurde durch die zeitlich verzögerte Aktion „Warten_12m“ realisiert, deren Zustand in der nachfolgenden Transition als Transitionsbedingung abgefragt wird. In den Aktionen „Pumpen_1“, „Pumpen_2“, „Ruehren“ und „Ablassen“ wird der Aktivierungszustand der Aktion (Aktionsname.Q) auf den entsprechenden Ausgang kopiert. Beispielhaft wird das hier für die Aktion „Ruehren“ gezeigt.

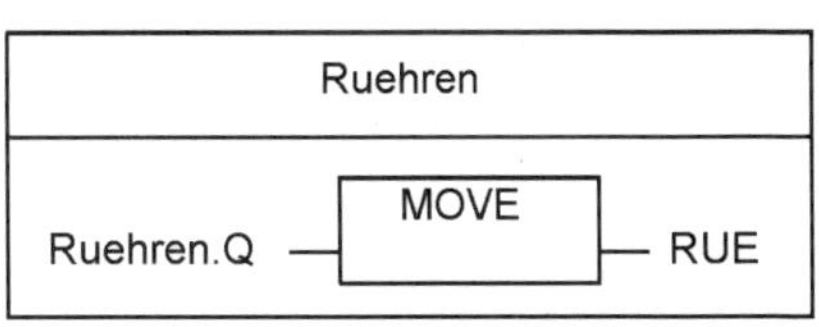

Bild 12.27: Aktion „Ruehren“ in FBS

In der Aktion „Heizen“ kann man sehr schön sehen, dass der Zustand einer Aktion nicht immer identisch mit dem Zustand des zugehörigen Ausgangs sein muss. Der Ausgang kann hier zwar nur dann TRUE sein, wenn die Aktion aktiv ist. Durch zusätzliche Bedingungen kann aber der Ausgang endgültig oder vorübergehend FALSE werden. Man könnte aber auch durch Verwendung von Speichern den Ausgang auf TRUE halten, wenn die Aktion bereits inaktiv geworden ist.

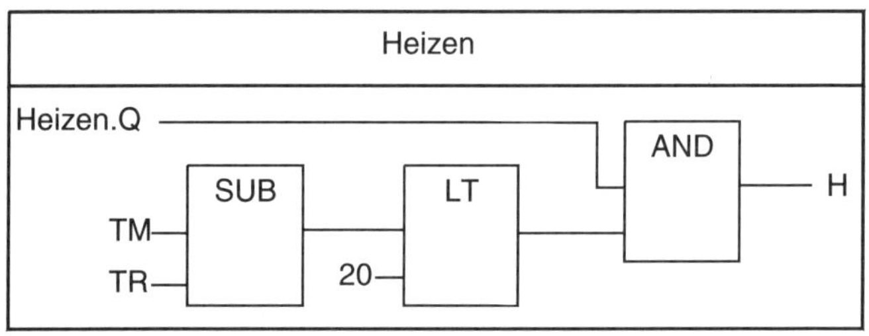

Bild 12.28: Aktion „Heizen“ in FBS

Dieses Beispiel zeigt, dass man jede beliebige Logik in die Aktion einfügen kann. Somit könnte man ausschließlich nicht gespeicherte Aktionen verwenden und die Logik, die z. B. durch das Bestimmungszeichen definiert ist, individuell in der Logik formulieren.

12.4.2 Abfüllstation

Das nächste Bild zeigt eine Abfüllstation, in der aus den Vorratsbehältern B1 bis B5 fünf verschiedene Flüssigkeiten in Container abgefüllt werden können.

Mit dem Motor M wird das Förderband angetrieben, wenn ein Container die Lichtschranke verdeckt (L = TRUE) und alle Ventile V1 bis V5 geschlossen sind.

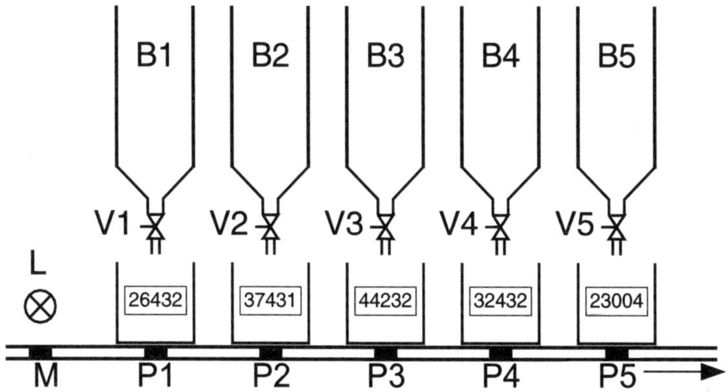

Bild 12.29: Abfüllanlage

An den Abfüllpositionen befinden sich die Wegmelder P1 bis P5, die signalisieren, dass sich ein Container in der entsprechenden Abfüllposition befindet. Die Positionen werden erfasst und als Zeichenkette „Positionen" verschlüsselt an die SPS übertragen. Damit die Zeichenkette immer die gleiche Länge hat, beginnt sie mit einer Eins gefolgt von 5 Ziffern, die entweder Null (kein Behälter in dieser Position) oder Eins (Behälter in dieser Position) sind. Der Text „100101" gibt also an, dass sich nur in der Positionen P3 und P5 Container befinden.

Jeder Container enthält ein Etikett mit je fünf Ziffern zwischen 0 und 9, die die Mengen der jeweiligen Flüssigkeit angeben, die in den Container gefüllt werden sollen. Die Ziffern geben die Menge in Vielfachen einer Basismenge an. Die Basismenge wird festgelegt durch eine Zeitbasis, für die das entsprechende Ventil geöffnet wird. Wenn also z. B. die 3. Ziffer gleich 6 ist und die Zeitbasis auf 1 Sekunde eingestellt ist, wird das Ventil V3 für 6 Sekunden geöffnet, wenn sich der Container in der Position P3 befindet. Mit einer Leseeinheit werden die Ziffern für die fünf Container erfasst und in einer Zeichenkette dargestellt. Bei der im Bild gezeigten Situation würde die Zeichenkette „Mengen", die wieder eine konstante Zeichenkettenlänge aufweisen soll, den Text „127234" erhalten. Das würde bedeuten, dass in dieser Stellung 2 Einheiten der Flüssigkeit 1 mit dem Ventil V1 in den Container an der Position P1, 7 Einheiten der Flüssigkeit 2 mit dem Ventil V2 in den Container an der Position P2, 2 Einheiten der Flüssigkeit 3 mit dem Ventil V3 in den Container an der Position P3, 3 Einheiten der Flüssigkeit 4 mit dem Ventil V4 in den Container an der Position P4 und 4 Einheiten der Flüssigkeit 5 mit dem Ventil V5 in den Container an der Position P5 abgelassen werden.

In der SPS müssen nun die Ventilstellungen ermittelt werden. Die Ventilstellungen werden mit der 6-stelligen Zeichenkette „Ventile" mit einer führenden „1" gefolgt von 5 Zeichen, die „1“ (Ventil auf) oder „0“ (Ventil zu) sein können, übertragen. Die Zeichenkette „101101“ zeigt also an, dass momentan die Ventile V2, V3 und V5 offen und die Ventile V1 und V4 geschlossen sind.

Eine mögliche Konstellation könnte sein:

```
Positionen = „101101“, Mengen = „124563“ und Ventile = „101100“.
```

Das bedeutet, dass momentan bereits das Ventil V5 wieder geschlossen ist, aber die Ventile V2 und V3 noch offen sind.

Die SPS-Steuerung soll als Ablaufsteuerung in einem Funktionsbaustein „Abfüllung“ realisiert werden, der im Programm instanziert wird. Eingänge in diesen FB sind die Lichtschranke L (L = TRUE: Container in der Ladeposition, L = FALSE: kein Container in der Ladeposition), die Zeichenkette „Positionen“ mit der Meldung der Stellung der Container und die Zeichenkette „Mengen“ mit der Angabe der Füllmengen. Ausgangsignale sind die Stellungen der Ventile als Zeichenkette „Ventile“ und die Ansteuerung des Motors „Motor“. Die Zeitbasis soll als interne Variable mit dem konstanten Wert von 1 Sekunde deklariert werden.

Der Deklarationsteil des Programms ist damit:

```
PROGRAM Abfuellstation
   VAR_EXTERNAL
            L:                   BOOL ;
            Positionen :         STRING[6] ;
            Mengen :             STRING[6] ;
            Ventile :            STRING[6] ;
            Motor:               BOOL;
   END_VAR
   VAR
            DB_ABFUELLUNG :      Abfuellung;
   END_VAR
```

Liste 12.5 Deklaration des Programms „Abfuellstation“

Die Signale, die zwischen der Anlage und der SPS ausgetauscht werden, werden hier als externe Variablen und in der Ressource als globale Variablen definiert. Der FB Abfuellung mit der Ablaufsteuerung wird unter dem Namen DB_ABFUELLUNG instanziert.

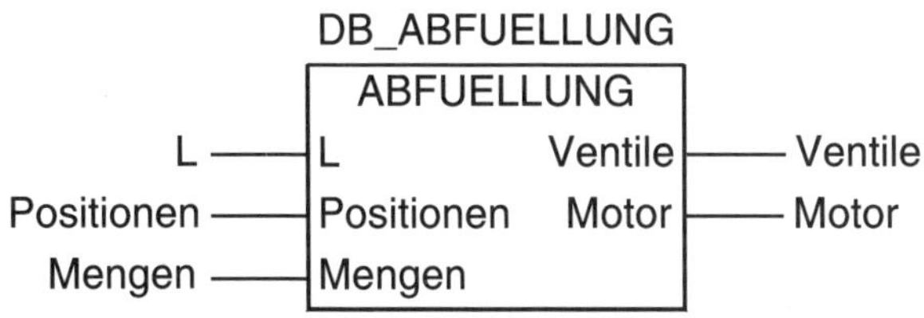

Bild 12.30: Rumpf des Programms „Abfuellstation“

Die Ablaufsteuerung soll folgendermaßen realisiert werden:

Im Anfangsschritt „Anfang“ wird darauf gewartet, dass ein Container die Lichtschranke L unterbricht (L = TRUE). Mit dieser Unterbrechung geht die Steuerung in den Schritt „Transport“, wo die nicht gespeicherte Aktion „Band“ aktiviert wird. Nach diesem Schritt geht die Steuerung dann, wenn Container nach frühestens 1 Sekunde eine oder mehrere Abfüllpositionen erreichen (Positionen <> ’100000’ AND Transport.T > T#1s), in den Schritt „Fuellung“ oder dann, wenn nach 5 Sekunden kein Container eine Abfüllposition erreicht (Positionen = ’100000’ AND Transport.T > T#5s), in den Anfangsschritt zurück. Im Schritt „Fuellung“ wird die Aktion „Fuellen“ aktiviert. Wenn alle Ventile wieder geschlossen sind (Ventile = ’100000’), geht die Steuerung zurück in den Schritt „Transport“, wodurch die Container um eine Position weiter geschoben werden.

Die Transition für das Weiterschalten in den Schritt „Fuellen“ kann frühestens 1 Sekunde nach der Aktivierung des Schrittes „Transport“ erfolgen, damit der Bandtransport auch mindestens für 1 Sekunde eingeschaltet ist und nicht sofort wieder gestoppt wird, weil die Container noch auf den Positionsmeldern stehen.

Im Deklarationsteil des FB werden die Ein- und Ausgänge sowie als interne Variable die Zeitbasis mit dem Vorgabewert T#1s deklariert.

```
FUNCTION_BLOCK Abfuellung
     VAR_INPUT
          L :                 BOOL ;
          Positionen :        STRING[6] ;
          Mengen :            STRING[6] ;
     END_VAR
     VAR_OUTPUT
          Ventile :           STRING[6] := '100000' ;
          Motor :             BOOL ;
     END_VAR
     VAR
          Zeitbasis:          TIME := T#1s ;
     END_VAR
```

Liste 12.6: Deklaration des FB „Abfuellung“

Die Ablaufsteuerung sieht damit folgendermaßen aus:

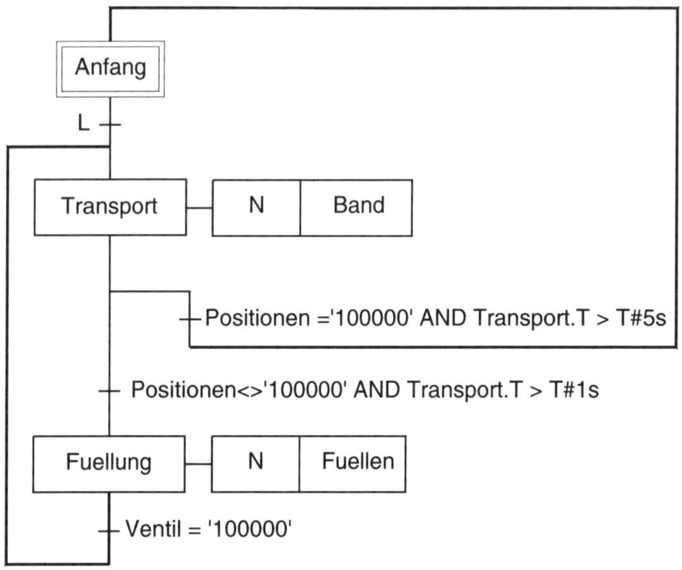

Bild 12.31: Rumpf des FB „Ablaufsteuerung" in AS

In der Aktion „Band" wird mit: Motor := Band.Q ; lediglich der Zustand der Aktion auf den Ausgang „Motor" kopiert.

In der Aktion „Fuellen" wird in jedem Rechenzyklus berechnet, welche Ventile wie lange geöffnet werden müssen. Dazu wird in der Zeichenkette „Ventile" an die dem Ventil entsprechende Position das Zeichen '1' gesetzt, wenn sich ein Container unter dem Ventil befindet (Positionen enthält dort eine '1') und die Steuerung sich nicht länger in dem Schritt „Fuellung" befindet, als durch die Zeitbasis und die Mengenangabe bestimmt ist. Da mit der Deaktivierung der Aktion „Fuellen" deren Aktivierungszeit Fuellen.T zurück gesetzt wird, würden die Ventile im letzten Rechenzyklus nach der Deaktivierung wieder geöffnet. Deshalb muss der Aktivierungszustand des Schrittes (Fuellung.Q) als zusätzliche Bedingung aufgenommen werden.

```
IF ('1' = MID(STR :=  Positionen ,LEN :=  1 ,POS:=  2 ))
          AND Fuellung.Q AND (Fuellung.T < Zeitbasis *
          STRING_TO_INT(MID(STR:=Mengen, LEN := 1, POS:=2)))
    THEN Ventile := CONCAT(STR1:= '1', STR2:='1') ;
    ELSE Ventile := CONCAT(STR1:= '1', STR2:='0') ;
END_IF ;
IF ('1' = MID(STR :=  Positionen ,LEN :=  1 ,POS:=  3 ))
```

```
            AND Fuellung.Q AND (Fuellung.T  < Zeitbasis *
            STRING_TO_INT(MID(STR:=Mengen, LEN := 1, POS:=3)))
    THEN Ventile := CONCAT(STR1:= Ventile, STR2:='1') ;
    ELSE Ventile := CONCAT(STR1:= Ventile, STR2:='0') ;
END_IF ;
IF ('1' = MID(STR :=  Positionen ,LEN :=  1 ,POS:=  4 ))
            AND Fuellung.Q AND (Fuellung.T  < Zeitbasis *
            STRING_TO_INT(MID(STR:=Mengen, LEN := 1, POS:=4)))
    THEN Ventile := CONCAT(STR1:= Ventile, STR2:='1') ;
    ELSE Ventile := CONCAT(STR1:= Ventile, STR2:='0') ;
END_IF ;
IF ('1' = MID(STR :=  Positionen ,LEN :=  1 ,POS:=  5 ))
            AND Fuellung.Q AND (Fuellung.T  < Zeitbasis *
            STRING_TO_INT(MID(STR:=Mengen, LEN := 1, POS:=5)))
    THEN Ventile := CONCAT(STR1:= Ventile, STR2:='1') ;
    ELSE Ventile := CONCAT(STR1:= Ventile, STR2:='0') ;
END_IF ;
IF ('1' = MID(STR :=  Positionen ,LEN :=  1 ,POS:=  6 ))
            AND Fuellung.Q AND (Fuellung.T  < Zeitbasis *
            STRING_TO_INT(MID(STR:=Mengen, LEN := 1, POS:=6)))
    THEN Ventile := CONCAT(STR1:= Ventile, STR2:='1') ;
    ELSE Ventile := CONCAT(STR1:= Ventile, STR2:='0') ;
END_IF ;
```

Liste 12.7: Logik der Aktion Fuellen

12.5 Lösungen mit CoDeSys

12.5.1 Reaktor

Zum Testen der Reaktorsteuerung wurde in der Programmorganisationseinheit „Modell“ eine Simulation des Reaktors erstellt. Das Niveau kann in einem senkrechten Schauglas beobachtet werden. Die Temperatur des Temperiermantels TM und im Reaktor TR werden mit einer Digitalanzeige angeigt. Zur Beschleunigung des Funktionstests wurde der Prozess um den Faktor 60 beschleunigt. Das bedeutet, dass man hier an Stelle der Zeitangabe in Minuten die Zeit in Sekunden angeben soll!

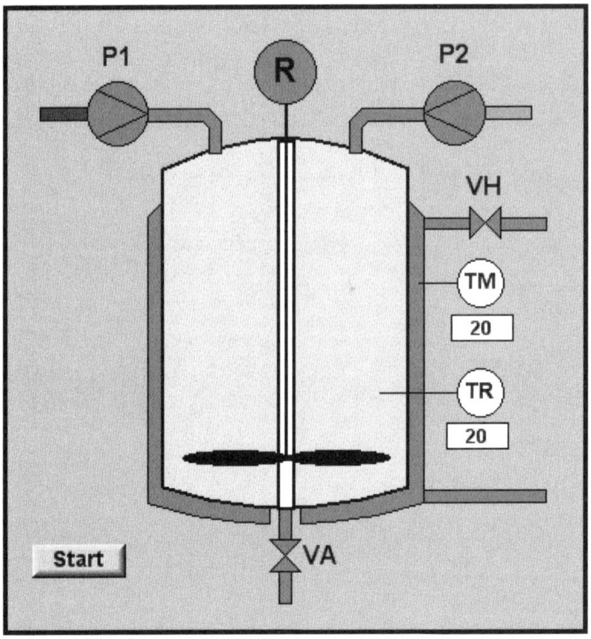

Bild 12.32: Visualisierung des Reaktors

Die Ablaufsteuerung wird in CoDeSys in dem Funktionsbaustein „Reaktor“ realisiert, der im Programm aufgerufen wird. Der Datenaustausch mit der Simulation des Reaktors erfolgt wieder über globale Variable, die im Programm als externe Variable deklariert werden.

Die Struktur des Projektes zeigt das nächste Bild.

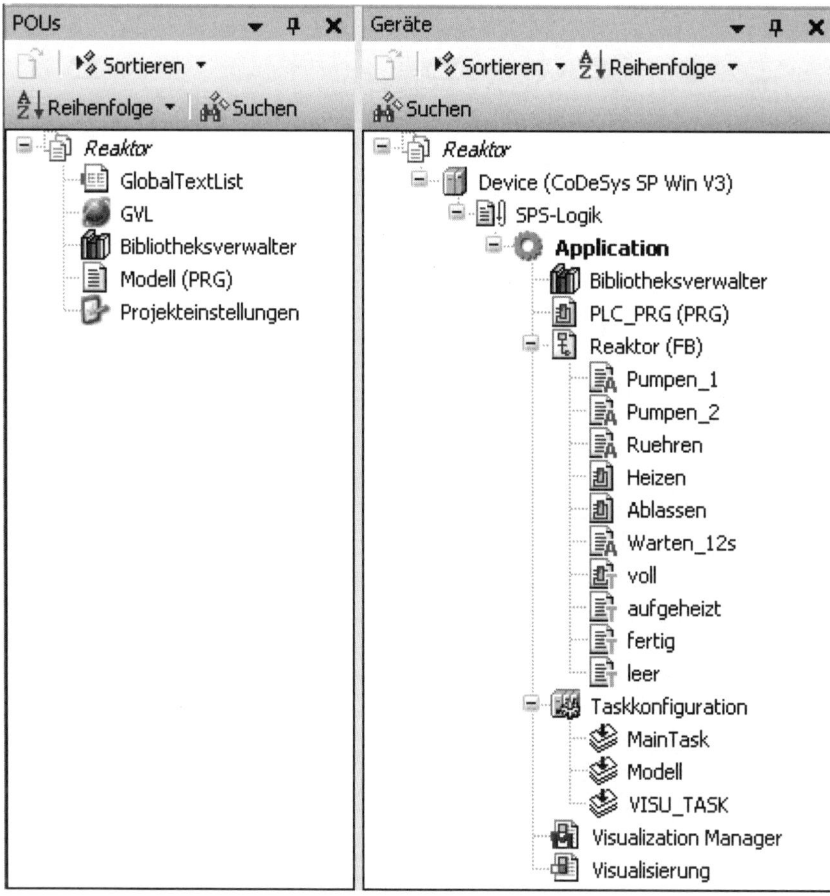

Bild 12.33: Struktur des CoDeSys-Projektes

In der Geräte-Baumstruktur des Projektes sind unter dem FB „Reaktor" die in der Ablaufsteuerung enthaltenen Aktionen und Transitionen aufgelistet. Den Rumpf dieser Aktionen und Transitionen kann man durch Anklicken öffnen.

Die Daten, die zwischen dem Modell des Reaktors und dem SPS-Programm ausgetauscht werden, sind als globale Variable in GVL deklariert. Das Programm übernimmt diese Werte als externe Variable.

```
VAR_GLOBAL
    TR:          REAL;        (* Temperatur im Reaktor *)
    TM:          REAL;        (* Temperatur im Temperiermantel *)
    P1:          BOOL;        (* Pumpe P1 *)
    P2:          BOOL;        (* Pumpe P2 *)
    VH:          BOOL;        (* Heizventil *)
    RUE:         BOOL;        (* Rührer *)
    VA:          BOOL;        (* Ablassventil *)
END_VAR
```

Bild 12.34: Globale Variable

Deklarationsteil und Rumpf des Programms „PLC_PRG" sind wie folgt:

```
PROGRAM PLC_PRG
VAR_EXTERNAL
    TR:          REAL;        (* Temperatur im Reaktor *)
    TM:          REAL;        (* Temperatur im Temperiermantel *)
    P1:          BOOL;        (* Pumpe P1 *)
    P2:          BOOL;        (* Pumpe P2 *)
    VH:          BOOL;        (* Heizventil *)
    RUE:         BOOL;        (* Rührer *)
    VA:          BOOL;        (* Ablassventil *)
END_VAR
VAR
    Start :          BOOL ;       (* Startschalter *)
    DB_Reaktor :     Reaktor;     (* Instanz der Ablaufsteuerung *)
END_VAR
```

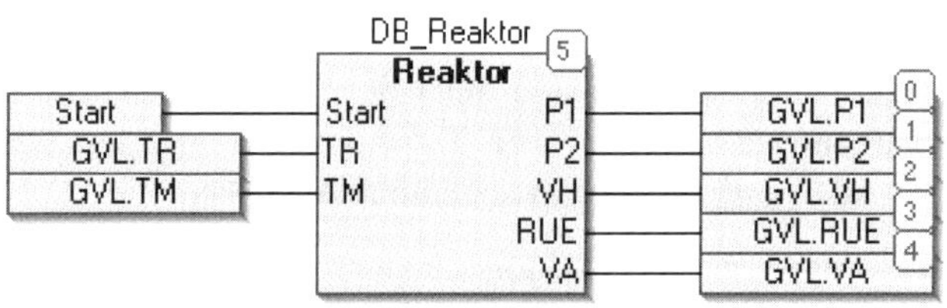

Bild 12.35: Struktur des CoDeSys-Projektes

Das Arbeitsblatt beginnt mit einem Anfangsschritt und nachfolgender Transition.

Nach der Markierung einer Transition kann man mit „SFC / Schritt-Transition (danach) einfügen" eine Schritt-Transition-Kombination anhängen. So legt man eine lineare Struktur mit mehreren Schritten an.

Mit „SFC / Verzweigung (rechts) einfügen“ erzeugt man nach der Markierung einer Transition eine Alternativverzweigung, wodurch rechts oder links neben der Transition eine zweite Transition angelegt wird. In den Alternativzweigen können dann auf die bekannte Weise wieder Schritt-Transition-Kombinationen eingefügt werden.

Für eine Simultanverzweigung wird mit „SFC / Verzweigung (rechts) einfügen“ nach der Markierung eines Schrittes rechts oder links eine weitere parallele Schritt-Transition-Kombination eingefügt.

Einem Schritt fügt man nach der Markierung mit dem Kontextmenue (rechte Maustaste) und „Aktionsassoziation (danach) einfügen“ eine (weitere) Aktion hinzu. Eine Aktion löscht man, indem man die Aktion markiert und mit dem Kontextmenue und „Löschen“ bzw. mit der Löschtaste die zu löschende Aktion entfernt.

Alle soeben genannten Tätigkeiten können über den Hauptmenuepunkt „SFC“, das Kontextmenue (rechte Maustaste) oder die Icon-Leitse ausgewählt werden.

Einen Schritt oder eine Transition kann man nicht alleine löschen, weil dadurch die zwingend vorgeschriebene Reihenfolge von Schritt und Transition nicht mehr eingehalten wird. Man markiert also immer einen Schritt und die davor oder dahinter liegende Transition, um sie danach zu löschen.

Texte von Schritten, Transitionen und Aktionen sowie deren Bestimmungszeichen lassen sich leicht verändern, nachdem der entsprechende zu ändernde Text markiert wurde.

Wenn eine Transition nicht eine einfache boolesche Variable ist, muss man der POE/POU mit der Ablaufsteuerung eine Transition hinzufügen. Dafür wird dann ein Arbeitsblatt zur Formulierung der Transitionsbedingung geöffnet. Den Namen der Transition trägt man beim Transitionssymbol ein.

Eine Aktion fügt man in das Projekt ein, indem man im Strukturbaum in die POE/POU als Objekt eine Aktion hinzufügt. In dem entsprechenden Arbeitsblatt wird die Logik der Aktion in einer beliebigen Programmiersprache formuliert.

Wenn man die Abmessungen der Symbole für Schritte oder Aktionen ändern möchte, kann man das mit „Tools / Optionen / AS-Editor“ tun. Dabei ist mit Eigenschaftenbreite der Abstand zwischen dem Schritt- und dem Aktionssymbol gemeint.

Den Deklarationsteil und den Rumpf des FB Reaktor in Ablaufsprache zeigt das Bild 12.36

```
FUNCTION_BLOCK Reaktor
VAR_INPUT
    Start : BOOL;
    TR:     REAL;          (* Temperatur im Reaktor *)
    TM:     REAL;          (* Temperatur im Temperiermantel *)
END_VAR
VAR_OUTPUT
    P1:     BOOL;          (* Pumpe P1 *)
    P2:     BOOL;          (* Pumpe P2 *)
    VH:     BOOL;          (* Heizventil *)
    RUE:    BOOL;          (* Rührer *)
    VA:     BOOL;          (* Ablassventil *)
END_VAR
VAR
    T1:         TON;       (* Instanz für TON im Schritt "Fuellung" *)
    Heizung:    RS;        (* Instanz für RS in der Aktion "Heizen" *)
END_VAR
```

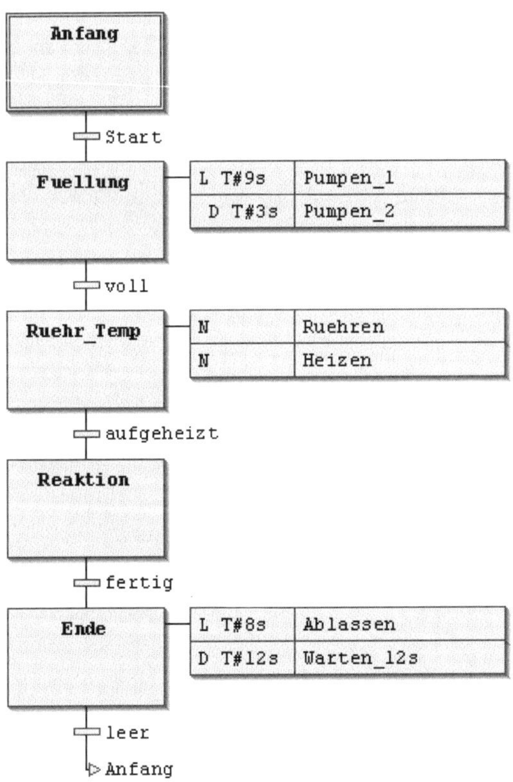

Bild 12.36: Deklaration und Rumpf des FB „Reaktor“

Die Zeiten, die in der Aufgabenstellung in Minuten vorgegeben wurden, sind hier in Sekunden eingestellt.

Ein Vergleich mit der Lösung nach IEC zeigt kaum Unterschiede. Den Zustand einer Aktion liest man hier an der Variablen „_Aktionsname._X" ab und nicht, wie bei der IEC, an „Aktionsname.Q". In CoDeSys können in AS keine Ausdrücke für die Transitionen eingegeben werden. Dazu müssen eigene Arbeitsblätter verwendet werden, die über die Transitionsnamen „voll", „aufgeheizt", „fertig" und „leer" erreicht werden.

Die Transitionsbedingung für „voll" realisiert die Wartezeit mit einer Einschaltverzögerung entsprechend dem folgenden Funktionsplan.

Das boolesche Ergebnis T1.Q ist die Transitionsbedingung.

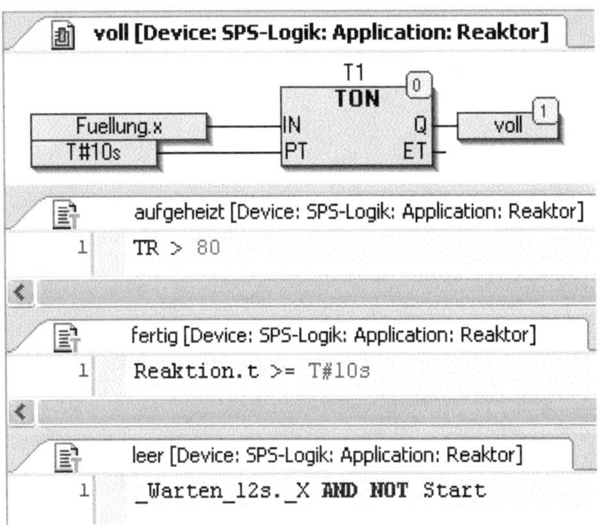

Bild 12.37: Alle Transitionen

Die Transitionsbedingung „aufgeheizt", „fertig" und „leer" sind in strukturiertem Text formuliert.

Während bei der Transition „fertig" die Aktivierungszeit des Schrittes „Reaktion" abgefragt wird, wird bei der Transition „leer" die Wartezeit mit der zeitlich verzögerten Aktion Warten_12s realisiert.

Die Rümpfe der Aktionen „Pumpen_1", „Pumpen_2", „Ruehren" und „Ablassen" enthalten lediglich die Zuweisung des Aktivierungsgrades der Aktion an den Ausgang.

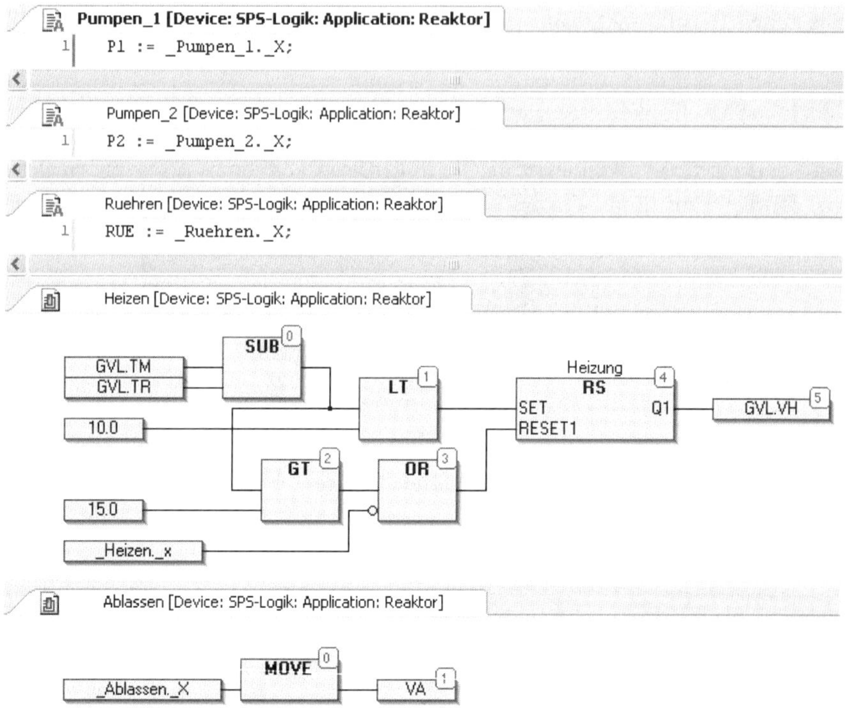

Bild 12.38: Alle Aktionen

Der Rumpf der Aktion „Heizen“ wurde in CFC formuliert. Diese wird bei aktiver Aktion berechnet. Dann, wenn die Manteltemperatur TM um weniger als 10.0 Grad über der Reaktorinnentemperatur TR liegt, wird die Heizung eingeschaltet. Ausgeschaltet wird die Heizung dann, wenn entweder die Manteltemperatur um mehr als 15.0 Grad über der Reaktorinnentemperatur liegt, damit diese Reaktorinnentemperatur nachziehen kann, oder dann, wenn die Aktion inaktiv wird. Dadurch, dass die Aktion nach der Inaktivierung noch einmal gerechnet wird, kann der Speicher für die Heizung zurückgesetzt werden.

Sie können sich nun die Musterlösung mit der Simulation des Reaktors „live“ auf Ihrem PC ansehen oder versuchen, diese Steuerung selbst zu erstellen.

12.5.2 Abfüllstation

Für das Beispiel der Abfüllstation wurde mit CoDeSys eine Simulation erstellt, deren Visualisierung hier gezeigt wird.

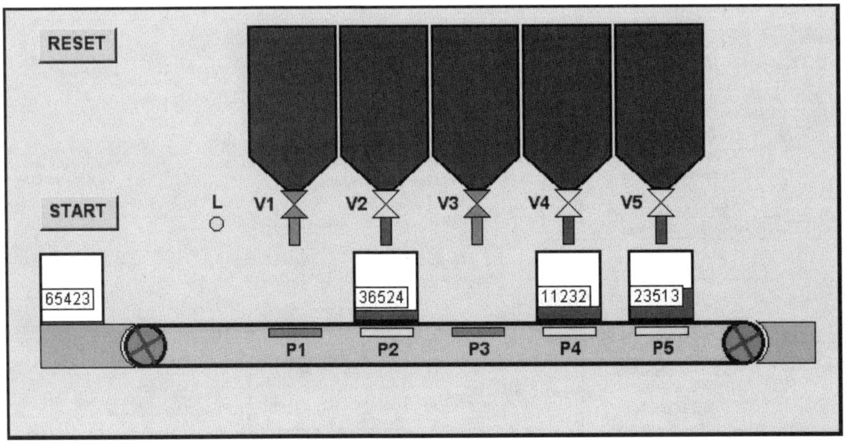

Bild 12. 39: Visualisierung der Abfüllstation

Für die Testphase wurde die Taste „Reset" vorgesehen, mit deren Betätigung alle Ventile geschlossen und alle Container ins Lager zurück gestellt werden. Auf die Etiketten kann man die normierten Füllmengen eintragen. Durch Betätigen der Start-Taste wird ein neuer Container auf das Band gestellt, wenn das Band steht. Die gefüllten Container werden nach rechts vom Band weg geschoben und erscheinen geleert wieder links im Lager.

Die Steuerung wurde in CoDeSys wie folgt realisiert:

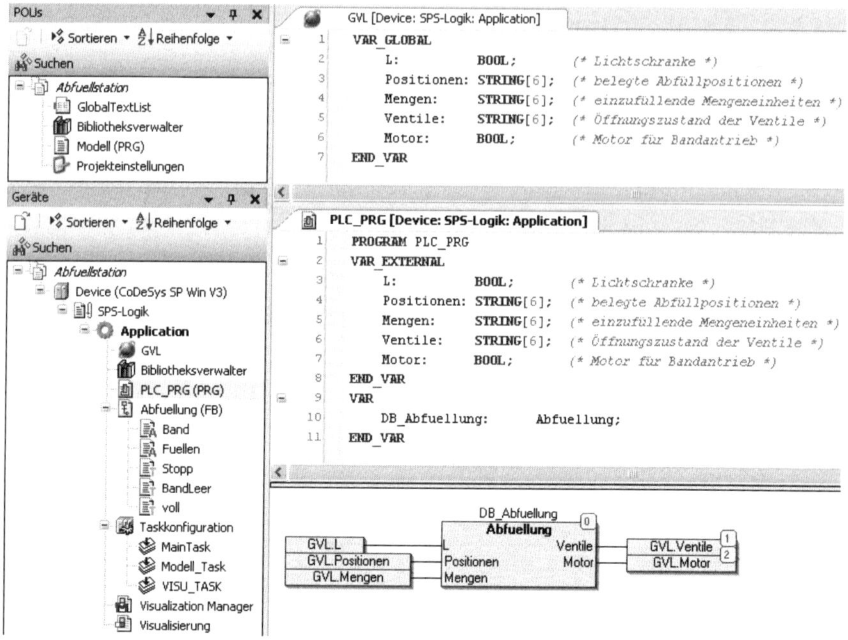

Bild 12.40: Struktur des CoDeSys-Projektes mit Programm

An der Struktur des Projektes sieht man, dass neben dem Programm PLC_PRG(PRG) in CFC ein FB „Abfuellung“ in AS mit den Aktionen „Band“ (ST) und „Fuellen“ (ST) existiert. Außerdem gehören zur Ablaufsteuerung die Transitionen „Stopp“, „BandLeer“ und „voll“, die jeweils auf einem Arbeitsblatt in ST formuliert wurden.

```
FUNCTION_BLOCK Abfuellung
VAR_INPUT
    L:           BOOL;       (* Lichtschranke *)
    Positionen:  STRING[6];  (* belegte Abfüllpositionen *)
    Mengen:      STRING[6];  (* einzufüllende Mengeneinheiten *)
END_VAR
VAR_OUTPUT
    Ventile:     STRING[6];  (* Öffnungszustand der Ventile *)
    Motor:       BOOL;       (* Motor für Bandantrieb *)
END_VAR
VAR
    Zeitbasis:   TIME := T#1S;
END_VAR
```

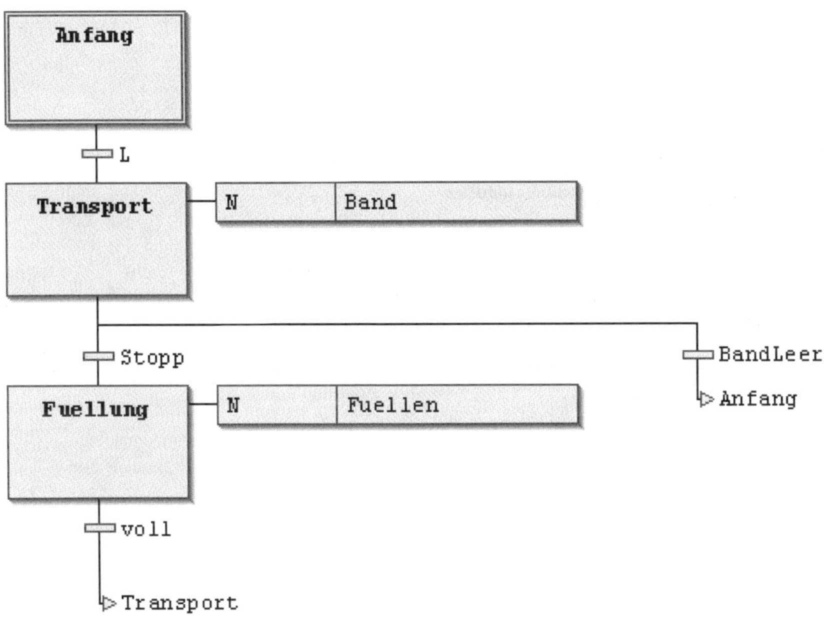

Bild 12.41: Deklaration und Rumpf der Ablaufsteuerung

Die Deklaration der internen Variablen Zeitbasis ist für die Aktion „Fuellen" notwendig.

Die drei hier verwendeten Transitionen sind im ST formuliert.

Stopp [Device: SPS-Logik: Application: Abfuellung]

```
Positionen <> '100000' AND Transport.T > T#1s
```

BandLeer [Device: SPS-Logik: Application: Abfuellung]

```
Positionen = '100000' AND Transport.T > T#5s
```

voll [Device: SPS-Logik: Application: Abfuellung]

```
Ventile = '100000'
```

Bild 12.42: Transitionen der Ablaufsteuerung

Die Aktion „Band" enthält nur die Zuweisung der Aktivität dieser Aktion zum Ausgang Motor. Abweichend von der IEC-Norm wird die Aktivierung hier mit der booleschen Variablen „_Aktionsname._X" abgefragt.

Band [Device: SPS-Logik: Application: Abfuellung]

```
Motor := _Band._X;
```

Fuellen [Device: SPS-Logik: Application: Abfuellung]

```
IF ('1' = MID(STR :=  Positionen ,LEN :=  1 ,POS:=  2 )) AND Fuellung.X AND
   (Fuellung.T <  Zeitbasis * STRING_TO_INT(MID(STR:=Mengen, LEN := 1, POS:=2)))
   THEN Ventile := CONCAT(STR1:= '1', STR2:='1') ;
   ELSE Ventile := CONCAT(STR1:= '1', STR2:='0') ;
END_IF ;
IF ('1' = MID(STR :=  Positionen ,LEN :=  1 ,POS:=  3 )) AND Fuellung.X AND
   (Fuellung.T  < Zeitbasis * STRING_TO_INT(MID(STR:=Mengen, LEN := 1, POS:=3)))
   THEN Ventile := CONCAT(STR1:= Ventile, STR2:='1') ;
   ELSE Ventile := CONCAT(STR1:= Ventile, STR2:='0') ;
END_IF ;
IF ('1' = MID(STR :=  Positionen ,LEN :=  1 ,POS:=  4 )) AND Fuellung.X AND
   (Fuellung.T < Zeitbasis * STRING_TO_INT(MID(STR:=Mengen, LEN := 1, POS:=4)))
   THEN Ventile := CONCAT(STR1:= Ventile, STR2:='1') ;
   ELSE Ventile := CONCAT(STR1:= Ventile, STR2:='0') ;
END_IF ;
IF ('1' = MID(STR :=  Positionen ,LEN :=  1 ,POS:=  5 )) AND Fuellung.X AND
   (Fuellung.T < Zeitbasis * STRING_TO_INT(MID(STR:=Mengen, LEN := 1, POS:=5)))
   THEN Ventile := CONCAT(STR1:= Ventile, STR2:='1') ;
   ELSE Ventile := CONCAT(STR1:= Ventile, STR2:='0') ;
END_IF ;
IF ('1' = MID(STR :=  Positionen ,LEN :=  1 ,POS:=  6 )) AND Fuellung.X AND
   (Fuellung.T < Zeitbasis * STRING_TO_INT(MID(STR:=Mengen, LEN := 1, POS:=6)))
   THEN Ventile := CONCAT(STR1:= Ventile, STR2:='1') ;
   ELSE Ventile := CONCAT(STR1:= Ventile, STR2:='0') ;
END_IF ;
```

Bild 12.43: Aktionen der Ablaufsteuerung

In der Aktion „Fuellen“ werden die Ventilstellungen berechnet.

In der Zeichenkette „Ventile“ wird die dem Ventil entsprechende Position mit einer '1' besetzt, wenn in der Positionsangabe mit einer '1' angegeben wird, dass ein Container bereitsteht, der Schritt „Fuellung“ aktiv ist und die Zeit der Aktivierung kleiner ist als durch das Produkt aus Zeitbasis und Mengenangabe angegeben wird. Die UND-Verknüpfung mit der Aktivierung des Schrittes „Fuellung“ ist deshalb notwendig, weil die Aktion „Fuellen“ auch noch ein weiteres Mal nach der Deaktivierung berechnet wird.

12.6 Lösungen mit STEP 7

Die Ablaufsteuerungen werden unter STEP 7 realisiert, wobei die Ablaufsprache S7-GRAPH eingesetzt wird. Dabei wird vorwiegend auf die IEC-konformen Elemente eingegangen. Man kann den GRAPH-Editor auf IEC-Konformität mit „Extras/Applikationseinstellungen/Allgemein/IEC-konformes Verhalten“ einstellen.

12.6.1 Reaktor

Nach dem Öffnen des Projektes mit dem Assistenten müssen zunächst die Ein- und Ausgangsvariablen für den Datenaustausch mit WinCC flexible im Datenbaustein „WinCC“ eingetragen werden. Die Einträge in die Symboltabelle erfolgen automatisch beim Übersetzen.

Projektstruktur

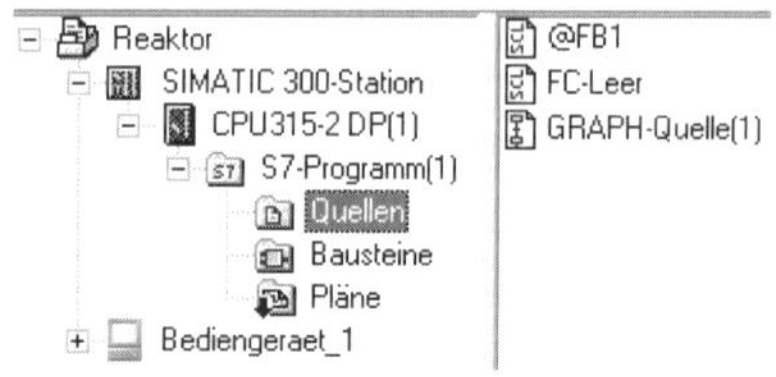

Symboltabelle

	Status	Symbol	Adresse	Datentyp	Kommentar
1		Abl_Reaktor	FB 2	FB 2	FB für die Ablaufsteuerung
2		CMP_R	FC 60	FC 60	REAL-Comparator
3		DB_Abl_Reaktor	DB 2	FB 2	DB für Ablaufsteuerung
4		DB_Heizen	DB 1	FB 1	DB für Aktion "Heizen"
5		G7_STD_3	FB 72	FB 72	
6		Heizen	FB 1	FB 1	Aktion "Heizen"
7		leer	FC 110	FC 110	Aktion Transition "leer"
8		SUB_R	FC 62	FC 62	REAL-Subtraction
9		WinCC	DB 51	DB 51	

Datenbaustein „WinCC"

Adresse	Name	Typ	Anfangswert	Kommentar
0.0		STRUCT		
+0.0	Start	BOOL	FALSE	Startschalter
+2.0	TM	REAL	0.000000e+000	Manteltemperatur
+6.0	TR	REAL	0.000000e+000	Reaktorinnentemperatur
+10.0	P1	BOOL	FALSE	Pumpe 1
+10.1	P2	BOOL	FALSE	Pumpe 2
+10.2	H	BOOL	FALSE	Heizung
+10.3	V	BOOL	FALSE	Ventil
+10.4	RUE	BOOL	FALSE	Rührer
=12.0		END_STRUCT		

Bild 12.44: Projektstruktur, Symboltabelle und Datenbaustein „WinCC"

Mit der rechten Maustaste auf „S7-Programm (1)" und „Neues Objekt einfügen/GRAPH-Quelle" öffnet sich der S7-GRAPH Editor mit den Symbolen einer Schritt/Transition. Im linken Fenster befindet sich auf der rechten Registerkarte ein Überblick über die bis dahin definierten Objekte. Diese Übersicht wird nach Vervollständigung des Projektes folgendes Aussehen haben. Standardmäßig sind Ein- und Ausgänge definiert, die man eventuell nicht verwenden möchte. Diese können nach einer Markierung gelöscht werden. Durch Markierung von z. B. IN oder OUT können neue Variable eingefügt werden.

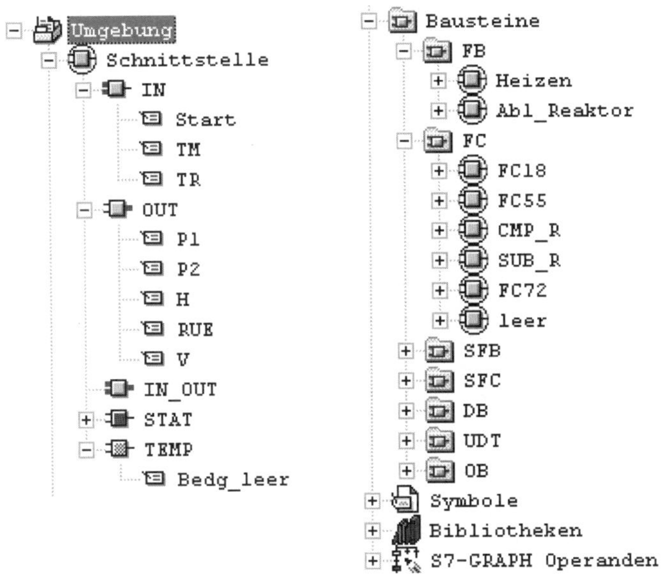

Bild 12.45: Variablen

Bei der Programmierung kann man die hier bereits eingetragenen Objekte in den Programmiereditor hineinziehen.

Der Name des Schrittes und der Aktion können nach der Markierung verändert werden. Nach der Markierung einer Transition kann man darunter mit „Einfügen/Schritt+Transition" einen Schritt mit Transition in die Ablaufkette einfügen. Das Ende der Schrittkette wird mit einem Kettenende („Einfügen/Kettenende") oder einem Sprung zu einem Schritt („Einfügen/Sprung") abgeschlossen.

Den Zustand eines Schrittes fragt man mit „Schrittname.X" ab. Die Zeit, während der der Schritt aktiv ist bzw. im letzten Aufruf aktiv war, wird mit „Schrittname.T" angezeigt. Dieser Schrittname wird automatisch in das Überschriftsfeld für die Aktionen eingetragen.

Transitionsbedingungen können im S7-GRAPH-Editor nur in den SPS-Sprachen FUP und KOP formuliert werden. Mit der rechten Maustaste kann man aus dem Kontextmenue FUP-Sprachelemente eine UND-Box, ODER-Box oder einen Vergleicher an den linken Anschluss einer Transition anschließen.

Wenn ein Schritt nach einer festgelegten Zeit durch Weiterschalten der nachfolgenden Transition inaktiviert werden soll, kann man nach Markierung der Transitionsbedingung mit „Einfügen/Zeitüberwachung T" eine vorbereitete Logik einfügen.

Aktionen werden eingefügt, indem man mit der rechten Maustaste die nach rechts herausgezogene Schrittüberschrift markiert und aus dem Kontextmenue „Neues Element einfügen/Aktion“ wählt. Als IEC-konforme Bestimmungszeichen (Operanden) sind die Zeichen N, S, R, D und L zugelassen. Als Name der Aktion kann eine boolesche Variable (z. B. ein Ausgang) verwendet werden.

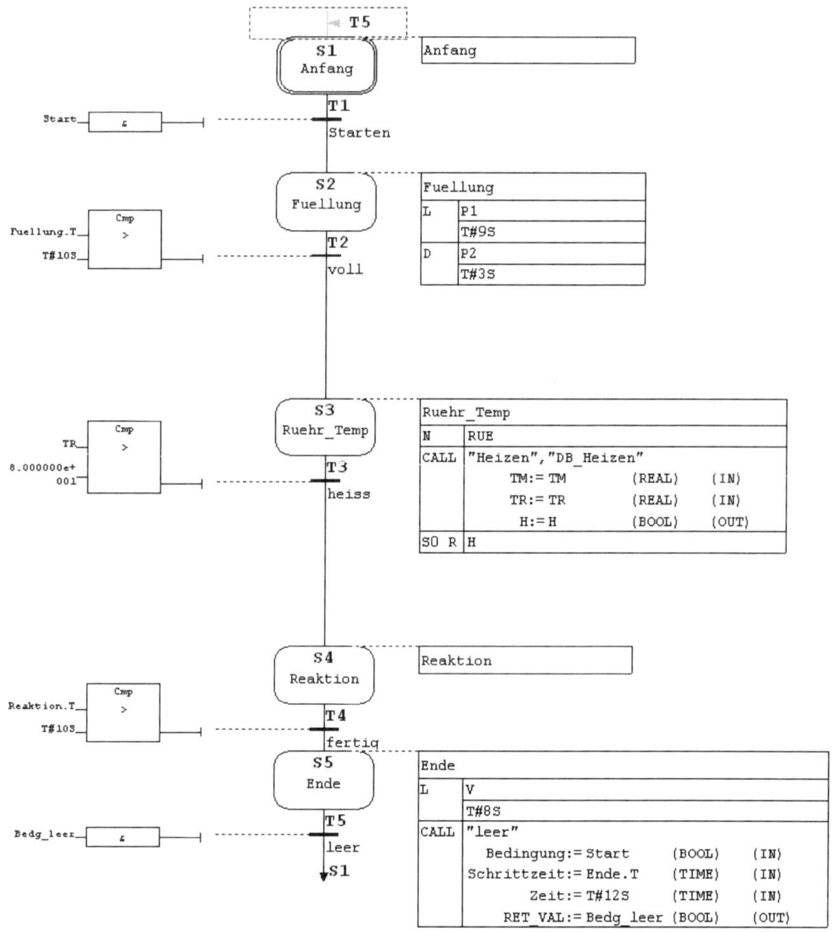

Bild 12.46: Ablaufsteuerung in GRAPH

Wenn die Aktion eine Verarbeitung von Informationen durchführen soll, kann sie in einer FC oder einem FB programmiert werden. Die FC oder der FB wird in der Aktion mit dem Bestimmungszeichen CALL aufgerufen. Im rechten Feld der Aktion wird der Name der FC bzw. der Name des FB mit dem Namen des zugehörigen Datenbausteins („FB-Name“, „DB_FB-Name“) eingetragen. Wenn diese FC oder dieser FB bereits programmiert und übersetzt sind, werden automatisch die formalen Ein- und Ausgänge aufgelistet, denen dann die aktuellen Werte oder Variablen zugewiesen werden.

Hier wurde für die Aktion, mit der die Heizung angesteuert wird, ein FB in CFC programmiert. Dabei muss man wissen, dass bei STEP 7 die Aktionen nur dann bearbeitet werden, wenn der Schritt aktiv ist. Sie wird also nach der Deaktivierung nicht mehr bearbeitet! Deshalb muss man dann, wenn mit der Deaktivierung des Schrittes ein Ausgang zurückgesetzt werden muss, diesen mit einer eigenständigen Aktion zurücksetzen. Der entsprechende Operand (Bestimmungszeichen) ist „S0 R". Das bedeutet, dass der Ausgang mit der Deaktivierung des Schrittes (S0) zurückgesetzt wird (R). Die einem Schritt zugeordneten Aktionen werden in der angegebenen Reihenfolge von oben nach unten abgearbeitet.

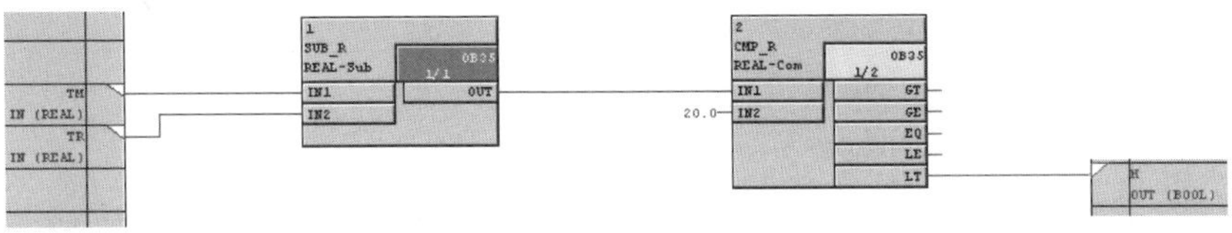

Bild 12.47: CFC-Plan des FB (Aktion) „Heizen"

Da die Logik der Transitionsbedingung „leer" für die Darstellung in GRAPH zu groß ist, wird hier dafür die FC „leer" in SCL programmiert und das Funktionsergebnis (RET_VAL) an die Transition angeschlossen.

```
FUNCTION leer : BOOL
VAR_INPUT
    Bedingung :      BOOL ;
    Schrittzeit :    TIME ;
    Zeit :           TIME ;
END_VAR

leer := NOT Bedingung AND Schrittzeit > Zeit ;

END_FUNCTION
```

Bild 12.48: FC (Aktion) „leer" in SCL

Die Ablaufsteuerung wird nach dem Übersetzen z. B. als FB1 in das Projekt eingefügt. Instanziert werden kann eine Ablaufsteuerung in einem OB (OB1) oder einen anderen FB mit den Sprachen AWL, FUP, KOP und SCL, also nicht mit CFC! Hier wird er mit FUP in den OB 1 eingefügt.

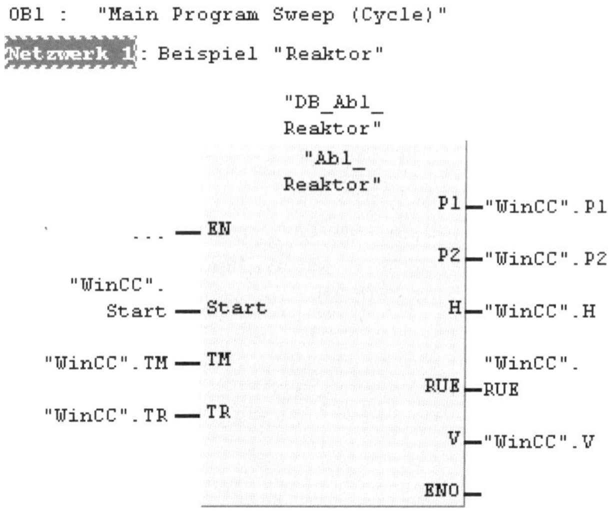

Bild 12.49: Instanzierung der Ablaufsteuerung im OB1

Nach dem Übersetzen kann das Programm in den Simulator geladen, gestartet und mit der Visualisierung des Prozesses in WinCC flexible getestet werden.

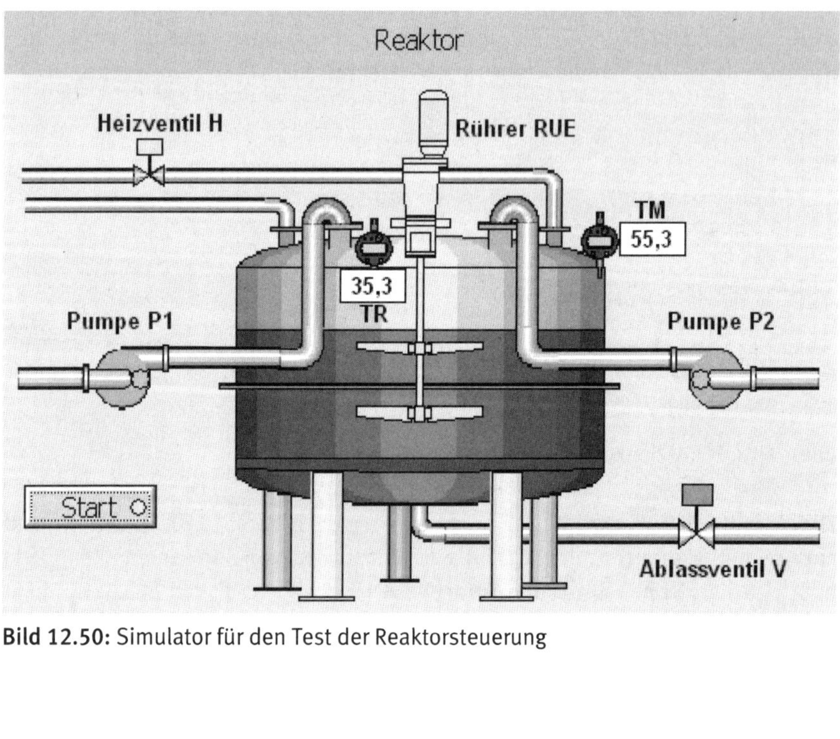

Bild 12.50: Simulator für den Test der Reaktorsteuerung

Wenn man wissen will, ob die Ablaufsteuerung richtig läuft, muss man aus der Objektliste den FB2, der die Ablaufsteuerung enthält, aufrufen und den S7-GRAPH-Editor auf den Beobachtungsmodus schalten.

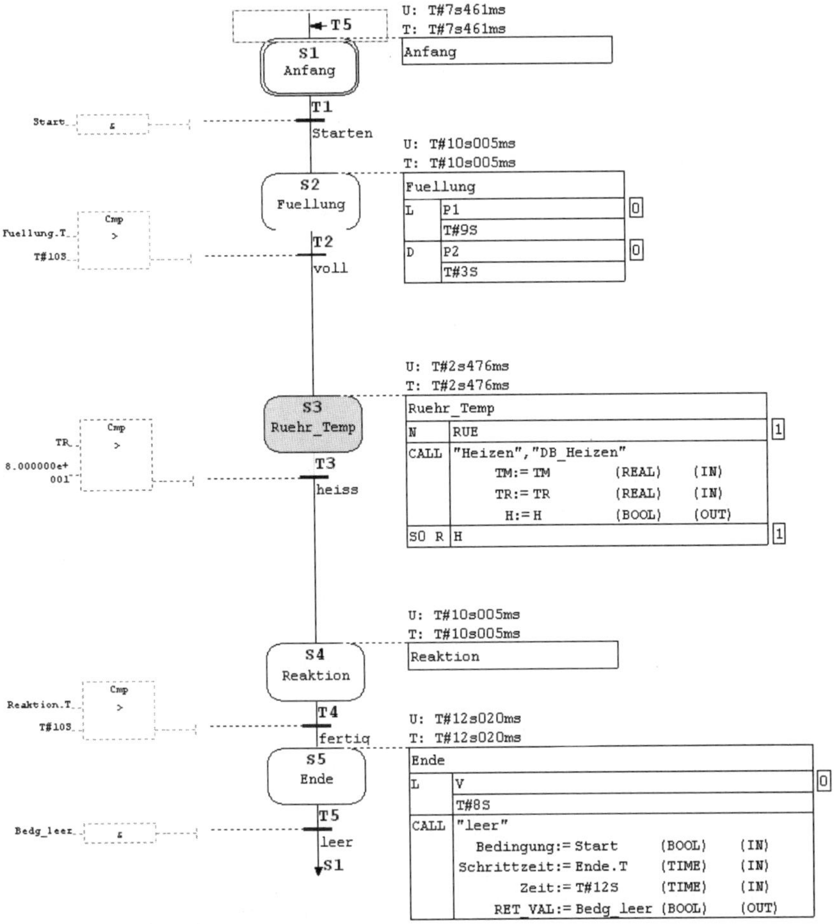

Bild 12.51: Animation der Ablaufsteuerung in GRAPH

Die Animation der Ablaufsteuerung zeigt, welcher Schritt aktiv ist und welchen Zustand die Ausgänge haben. Außerdem werden für die Schritte die Zeiten angegeben, während der sie aktiv waren (T) bzw. ungestört aktiv waren (U).

12.6.2 Abfüllstation

Die Steuerung soll in STEP 7 mit der Ablaufsprache S7-GRAPH und dem strukturierten Text SCL realisiert werden. Das Programm (OB1) ruft die Ablaufsteuerung „Ablauf“ auf.

Projektstruktur

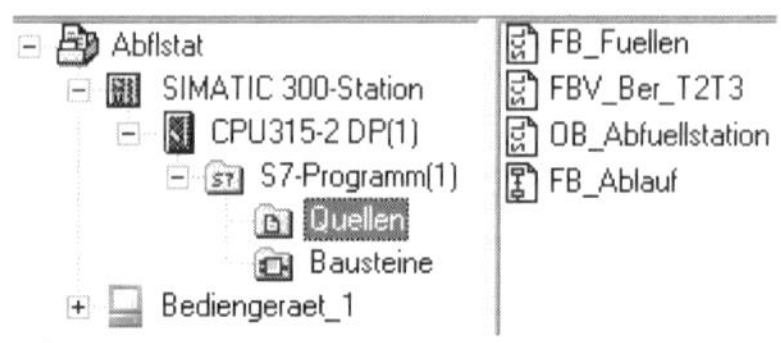

Symboltabelle

	Status	Symbol	Adresse	Datentyp	Kommentar
1		Ablauf	FB 1	FB 1	Ablaufsteuerung
2		Ausgaenge	FB 3	FB 3	Ausgabe an den Simulator
3		Ber_T2T3	FB 4	FB 4	Berechnung der Transitionen T2 und T3
4		CONCAT	FC 2	FC 2	Concatenate String
5		DB_Ablauf	DB 1	FB 1	Datenbaustein für die Ablaufsteuerung
6		DB_Ausgaenge	DB 3	FB 3	" für die Ausgänge
7		DB_Ber_T2T3	DB 4	FB 4	" für die Transitionsberechnung
8		DB_Eingaenge	DB 2	FB 2	" für die Eingänge
9		DB_Fuellen	DB 5	FB 5	" für die Aktion "Füllen"
10		DI_STRNG	FC 5	FC 5	Double Integer to String
11		Eingaenge	FB 2	FB 2	Erfassung der Eingänge vom Simulator
12		EQ_STRNG	FC 10	FC 10	Equal String
13		Fuellen	FB 5	FB 5	Aktion "Füellen" und Berechnung der Transition T4
14		G7_STD_3	FC 72	FC 72	Für GRAPH
15		MID	FC 26	FC 26	Middle Part of String
16		NE_STRNG	FC 29	FC 29	Not Equal String
17		RIGHT	FC 32	FC 32	Right Part of String
18		STRNG_I	FC 38	FC 38	String to Integer
19		TIME_TCK	SFC 64	SFC 64	Read the System Time
20		WinCC	DB 51	DB 51	

Datenbaustein „WinCC“

Adresse	Name	Typ	Anfangswert	Kommentar
0.0		STRUCT		
+0.0	L	BOOL	FALSE	Lichtschranke
+2.0	Positionen	STRING[254]	''	Positionen mit Behälter
+258.0	Mengen	STRING[254]	''	Mengen je Behälter
+514.0	Motor	BOOL	FALSE	Antrieb des Transportbandes
+516.0	Ventile	STRING[254]	''	Ventile sollen öffnen
=772.0		END_STRUCT		

Bild 12.52: Projektstruktur, Symboltabelle und Datenbaustein „WinCC“

Der Ablaufsteuerung wird in der Zeichenkette (STRING) „Positionen“ gemeldet, an welchen Positionen sich Behälter befinden. Mit „Mengen“ wird ebenfalls in einer Zeichenkette angegeben, wieviel von jeder Komponente in die Behälter gefüllt werden soll. An der booleschen Variablen „L“ erkennt die Ablaufsteuerung, dass ein neuer Behälter auf das Band gestellt wurde. Die Ablaufsteuerung liefert ein boolesches Signal „Motor“ für die Ansteuerung des Motors und die Zeichenkette „Ventile“, die angibt, welche Ventile geöffnet sein müssen.

```
ORGANIZATION_BLOCK OB1

VAR_TEMP
  info : ARRAY[0..19] OF BYTE;  // für Betriebssystem //
END_VAR

  Ablauf.DB_Ablauf(Positionen:=WinCC.Positionen,
        Mengen:=WinCC.Mengen, L:=WinCC.L) ;
  WinCC.Motor := DB_Ablauf.Motor ;
  WinCC.Ventile := DB_Ablauf.Ventile ;

END_ORGANIZATION_BLOCK
```

Bild 12.53: Organisationsbaustein OB1 in SCL

Jeder OB benötigt für seinen Ablauf grundsätzlich 20 Byte Lokaldaten für das Betriebssystem (BESY). Daher wurde das Feld „info“ als temporäre Variable deklariert.

Die Struktur der Ablaufsteuerung entspricht der, die zuvor für die Lösungen nach IEC und mit CoDeSys gezeigt wurde. Hier können nur einfache Transitionsbedingungen in KOP oder FUP formuliert werden.

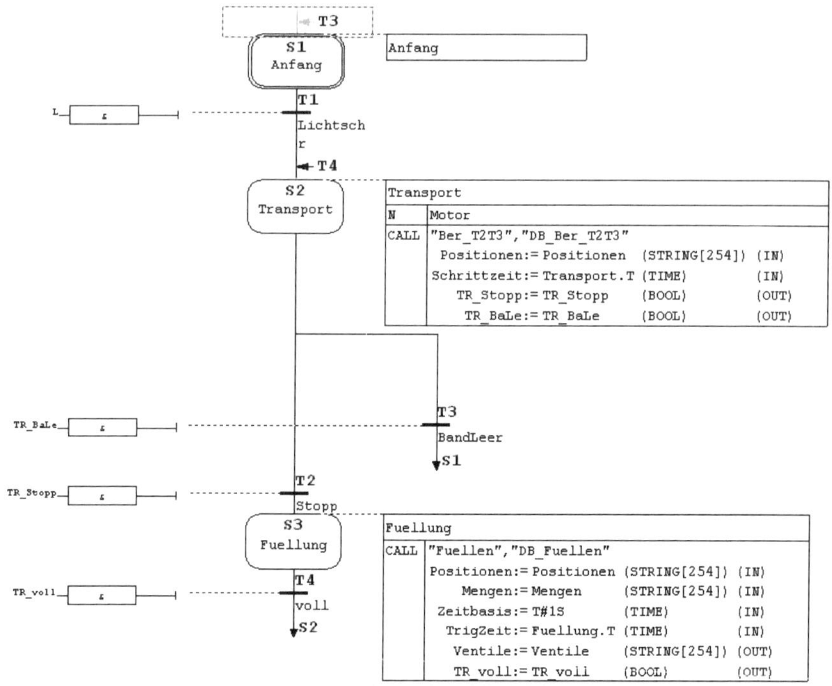

Bild 12.54: FB „Ablauf" der Ablaufsteuerung in GRAPH

Deshalb werden die komplexeren Transitionsbedingungen T2 (TR_Stopp) und T3 (TR_BaLe) in der Aktion durch Aufruf des FB „Ber_T2T3" berechnet.

```
FUNCTION_BLOCK Ber_T2T3
VAR_INPUT
    Positionen :    STRING ;
    Schrittzeit :   TIME ;
END_VAR
VAR_OUTPUT
    TR_Stopp, TR_BaLe : BOOL ;
END_VAR

TR_Stopp := (Positionen <> '100000') AND (Schrittzeit > T#1s) ;
TR_BaLe := (Positionen = '100000') AND (Schrittzeit > T#5s) ;

END_FUNCTION_BLOCK
```

Bild 12.55: Berechnung der Transitionsbedingungen T2 und T3

Aktionen, die nicht nur eine einfache boolesche Größe darstellen, müssen in S7-GRAPH ebenfalls innerhalb von FC oder FB realisiert werden. So erfolgt die Berechnung der Ventilstellungen und die Zusammenfassung in der Zeichenkette „Ventile“ sowie die Berechnung der Transitionsbedingung T4 (TR_voll) im FB „Fuellen“.

In diesem FB werden Zeichenketten mit den Funktionen MID und CONCAT bearbeitet. Diese haben bei STEP 7 von der IEC-Schreibweise abweichende Parameterbezeichnungen. Für die Umwandlung von Datentypen sind in den Bibliotheken von STEP 7 ebenfalls Funktionen abgelegt, die aber leider nicht dieselben Bezeichnungen haben wie in IEC. Daher unterscheidet sich der Rumpf des FB „Fuellen“ von dem entsprechenden Rumpf bei IEC und CoDeSys. Ein weiterer Unterschied zwischen STEP 7 und IEC bei S7-GRAPH ist der, dass bei S7-GRAPH eine in einer Aktion aufgerufene FC oder ein FB nur dann bearbeitet wird, wenn der zugehörige Schritt aktiv ist.

Die nächsten beiden Bilder zeigen den Deklarationsteil und den Rumpf des FB „Fuellen“.

Nach dem Übersetzen aller Module des Projektes können alle entstandenen Bausteine in den Simulator geladen und die Bedienoberfläche in WinCC flexible gestartet werden. Das folgende Bild zeigt eine Momentaufnahme des Abfüllvorgangs.

```
FUNCTION_BLOCK Fuellen
VAR_INPUT
    Positionen :    STRING ;
    Mengen :        STRING ;
    Zeitbasis :     TIME ;
    TrigZeit :      TIME ;
END_VAR
VAR_OUTPUT
    Ventile :       STRING ;
    TR_voll :       BOOL ;
END_VAR

IF ('1' = MID(IN :=  Positionen ,L :=  1 ,P :=  2 )) AND
    (TrigZeit < Zeitbasis * STRNG_I(MID(IN:=Mengen, L := 1, P:=2)))
    THEN Ventile := CONCAT(IN1:= '1', IN2:='1') ;
    ELSE Ventile := CONCAT(IN1:= '1', IN2:='0') ;
END_IF ;
IF ('1' = MID(IN :=  Positionen ,L :=  1 ,P :=  3 )) AND
    (TrigZeit < Zeitbasis * STRNG_I(MID(IN:=Mengen, L := 1, P:=3)))
    THEN Ventile := CONCAT(IN1:= Ventile, IN2:='1') ;
    ELSE Ventile := CONCAT(IN1:= Ventile, IN2:='0') ;
END_IF ;
IF ('1' = MID(IN :=  Positionen ,L :=  1 ,P :=  4 )) AND
    (TrigZeit < Zeitbasis * STRNG_I(MID(IN:=Mengen, L := 1, P:=4)))
    THEN Ventile := CONCAT(IN1:= Ventile, IN2:='1') ;
    ELSE Ventile := CONCAT(IN1:= Ventile, IN2:='0') ;
END_IF ;
IF ('1' = MID(IN :=  Positionen ,L :=  1 ,P :=  5 )) AND
    (TrigZeit < Zeitbasis * STRNG_I(MID(IN:=Mengen, L := 1, P:=5)))
    THEN Ventile := CONCAT(IN1:= Ventile, IN2:='1') ;
    ELSE Ventile := CONCAT(IN1:= Ventile, IN2:='0') ;
END_IF ;
IF ('1' = MID(IN :=  Positionen ,L :=  1 ,P :=  6 )) AND
    (TrigZeit < Zeitbasis * STRNG_I(MID(IN:=Mengen, L := 1, P:=6)))
    THEN Ventile := CONCAT(IN1:= Ventile, IN2:='1') ;
    ELSE Ventile := CONCAT(IN1:= Ventile, IN2:='0') ;
END_IF ;
TR_voll := Ventile = '100000' ;

END_FUNCTION_BLOCK
```

Bild 12.56: Deklaration und Rumpf des FB „Fuellen“

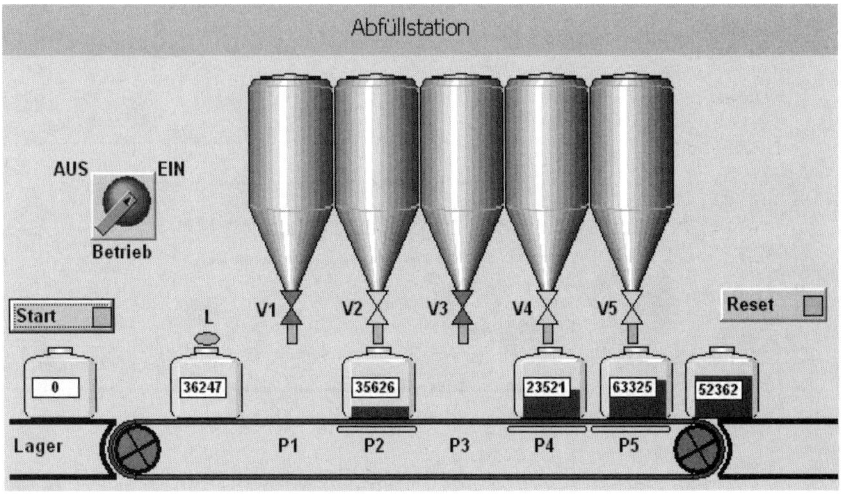

Bild 12.57: Simulator für das Projekt Abfüllstation

Mit dem Betriebsschalter nimmt man die Anlage in Betrieb. In die Eingabefelder auf den Behältern gibt man die 5-stellige Abfüllmenge je Behälter an. Damit der Behälter nicht überfüllt wird, darf die Quersumme der Ziffern nicht größer als 25 sein! Wenn eine größere Gesamtmenge angegeben wird, wird unter dem Lager eine blinkende Warnmeldung ausgegeben. Wenn das Band steht und kein Behälter in der Startposition unter der Lichtschranke steht, kann mit dem Taster „Start“ der nächste Behälter in die Startposition gestellt werden.

12.7 Übungsprojekt „Bearbeitungsband“

12.7.1 Aufgabenstellung

Auf ein Förderband können Fässer gestellt werden, die mit der Lichtschranke L1 erfasst werden.

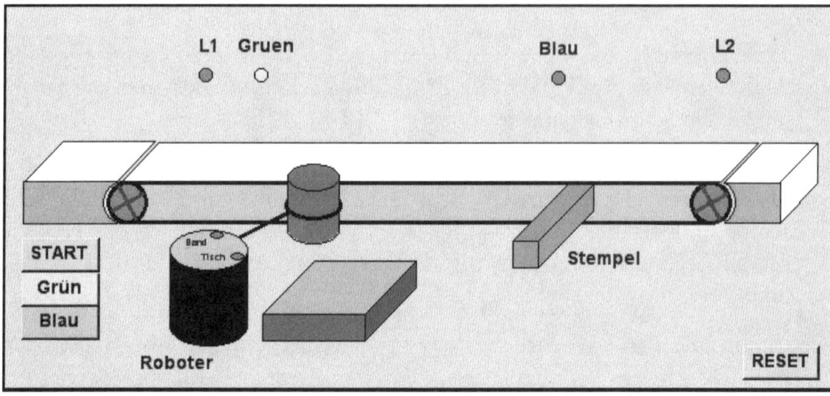

Bild 12.58: Förderband mit Bearbeitungsstationen (CoDeSys)

Das Fass enthält eine Markierung, aus der an den Identifikationsstellen „Gruen“ und „Blau“ erkannt wird, ob das Fass grün eingefärbt werden und/oder einen blauen Streifen erhalten soll. Wenn keine Markierung vorliegt, verlässt das Fass das Band unbearbeitet. Sobald das Fass die Lichtschranke L2 erreicht, wird das Fass entnommen und ein neues unbearbeitetes Fass erscheint. (In der Simulation wird am Schalter „Gruen“ eingestellt, dass das Fass grün gefärbt werden soll. Mit dem Schalter „Blau“ wird angegeben, dass das Fass einen blauen Streifen erhalten soll.)

Die Ansteuerung des Motors für den Bandantrieb, die Einfärbung in Grün am Roboter und Blau am Stempel soll mit einer Ablaufsteuerung im FB „Fassfaerbung“ realisiert werden, die wie folgt hierarchisch strukturiert werden soll.

Die Ablaufsteuerung wartet nach der Initialisierung im Anfangsschritt „Anfang“, in dem der Motor für den Bandantrieb ggf. durch Inaktivierung der Aktion „Bandantrieb“ ausgeschaltet wird (wenn er nicht bereits ausgeschaltet war). Der Aktivierungszustand der Aktion „Bandantrieb“ ist identisch mit dem Ausgang „Motor“. Wenn durch Betätigung des Tasters „Start“ ein Fass auf das Förderband gestellt wird und dadurch die Lichtschranke L1 = TRUE meldet, geht die Steuerung in den Schritt „Transport“, wo die gespeicherte Aktion „Bandantrieb“ aktiviert wird.

Nun verzweigt die Steuerung in einen von drei Pfaden:

1. Wenn das Fass keine Markierung aufweist, erreicht es unbearbeitet die Lichtschranke L2. Danach soll die Steuerung in den Anfangsschritt zurückgehen, wo der Bandantrieb gestoppt wird.
2. Wenn das Fass eine Markierung „Gruen“ enthält, geht die Steuerung in den Schritt „Roboter“, wo mit der nicht gespeicherten Aktion „Bearbeiten“ der

Roboter angesteuert wird. Wenn nach dieser Bearbeitung als Nächstes die Lichtschranke L2 anspricht, geht die Steuerung zurück in den Anfangsschritt. Wenn allerdings zuvor die Markierung „Blau“ erkannt wird, geht die Steuerung in den Schritt „Stempel“ (vgl. 3.).

3. Wenn das Fass die Markierung „Blau“ enthält, geht die Steuerung in den Schritt „Stempel“, wo in der nicht gespeicherten Aktion „Stempeln“ der Stempel mit der blauen Farbe angesteuert wird. Wenn danach das Fass die Lichtschranke L2 erreicht, geht die Steuerung ebenfalls zurück in den Anfangsschritt.

Die Aktion „Bearbeiten“ wird ebenfalls als Ablaufsteuerung realisiert, die nach der Initialisierung im Anfangsschritt „Bearbeiten_Anfang“ auf die Aktivierung der Aktion „Bearbeiten“ wartet.

Nach der Aktivierung dieser Aktion geht die Steuerung in den Schritt „Aufnehmen“. Diesem Schritt sind die Aktionen „Greifen“ und „RechtsDreh“ zugeordnet. Die nicht gespeicherten Aktionen „Greifen“ mit dem Ausgang GR und „RechtsDreh“ mit dem Ausgang „ReDr“ werden 1 Sekunde nach der Aktivierung des Schrittes „Aufnehmen“ aktiv. In beiden Aktionen wird lediglich der Zustand der Aktivierung der Aktion auf den entsprechenden Ausgang kopiert.

Auf dem Roboter befindet sich ein Grenzmelder „Tisch“, der meldet, dass sich das Fass auf dem Bearbeitungstisch befindet, wo die Lackierung erfolgt. Die Steuerung wartet für 8 Sekunden im Schritt „Lackierung“ auf die Transitionsbedingung „fertig“, um danach in den Schritt „Abstellen“ zu gehen.

In diesem Schritt werden die nicht gespeicherten Aktionen „Greifen“ und „LinksDreh“ mit dem Ausgang „LiDr“ aktiviert und dadurch dass Fass auf das Förderband zurück gestellt. Mit Erreichen des Förderbandes, was durch den Grenzmelder „Band“ erkannt wird, geht die Steuerung in den Schritt „Weiter“.

Mit der Inaktivierung der Aktion „Bearbeiten“ geht die Robotersteuerung zurück in den Angfangsschritt „Bearbeiten_Anfang“.

Auch die Aktion „Stempeln“ wird als Ablaufsteuerung formuliert. Hier wartet die Steuerung im Anfangsschritt „Stempeln_Anfang“ auf die Aktivierung dieser Aktion, um danach in den Schritt „Vor“ mit der Aktion „Stempel_Vor“ den Stempelantrieb STV einzuschalten. Bei Erreichen der Endposition („Stempel_Vorn“ = TRUE) geht die Steuerung in den Schritt „Zurueck“.

Im Schritt „Zurueck“ wird 1 Sekunde später die Aktion „Stempel_Zurueck“ aktiviert, wo mit dem Ausgang STR der Stempel wieder in die Endposition (Stempel_Hint“ = TRUE) zurückgefahren wird.

Nach dem Erreichen der Ausgangsposition und nach der Inaktivierung der Aktion „Stempeln“ geht die Stempelsteuerung wieder zurück in den Anfangsschritt.

12.7.2 Lösung nach IEC

Entwickeln Sie die beschriebene Steuerung in Ablaufsprache nach IEC 61131-3. Gehen Sie dabei in folgender Reihenfolge vor:

1. Schreiben Sie die Deklaration des FB „Fassfaerbung“ und zeichnen Sie die Ablaufsteuerung in AS.
2. Schreiben Sie die Deklaration des Programms „Bearbeitungsband“ und zeichnen Sie den Rumpf mit der Instanzierung des FB Fassfaerbung.
3. Zeichnen Sie die Ablaufsteuerung der Aktion „Bearbeiten“ in AS.
4. Zeichnen Sie die Ablaufsteuerung der Aktion „Stempeln“ in AS.
5. Formulieren Sie alle fehlenden Aktionen in ST.

12.7.3 Lösung mit CoDeSys

Die Steuerung in CoDeSys tauscht mit dem Modell der Produktionsanlage die folgenden Variablen aus:

```
L1:            BOOL;    (* Lichtschranke am Einlauf *)
L2:            BOOL;    (* Lichtschranke am Auslauf *)
Gruen:         BOOL;    (* Detektor für GRUEN *)
Blau:          BOOL;    (* Detektor für BLAU *)
Band:          BOOL;    (* Fass ist auf dem Band *)
Tisch:         BOOL;    (* Fass ist auf dem Tisch *)
Stempel_Vorn:  BOOL;    (* Stempel ist vorn *)
Stempel_Hint:  BOOL;    (* Stempel ist hinten *)

STV:           BOOL;    (* Stempel fährt vor *)
STR:           BOOL;    (* Stempel fährt zurück *)
Motor:         BOOL;    (* Motorantrieb für Band *)
GR:            BOOL;    (* Greifer *)
ReDr:          BOOL;    (* Roboter dreht nach rechts *)
LiDr:          BOOL;    (* Roboter dreht nach links *)
```

Diese Variablen müssen im Programm als EXTERNAL und im Projekt als GLOBAL (GVL) deklariert werden. Da in CoDeSys mehrere globale Variablenlisten verwendet werden können, muss in den Programmen mit der EXTERNAL-Deklaration zur eindeutigen Identifikation dem Variablennamen der Name der globalen Variablenliste vorangestellt werden (z. B. „GVL.Gruen“).

Erstellen Sie das CoDeSys-Projekt „Bearbeitungsband“. Übersetzen Sie das Projekt. Wenn alle Fehler korrigiert sind, laden Sie das Projekt in die Soft-SPS und starten Sie das Projekt.

Sie können das Programm jetzt entweder mit dem Debugger in CoDeSys oder mit der Visualisierung testen.

Nun können Sie die Farben, die das nächste Fass erhalten soll, auswählen, das Fass mit der Start-Taste auf das Förderband stellen und so das Programm austesten. In der Testphase kann der Taster „Reset“ verwendet werden, um wichtige Variable wieder auf die Anfangswerte zu setzen.

12.7.4 Lösung mit STEP 7

Verwenden Sie das leere Projekt „Band_Ler“ und fügen Sie die Pläne und Quellen ein, die für diese Steuerung erforderlich sind.

Realisieren Sie die Bandsteuerung mit STEP 7, indem Sie mit S7-GRAPH die Grobstruktur der Ablaufsteuerung zeichnen. Es ist vorteilhaft, wenn Sie zunächst noch keine Aktionen eintragen und zuvor den Ablauf der Steuerung testen. Instanzieren Sie die Steuerung im OB1 in der Sprache SCL.

Fügen Sie danach die Aktionen ein, die selbst keine Ablaufsteuerung sind.

Erstellen Sie nun die untergeordneten Ablaufsteuerungen für die Bearbeitung und für das Stempeln. Die FB mit diesen Ablaufsteuerungen werden später in der Grobstruktur mit CALL aufgerufen.

Abweichend von der IEC-Norm werden bei S7-GRAPH die Aktionen nur dann bearbeitet, wenn die Aktion aktiv ist. Das bedeutet, dass ein in einer Aktion mit CALL aufgerufener FB nach dem Deaktivieren der Aktion gestoppt wird. Mit einer erneuten Aktivierung der Aktion läuft der FB weiter und wird nicht neu gestartet! Damit die in der Aktion aufgerufene Ablaufsteuerung mit jedem erneuten Aufruf im Anfangsschritt beginnt, sollte man der Ablaufsteuerung als Startsignal ein boolesches Eingangssignal übergeben, das erst nach dem Aufruf der Ablaufsteuerung den Wert TRUE annimmt. Das erreicht man, indem man die Aktion, die die Startvariable setzt, unter die Aktion mit dem CALL-Aufruf positioniert. Diese Variable wird mit der Deaktivierung des Schrittes wieder FALSE. Mit dem nächsten Aufruf der Ablaufsteuerung in der Aktion würde dann im ersten Zyklus mit Start = FALSE gerechnet und dadurch die Steuerung wieder in den Anfangsschritt gehen. Danach wird mit Start = TRUE die Steuerung bearbeitet.

Testen Sie die Ablaufsteuerung mit der Bedienoberfläche in WinCC flexible.

13 Lösungen zu den Aufgaben

13.1 Kapitel 5

13.1.1 Lösung zu Aufgabe 5.1

Bezeichner dürfen nur Buchstaben (ohne Umlaute), Ziffern und das Sonderzeichen Underline („_“) enthalten. Sie müssen mit einem Buchstaben oder mit einem Underline („_“) beginnen. Ein Underline darf nicht als letztes Zeichen und nicht zweimal unmittelbar nacheinander verwendet werden. Damit sind die folgenden Zeichenfolgen nicht als Bezeichner zulässig:

1aC,	weil der Bezeichner nicht mit einem Buchstaben oder Underline beginnt
T#aa,	weil das unerlaubte Zeichen # vorkommt
Käfer,	weil der Umlaut ä enthalten ist
an-be,	weil das unerlaubte – -Zeichen vorkommt
BV__12,	weil zwei Underline hintereinander liegen
$auf,	weil das unerlaubte $-Zeichen vorkommt und er nicht mit einem Buchstaben beginnt
as_	weil das letzte Zeichen ein Underline ist

13.1.2 Lösung zu Aufgabe 5.2

1. Oktalziffern enthalten die 8 unterschiedlichen Ziffern „0“ bis „7“ und belegen 3 Bits: Damit wird die Dualziffernfolge in Gruppen zu je drei Ziffern zusammengefasst. Somit wird aus 00 110 110 die Oktalzahl 8#066.
   Hexadezimalziffern enthalten die 16 unterschiedlichen Ziffern „0“ bis „F“ und belegen 4 Bits. Damit wird die Dualziffernfolge in Gruppen zu je vier Ziffern zusammengefasst. So wird aus 0011 0110 die Hexadezimalzahl 16#36.

2. 8#26548 hat 5 Oktalziffern und damit 5*3 = 15 Bits, die in 2 Byte (16 Bits) abgelegt werden können.

16#2356a3F hat 7 Hexadezimalziffern und damit 7*4 = 28 Bits, die in 4 Byte (32 Bits) abgelegt werden können.

13.1.3 Lösung zu Aufgabe 5.3

Mit den einfachen Anführungszeichen ’ ‘ werden Einzelbyte-Zeichen definiert, die je Zeichen 1 Byte belegen.

Damit enthält ’ADC’ 3 Einzelbyte, also 3 Byte und das Sonderzeichen ’$P’ (New PAGE) enthält 1 Einzelbyte, also 1 Byte

Mit dem doppelten Anführungszeichen “ ” werden Doppellbyte-Zeichen definiert, die jeweils 2 Byte mit bis zu zwei Zeichen belegen.

Damit enthält “nMa“ 1 Doppelbyte mit den Buchstaben „n“ und „M“ und ein zweites Doppelbyte mit dem Buchstaben „a“. Damit benötigt man 2 Doppelbyte, also 4 Byte.

“$““ benötigt genau so wie “$P“ 1 Doppelbyte, also 2 Byte.

13.1.4 Lösung zu Aufgabe 5.4

T#11m23.5s z. B. DT#2008-07-27-11:05:12

13.1.5 Lösung zu Aufgabe 5.5

INT enthält ein Vorzeichenbit und 15 signifikante Dualziffern. Damit wird der größte darstellbare Zahlenwert: 2^{15} = 32 768. Damit wird der Wertebereich also –32 768 bis incl. +32 767.

UDINT enthält in 32 Bits kein Vorzeichenbit und damit 32 signifikante Dualziffern. Damit wird der größte darstellbare Zahlenwert: 2^{31} = 2 147 484 000. Damit wird der Wertebereich also von 0 bis 2 147 483 999 gehen.

13.1.6 Lösung zu Aufgabe 5.6

1. ANALOG_CHANNEL_CONFIGURATION enthält die Unterelemente RANGE, MIN_SCALE und MAX_SCALE.

   RANGE ist vom Datentyp ANALOG_SIGNAL_RANGE, das den Bezeichner „BIPOLAR_10V“ oder „UNIPOLAR_4_20MA“ enthalten kann. Dafür werden 4 Bytes benötigt.

   MIN_SCALE und MAX_SCALE sind vom Datentyp ANALOG_DATA, die einen INT-Wert mit je 2 Bytes enthalten.

   Das sind zusammen also 4 + 2 + 2 = 8 Bytes.

2. ANALOG_16_INPUT_CONFIGURATION enthält die Unterelemente SIGNAL_TYPE, FILTER_PARAMETER und CHANNEL.

   SIGNAL_TYPE ist vom Datentyp ANALOG_SIGNAL_TYPE, der als Bezeichner „SINGLE_ENDED“ oder „DIFFERENTIAL“ enthält. Dafür werden also 4 Bytes benötigt.

   FILTER_PARAMETER ist eine SINT-Variable und beansprucht damit 1 Byte.

   CHANNEL ist ein Feld mit 16 Plätzen vom Datentyp ANALOG_CHANNEL_CONFIGURATION, die jeweils entsprechend der obigen Aufgabe 8 Byte beanspruchen.

   Das sind zusammen 4 + 1 + 16 * 8 = 133 Bytes.

13.1.7 Lösung zu Aufgabe 5.7

1. ANALOG_SIGNAL_TYPE ist ein Bezeichner vom Typ Aufzählung, der bei der Initialisierung den Wert SINGLE_ENDED erhält.

   Damit wird SIGNAL := SINGLE_ENDED.

2. KANAL_RANGE ist ein Bezeichner vom Typ Aufzählung, der bei der Initialisierung den Wert UNIPOLAR_4_20MA zugewiesen wird.

   Damit wird KANAL.RANGE := UNIPOLAR_4_20MA .

13.1.8 Lösung zu Aufgabe 5.8

1. VAR K, L, M : INT := 3(10); END_VAR.

   Hier wird den 3 INT-Variablen jeweils (3-mal) der Wert 10 zugewiesen.

2. VAR MESSWERTE : ARRAY [1..100] OF REAL; END_VAR

   Die Anfangswerte sind jeweils 0.0, da der REAL-Typ standardmäßig mit 0.0 initialisiert wird.

3. VAR CONSTANT E : REAL := 2.71828; END_VAR

4. VAR_INPUT EIN AT %ID23 : REAL; END_VAR.

   Mit AT wird die Verbindung zwischen der symbolischen Variablen EIN und der physikalischen Adresse %ID23 hergestellt.

5. VAR ZEIT : TON := (PT := T#5s); END_VAR.

   Die Zuweisung von aktuellen Werten für die Eingänge einer Funktionsbausteininstanz kann bei der Deklaration der Instanz erfolgen, indem hinter dem

Typ- (Bibliotheks-) Namen mit dem Zuweisungszeichen und in Klammern die aktuellen Werte den formalen Parametern zugewiesen werden.

13.2 Kapitel 6

13.2.1 Lösung zu Aufgabe 6.1

Die Funktion wird durch ein Rechtecksymbol dargestellt, wobei der Funktionsname oben im Rechteck angegeben wird. Die formalen Namen der Eingangsvariablen der Funktion stehen am linken Rand innerhalb des Rechtecks.

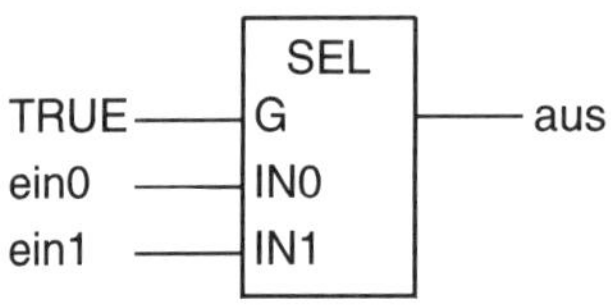

Bild 13.1: Funktionsaufruf in FBS

Der Ausgang trägt keinen speziellen Namen, da er mit dem Funktionsnamen übereinstimmt. Die aktuellen Parameter, die von außen an der linken Seite angeschlossen werden, werden beim Aufruf übergeben. Der Funktionswert wird nach der Bearbeitung der Funktion in die rechts angeschlossene Variable übertragen.

13.2.2 Lösung zu Aufgabe 6.2

Die abgeleitete Funktion wird durch FUNCTION ... END_FUNCTION eingerahmt. Der Name der abgeleiteten Funktion erscheint hinter dem Schlüsselwort FUNCTION. Zunächst kommt der Deklarationsteil, in dem die Eingangsvariablen mit VAR_INPUT ... END_VAR und ggf. die internen Variablen mit VAR ... END_VAR deklariert werden.

```
FUNCTION Grenzsumme : REAL
  VAR_INPUT X, unten, oben, Y : REAL ; END_VAR
  Grenzsumme := Y + LIMIT(unten, X, oben) ;
END_FUNCTION
```

Liste 13.1: Funktion „Grenzsumme" im ST

Im Funktions-Rumpf wird dem Funktionsnamen der Funktionswert zugewiesen. Hier werden beim Funktionsaufruf von LIMIT die aktuellen Eingangswerte „nicht formal", d. h. in der richtigen Reihenfolge ohne explizite Zuweisung übergeben.

13.2.3 Lösung zu Aufgabe 6.3

Ein Funktionsbaustein wird durch ein Rechteck dargestellt, bei dem oben der Funktionsbausteinname, links die formalen Eingangs- und rechts die formalen Ausgangsparameter angegeben werden. Instanziert wird der Baustein durch Angabe des Instanzennamens über dem Rechtecksymbol.

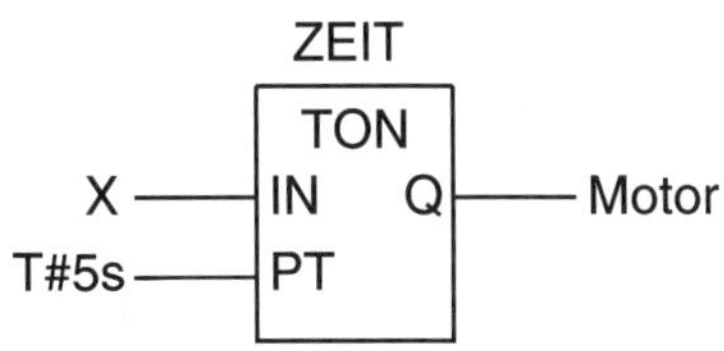

Bild 13.2: Aufruf des Funktionsbausteins ZEIT

Die aktuellen Eingangsvariablen werden links und die Ausgangsvariablen, in die die Ergebnisse übergeben werden, werden rechts angeschlossen.

13.2.4 Lösung zu Aufgabe 6.4

Ein Funktionsbaustein wird durch die Schlüsselwörter FUNCTION_BLOCK ... END_FUNCTION_BLOCK eingerahmt. Hinter FUNCTION_BLOCK steht der Name des abgeleiteten Funktionsbausteins. Im Deklarationsteil werden mit VAR_INPUT ... END_VAR alle Eingangsvariablen dem jeweiligen Datentyp zugewiesen. In VAR_OUTPUT ... END_VAR werden entsprechend die Ausgangsvariablen vereinbart. Interne (nach außen nicht sichtbare) Variable und Instanzen von verwendeten Funktionsbausteinen deklariert man in VAR ... END_VAR. Bei den Funktionsbaustein-Instanzen wird der Instanzennamen dem Funktionsbaustein-Typ, das ist der Name des Funktionsbausteins, zugeordnet.

```
FUNCTION_BLOCK ZAEHL_AND

        VAR_INPUT A, B, C : BOOL ; END_VAR
        VAR_OUTPUT Z : BOOL ; END_VAR
        VAR         ZHLR : CTU ;
                    H : BOOL;
        END_VAR

        H := A & B ;
        ZHLR ( CU:= H, R:=C, PV:=5) ;
        Z := ZHLR.Q ;

END_FUNCTION_BLOCK
```

Liste 12.2: Funktionsbaustein ZAEHL_AND in ST

Innerhalb des Rumpfes des Funktionsbausteins wird eine Instanz eines anderen Funktionsbausteins durch Nennen des Instanzennamens und durch Zuweisung der aktuellen Eingänge an die Eingangsvariablen aufgerufen. Die Ausgänge überträgt man durch einfache Zuweisung an Variable. Die Aus- und Eingänge von Funktionsbausteinen können mit der hierarchischen Datenstruktur „Instanzenname.Variablenname“ adressiert werden. So wird der Ausgang Q der Instanz ZHLR mit „ZHLR.Q“ bezeichnet.

13.3 Kapitel 7

13.3.1 Lösung zu Aufgabe 7.1

Die Deklaration enthält den Namen des Funktionsbausteins und die Ein- und Ausgangssignale mit deren Zuweisung zu je einem Datentyp.

```
FUNCTION_BLOCK VERDUNKELUNG    |  VAR_OUTPUT
  VAR_INPUT                    |      hoch :      BOOL ;
    AUF :       BOOL ;         |      runter :    BOOL ;
    AB :        BOOL ;         |  END_VAR
    STOP:       BOOL ;         |
    oben :      BOOL ;         |  (* Rumpf des FB *)
    unten :     BOOL ;         |
  END_VAR                      |  END_FUNCTION_BLOCK
```

Liste 13.3: Funktionsbaustein „Verdunkelung“

In der Funktionsbausteinsprache kann man diesen Funktionsbaustein mit folgender Außenschnittstelle verwenden.

Bild 13.3: Außenschnittstelle des FB „Verdunkelung“

13.3.2 Lösung zu Aufgabe 7.2

Bei dieser Verknüpfungssteuerung werden keine Funktionen oder Funktionsbausteine benötigt. Daher kann die gesamte Logik mit Kontakten realisiert werden.

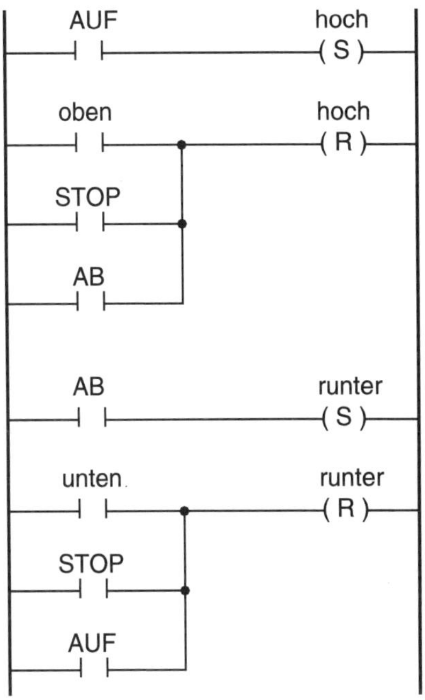

Bild 13.4: Kontaktplan zum FB „Verdunkelung"

13.3.3 Lösung zu Aufgabe 7.3

Hier werden rücksetzdominante Speicher verwendet, die im Deklarationsteil instanziert werden müssen. Daher muss ergänzt werden:

```
VAR FF1, FF2 : RS ; END_VAR.
```

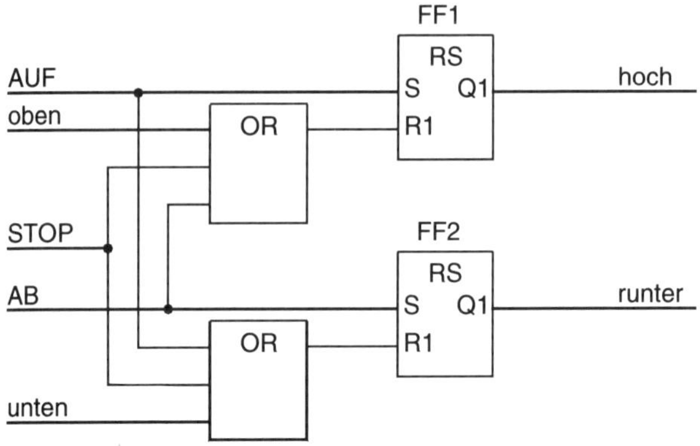

Bild 13.5: Rumpf des FB "Verdunkelung" in FBS

13.3.4 Lösung zu Aufgabe 7.4

Bei dem Funktionsbaustein-Aufruf mit formalen Argumenten werden den formalen die aktuellen Argumente direkt zugeordnet. Dabei können nur Konstante oder Variable zugewiesen werden. Aus diesem Grunde muss man neben den Funktionsbausteininstanzen die beiden Hilfsvariablen „aufstop" und „abstop" deklarieren.

```
VAR
aufstop, abstop :      BOOL ;
FF1, FF2 :             RS ;
END_VAR
```

Die Anweisungsliste ist damit wie folgt.

```
LD   oben        |   CAL  FF1(
OR   STOP        |        S:=AUF
OR   AB          |        R1:=aufstop)

ST   aufstop
LD   unten       |   CAL  FF2(
OR   STOP        |        S:=AB,
OR   AUF         |        R1:=abstop)
ST   abstop      |
```

Liste 13.4: Anweisungsliste

13.3.5 Lösung zu Aufgabe 7.5

Wenn im strukturierten Text mit der IF-Anweisung gearbeitet wird, benötigt man keine Hilfsvariable und keine Funktionsbausteine. Demnach muss hier der Deklarationsteil nicht ergänzt werden.

```
IF AUF THEN hoch := TRUE ; END_IF ;
IF (oben OR STOP OR AB) THEN hoch := FALSE ; END_IF ;
IF AB THEN runter := TRUE ; END_IF ;
IF unten OR STOP OR AUF) THEN runter := FALSE ; END_IF ;
```

Liste 13.5: Strukturierter Text

Die erste und dritte Zeile entspricht einem Setzen und die zweite und vierte entsprechen einem Rücksetzen eines Speichers. Da das Rücksetzen nach dem Setzen erfolgt, handelt es sich hier um rücksetzdominante Speicher.

13.4 Kapitel 8

13.4.1 Lösung zu Aufgabe 8.1 (CoDeSys)

Hier soll für die Sprache CFC Schritt für Schritt erklärt werden, wie Sie ein CoDeSys-Projekt erstellen und testen. Anschließend werden die Ergebnisse für die anderen Sprachen ST, FUP, KOP und AWL gezeigt. Dabei unterscheiden sich nur die Rümpfe der jeweiligen Funktionsbausteine. Deshalb werden auch nur diese gezeigt. Auf der Verlags-DVD sind die kompletten Projekte als Musterlösungen abgespeichert.

In der Anleitung bedeuten: DK: Doppelklick / RM: rechte Maustaste.

Steuerung in CFC

1. CoDeSys V3.2 Patch 3 starten. Ggf. vorher ein vorhandenes geöffnetes Projekt mit „Datei / Schließen" schließen.
2. „Datei / Neues Projekt" → Dialog „Neues Projekt". Hier „(Allgemein) / Standardprojekt" auswählen, den Namen „Verdunkelung" einsetzen und den Ordner für die Abspeicherung des Projektes auswählen. Im Dialog „Standardprojekt" das Gerät „CoDeSys SP Win V3" auswählen und für das Programm „PLC_PRG" als Programmiersprache CFC auswählen. Im linken Fenster mit den Registerkarten POUs (Programmorganisationseinheiten) und Geräte wird auf dem Geräte-Register der Strukturbaum des Projektes angelegt.

Das Projekt sieht damit wie folgt aus:

Bild 13.6: Projekt „Verdunkelung"

3. RM auf „Application" / Objekt hinzufügen / POU (Programmorganisationseinheiten) / Name: „Verdunkelung" / Funktionsblock markieren / Implementationssprache CFC wählen / Öffnen.

4. Funktionsplan entsprechend der Lösung für Aufgabe 7.3 erstellen, indem zunächst 4 Bausteine in das Arbeitsblatt gezogen werden. In zwei Bausteine den Namen der Funktion „OR" und in zwei den Namen des Funktionsbausteins „RS" eintragen. Den OR-Funktionen kann man mit Drag & Drop aus der Werkzeugliste einen weiteren „Bausteineingang" hinzufügen. Wenn man nach dem Klick auf den Namensbereich den Button betätigt, kann man den Funktionsbaustein aus einem Strukturbaum für Funktionen, Funktionsbausteine etc. entnehmen. Die Funktionsbausteine müssen dann noch je einen Instanzennamen erhalten. Die dazu erforderlichen Deklarationen werden über ein Dialogfenster automatisch angelegt.

5. Symbole für die Ein- und Ausgänge in das Arbeitsblatt ziehen, die Textfelder mit den Namen der Variablen belegen und deren Deklaration im Dialogfeld vornehmen.

6. Die Verbindung zwischen den Ein- und Ausgängen der Objekte bei gedrückter Maustaste vom Eingang zum Ausgang oder umgekehrt ziehen.

7. Die Reihenfolge der Abarbeitung der Objekte mit „CFC / Ausführungsreihenfolge / Nach Datenfluss anordnen" anpassen.

8. Projekt abspeichern. Mit „Erstellen / Application neu übersetzen" übersetzen und ggf. Fehler korrigieren, bis „0 Fehler" angezeigt werden. Warnungen können ggf. ignoriert werden. Der Funktionsbaustein „Verdunkelung" hat danach folgendes Aussehen:

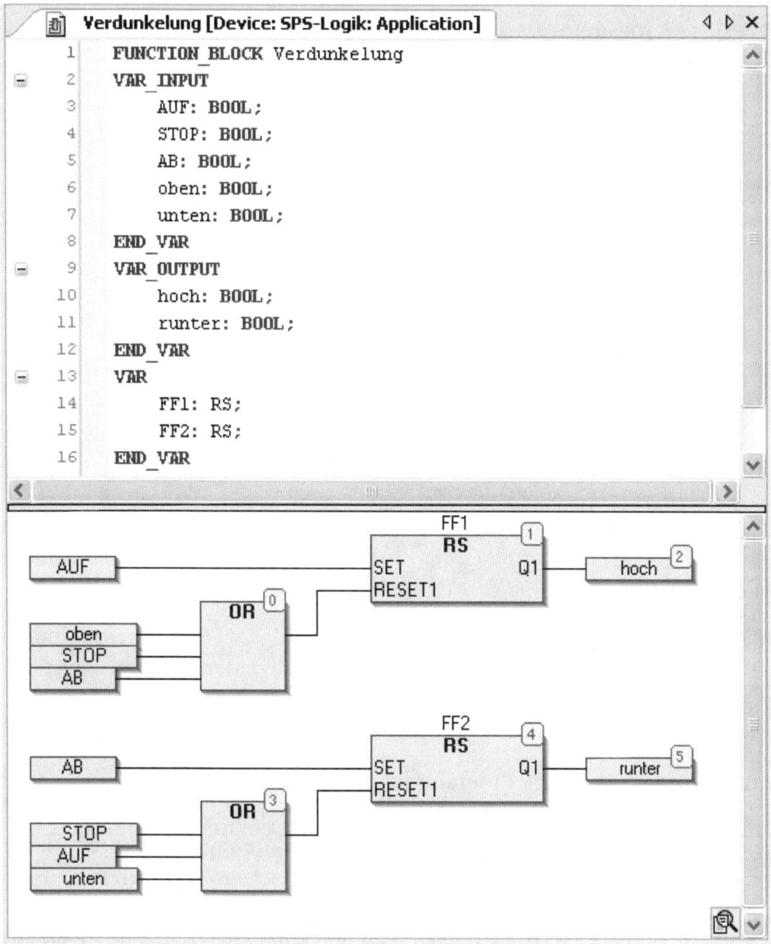

Bild 13.7: Funktionsbaustein „Verdunkelung“

9. Mit DK auf PLC_PRG das Arbeitsblatt für das Programm öffnen. Einen Baustein hineinziehen und als Name „Verdunkelung“ eintragen. Das Symbol erscheint mit allen Ein- und Ausgängen. Wenn Ihnen die Reihenfolge der Ein- und Ausgänge nicht gefällt, müssen Sie im Deklarationsteil des Funktionsbausteins die Reihenfolge ändern und den FB neu übersetzen. Als Instanzenname „DB_Verdunkelung“ eintragen. Alle Ein- und Ausgänge belegen und im Dialogfenster als boolesche interne Variable deklarieren.

10. Projekt abspeichern. Mit „Erstellen / Application neu übersetzen“ übersetzen und ggf. Fehler korrigieren, bis „0 Fehler“ angezeigt werden. Warnungen können ggf. ignoriert werden. Das Programm „PLC_PRG“ sieht dann folgendermaßen aus:

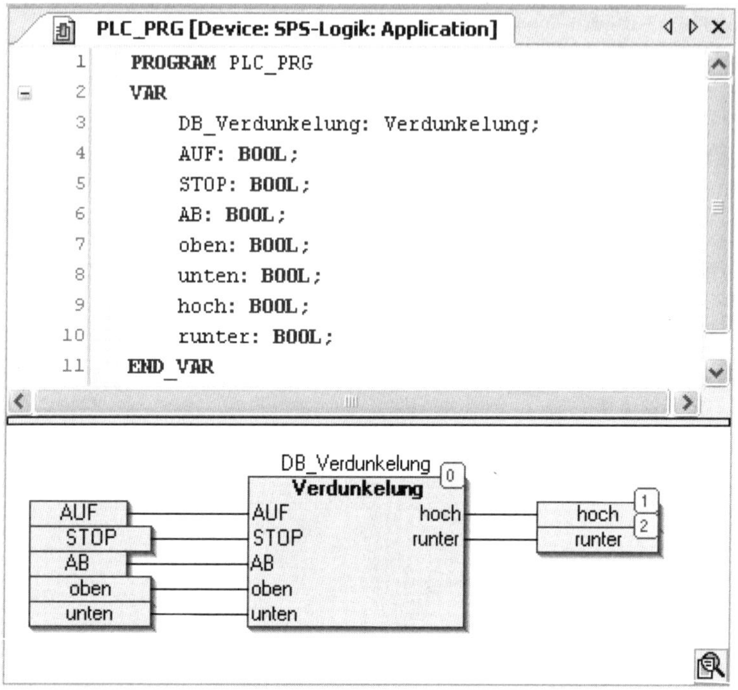

Bild 13.8: Programm „PLC_PRG“

11. Die Verbindung zwischen Programmiergerät (CoDeSys V3.2 Patch 3) und SPS (CoDeSys SP Win V3) über Gateway-1 mit „DK auf Device / Registerkarte „Kommunikationseinstellungen“ / Gateway-1 / Rechner-Name (hier: LEPERS/DESKTOP[0101]) / Aktiven Pfad setzen“ aktivieren und die SPS über Windows mit „Start / Systemsteuerung / Verwaltung / Dienste / CoDeSys SP Win V3 / starten“ starten. Ggf. muss der zu aktivierende Pfad auf der Registerkarte „Kommunikationseinstellungen“ mit „Netzwerk durchsuchen“ gesucht werden.

12. Mit „Online / Einloggen auf Application“ das Programm in die SPS laden und mit „Online / Start Applikation“ starten.

13. Nun kann das Programm über die Liste der Variablen beobachtet und über die Spalte „Vorbereiteter Wert“ können andere Werte für die Variablen vorgegeben werden, die mit „Online / Werte schreiben“ oder über die Tasten „STRG+F7“ übernommen werden. Das folgende Bild zeigt das Programm in der Testphase, wobei in der Liste der Variablen alle Variablen in allen Ebenen angezeigt werden.

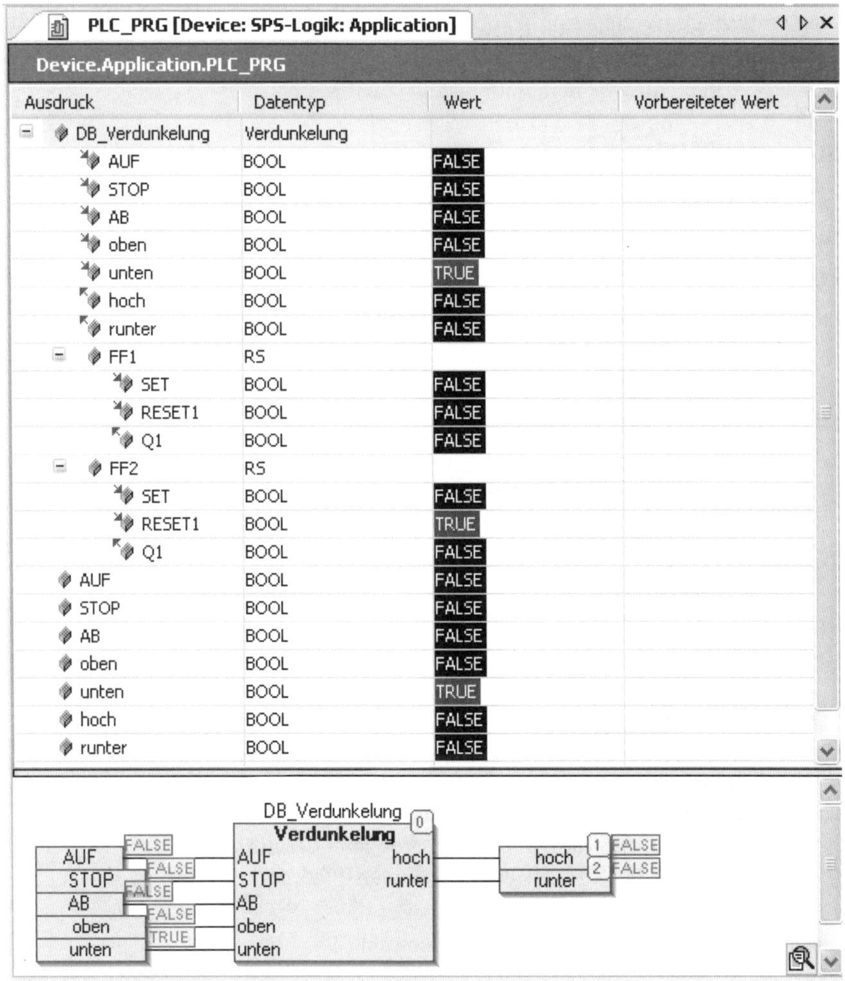

PLC_PRG [Device: SPS-Logik: Application]

Device.Application.PLC_PRG

Ausdruck	Datentyp	Wert	Vorbereiteter Wert
DB_Verdunkelung	Verdunkelung		
AUF	BOOL	FALSE	
STOP	BOOL	FALSE	
AB	BOOL	FALSE	
oben	BOOL	FALSE	
unten	BOOL	TRUE	
hoch	BOOL	FALSE	
runter	BOOL	FALSE	
FF1	RS		
SET	BOOL	FALSE	
RESET1	BOOL	FALSE	
Q1	BOOL	FALSE	
FF2	RS		
SET	BOOL	FALSE	
RESET1	BOOL	TRUE	
Q1	BOOL	FALSE	
AUF	BOOL	FALSE	
STOP	BOOL	FALSE	
AB	BOOL	FALSE	
oben	BOOL	FALSE	
unten	BOOL	TRUE	
hoch	BOOL	FALSE	
runter	BOOL	FALSE	

Bild 13.9: Variable des Programms in der Testphase

14. Nach erfolgreichem Test kann das Projekt mit „Online / Stop Application" und „Online /Ausloggen aus Application" beendet und abgespeichert werden.

Visualisierung

Wer sich dafür interessiert, eigene Visualisierungen zu erstellen, kann in der Datei „Anleitungen zur Visualisierung" auf der Verlags-DVD die Erstellung der Visualisierung der Verdunkelung schrittweise verfolgen.

Wenn Sie das Projekt mit der Leer-Vorlage „Verdunkelung_Leer" erstellt haben, können Sie die Steuerung mit der Bedienoberfläche testen, wenn Sie bei eingeloggter und gestarteter Applikation in der Geräte-Baumstruktur mit DK auf „Visualisierung“ gehen. Dann öffnet sich das Fenster mit der Visualisierung, wo Sie die Verdunkelung bedienen und beobachten können.

Steuerung in ST

Die Programmierung im strukturierten Text verlangt für den Speicher keine Instanzen des Funktionsbausteins RS, weil die Logik mit den If-Anweisungen programmiert werden kann. Die Reihenfolge entscheidet über die Priorität.

Der Funktionsbaustein „Verdunkelung“ sieht in ST folgendermaßen aus:

Verdunkelung [Device: SPS-Logik: Application]

```
VAR_INPUT
    AUF: BOOL;
    STOP: BOOL;
    AB: BOOL;
    oben: BOOL;
    unten: BOOL;
END_VAR
VAR_OUTPUT
    hoch: BOOL;
    runter: BOOL;
END_VAR
```

```
IF AUF THEN hoch := TRUE; END_IF;
IF AB OR STOP OR oben THEN hoch := FALSE; END_IF;
IF AB THEN runter := TRUE; END_IF;
IF AUF OR STOP OR unten THEN runter := FALSE; END_IF;
```

Bild 13.10: Funktionsbaustein „Verdunkelung“ in ST

Das Programm „PLC_PRG“ in ST enthält nur den Aufruf des Funktionsbausteins und die Zuweisung der Ausgänge. Die globalen Variablen erhalten wieder den Vorsatz „GVL.“.

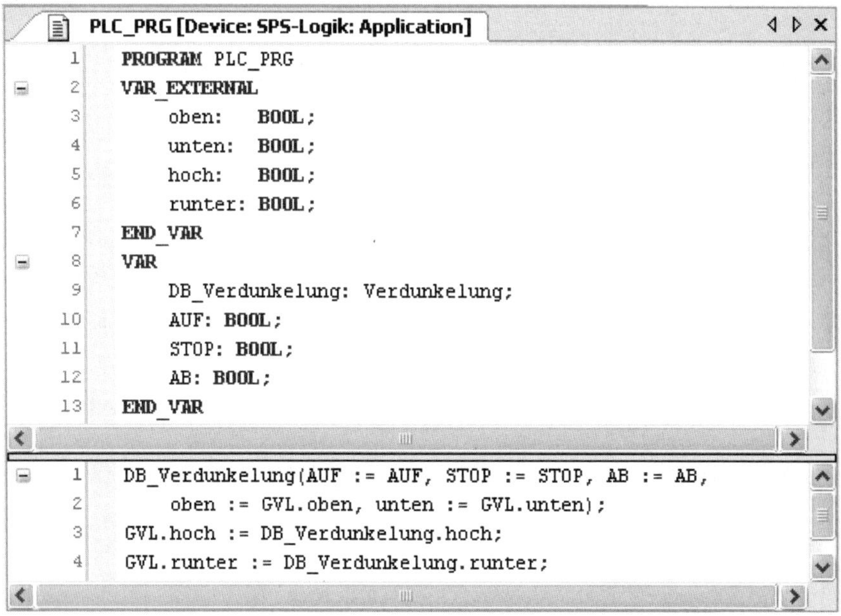

Bild 13.11: Programm „PLC_PRG" in ST

Steuerung in FUP/KOP/AWL

Bei den netzwerkorientierten Programmiermethoden FUP/KOP/AWL ist eine automatische Übersetzung zwischen den einzelnen Sprachen möglich. Das ist nur deshalb möglich, weil die Sprachen und Programmiermethoden aufeinander abgestimmt sind. Dabei richten sich die Programmierungen in FUP und AWL nach den Möglichkeiten, die im Kontaktplan gegeben sind.

Hier wird bei der Programmierung – wie beim strukturierten Text – auf die Instanzierung des Funktionsbausteins RS verzichtet. Die Priorität ergibt sich wieder aus der Reihenfolge. Die Deklarationsteile sind identisch mit denen beim strukturierten Text, weswegen hier auf die Darstellung der Deklarationen verzichtet wird.

Zunächst werden die Rümpfe in KOP gezeigt.

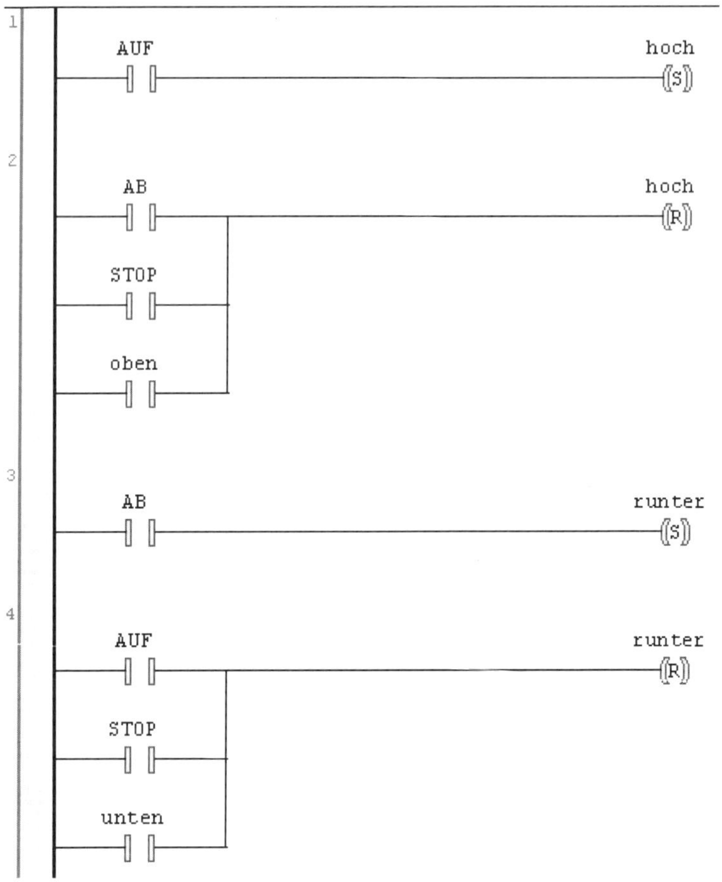

Bild 13.12: Rumpf des FB „Verdunkelung“ in KOP

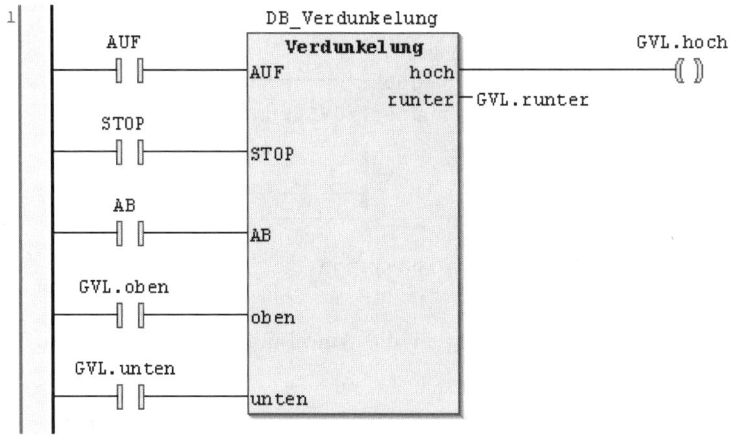

Bild 13.13: Rumpf des Programms „PLC_PRG" in KOP

Mit „FUP/KOP/AWL / Ansicht / Als Funktionsbausteinsprache anzeigen" kann man eine automatische Übersetzung zwischen den drei Sprachen erhalten. Bei der Übersetzung des Kontaktplan in FUP erhält man die folgenden Rümpfe:

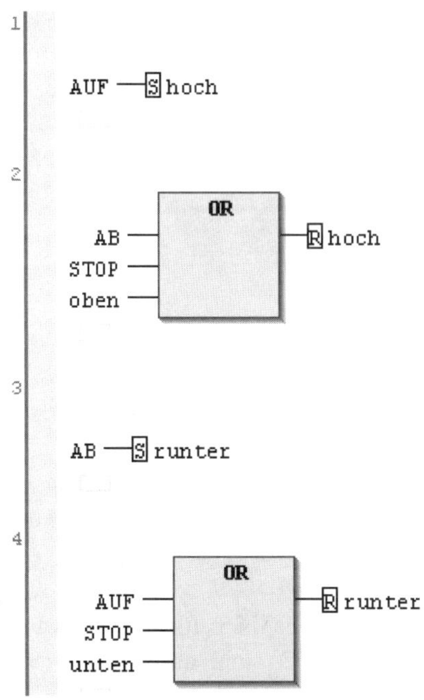

Bild 13.14: Rumpf des FB „Verdunkelung" in FUP

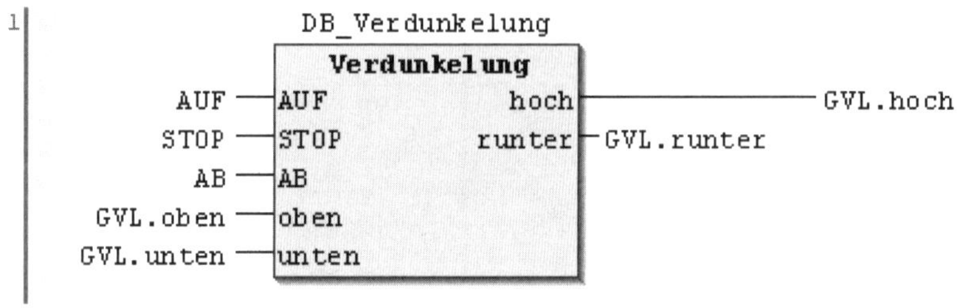

Bild 13.15: Rumpf des Programms „PLC_PRG" in FUP

Bei der automatischen Übersetzung in die Anweisungsliste ergeben sich die folgenden Rümpfe:

```
1  LD      AUF
   S       hoch
2  LD      AB
   OR      STOP
   OR      oben
   R       hoch
3  LD      AB
   S       runter
4  LD      AUF
   OR      STOP
   OR      unten
   R       runter
```

Bild 13.16: Rumpf des FB „Verdunkelung" in AWL

```
1  CAL              DB_Verdunkelung(
             AUF:=  AUF,
            STOP:=  STOP,
              AB:=  AB,
            oben:=  GVL.oben,
           unten:=  GVL.unten,
          runter=>  GVL.runter)
   LD               DB_Verdunkelung.hoch
   ST               GVL.hoch
```

Bild 13.17: Rumpf des Programms „PLC_PRG" in AWL

Die Ausgänge von Funktionsbausteinen können wie hier für „GVL.runter" innerhalb der Argumentenliste oder mit Laden (LD) und abspeichern (ST) zugewiesen werden.

13.4.2 Lösung zu Aufgabe 8.2 (STEP 7)

CFC

Es soll ein hierarchischer Plan in der Sprache CFC erstellt werden. Führen Sie dazu bitte folgende Aktionen durch: (DK: Doppelklick / RM: rechte Maustaste).

Erste Variante: Projekt neu erstellen

1. STEP 7 Manager starten → STEP 7 Assistent wird geöffnet.
2. Weiter / CPU315-2DP / Weiter / OB1 deaktivieren / Weiter → Name des Projektes eingeben.
3. Projektname „CFC_VERD“ / Fertigstellen → Projektstruktur.
4. RM auf S7-Programm(1) / Neues Objekt einfügen / Datenbaustein / Name und Typ: DB 51 / Symbolischer Name: „WinCC“ / OK.
5. Mit DK auf DB 51 den Datenbaustein öffnen und die Ein-/Ausgänge, die zwischen PLCSIM und WinCC flexible ausgetauscht werden sollen, eintragen. Nach der Abspeicherung sieht der Datenbaustein folgendermaßen aus:

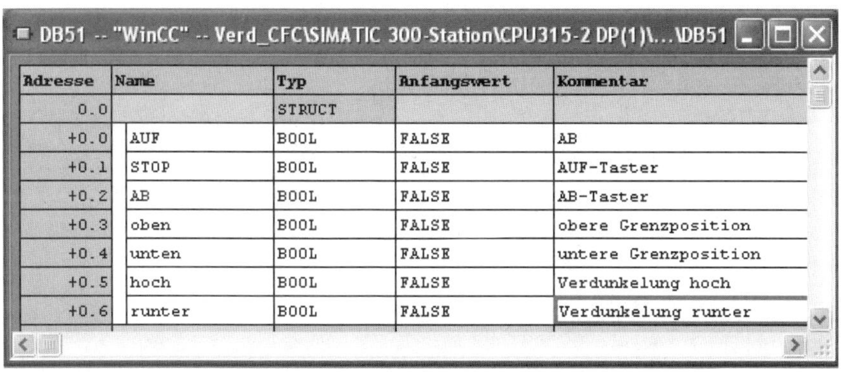

Adresse	Name	Typ	Anfangswert	Kommentar
0.0		STRUCT		
+0.0	AUF	BOOL	FALSE	AB
+0.1	STOP	BOOL	FALSE	AUF-Taster
+0.2	AB	BOOL	FALSE	AB-Taster
+0.3	oben	BOOL	FALSE	obere Grenzposition
+0.4	unten	BOOL	FALSE	untere Grenzposition
+0.5	hoch	BOOL	FALSE	Verdunkelung hoch
+0.6	runter	BOOL	FALSE	Verdunkelung runter

Bild 13.18: Datenbaustein DB 51 des Projektes „Verdunkelung“

6. Datenbaustein abspeichern und Fenster AWL/KOP/FUP schließen.

ZweiteVariante: Leer-Projekt verwenden

1. SIMATIC Manager starten / Assistenten beenden / Projekt „Verd_Ler“ öffnen / abspeichern in z. B. „C:\DVD_IEC_61131_3\Step_7_Applikationen\MeineProjekte\Verd_CFC“. Dieses Projekt enthält alle Komponenten bis auf die CFC-Pläne, Quellen und Bausteine. Nur der Datenbaustein „DB 51“ mit den globalen Variablen ist vorhanden.

Steuerung erstellen

1. SIMATIC Manager / RM: S7-Programm(1) / Neues Objekt einfügen / CFC → Nach einem DK auf „Pläne/CFC(1)“ meldet sich der CFC-Editor.
2. „Neuer Plan“ aus dem Katalog in das Arbeitsblatt ziehen (Drag & Drop).
3. RM auf FB-Symbol / Objekteigenschaften / Name „FB_Verdunkelung“ eintragen / OK.
4. DK auf Symbol des Plans „FB_Verdunkelung“ → Neues Arbeitsblatt.
5. Ansicht / Plananschlüsse / Eingänge (IN) und (später) Ausgänge (OUT) markieren und eintragen. Das Ergebnis ist danach:

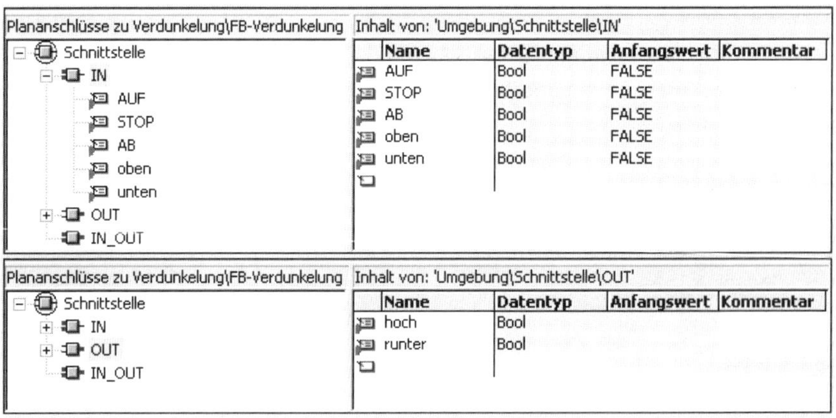

Bild 13.19: Schnittstellen des FB_Verdunkelung als Plananschlüsse

6. Fenster für Plananschlüsse schließen.
7. Aus dem Katalog je 2-mal BIT_LGK/OR und FLIPFLOP/RS_FF in das Arbeitsblatt ziehen.
8. Verbindungen zwischen OR und RS_FF durch Markierung von Ausgang und Eingang aufbauen.
9. RM auf OR / Anzahl Anschlüsse / 3 / OK → 3 Eingänge für OR.
10. Ein- und Ausgänge mit Plananschlüssen verbinden durch: Markierung (RM) Anschluss / Verschaltung zu Plananschluss / Auswahl des Plananschlusses aus Liste / OK.
11. Ggf. Reihenfolge ändern mit Bearbeiten / Ablaufreihenfolge / DK auf OB35 → Inhalt von OB35.

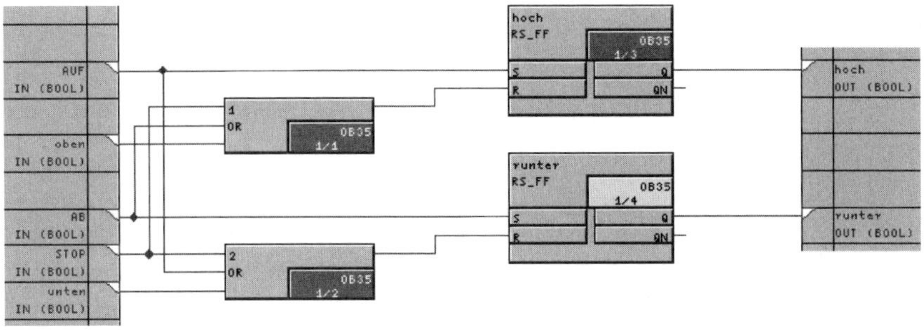

Bild 13.20: Rumpf des FB „FB_Verdunkelung" in CFC

12. Plan / Übergeordneten Plan öffnen → Symbol des FB erscheint.

13. Ein- und Ausgänge mit Operanden aus dem Datenbaustein „WinCC" (DB 51) mit den globalen Variablen verbinden durch Markierung (RM) Anschluss / Verschaltung zu Operand / Auswahl des Plananschlusses in „WinCC" / DK. Das Ergebnis ist:

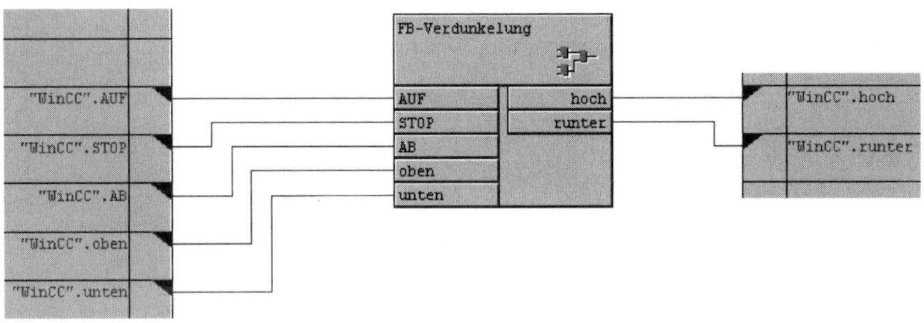

Bild 13.21: Außenschnittstelle des FB „FB_Verdunkelung"

14. Plan / Übersetzen / Pläne als Programm / Gesamtes Programm / OK / Schließen → Das Programm wird übersetzt und die Bausteine des Projektes werden angelegt.

15. SIMATIC Manager / Bausteine / (5. Icon von rechts) / CPU-Zugangsknoten MPI wählen / (8. Icon von links) → Simulator PLCSIM wird aufgerufen, mit dem Projekt verbunden und geladen.

16. S7-PLCSIM in RUN-P-Modus / Beobachten, ob Anzeige RUN nach Blinkphase grün bleibt (wenn nicht, dann ist das Projekt fehlerhaft).

Funktionskontrolle mit der Variablentabelle

1. RM auf S7-Programm(1) / Neues Objekt einfügen / Variablentabelle / Name: z. B. „Verdunk" / OK.

2. DK auf „Bausteine / Verdunk / alle Variable in die Spalte „Symbol“ mit z. B. „WinCC.AUF“ etc. eintragen und abspeichern.
3. Mit „Zielsystem / Verbindung herstellen zu / Projektierter CPU“ die Variablentabelle mit PLCSIM verbinden.
4. In die Spalte „Steuerwert“ für einzelne Variable die Vorgabewerte eintragen und mit „Variable / Beobachten“ den Beobachtungsmodus einschalten und mit „Variable / Steuern“ die Vorgabewerte an PLCSIM weitergeben.

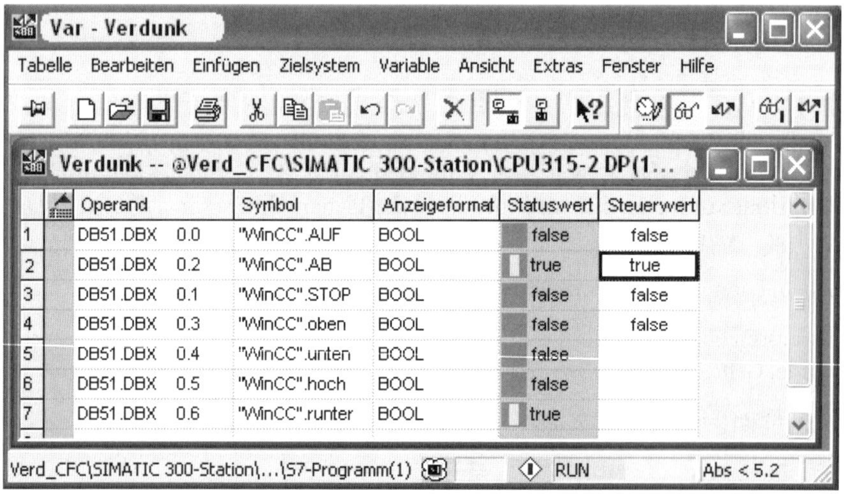

	Operand	Symbol	Anzeigeformat	Statuswert	Steuerwert
1	DB51.DBX 0.0	"WinCC".AUF	BOOL	false	false
2	DB51.DBX 0.2	"WinCC".AB	BOOL	true	true
3	DB51.DBX 0.1	"WinCC".STOP	BOOL	false	false
4	DB51.DBX 0.3	"WinCC".oben	BOOL	false	false
5	DB51.DBX 0.4	"WinCC".unten	BOOL	false	
6	DB51.DBX 0.5	"WinCC".hoch	BOOL	false	
7	DB51.DBX 0.6	"WinCC".runter	BOOL	true	

Bild 13.22: Variablentabelle zur Beobachtung der Steuerung

5. Das Verhalten der Steuerung kann man auch im CFC-Editor beobachten, wenn man den CFC-Plan öffnet, mit „Test / Testmodus“ den Testmodus einschaltet und die Bausteine mit „RM auf den Baustein / Beobachten Ein“ anmeldet. Jetzt kann man die Ein- und Ausgangsvariable im CFC-Plan beobachten.

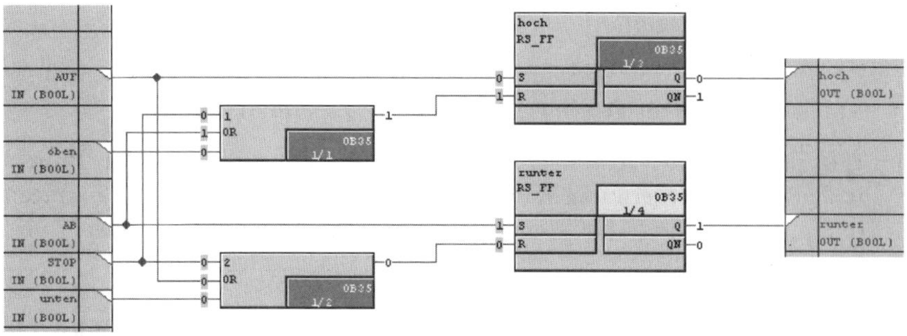

Bild 13.23: Rumpf des FB „Verdunkelung" im Testmodus

6. Die Aktualisierung erfolgt standardmäßig alle 2 Sekunden. Mit „Test / Testeinstellung" kann diese Zeit auf 1 Sekunde geändert werden.

Funktionskontrolle mit der Visualisierung

Wenn Sie das Leer-Projekt „Verd_Ler" geöffnet und darin den CFC-Plan erstellt haben, können Sie die Funktionsweise mit der Visualisierung testen.

Voraussetzung ist zunächst, dass das Programm in PLCSIM geladen und gestartet wurde. Gehen Sie wie folgt vor:

1. Öffnen Sie mit „Bediengerät_1 / WinCC flexible RT / Bilder" mit DK auf „Verdunkelung" die Engineeringstation (ES) WinCC flexible und schalten Sie mit „Projekt / Generator / Runtime starten" den Runtime-Modus ein.
2. Nach einigen Meldungen erscheint das Prozessbild, in dem Sie die Steuerung bedienen und die Reaktionen des Programms beobachten können.

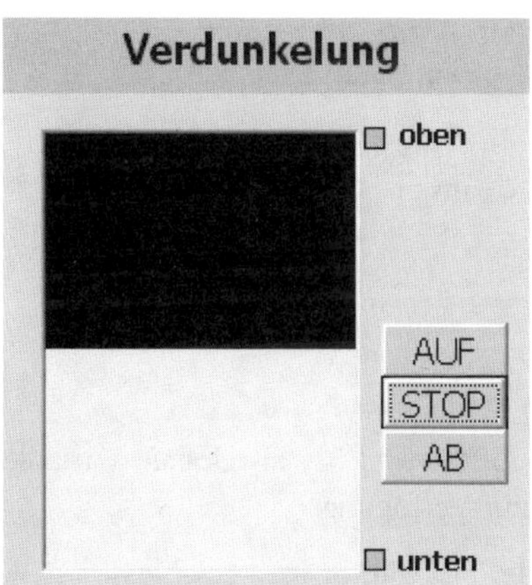

Bild 13.24: Visualisierung der Verdunkelung mit WinCC flexible

Beenden des Programms

1. Das Projekt kann zum Abschluss z. B. unter „C:\DVD_IEC_61131_3\Step_7_Applikationen\MeineProjekte\Verd_CFC“ abgespeichert werden.
2. ggf. das Runtime-Fenster von WinCC flexible schließen, das Projekt schließen, abspeichern und WinCC flexible beenden.
3. ggf. CFC-Editor mit „Test / Testmodus“ aus dem Testmodus nehmen und beenden.
4. Den Simulator mit STOP stoppen und mit MRES urlöschen und beenden.
5. Den SIMATIC Manager beenden.

SCL

Wenn Sie das Projekt „Verdunkelung“ in SCL mit Visualisierung erstellen wollen, können Sie wie folgt vorgehen:

1. Sie öffnen mit dem SIMATIC Manager das Projekt „Verd_Ler“ und speichern es in Ihrem Ordner z. B. mit „Verd_SCL“ ab.
2. Mit „RM auf S7-Programm(1) / Neues Objekt einfügen / SCL-Quelle“ öffnen Sie den SCL-Editor und schreiben das folgende Programm als Organisationsbaustein.

```
ORGANIZATION_BLOCK OB1

VAR_TEMP
  info : ARRAY[0..19] OF BYTE;
END_VAR

IF WinCC.AUF THEN WinCC.hoch := TRUE ; END_IF ;
IF WinCC.STOP OR WinCC.AB OR WinCC.oben THEN
    WinCC.hoch := FALSE ; END_IF ;
IF WinCC.AB THEN WinCC.runter := TRUE ; END_IF ;
IF WinCC.STOP OR WinCC.AUF OR WinCC.unten THEN
    WinCC.runter := FALSE ; END_IF ;

END_ORGANIZATION_BLOCK
```

Bild 13.25: OB1 „Verdunkelung“ in SCL

Die Variablen stehen im Datenbaustein „WinCC“ (DB 51) als globale Variable für den Datenaustausch mit WinCC flexible zur Verfügung.

3. Das SCL-Programm wird übersetzt und der SCL-Editor wird geschlossen.

4. Bei markiertem Ordner „Bausteine“ wird PLCSIM aufgerufen, über MPI Adr: 2 verbunden und das Programm geladen. Anschließend wird PLCSIM mit RUN-P in Runtime genommen.
5. Im Ordner „Bediengerät_1 / WinCC flexible RT / Bilder“ wird das Projektbild „Verdunkelung“ durch DK geöffnet und mit „Projekt / Generator / Runtime starten“ in Runtime genommen. Danach kann der Prozess mit der Visualierungsoberfläche bedient und beobachtet werden.
6. Wenn das Programm fehlerhaft ist, kann es effektiv sein, das Verhalten der Steuerung im SCL-Editor zu beobachten.
7. Eine Beobachtung der Variablen im OB1 ist möglich mit: „SIMATIC Manager / Bausteine / DK auf OB1 / Test / Beobachten“. Zuvor sollte man im SCL-Editor einmalig mit „Extras / Einstellungen / Compiler / Debug Info erstellen / OK“ vom Compiler beim Übersetzen eine Debug-Datei erzeugen lassen, die für den Beobachtungsmodus benötigt wird.
8. Bei der Beobachtung der Eingänge sieht man jede Änderung an den Eingängen der Bedienoberfläche. Wenn ein Ausgang einmal mit einem Wert belegt wurde, ändert sich dieser in der Anzeige im rechten Fenster erst dann, wenn man den Beobachtungsmodus aus- und dann wieder einschaltet.

```
ORGANIZATION_BLOCK OB1

VAR_TEMP
  info : ARRAY[0..19] OF BYTE;
END_VAR

IF WinCC.AUF THEN WinCC.hoch := TRUE ; END_IF                 Wi
IF WinCC.STOP OR WinCC.AB OR WinCC.oben THEN                  Wi
    WinCC.hoch := FALSE ; END_IF ;                            Wi
IF WinCC.AB THEN WinCC.runter := TRUE ; END_IF                Wi
IF WinCC.STOP OR WinCC.AUF OR WinCC.unten THEN                Wi
    WinCC.runter := FALSE ; END_IF ;                          Wi

END_ORGANIZATION_BLOCK
```

```
WinCC.AUF = FALSE, WinCC.hoch =  TRUE
WinCC.STOP = FALSE, WinCC.AB = FALSE, WinCC.oben =  TRUE
WinCC.hoch = FALSE
WinCC.AB = FALSE, WinCC.runter =
WinCC.STOP = FALSE, WinCC.AUF = FALSE, WinCC.unten = FALSE
WinCC.runter = FALSE
```

Bild 13.26: Beobachtung der Variablen im OB1

Hier wurde oben die linke und unten die rechte Seite des Bildes dargestellt, weil die Schrift wegen der Breite des Bildes zu klein und damit schwer lesbar geworden wäre.

13.5 Kapitel 9

13.5.1 Lösung zu Aufgabe 9.1

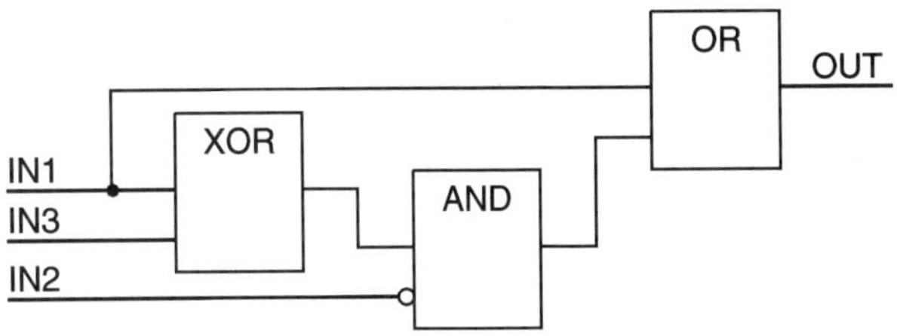

Bild 13.27: Logik in FBS

Wegen der Klammerung muss zuerst die XOR-Verknüpfung, danach die Negation von IN2, dann wegen AND vor OR die AND- und zum Schluss die OR-Verknüpfung realisiert werden.

13.5.2 Lösung zu Aufgabe 9.2

```
IN := 0101_1011.
A := SHL(IN:=IN, N:=2) ; → A := 0110_1100 ;
B := SHR(IN:=IN, N:=4) ; → B := 0000_0101 ;
C := ROL(IN:=IN, N:=3) ; → C := 1101_1010 ;
D := ROR(IN:=IN, N:=1) ; → D := 1010_1101 ;
```

13.5.3 Lösung zu Aufgabe 9.3

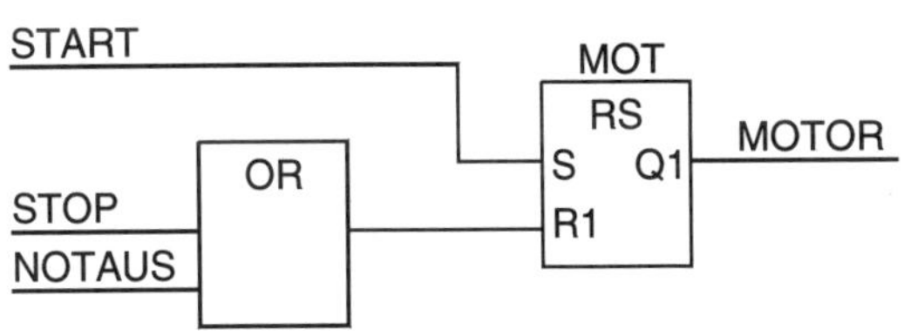

Bild 13.28: Funktionsplan der Motorsteuerung in FBS

13.5.4 Lösung zu Aufgabe 9.4

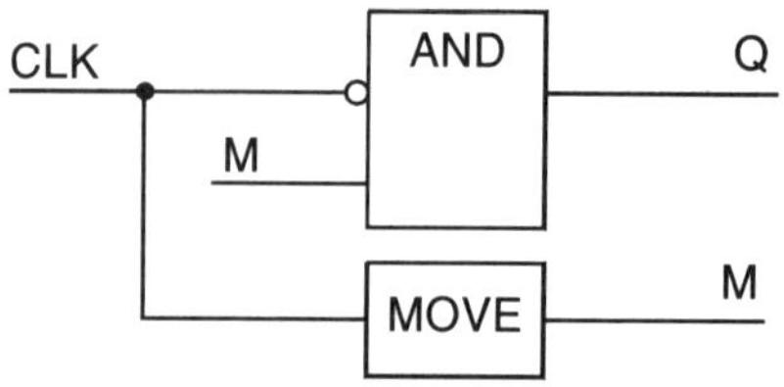

Bild 13.29: Rumpf des FB F_TRIG in FBS

13.5.5 Lösung zu Aufgabe 9.5

```
FUNCTION_BLOCK TRANSPORT

    VAR_INPUT     START, IMP :   BOOL ; END_VAR ;
    VAR_OUTPUT    MOTOR :        BOOL ; END_VAR
    VAR           NMOTOR :       BOOL ;
                  MENGE :        CTU ;
                  MOT :          RS ;
    END_VAR;

    NMOTOR := NOT MOTOR ;
    MENGE(CU:=IMP, R:= NMOTOR, PV:=12) ;
    MOT(S:=START, R1:=MENGE.Q) ;
    MOTOR := Mot.Q1 ;

END_FUNCTION_BLOCK
```

Liste 13.6: Funktionsbaustein „TRANSPORT" in FBS

Die Ein- und Ausgangsgrößen sowie die Hilfsvariable sind boolesch. Die Negation der Variablen MOTOR muss in einer Hilfsvariablen abgelegt werden, weil nach der IEC-Norm keine Ausdrücke bei der Parameterübergabe verwendet werden dürfen.

13.5.6 Lösung zu Aufgabe 9.6

Zunächst sollte man den Verlauf der Uhrzeit ET zeichnen, aus dem sich dann leicht der Verlauf des Ausgangs Q ermitteln lässt.

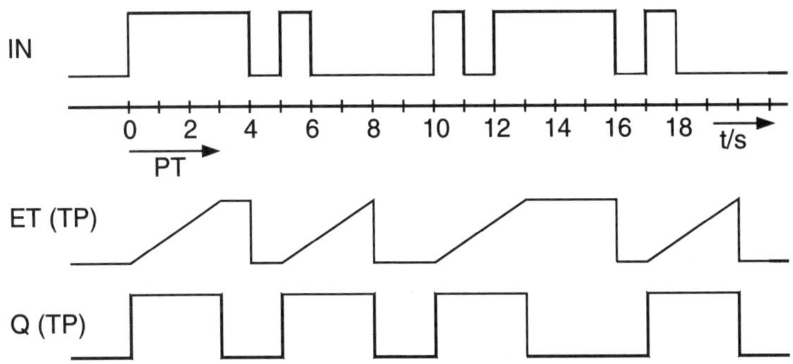

Bild 13.30: Zeitablaufdiagram für das Puls-Zeitglied TP

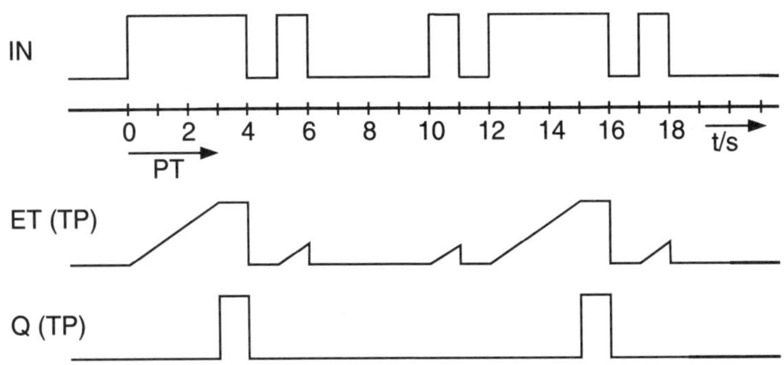

Bild 13.31: Zeitablaufdiagram für die Einschaltverzögerung TON

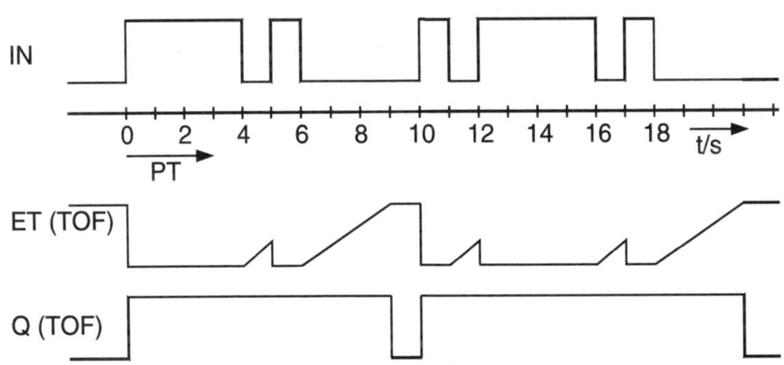

Bild 13.32: Zeitablaufdiagram für die Ausschaltverzögerung TOF

13.5.7 Lösung des Übungsprojektes „Dreifachreaktion"

Lösung nach IEC 61131-3

```
FUNCTION_BLOCK Dreifachreaktion
    VAR_INPUT        START, leer, voll:       BOOL ;      END_VAR
    VAR_OUTPUT       Pumpe, Ventil:           BOOL ;      END_VAR
    VAR
                     Zaehler :                CTU ;
                     Ablauf, Fuellen :        RS ;
                     Leeren :                 TON ;
    END_VAR
```

Liste 13.7: Deklarationsteil des FB „Dreifachreaktion"

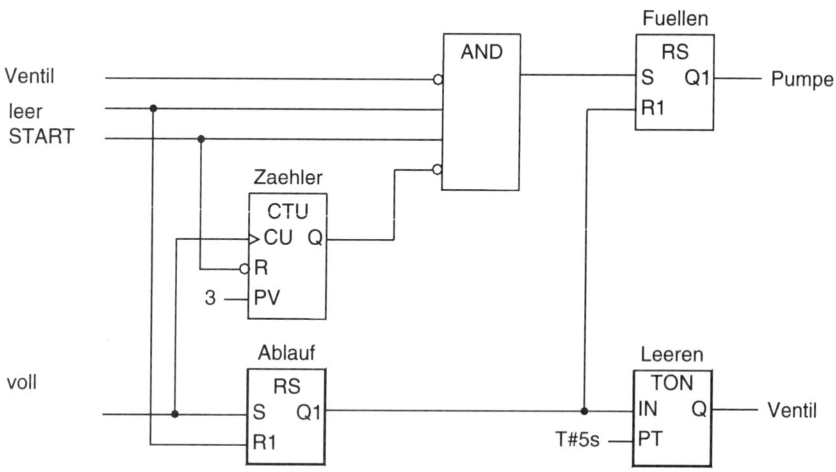

Bild 13.33: Rumpf des FB „Dreifachreaktion" in FBS:

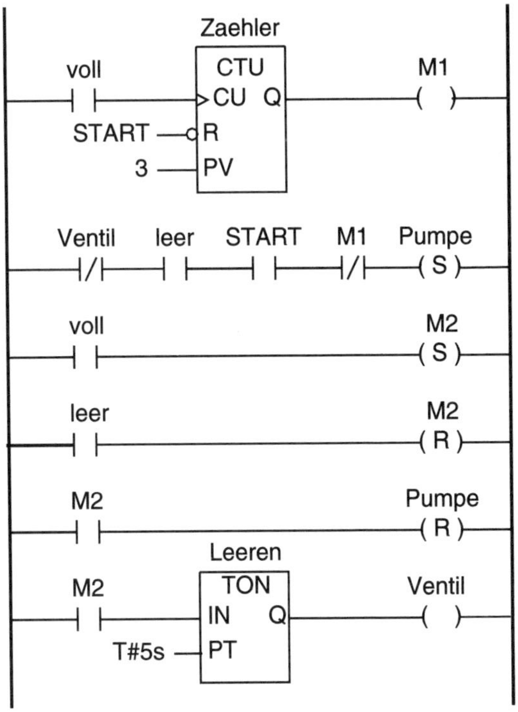

Bild 13.34: Rumpf des FB „Dreifachreaktion“ in KOP:

```
LD      voll                |           LD leeer
ST      Zaehler.CU          |           ST Ablauf.R1
LDN     START               |           CAL   Ablauf
ST      Zaehler.R           |           LD Ablauf.Q1
LD      3                   |           R  Pumpe
ST      Zaehler.PV          |           ST Leeren.IN
CAL     Zaehler             |           LD T#5s
LDN     Ventil              |           ST Leeren.PT
AND     leer                |           CAL   Leeren
AND     START               |           LD Leeren.Q
ANDN    Zaehler.Q           |           ST Ventil
S       Pumpe
```

Liste 13.8: Rumpf des FB „Dreifachreaktion“ in AWL:

```
M1 := NOT START;
Zaehler(CU:=voll, R:=M1, PV:=3);
IF NOT Ventil & leer & START & NOT Zaehler.Q
  THEN Pumpe:=TRUE; END_IF;
Ablauf(S:=voll, R1:=leer);
```

```
IF Ablauf.Q1 THEN Pumpe:=FALSE; END_IF;
Leeren(IN:=Ablauf.Q1, PT:=T#5s);
Ventil := Leeren.Q;
```

Liste 13.9: Rumpf des FB „Dreifachreaktion“ in ST

```
Program PRG
    VAR_EXTERNAL
        START :     BOOL;               (* START-Schalter *)
        leer :      BOOL ;              (* Tank ist leer *)
        voll :      BOOL ;              (* Tank ist voll *)
        Pumpe :     BOOL ;              (* Ausgang für Pumpe *)
        Ventil :    BOOL ;              (* Ausgang für Ventil *)
    END_VAR
    VAR
        DB_Dreifachreaktion :           Dreifachreaktion ;
    END_VAR
```

Liste 13.10: Deklarationsteil des Programms

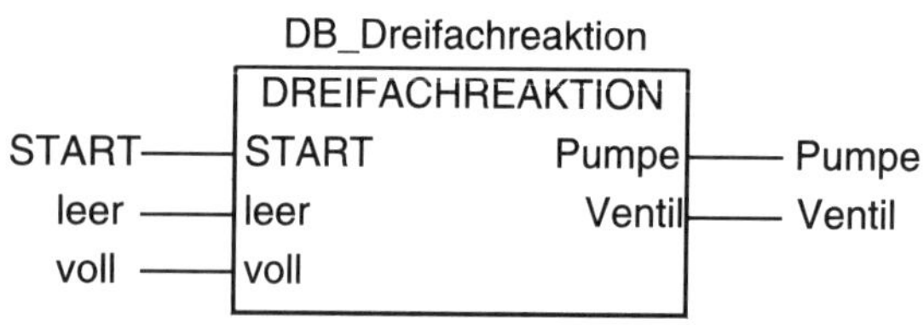

Bild 13.35: Rumpf des Programms in FBS

13.5.8 Lösung mit CoDeSys

Für CoDeSys sind die globalen Variablen und das Programm mit dem Deklarationsteil und der Instanzierung des FB weitgehend identisch mit der IEC-Syntax entsprechend Liste 13.10 und Bild 13.35. Die Deklarationsteile der FB für die Sprachen CFC, FUP, AWL und ST sind ebenfalls identisch mit der IEC. Für KOP werden die rücksetzdominanten Speicher durch speichernde Variablen ersetzt, so dass die Instanzierung der RS-FB entfällt und dafür Hilfsvariable M1 und M2 vereinbart werden müssen.

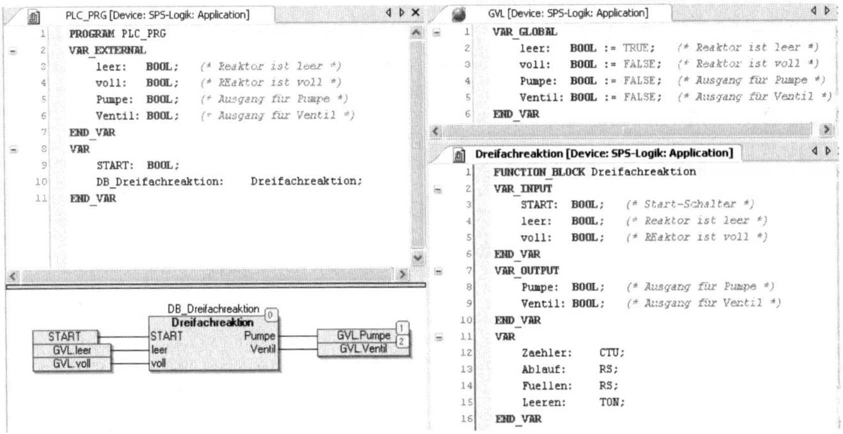

Bild 13.36: Gemeinsame Teile des Projektes „Dreifachreaktion“

Die nächsten Bilder zeigen die Rümpfe der einzelnen FBe. Wenn z. B. eine Funktion zusätzliche Eingänge erhalten soll, zieht man aus der Werkzeugliste einen „Bausteineingang“ auf das entsprechende Symbol.

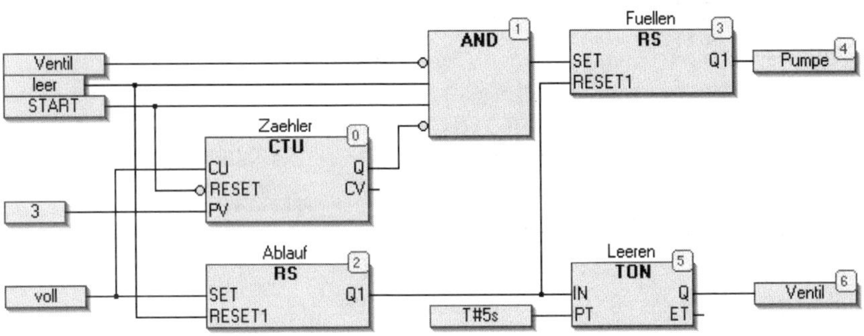

Bild 13.37: Rumpf des FB „Dreifachreaktion“ in CFC

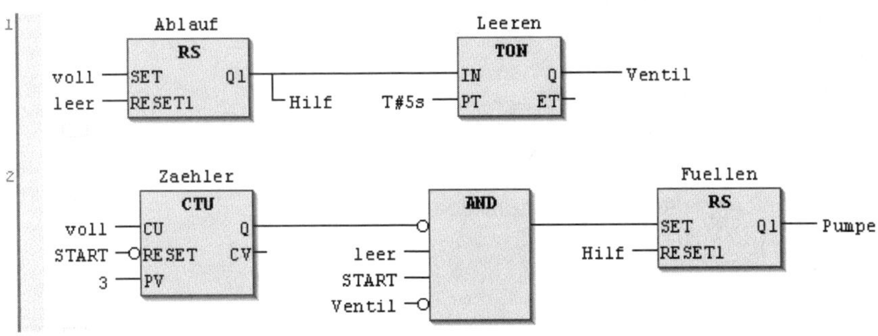

Bild 13.38: Rumpf des FB „Dreifachreaktion“ in FUP

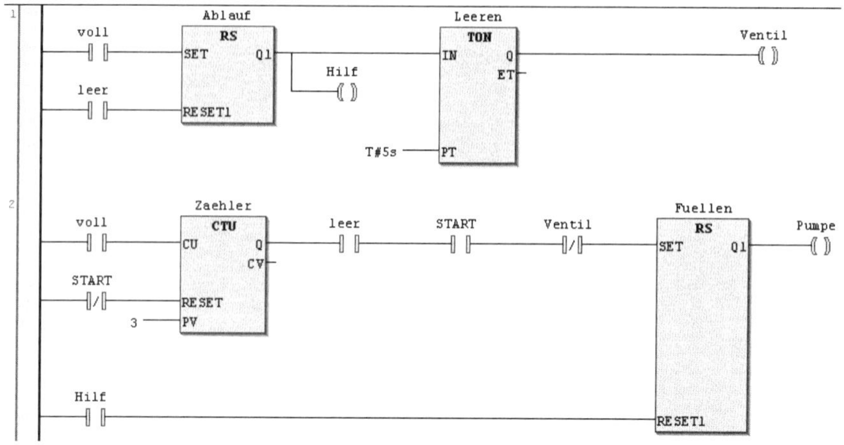

Bild 13.39: Rumpf des FB „Dreifachreaktion" in KOP

```
1   CAL     Ablauf(
               SET:= voll,
            RESET1:= leer)
    LD      Ablauf.Q1
    ST      Hilf
    ST      Leeren.IN
    CAL     Leeren(
                PT:= T#5s)
    LD      Leeren.Q
    ST      Ventil
2   LDN     START
```

```
2   LDN     START
    ST      Zaehler.RESET
    CAL     Zaehler(
                CU:= voll,
                PV:= 3)
    LDN     Zaehler.Q
    AND     leer
    AND     START
    ANDN    Ventil
    ST      Fuellen.SET
    CAL     Fuellen(
            RESET1:= Hilf)
    LD      Fuellen.Q1
    ST      Pumpe
```

Bild 13.40: Rumpf des FB „Dreifachreaktion" in AWL

```
Zaehler(CU := voll, RESET := NOT START, PV := 3);
Ablauf(SET := voll, RESET1 := leer);
Fuellen(SET := NOT Ventil AND leer AND START AND NOT Zaehler.Q,
    RESET1 := Ablauf.Q1);
Leeren(IN := Ablauf.Q1, PT := T#5S);
Pumpe := Fuellen.Q1;
Ventil := Leeren.Q;
```

Bild 13.41: Rumpf des FB „Dreifachreaktion" in ST

13.5.9 Lösung mit STEP 7

CFC

Da die Sprachen AWL, KOP und FUP kaum IEC-konform sind, werden nur die CFC- und SCL-Projekte gezeigt.

Für das CFC-Projekt wurden die Ein- und Ausgänge aus WinCC in den Datenbaustein „WinCC“ eingetragen. Die Symboltabelle enthält nur den Datenbaustein „WinCC“.

Projektstruktur

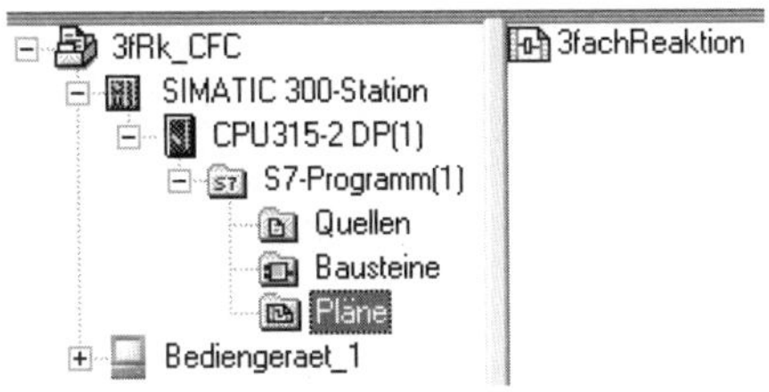

Symboltabelle

	Status	Symbol	Adresse	Datentyp	Kommentar
1		WinCC	DB 51	DB 51	

Datenbaustein „WinCC“

Adresse	Name	Typ	Anfangswert	Kommentar
0.0		STRUCT		
+0.0	START	BOOL	FALSE	START-Schalter
+0.1	leer	BOOL	TRUE	Grenzwertmelder "leer"
+0.2	voll	BOOL	FALSE	Grenzwertmelder "voll"
+0.3	Pumpe	BOOL	FALSE	Ausgang für Pumpe
+0.4	Ventil	BOOL	FALSE	Ausgang für Ventil
=2.0		END_STRUCT		

Bild 13.42: Struktur, Symboltabelle und „WinCC“ für das CFC-Projekt „Dreifachreaktion“

Der Funktionsplan wurde mit dem CFC-Editor erstellt und die Ein- und Ausgänge werden mit den Operanden aus dem Datenbaustein „WinCC“ verbunden. Anschließend wurde der CFC-Plan als Programm übersetzt, wodurch der OB35 den OB1 ersetzte.

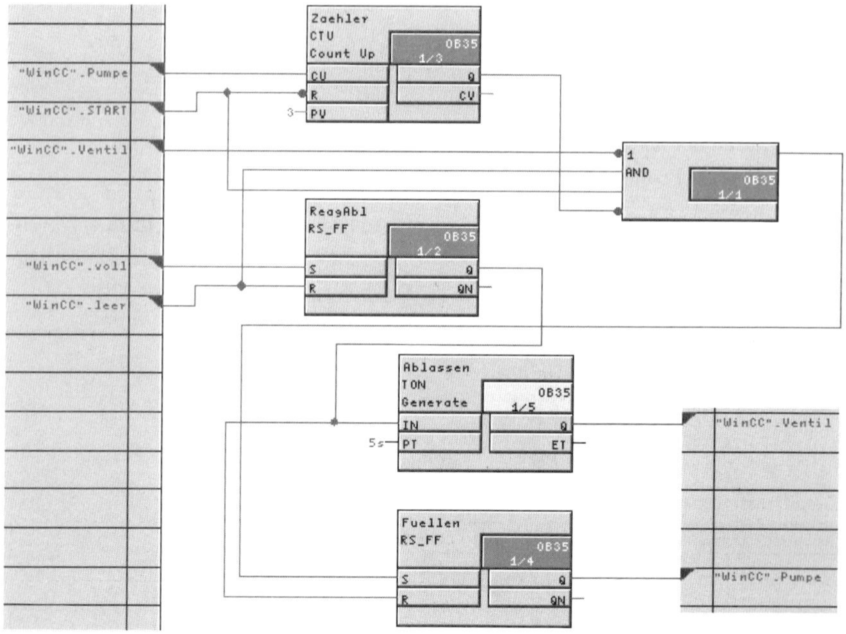

Bild 13.43: Funktionsplan des CFC-Projektes „Dreifachreaktion“

SCL

Für das SCL-Projekt wird die Steuerung im FB1 realisiert, der mit SCL im OB1 instanziert wird. In die Symboltabelle müssen ggf. der Name des FB (FB_ Dreifachreaktion) und die Instanz (DB_Dreifachreaktion) eingetragen werden. Die weiteren Einträge werden automatisch vorgenommen.

Projektstruktur

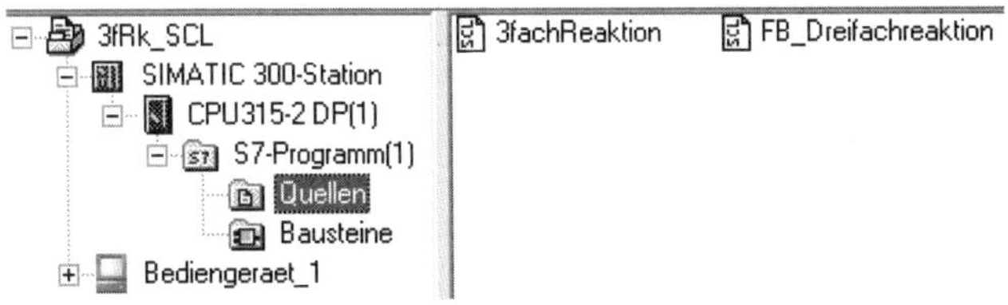

Symboltabelle

	Status	Symbol	Adresse	Datentyp	Kommentar
1		3fachReaktion	OB 1	OB 1	
2		CTU	SFB 0	SFB 0	Count Up
3		DB_Dreifachreaktion	DB 1	FB 1	
4		FB_Dreifachreaktion	FB 1	FB 1	
5		TON	SFB 4	SFB 4	Generate an On Delay
6		WinCC	DB 51	DB 51	

Datenbaustein „WinCC"

Adresse	Name	Typ	Anfangswert	Kommentar
0.0		STRUCT		
+0.0	START	BOOL	FALSE	START-Schalter
+0.1	leer	BOOL	TRUE	Grenzwertmelder "leer"
+0.2	voll	BOOL	FALSE	Grenzwertmelder "voll"
+0.3	Pumpe	BOOL	FALSE	Ausgang für Pumpe
+0.4	Ventil	BOOL	FALSE	Ausgang für Ventil
=2.0		END_STRUCT		

Bild 13.44: Symboltabelle für das SCL-Projekt „Dreifachreaktion"

Der FB „Dreifachreaktion" wird zuerst programmiert, wobei die rücksetzdominanten Speicher durch IF .. THEN .. END_IF realisiert werden, da die entsprechenden FB aus der Bibliothek für SCL nicht verwendet werden können.

```
FUNCTION_BLOCK Dreifachreaktion
VAR_INPUT
    START :     BOOL ;
    leer :      BOOL ;
    voll :      BOOL ;
END_VAR
VAR_OUTPUT
    Pumpe :     BOOL ;
    Ventil :    BOOL ;
END_VAR
VAR
    Ablauf :    BOOL ;
    Zaehler :   CTU ;
    Leeren :    TON ;
END_VAR

Zaehler(CU:=voll, R:=NOT START, PV:=3) ;
IF voll THEN Ablauf := TRUE ; END_IF ;
IF leer THEN Ablauf := FALSE ; END_IF ;
IF NOT Ventil AND leer AND START AND NOT Zaehler.Q THEN
                    Pumpe:=TRUE ;  END_IF ;
IF Ablauf THEN Pumpe:=FALSE ; END_IF ;
Leeren(IN:=Ablauf, PT:=T#5s) ;
Ventil := Leeren.Q ;
```

Bild 13.45: FB „Dreifachreaktion" in SCL

Die Instanzierung dieses FB erfolgt im OB1 mit SCL.

```
ORGANIZATION_BLOCK OB1

VAR_TEMP
  info : ARRAY[0..19] OF BYTE;
END_VAR

    FB_Dreifachreaktion.DB_Dreifachreaktion(START:=
        WinCC.START,leer:=WinCC.leer, voll:=WinCC.voll) ;
    WinCC.Pumpe := DB_Dreifachreaktion.Pumpe ;
    WinCC.Ventil := DB_Dreifachreaktion.Ventil ;

END_ORGANIZATION_BLOCK
```

Bild 13.46: OB1 mit FB Instanz "Dreifachreaktion"

Nach dem Öffnen des Bedienbildes im Ordner „Bediengerät_1 / WinCC flexible RT / Bilder" kann die Steuerung getestet werden.

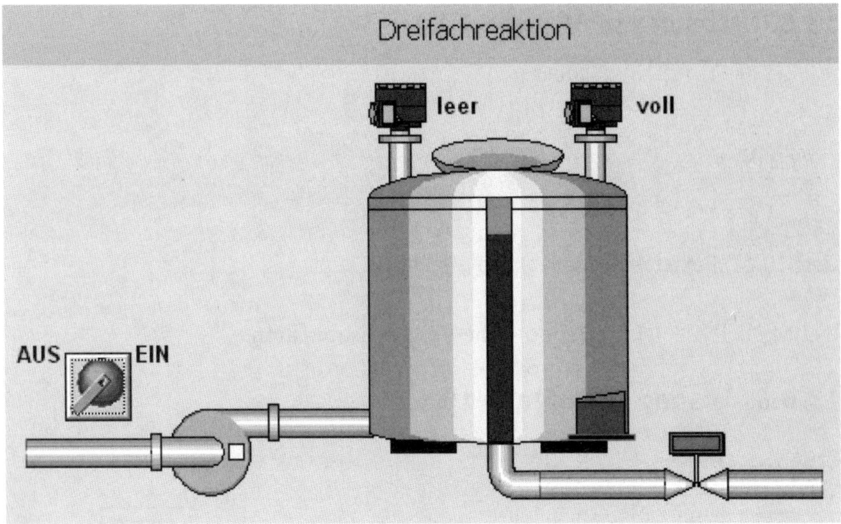

Bild 13.47: Bedienoberfläche zur Dreifachreaktion

13.6 Kapitel 10

13.6.1 Lösung zu Aufgabe 10.1

Gegeben sind die Variablen R := 34,56 und DW := 16#3A_56_F6_12.

Geben Sie bitte an, welchen Wert die Zielgrößen der folgenden Datentypumwandlungen erhalten.

```
IR1 := REAL_TO_INT(34,56) ;            →     IR1 := 35
IR2 := TRUNC(34,56) ;                  →     IR2 := 34
BDW := BCD_TO_DINT(16#32_56_96_12) ;   →     BDW := 32569612
BR := SINT_TO_BCD_BYTE(REAL_TO_SINT(34,56)); BR := 2#0011_0101
```

13.6.2 Lösung zu Aufgabe 10.2

```
A1 := I2 / I1 ;→      A1 := 3 ;
A2 := I2 MOD I1 ;→    A2 := 2 ;
```

13.6.3 Lösung zu Aufgabe 10.3

Da der Tangens von 45 Grad gleich 1.0 ist, gilt umgekehrt:

```
PI := ATAN(1.0) * 4.0 ;
```

13.6.4 Lösung zu Aufgabe 10.4

```
FUNCTION TEILBAR : BOOL
  VAR_INPUT IN1, IN2 : INT ; END_VAR ;

  TEILBAR := IN1 MOD IN2 = 0 ;

END_FUNCTION
```

Liste 13.11: Deklaration der Funktion „Teilbar"

IN1 MOD IN2 = 0 ist eine boolesche Vergleichsoperation.

13.6.5 Lösung zu Aufgabe 10.5

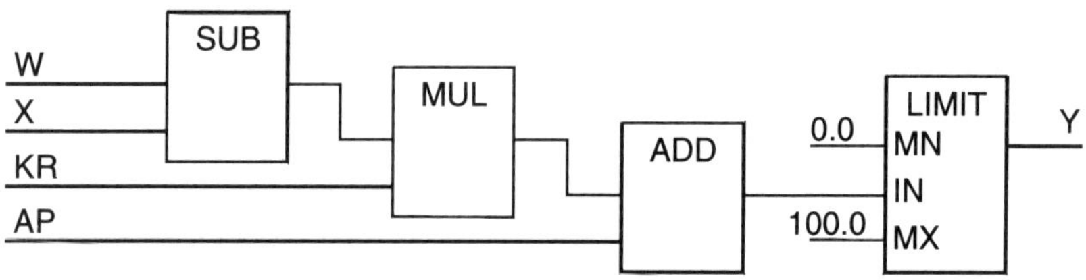

Bild 13.48: Funktionsplan zur Berechnung von Y

13.6.6 Lösung zu Aufgabe 10.6

```
I1 := LEN('Donnerstag') ;                              → I1 := 10 ;
TA := LEFT('Montag', 3) ;                              → TA := 'Mon' ;
TB := RIGHT('Donnerstag', 3) ;                           TB := 'tag' ;
TC := MID('Donnerstag', 2, 4) ;                          TC := 'ne' ;
TD := CONCAT('Diens', RIGHT('Freitag', 3)) ;             TD := 'Dienstag' ;
TE := INSERT('Montag', 'XY', 3) ;                      → TE := 'MonXYtag';
TF := DELETE('Donnerstag', 3, 1) ;                     → TF := 'nerstag' ;
TG := REPLACE ('Montag', 'Diens', 3, 1) ;              → TG := 'Dienstag' ;
I2 := FIND('Donnerstag', 'er') ;                       → I2 := 5 ;
```

I1 und I2 können vom Datentyp INT und TA bis TG vom Datentyp STRING sein.

13.6.7 Lösung zu Aufgabe 10.7

```
A1 := ADD(T#20m, T#5h) ;                    →     A1 := T#5h20m ;
A2 := ADD_TIME(T#20m, T#2h10m);             →     A2 := T#2h30m ;
A3 := ADD_TOD_TIME(TOD#03:12:45, T#20m) ;   → A3 := TOD#03:32:45 ;
A4 := ADD_DT_TIME(DT#1941-07-14-12:15:00, T#25m) ; →
                                                  A4 := DT#1941-07-14-
                                                              12:40:00
A5 := T#23m + T#4m ;                        →     A5 := T#27m ;
A6 := T#56m - T#6s ;                        →     A6 := T#55m54s ;
A7 := SUB_TIME(T#20m, T#2m45s) ;            →     A7 := T#17m15s ;
A8 := SUB_DATE_DATE(DATE#1941-07-14, DATE#1940-12-24) ; →
                                                  A8 := T#202d
A9 := SUB_TOD_TIME(TOD#03:12:45, T#20m) ;   → A9 := TOD#02:52:45
A10 := SUB_TOD_TOD(TOD#12:24:15, TOD#03:12:45) ;
                                                → A10 := T#9h11m30s
A11 := SUB_DT_TIME(DT#1941-07-14-12:15:00, T#20m) ;
                                              → A11 := DT#1941-07-14-
                                                              11:55:00
A12 := MULTIME(T#20m, 3.5) ;                →   A12 := T#1h10m
A13 := DIVTIME(T#20m, 2.5) ;                →   A13:= T#8m
A14 := CONCAT_DATE_TOD(DATE#1939-09-01,TOD#03:12:45);
                                              → A14 := DT#1940-12-24-
                                                            03:12:45 ;
```

13.6.8 Lösung des Übungsprojektes „P-Regler“

Lösung nach IEC 61131-3

Der Deklarationsteil für den Funktionsbaustein „P_REGLER“ ist:

```
FUNCTION_BLOCK P_REGLER
    VAR_INPUT
        AUTO :    BOOL ;
        W :       REAL := 50.0 ;
        X :       REAL ;
        KR :      REAL := 1.0 ;
        AP :      REAL := 50.0 ;
        YH :      REAL := 50.0 ;
    END_VAR
    VAR_OUTPUT Y : REAL ; END_VAR
```

```
    (* Rumpf des FB *)

END_FUNCTION_BLOCK
```

Liste 13.12: Deklarationsteil des FB „P-Regler“

In FBS sieht der Rumpf aus, wie im Bild 13.49 gezeigt.

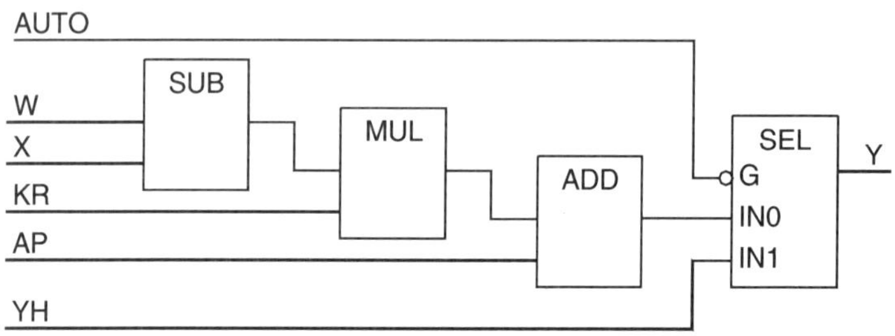

Bild 13.49: Rumpf des FB „P_REGLER“ in FBS

Als Kontaktplan ergibt sich die folgende Darstellung:

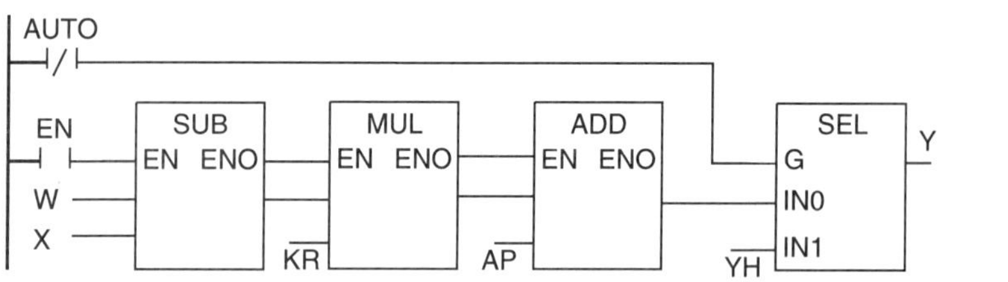

Bild 13.50: Rumpf des FB „P_REGLER“ in KOP

Für die Programmierung in AWL bzw. ST ergibt sich die Liste 13.13.

```
LD      W          |
SUB     X          |
MUL     KR         |
ADD     AP         |    IF AUTO THEN
ST      M1         |        Y := KR * (W - X) + AP ;
LDN     AUTO       |    ELSE
SEL     M1, YH     |        Y := YH ;
ST      Y          |    END_IF ;
```

Liste 13.13: Rumpf des FB „P_REGLER“ in AWL und ST

Zum Austesten des Funktionsbausteins muss jeweils eine Instanz des FB im Programm eingerichtet werden.

Lösungen mit CoDeSys

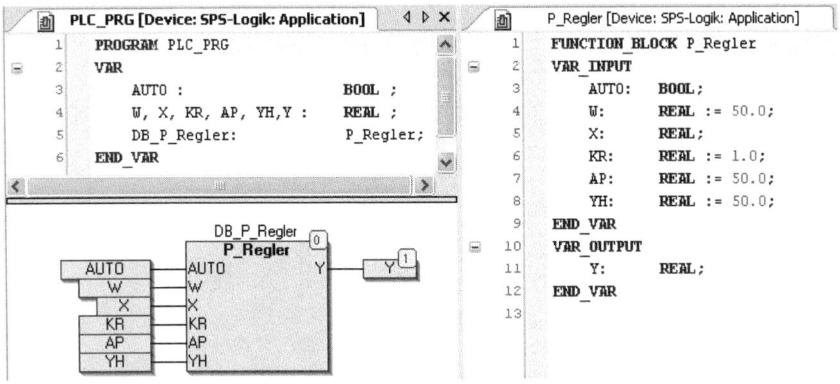

Bild 13.51: Programm „P_Regler“ in CFC und Deklaration „P-Regler“

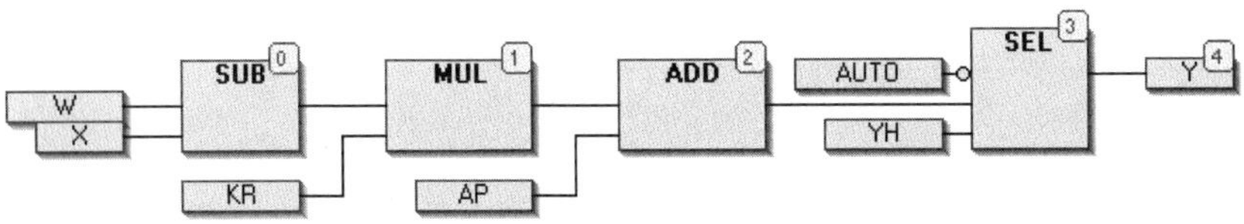

Bild 13.52: Rumpf des Funktionsbausteins „P-Regler“ in CFC

Für die Programmierung in FUP, KOP und AWL muss im FB „P-Regler“ eine Zwischenvariable YR als interne Variable (VAR … END_VAR) deklariert werden.

Rumpf des Programms „PRG_PLC“ in FUP:

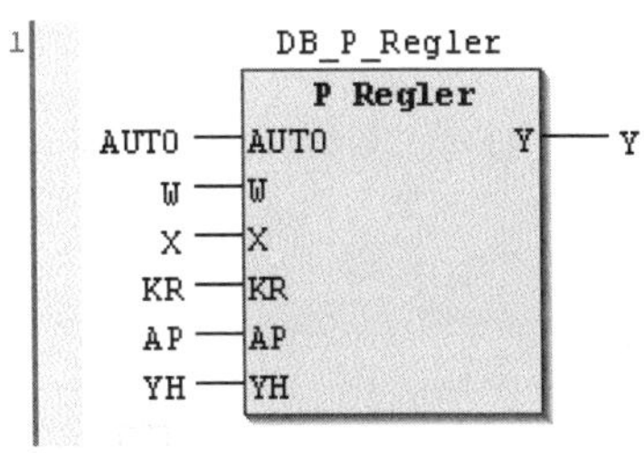

Rumpf des FB „P-Regler“ in FUP:

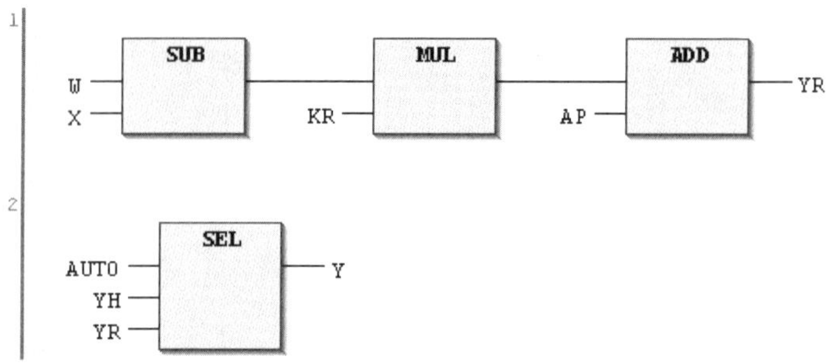

Bild 13.53: Rümpfe des Projekts „P-Regler“ in FUP

Rumpf des Programms „PRG_PLC“ in KOP:

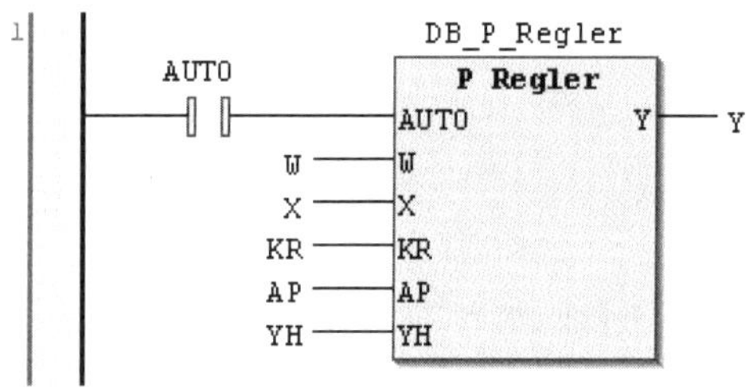

Rumpf des FB „P-Regler“ in KOP:

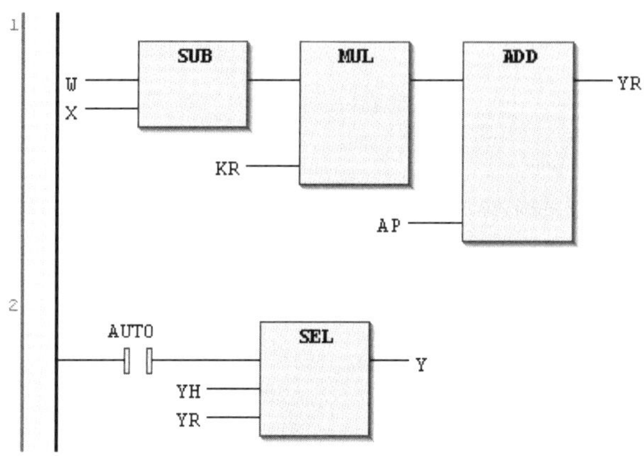

Bild 13.54: Rümpfe des Projekts „P-Regler“ in KOP

Rumpf des Programms „PLC_PRG“ in AWL:

```
1   CAL                DB_P_Regler(
              AUTO:= AUTO,
                 W:= W,
                 X:= X,
                KR:= KR,
                AP:= AP,
                YH:= YH)
    LD                 DB_P_Regler.Y
    ST                 Y
```

Rumpf des FB „P-Regler“ in AWL:

```
1   LD      W
    SUB     X
    MUL     KR
    ADD     AP
    ST      YR
2   LD      AUTO
    SEL     YH
            YR
    ST      Y
```

Bild 13.55: Rümpfe des Projekts „P-Regler“ in AWL

Für die Programmierung in ST kann auf die Zwischenvariable YR im FB „P-Regler“ verzichtet werden.

Rumpf des Programms „PRG_PLC“ in ST:

```
DB_P_Regler(AUTO := AUTO, W := W, X := X,
            KR := KR, AP := AP, YH := YH);
Y := DB_P_Regler.Y;
```

Rumpf des FB „P-Regler“ in ST:

```
IF AUTO THEN Y := KR * (W-X) + AP;
        ELSE Y := YH;
END_IF
```

Bild 13.56: Rümpfe des Projekts „P-Regler“ in ST

Lösungen mit STEP 7

CFC

Für das CFC-Projekt „P-Regler“ wird folgender Datenbaustein „WinCC“ erstellt. Die Einträge in der Symboltabelle wurden automatisch vorgenommen.

Projektstruktur

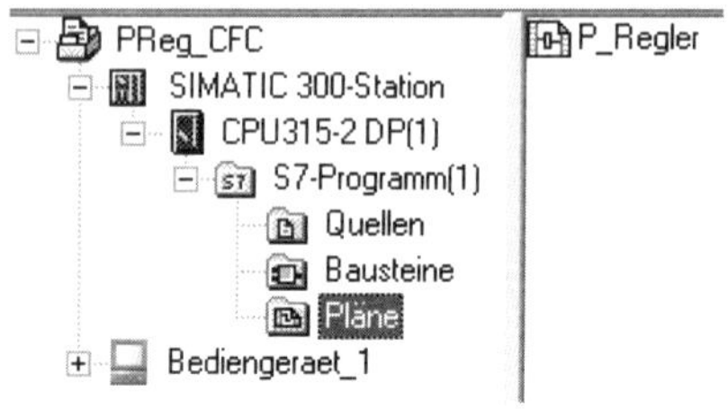

Symboltabelle

	Status	Symbol	Adresse	Datentyp	Kommentar
1		ADD_R	FC 61	FC 61	REAL-Addition
2		Cycle Execution	OB 1	OB 1	
3		MUL_R	FC 63	FC 63	REAL-Multiplier
4		SUB_R	FC 62	FC 62	REAL-Subtraction
5		WinCC	DB 51	DB 51	

Datenbaustein „WinCC“

Adresse	Name	Typ	Anfangswert	Kommentar
0.0		STRUCT		
+0.0	W	REAL	0.000000e+000	Sollwert
+4.0	X	REAL	0.000000e+000	Regelgröße
+8.0	KR	REAL	0.000000e+000	Übertragungsfaktor
+12.0	AP	REAL	0.000000e+000	Arbeitspunkt
+16.0	YH	REAL	0.000000e+000	Handstellgröße
+20.0	Y	REAL	0.000000e+000	Stellgröße
+24.0	AUTO	BOOL	FALSE	Automatik / Hand
=26.0		END_STRUCT		

Bild 13.57: Projektstruktur, Symboltabelle und Datenbaustein „WinCC“

Der FB des Reglers wird als hierarchischer CFC-Plan erstellt.

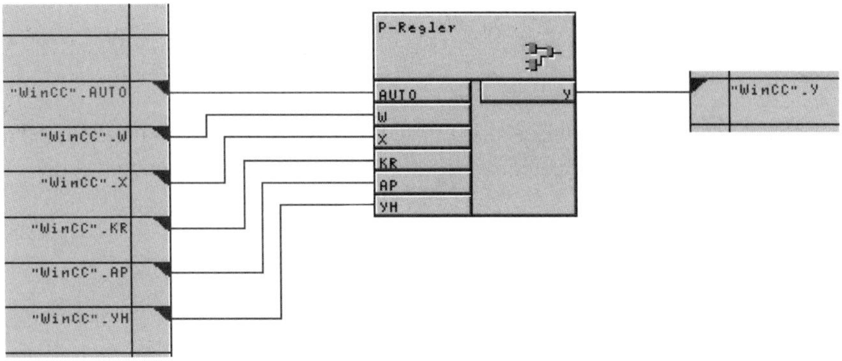

Bild 13.58: Außenansicht des CFC-Plans für den P-Regler

Durch Öffnen dieses Plans (RM) kommt man zum Detailplan.

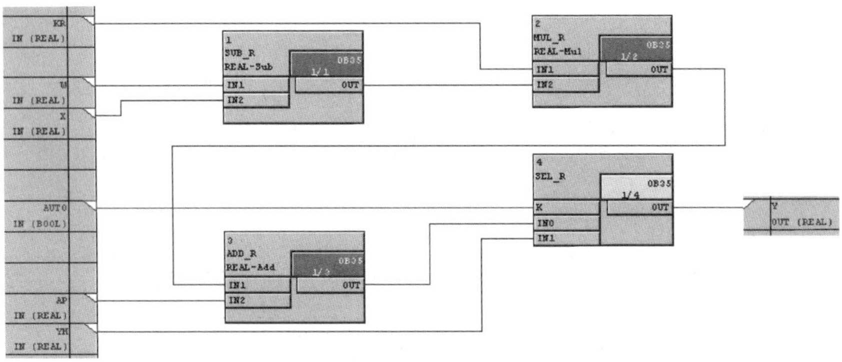

Bild 13.59: Rumpf des FB „P-Regler" in CFC

Zum Testen des Projektes ruft man im Strukturbaum des Projektes in „Bediengerät_1 / WinCC flexible RT / Bilder“ das Bedienbild „P-Regler“ auf und aktiviert das Bild mit „Projekt / Generator / Runtime starten“. Hier kann man nun die Eingangswerte und Parameter des P-Reglers einstellen. In der Betriebsart MAN liefert die Stellgröße den Wert, der bei YH eingestellt ist. In Automatikbetrieb (AUT) ist Y = KR (W – X) + AP.

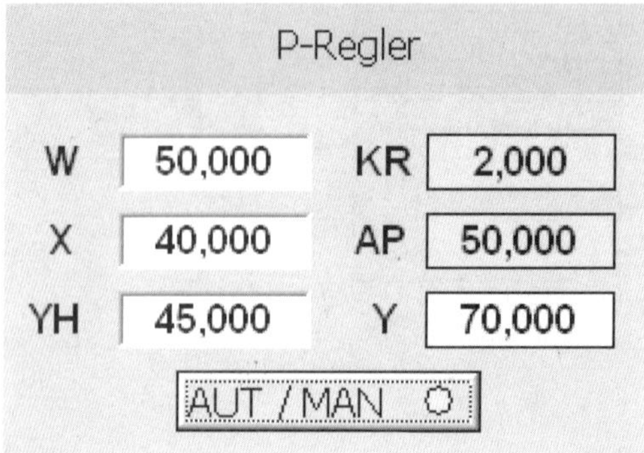

Bild 13.60: Bedienoberfläche des P-Reglers

Die Signalwerte können auch im Testmodus in CFC-Plan beobachtet werden.

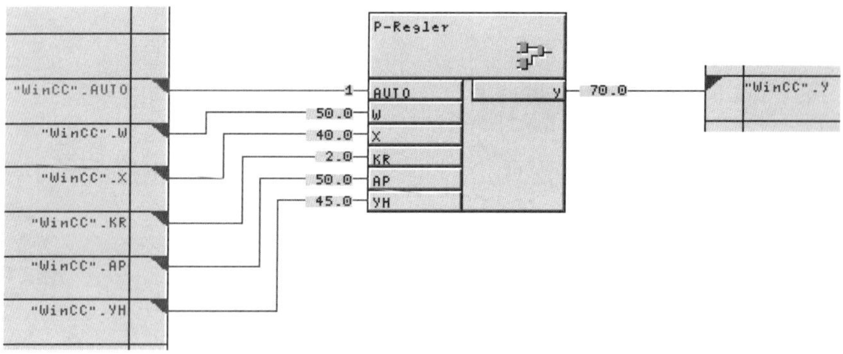

Bild 13.61: CFC-Plan des FB „P_Regler" mit Signalwerten

SCL

Bei der Realisierung des Projektes „P_Regler" mit SCL werden beim Übersetzen weitere Funktionen und Instanzen von Funktionsbausteinen in die Symboltabelle eingetragen. Der Datenbaustein „WinCC" ist identisch mit dem im CFC-Projekt.

Projektstruktur

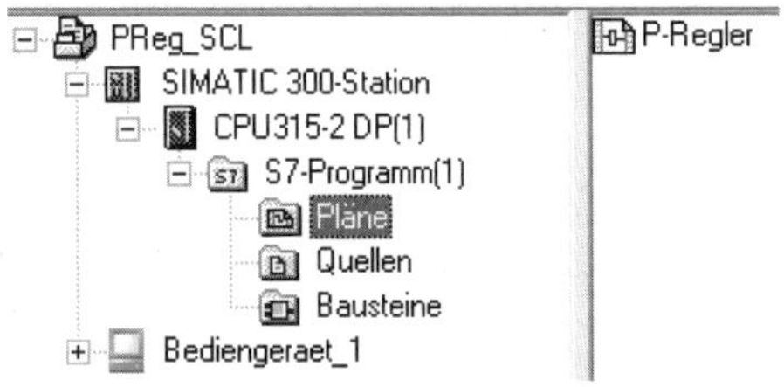

Symboltabelle

	Status	Symbol	Adresse	Datentyp	Kommentar
1		ADD_R	FC 61	FC 61	REAL-Addition
2		CONT_C	FB 41	FB 41	Continuous Control
3		Cycle Execution	OB 1	OB 1	
4		MUL_R	FC 63	FC 63	REAL-Multiplier
5		P_Regler	FB 1	FB 1	
6		RD_SINFO	SFC 6	SFC 6	Read OB Start Information
7		SUB_R	FC 62	FC 62	REAL-Subtraction
8		WinCC	DB 51	DB 51	

Datenbaustein „WinCC"

Adresse	Name	Typ	Anfangswert	Kommentar
0.0		STRUCT		
+0.0	W	REAL	0.000000e+000	Sollwert
+4.0	X	REAL	0.000000e+000	Regelgröße
+8.0	KR	REAL	0.000000e+000	Übertragungsfaktor
+12.0	AP	REAL	0.000000e+000	Arbeitspunkt
+16.0	YH	REAL	0.000000e+000	Handstellgröße
+20.0	Y	REAL	0.000000e+000	Stellgröße
+24.0	AUTO	BOOL	FALSE	Automatik / Hand
=26.0		END_STRUCT		

Bild 13.62: Projektstruktur, Symboltabelle und Datenbaustein „WinCC"

Der Regler wird als FB in SCL programmiert und anschließend in einem CFC-Plan instanziert.

```
FUNCTION_BLOCK P_Regler
VAR_INPUT
    AUTO :   BOOL ;
    W :      REAL := 50.0 ;
    X :      REAL ;
    KR :     REAL := 1.0 ;
    AP :     REAL := 50.0 ;
    YH :     REAL := 50.0 ;
END_VAR
VAR_OUTPUT
    Y :      REAL ;
END_VAR

IF AUTO THEN Y := KR * (W - X) + AP ;
ELSE Y := YH ;
END_IF;

END_FUNCTION_BLOCK
```

Bild 13.63: FB „P_Regler" in SCL

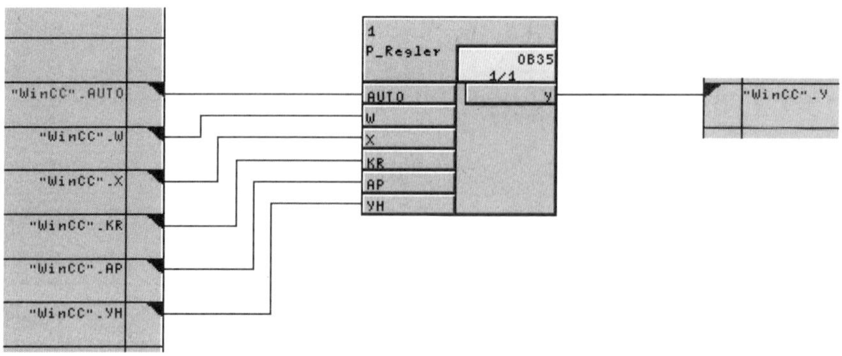

Bild 13.64: Instanzierung des FB „P_Regler" mit CFC in OB35

Dieser Plan unterscheidet sich von dem des hierarchischen CFC-Plans nur durch den Eintrag im Kopf des Symbols des FB.

Das Testen dieses Projektes unterscheidet sich nicht vom Test des CFC-Projektes.

13.7 Kapitel 11

13.7.1 Lösung zu Aufgabe 11.1

RUN	*XIN*	*IXIN*	*X[0]*	*X[1]*	*X[2]*	*X[3]*	*X[4]*	*X[5]*	*X[6]*	*X[7]*	*X[8]*	*X[9]*	*IXOUT*	*XOUT*
0	1	3	1	1	1	1							0	1
0	2	3	2	2	2	2							0	2
1	3	4	2	2	2	2	3						1	2
1	4	5	2	2	2	2	3	4					2	2
1	5	6	2	2	2	2	3	4	5				3	2
1	6	7	2	2	2	2	3	4	5	6			4	3
1	7	8	2	2	2	2	3	4	5	6	7		5	4
1	8	9	2	2	2	2	3	4	5	6	7	8	6	5

Tabelle 13.1: Wertetabelle für FB „DELAY“

13.7.2 Lösung zu Aufgabe 11.2

RUN	*XIN*	*FIFO.XOUT*	*SUM*	*XOUT*
0	1	1	3	1
0	2	2	6	2
0	3	3	9	3
1	4	3	10	3,333
1	5	3	12	4
1	6	3	15	5
1	7	4	18	6
1	8	5	21	7
1	9	6	24	8

Tabelle 13.2: Wertetabelle für FB „AVERAGE“

13.7.3 Lösung zu Aufgabe 11.3

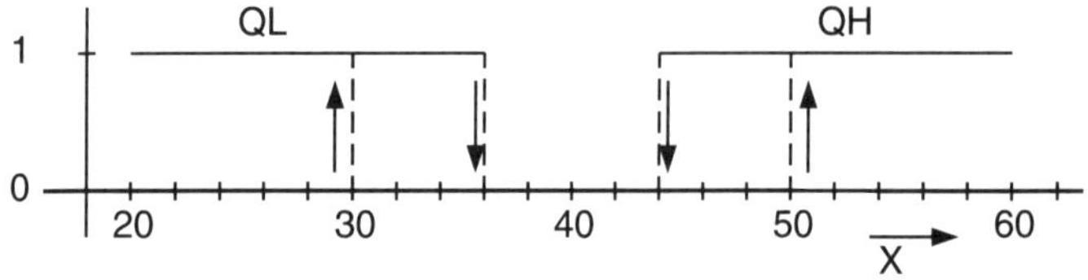

Bild 13.65: Zeitlicher Verlauf bei „LIMIT_ALARM"

13.7.4 Lösung zu Aufgabe 11.4

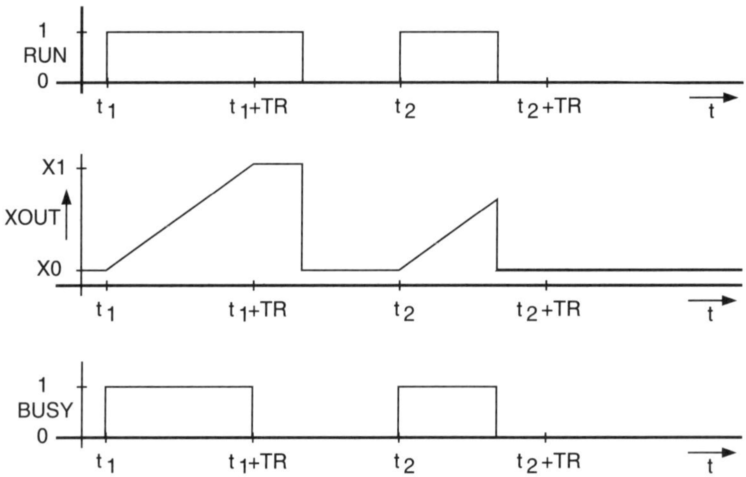

Bild 13.66: Zeitlicher Verlauf der Signale bei „RAMP"

13.7.5 Lösung des Übungsprojektes „Dynamisches Modell"

LÖSUNG NACH IEC

Der Deklarationsteil ist wie folgt:

```
FUNCTION_BLOCK PT3_TT_MODELL
  VAR_INPUT
        RUN :      BOOL ;                   (* Läuft *)
        XIN :      REAL ;                   (* Eingangssignal *)
        KP :       REAL ;                   (* Übertragungsfaktor *)
        T1, T2, T3, TT :   TIME ;           (* Zeitkonstanten,
Totzeit*)
        CYCLE :    TIME ;                   (* Zykluszeit *)
```

```
    END_VAR
    VAR_OUTPUT
        XOUT :      REAL ;                (* Ausgangssignal *)
    END_VAR
```

Liste 13.14: Deklaration des FB „PT3_TT_MODELL"

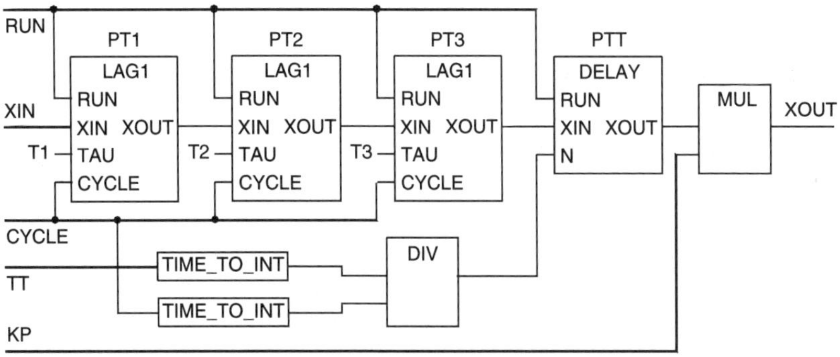

Bild 13.67: Rumpf des FB „PT3_TT_MODELL" in FBS

LÖSUNG MIT CoDeSys

Die Struktur des Projektes geht aus der folgenden Baumstruktur hervor:

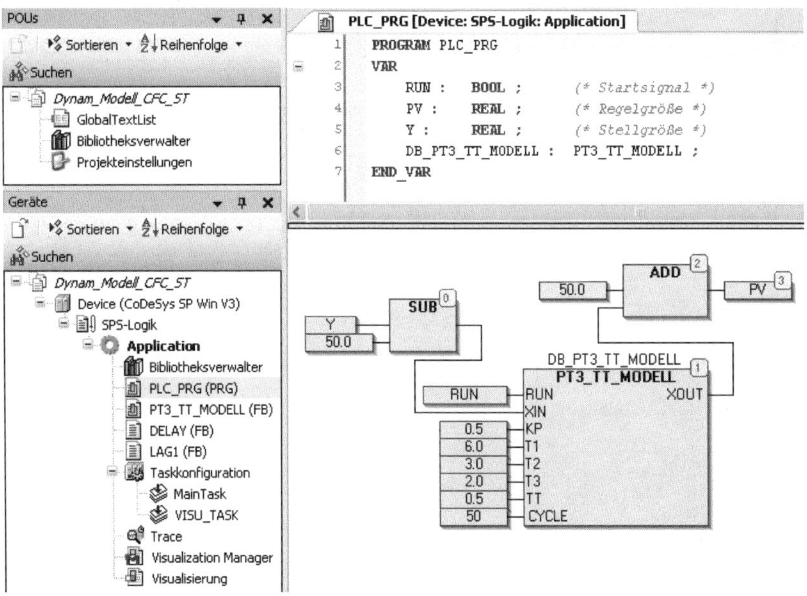

Bild 13.68: Projekt-Struktur und Deklaration des Programms „Modell"

Das Programm ruft den FB „PT3_TT_MODELL“ mit den im Bild gezeigten Eingängen und dem Ausgang XOUT auf. Der Übertragungsfaktor wird in diesem Beispiel mit 0.5 vorgegeben. Die Zeitkonstanten sind in Sekunden und die Zykluszeit in Millisekunden angegeben. Die Stellgröße Y als Eingangssignal wird auf den Wert 50 % bezogen. Das Ausgangssignal wird hier um 50 Grad angehoben, so dass sich bei einer Stellgröße von 50 % eine Produkttemperatur von 50 Grad ergibt.

Das Programm verwendet die FBe LAG1 und DELAY, die hier genau so definiert werden, wie sie in der IEC-Norm vorgeschlagen wurden. Deklaration und Rumpf in strukturiertem Text zum FB LAG1 zeigt das nächste Bild.

```
FUNCTION_BLOCK LAG1
VAR_INPUT
    RUN :       BOOL ;        (* Startsignal *)
    XIN :       REAL ;        (* Eingangssignal *)
    TAU :       TIME ;        (* Zeitkonstante *)
    CYCLE :     TIME ;        (* Abtatszeit *)
END_VAR
VAR_OUTPUT
    XOUT :      REAL ;        (* Ausgangssignal *)
END_VAR
VAR
    K :         REAL ;        (* Parameter *)
END_VAR

IF RUN THEN XOUT := XOUT + K*(XIN - XOUT) ;
   ELSE     XOUT := XIN ;
            K := TIME_TO_REAL(CYCLE) / TIME_TO_REAL(CYCLE+TAU) ;
END_IF;
```

Bild 13.69: Deklaration und Rumpf in ST für LAG1

Entsprechend ist auch der FB DELAY exakt so definiert, wie in der IEC-Norm vorgeschlagen.

```
FUNCTION_BLOCK DELAY
VAR_INPUT
    RUN :        BOOL ;      (* Startsignal *)
    XIN :        REAL ;      (* Eingangssignal *)
    N :          INT ;       (* Anzahl Zyklen für Totzeit *)
END_VAR
VAR_OUTPUT
    XOUT :       REAL ;      (* Ausgangssignal *)
END_VAR
VAR
    X :          ARRAY [0..127] OF REAL ;
    I :          INT ;
    IXIN :       INT ;
    IXOUT :      INT ;
END_VAR

IF RUN THEN IXIN := (IXIN + 1) MOD 128 ;
             X[IXIN] := XIN ;
             IXOUT := (IXOUT + 1) MOD 128 ;
             XOUT := X[IXOUT] ;
      ELSE   XOUT := XIN ;
             IXIN := N ;
             IXOUT := 0 ;
             FOR I := 0 TO N DO
                 X[I] := XIN ;
             END_FOR ;
END_IF ;
```

Bild 13.70: Deklaration und Rumpf des FB „DELAY“

Die Deklaration des FB „PT3_TT_MODELL“ ist demnach wie hier gezeigt:

```
FUNCTION_BLOCK PT3_TT_MODELL
VAR_INPUT
    RUN :       BOOL ;      (* RUN für PT1 und DELAY *)
    XIN :       REAL ;      (* Stellgröße *)
    KP :        REAL ;      (* Übertragungsfaktor *)
    T1 :        REAL ;      (* 1. Zeitkonstante in Sekunden *)
    T2 :        REAL ;      (* 2. Zeitkonstante in Sekunden *)
    T3 :        REAL ;      (* 3. Zeitkonstante in Sekunden *)
    TT :        REAL ;      (* Totzeit in Sekunden *)
    CYCLE :     REAL ;      (* Zykluszeit in ms *)
END_VAR
VAR_OUTPUT
    XOUT:       REAL;       (* Modellausgang *)
END_VAR
VAR
    PT1 :       LAG1 ;      (* 1. PT1-Glied *)
    PT2 :       LAG1 ;      (* 2. PT1-Glied *)
    PT3 :       LAG1 ;      (* 3. PT1-Glied *)
    PTT :       DELAY ;     (* Totzeit-Glied *)
    T1TM :      TIME ;      (* 1. Zeitkonstante als TIME *)
    T2TM :      TIME ;      (* 2. Zeitkonstante als TIME *)
    T3TM :      TIME ;      (* 3. Zeitkonstante als TIME *)
    TTTM :      TIME ;      (* Totzeit als TIME *)
    CLTM :      TIME ;      (* Zykluszeit als TIME *)
END_VAR
```

Bild 13.71: Deklaration des FB „PT3_TT_MODELL“

Vor dem Aufruf dieser FB im FB „PT3_TT_MODELL“ müssen die Zeiten in den Datentyp TIME umgerechnet werden. Der Rumpf wurde in FBS formuliert und wird im nächsten Bild gezeigt.

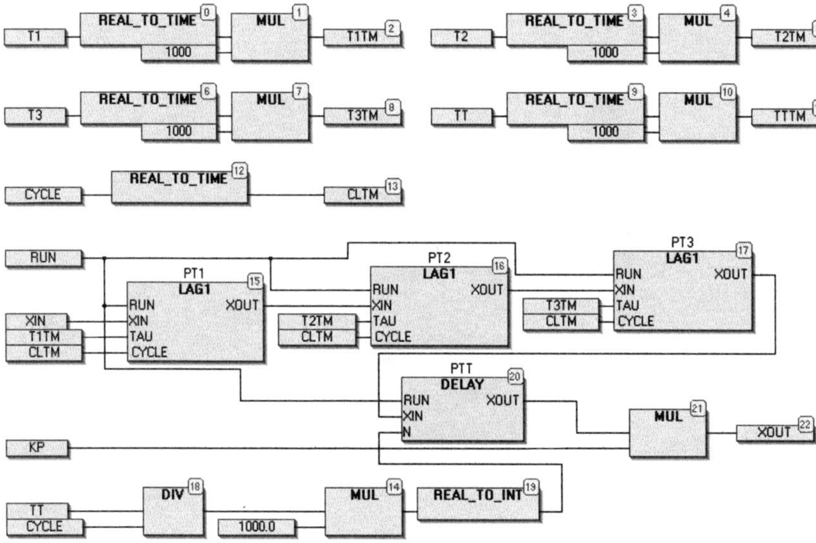

Bild 13.72: Rumpf des FB „PT3_TT_MODELL" in FBS

Dieser FB zur Modellierung der Dynamik des Wärmetauschers wird nun mit Hilfe der Visualisierung getestet. Der Durchfluss des Produktes ist auf 10 t/h fest eingestellt. Die Temperatur des Wärmeträgers ist 150 Grad Celsius. Für eine Stellgröße von 50 % ergibt sich eine Produkttemperatur von 50 Grad.

Mit der Annahme, dass der Wärmetauscher ein lineares Übertragungsverhalten aufweist und der Übertragungsfaktor gleich 0.5 ist, ergibt sich für 30.0 % als Stellgröße eine Produkttemperatur von PV = (50.0 – 0.5 * (50.0 – 30.0)) Grad = 40.0 Grad. Eine Veränderung der Stellgröße um 40 % führt zu einem Anstieg der Produkttemperatur um 20.0 Grad auf 60.0 Grad.

Der zeitliche Verlauf des Übergangs von 30.0 auf 60.0 Grad zeigt das typische Verhalten eines Systems mit Totzeit und Verzögerung höherer Ordnung.

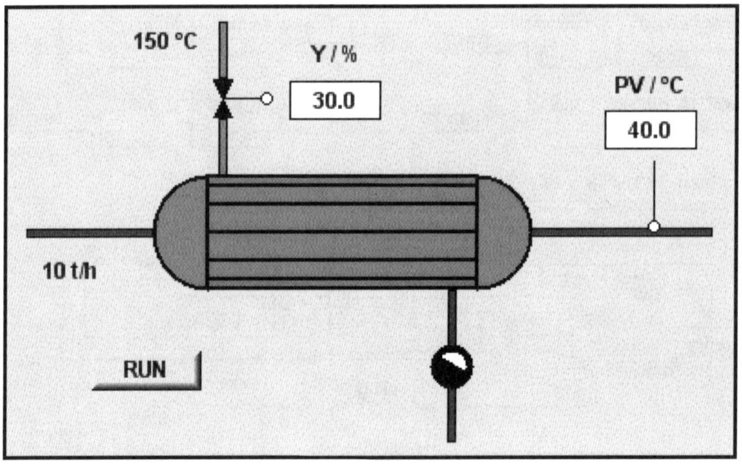

Bild 13.73: Fließbild des Wärmetauschers

Mit „Trace" kann man den zeitlichen Verlauf von Stellgröße Y und Regelgröße PV anzeigen. Im nächsten Bild ist der dynamische Übergang der Regelgröße auf einen Sprung der Stellgröße von 30.0 % auf 70.0 % gezeigt.

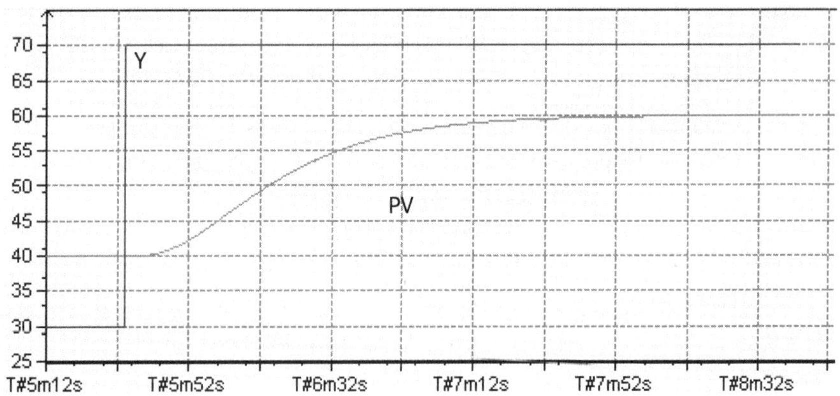

Bild 13.74: Sprungantwort der Produkttemperatur

LÖSUNG MIT STEP 7

Das Modell der Dynamik des Wärmetauschers wurde auch mit STEP 7 realisiert. Dazu werden zunächst die Ein- und Ausgänge definiert und im Datenbaustein „WinCC" eingetragen. Die Einträge in der Symboltabelle erfolgen automatisch. Damit sind die Projektstruktur, die Symboltabelle und der Datenbaustein „WinCC" wie folgt:

Projektstruktur

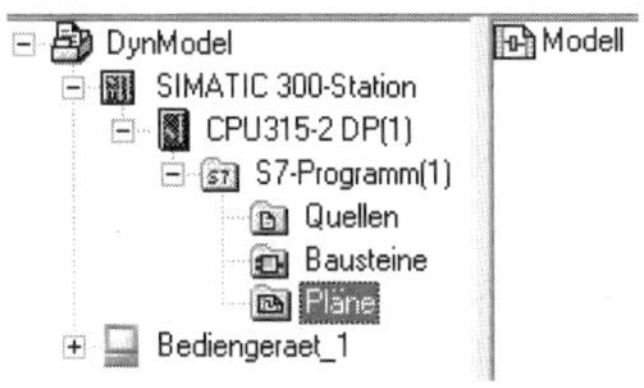

Symboltabelle

	Status	Symbol	Adresse	Datentyp	Kommentar
1		ADD_R	FC 61	FC 61	REAL-Addition
2		DELAY	FB 2	FB 2	Totzeit-Glied
3		LAG1	FB 1	FB 1	PT1-Glied
4		MUL_R	FC 63	FC 63	REAL-Multiplier
5		N_aus_TT	FC 64	FC 64	Zyklen aus Totzeit
6		SUB_R	FC 62	FC 62	REAL-Subtraction
7		WinCC	DB 51	DB 51	

Datenbaustein „WinCC"

Adresse	Name	Typ	Anfangswert	Kommentar
0.0		STRUCT		
+0.0	RUN	BOOL	FALSE	Startsignal
+2.0	Y	REAL	0.000000e+000	Stellgröße
+6.0	KP	REAL	0.000000e+000	Übertragungsfaktor
+10.0	T1	REAL	0.000000e+000	Zeitkonstante in Sekunden
+14.0	T2	REAL	0.000000e+000	Zeitkonstante in Sekunden
+18.0	T3	REAL	0.000000e+000	Zeitkonstante in Sekunden
+22.0	TT	REAL	0.000000e+000	Totzeit in Sekunden
+26.0	CYCLE	REAL	1.000000e+002	Zyluszeit in Millisekunden
+30.0	PV	REAL	0.000000e+000	Regelgröße
=34.0		END_STRUCT		

Bild 13.75: Projektstruktur, Symboltabelle und Datenbaustein „WinCC"

Das fertige Modell kann mit der WinCC flexible-Bedienoberfläche getestet werden. Die Parameter des Modells werden in Sekunden angegeben. Die Zykluszeit CYCLE muss wieder 100 ms sein, weil diese Zeit durch den Organistaionsbaustein OB 35 vorgegeben ist.

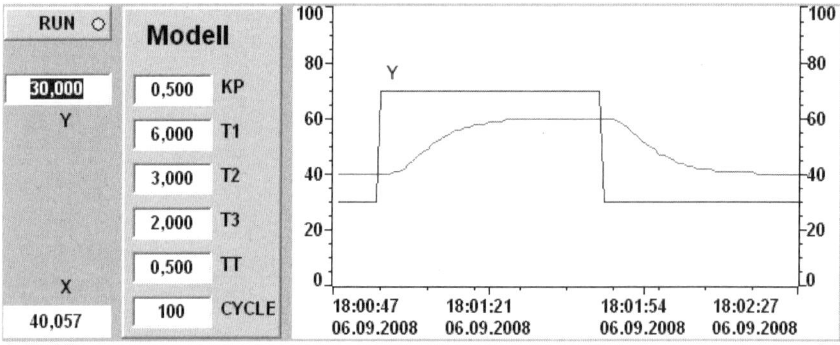

Bild 13.76: Simulation des dynamischen Modells

Die Signalwerte können auch im CFC-Plan bei laufender Simulation im Testmodus beobachtet werden. Das ist vor allem für die Fehlersuche wichtig. In diesem CFC-Plan wird das Modell für Abweichungen des Ein- und des Ausgangs von 50 % realisiert, so dass diese 50 % zu Beginn vom Eingangssignal abgezogen und am Ende wieder zum Ausgang hinzuaddiert werden müssen. Der CFC-Plan für das Modell ist als hierarchischer Plan realisiert worden.

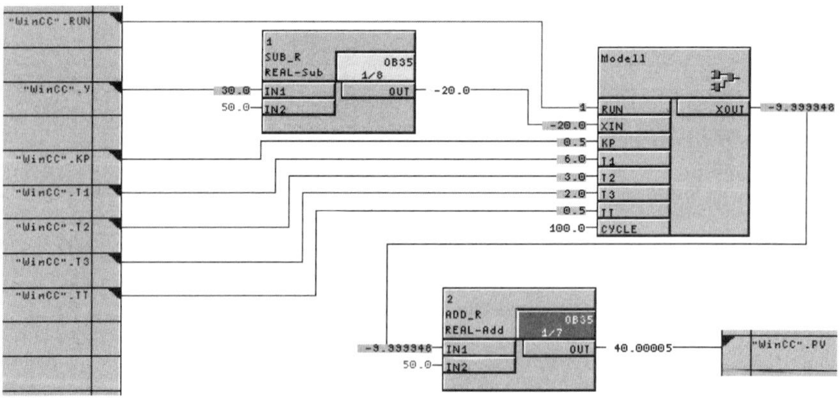

Bild 13.77: Programm des Projektes „Dynamisches Modell"

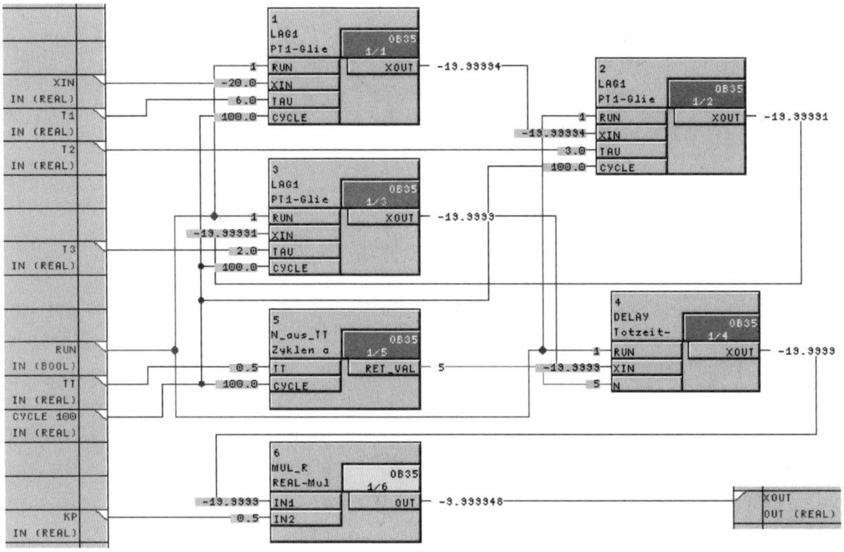

Bild 13.78: CFC-Plan des dynamischen Modells

In den Bibliotheken von STEP 7 existieren keine Bausteine für PT1-Glieder und Totzeitglieder. Daher müssen diese innerhalb dieses Projektes programmiert werden. Wenn man solche FB öfter benötigt, kann man sich dafür auch eine private Bibliothek anlegen.

Der Programmcode in SCL entspricht den schon zuvor gezeigten IEC- und CoDeSys-Codes.

```
FUNCTION_BLOCK LAG1
VAR_INPUT
    RUN :        BOOL ;        (* Startsignal *)
    XIN :        REAL ;        (* Eingangssignal *)
    TAU :        REAL ;        (* Zeitkonstante in s*)
    CYCLE :      REAL ;        (* Abtatszeit in ms*)
END_VAR
VAR_OUTPUT
    XOUT :       REAL ;        (* Ausgangssignal *)
END_VAR
VAR
    K :          REAL ;        (* Parameter *)
END_VAR

IF RUN THEN XOUT := XOUT + K*(XIN - XOUT) ;
  ELSE XOUT := XIN ;
     K := CYCLE / (CYCLE+1000*TAU) ;
END_IF;

END_FUNCTION_BLOCK
```

Bild 13.79: SCL-Code des FB „LAG1“ (PT1)

```
FUNCTION_BLOCK DELAY
VAR_INPUT
    RUN :    BOOL ;  (* Startsignal *)
    XIN :    REAL ;  (* Eingangssignal *)
    N :      INT ;  (* Totzeit in Zyklen*)
END_VAR
VAR_OUTPUT
    XOUT :   REAL ;  (* Ausgangssignal *)
END_VAR
VAR
    X :     ARRAY [0..127] OF REAL ;
    I     :  INT ;
    IXIN :   INT ;
    IXOUT :  INT ;
END_VAR

IF RUN THEN IXIN := (IXIN + 1) MOD 128 ;
            X[IXIN] := XIN ;
            IXOUT := (IXOUT + 1) MOD 128 ;
            XOUT := X[IXOUT] ;
        ELSE XOUT := XIN ;
             IXIN := N ;
             IXOUT := 0 ;
             FOR I := 0 TO N DO
                 X[I] := XIN ;
             END_FOR ;
END_IF ;

END_FUNCTION_BLOCK
```

Bild 13.80: SCL-Code des FB „DELAY“ (Totzeit)

Für das Totzeitglied benötigt man die Anzahl von Zyklen, um die das Signal zeitlich verschoben werden muss. Diese muss man aus der Totzeit TT und der Zykluszeit CYCLE berechnen. Da in den Bibliotheken von STEP 7 keine Funktion zur Umwandlung von REAL- in INT-Werte vorliegt, wird die Berechnung der Anzahl N von Zyklen in der Funktion N_aus_TT vorgenommen.

```
FUNCTION N_aus_TT : INT
VAR_INPUT
    TT :     REAL ;  // Totzeit in s
    CYCLE : REAL ;  // Abtastzeit in ms
END_VAR
VAR
    I :      INT ;
    NR :     REAL ;
END_VAR

NR := TT * 1000.0 / CYCLE ;
I := 1  ;
    WHILE I * 1.0 <= NR DO
        I := I + 1 ;
    END_WHILE ;
N_aus_TT := I - 1 ;

END_FUNCTION
```

Bild 13.81: SCL-Code der FC „N_aus_TT“

13.8 Kapitel 12

13.8.1 Lösung zu Aufgabe 12.1

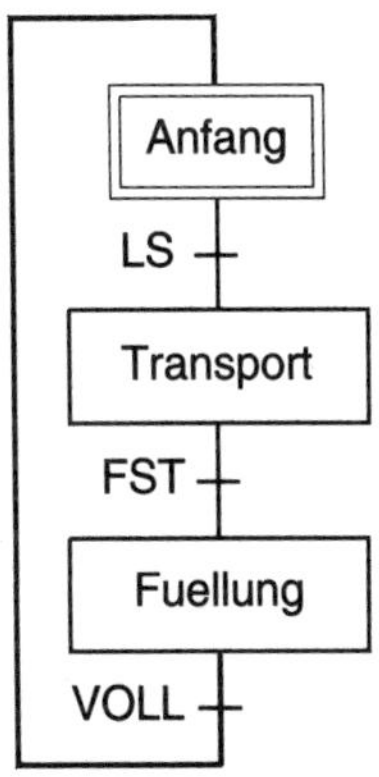

Bild 13.82: Ablaufsteuerung zur Aufgabe 12.1

13.8.2 Lösung zu Aufgabe 12.2

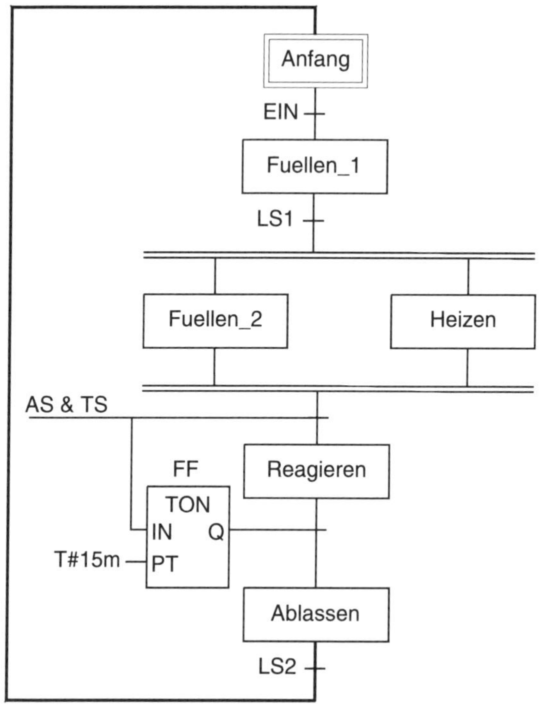

Bild 13.83: Ablaufsteuerung zu Aufgabe 12.2

13.8.3 Lösung zu Aufgabe 12.3

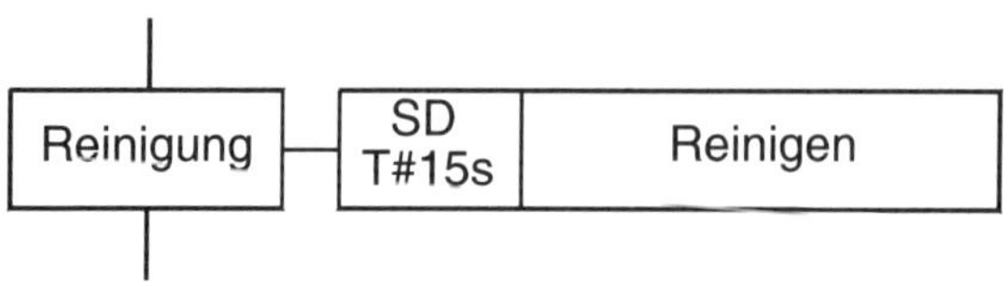

Bild 13.84: Schritt und Aktion

13.8.4 Lösung zu Aufgabe 12.4

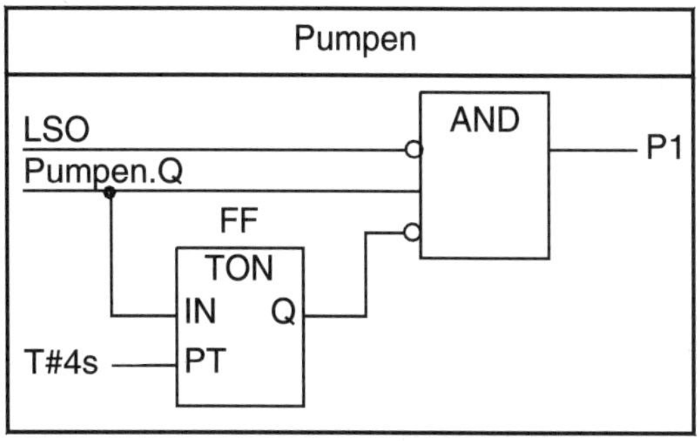

Bild 13.85: Deklaration der Aktion

13.8.5 Lösung des Übungsprojektes „Bearbeitungsband"

LÖSUNG NACH IEC

Zunächst wird der FB „Fassfaerbung" mit Deklarationsteil und Rumpf formuliert.

```
FUNCTION_BLOCK Fassfaerbung
  VAR_INPUT                                 VAR_OUTPUT
     L1 :              BOOL ;                    Motor :    BOOL ;
     L2:               BOOL;                     STV :      BOOL ;
     Gruen:            BOOL;                     STR :      BOOL ;
     Blau :            BOOL ;                    GR :       BOOL ;
     Band :            BOOL ;                    ReDr :     BOOL ;
     Tisch :           BOOL ;                    LiDr :     BOOL ;
     Stempel_Vorn:     BOOL ;               END_VAR
     Stempel_Hint:     BOOL ;
  END_VAR
```

Liste 13.15: Deklaration des FB „Fassfaerbung"

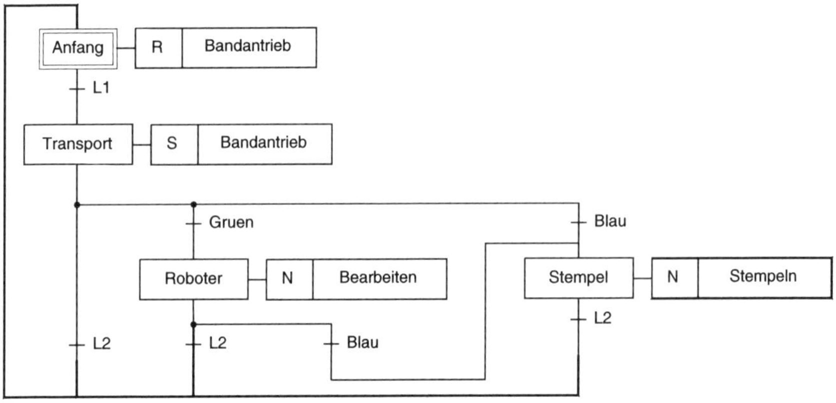

Bild 13.86: Rumpf des FB „Fassfaerbung“ in AS

Damit ist nun die Außenschnittstelle festgelegt und man kann diesen FB im Programm instanzieren.

Im Deklarationsteil werden alle Variablen, die mit dem Prozess ausgetauscht werden, als extern deklariert.

```
PROGRAM PLC_PRG
  VAR_EXTERNAL
    L1 :           BOOL ;        (* Lichtschranke am Einlauf *)
    L2:            BOOL ;        (* Lichtschranke am Auslauf *)
    Gruen:         BOOL ;        (* Wahlschalter für GRUEN *)
    Blau :         BOOL ;        (* Wahlschalter für BLAU *)
    Band :         BOOL ;        (* Fass ist auf dem Band *)
    Tisch :        BOOL ;        (* Fass ist auf dem Tisch *)
    Stempel_Vorn:  BOOL ;        (* Stempel ist vorn *)
    Stempel_Hint:  BOOL ;        (* Stempel ist hinten *)
    STV:           BOOL ;        (* Stempel fährt vor *)
    STR:           BOOL ;        (* Stempel fährt zurück *)
    Motor:         BOOL ;        (* Motorantrieb für Band *)
    GR:            BOOL ;        (* Greifer *)
    ReDr:          BOOL ;        (* Roboter dreht nach rechts *)
    LiDr:          BOOL ;        (* Roboter dreht nach links *)
  END_VAR
  VAR
    DB_Fassfaerbung :Fassfaerbung ;
  END_VAR
```

Liste 13.16: Deklaration des Programms „Bearbeitungsband“

Der zuvor definierte FB „Fassfaerbung“ wird mit dem Namen „DB_Fassfaerbung“ instanziert.

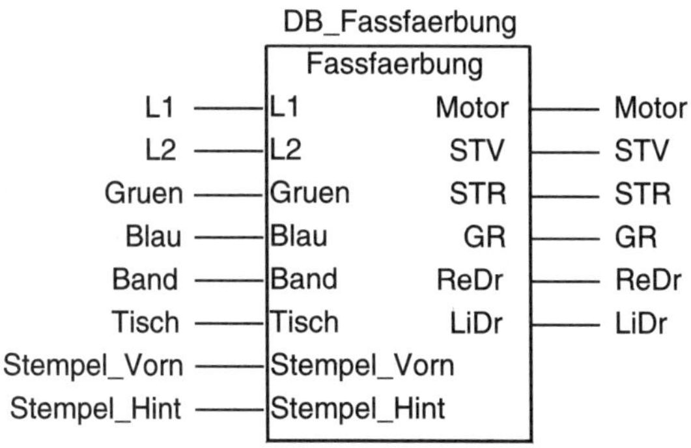

Bild 13.87: Rumpf des Programms „Bearbeitungsband“

Die Aktionen „Bearbeiten“ und „Stempeln“ sind im Bild 13.88 in AS angegeben.

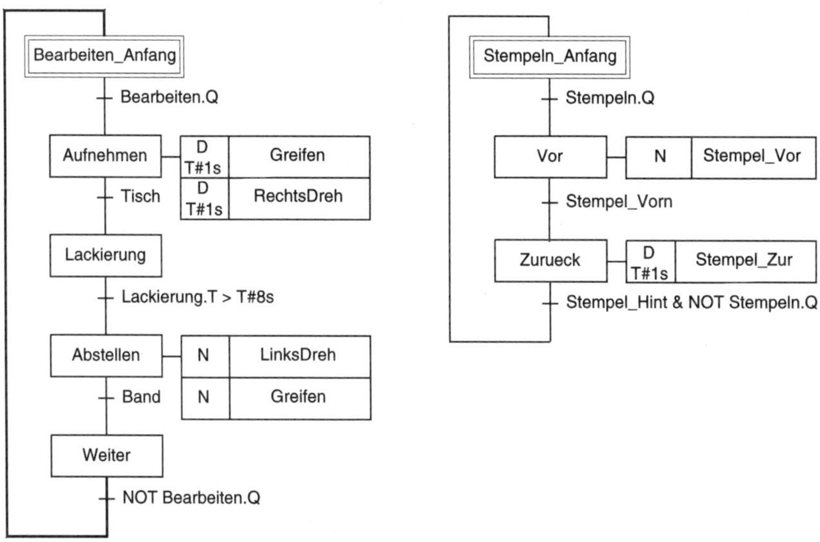

Bild 13.88: Aktionen „Bearbeiten“ und „Stempeln“ in AS

Die Transitionsbedingungen sind in die Ablaufsteuerung eingetragen. Die einzelnen Aktionen bedienen die zugeordneten Ausgänge entsprechend folgender Aufstellung:

Aktion Greifen: `GR := Greifen.Q ;`

Aktion RechtsDreh: `ReDr := RechtsDreh.Q ;`

Aktion LinksDreh: `LiDr := LinksDreh.Q ;`

Aktion Stempel_Vor: `STV := Stempel_Vor.Q ;`

Aktion Stempel_Zur: `STR := Stempel_Zur.Q ;`

LÖSUNG MIT CoDeSys

Bild 13.89: Struktur des Projektes des Programms

Das CoDeSys-Projekt enthält im Programm PLC_PRG(PRG) den FB „Fassfaerbung" mit den Aktionen „Bearbeiten" und „Stempeln", die ebenfalls Ablaufsteuerungen sind. Die Ablaufsteuerung „Bearbeiten" verwendet die Aktionen „Greifen", „RechtsDreh" und „LinksDreh" und enthält die Transitionen „fertig" und „N_Bearbeiten". Die Aktion „Stempeln" enthält die Aktionen „Stempel_Vor" und „Stempel_Zur" und die Transitionen „Stempeln_Ende".

Die Deklaration und den Rumpf des Programms PLC_PRG sehen Sie hier:

```
PROGRAM PLC_PRG
VAR_EXTERNAL
    L1:             BOOL;   (* Lichtschranke am Einlauf *)
    L2:             BOOL;   (* Lichtschranke am Auslauf *)
    Gruen:          BOOL;   (* Detektor für GRUEN *)
    Blau:           BOOL;   (* Detektor für BLAU *)
    Band:           BOOL;   (* Fass ist auf dem Band *)
    Tisch:          BOOL;   (* Fass ist auf dem Tisch *)
    Stempel_Vorn:   BOOL;   (* Stempel ist vorn *)
    Stempel_Hint:   BOOL;   (* Stempel ist hinten *)

    STV:            BOOL;   (* Stempel fährt vor *)
    STR:            BOOL;   (* Stempel fährt zurück *)
    Motor:          BOOL;   (* Motorantrieb für Band *)
    GR:             BOOL;   (* Greifer *)
    ReDr:           BOOL;   (* Roboter dreht nach rechts *)
    LiDr:           BOOL;   (* Roboter dreht nach links *)
END_VAR
VAR
    DB_Fassfaerbung : Fassfaerbung ;
END_VAR
```

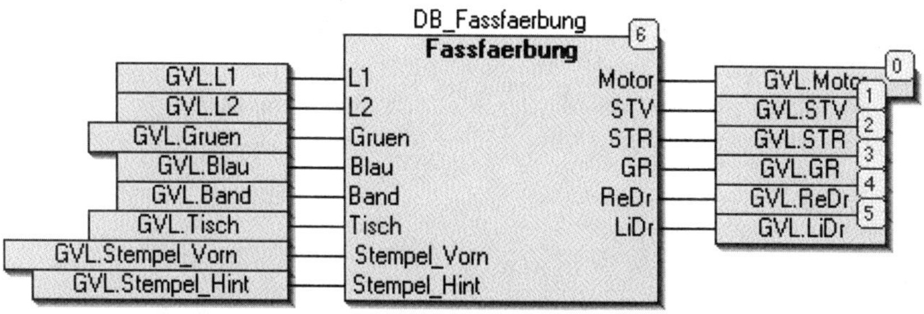

Bild 13.90: Deklaration und Rumpf des Programms in CoDESys

Wegen des Datenaustauschs mit dem Modell der Anlage müssen die Ein- und Ausgangsvariablen als globale Variable (GVL) bzw. als externe Variable (EXTERNAL) deklariert werden.

Das nächste Bild zeigt die Deklaration des FB „Fassfaerbung".

```
FUNCTION_BLOCK Fassfaerbung
VAR_INPUT
    L1:             BOOL;   (* Lichtschranke am Einlauf *)
    L2:             BOOL;   (* Lichtschranke am Auslauf *)
    Gruen:          BOOL;   (* Wahlschalter für GRUEN *)
    Blau:           BOOL;   (* Wahlschalter für BLAU *)
    Band:           BOOL;   (* Fass ist auf dem Band *)
    Tisch:          BOOL;   (* Fass ist auf dem Tisch *)
    Stempel_Vorn:   BOOL;   (* Stempel ist vorn *)
    Stempel_Hint:   BOOL;   (* Stempel ist hinten *)
END_VAR
VAR_OUTPUT
    STV:            BOOL;   (* Stempel fährt vor *)
    STR:            BOOL;   (* Stempel fährt zurück *)
    Motor:          BOOL;   (* Motorantrieb für Band *)
    GR:             BOOL;   (* Greifer *)
    ReDr:           BOOL;   (* Roboter dreht nach rechts *)
    LiDr:           BOOL;   (* Roboter dreht nach links *)
END_VAR
```

Bild 13.91: Deklaration des FB „Fassfaerbung“

Die Logik der Ablaufsteuerung ist im FB „Fassfaerbung“ realisiert.

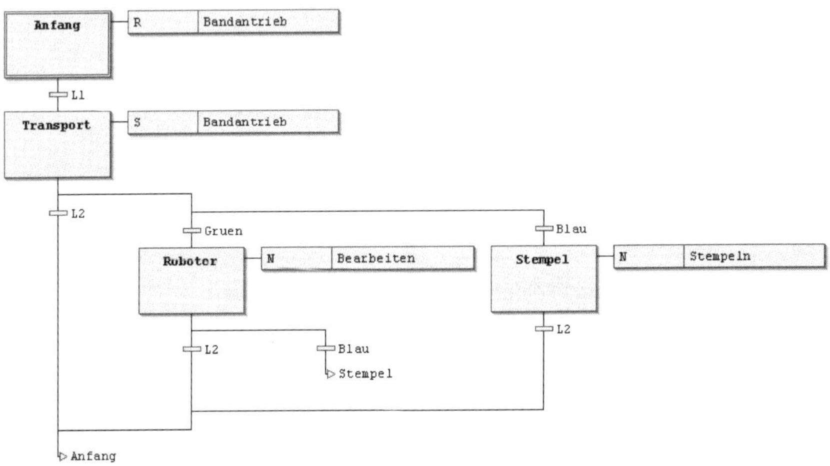

Bild 13.92: Ablaufsteuerung im FB „Fassfaerbung“

Diese Grobstruktur enthält in den beiden Aktionen „Bearbeiten“ und „Stempeln“ die Details, mit denen das Fass grün eingefärbt und/oder mit einem blauen

Streifen versehen wird. Die Ablaufsteuerung „Bearbeiten“ mit allen Aktionen und Transitionen zeigt das nächste Bild.

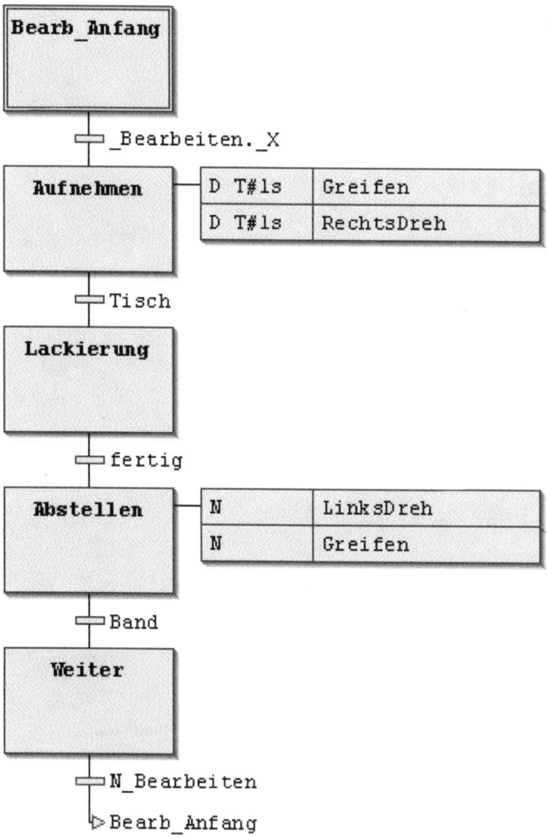

Bild 13.93: Aktion „Bearbeiten“ in AS

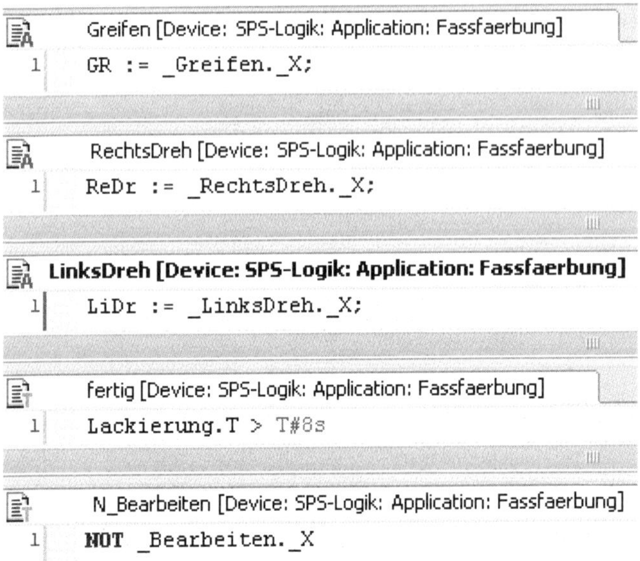

Bild 13.94: Aktionen und Transitionen der Aktion „Bearbeiten“

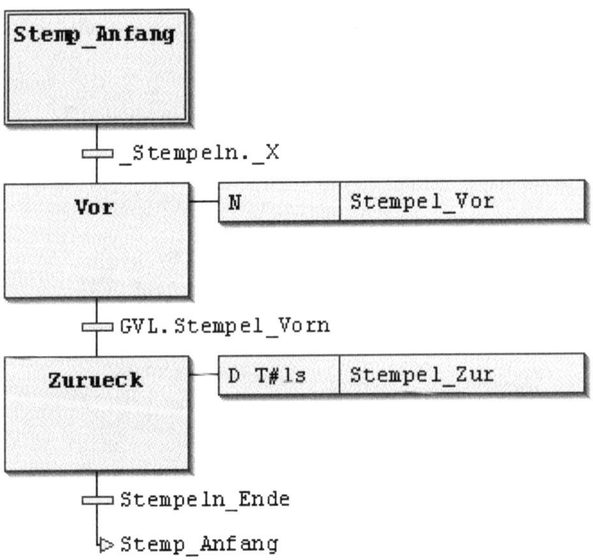

Bild 13. 95: Aktion „Stempeln“ in AS

Stempel_Vor [Device: SPS-Logik: Application: Fassfaerbung]

```
STV := _Stempel_Vor._X;
```

Stempel_Zur [Device: SPS-Logik: Application: Fassfaerbung]

```
STR := _Stempel_Zur._X;
```

Stempeln_Ende [Device: SPS-Logik: Application: Fassfaerbung]

```
Stempel_Hint AND NOT _Stempeln._x
```

Bild 13.96: Aktion „Stempeln" mit allen Aktionen und Transitionen

LÖSUNG MIT STEP 7

In den Datenbaustein „WinCC" (DB51) werden die Ein- und Ausgänge eingetragen, die zwischen der Visualisierung mit WinCC flexible und der Steuerung ausgetauscht werden. Die Einträge in die Symboltabelle entstehen beim Übersetzen automatisch.

Das Projekt enthält den Organisationsbaustein „OB_Bearbeitungsband", das die Instanz „DB_Fassfaerbung" (FB1) der Ablaufsteuerung „Fassfaerbung" aufruft. Die beiden Aktionen „Akt_Bearbeiten" und „Akt_Stempeln" sind ebenfalls Ablaufsteuerungen.

Der Organisationsbaustein OB1 wird in SCL programmiert, der ausschließlich den Aufruf des FB mit seiner Instanz und der Übergabe aller Eingangssignale enthält. Danach werden die Ausgänge mit den Ergebnissen des FB belegt.

Projektstruktur

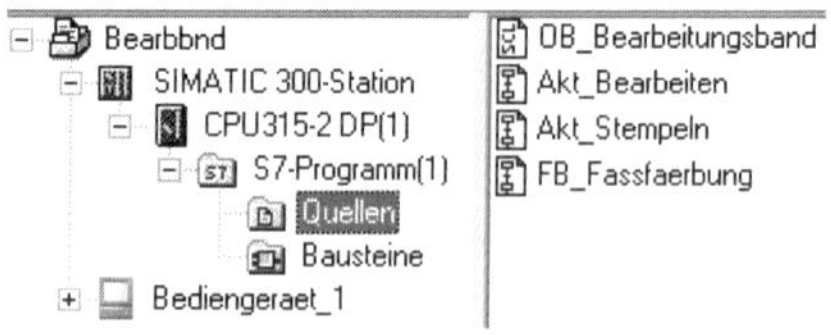

Symboltabelle

	Status	Symbol	Adresse	Datentyp	Kommentar
1		Berabeiten	FB 3	FB 3	Ablaufst. für Grünfärbung
2		Cycle Execution	OB 1	OB 1	Hauptprogramm
3		DB_Bearbeiten	DB 3	FB 3	DB für Grünfärbung
4		DB_Fassfaerbung	DB 1	FB 1	DB für Grobstruktur Fassfärbung
5		DB_Stempeln	DB 2	FB 2	DB für blauer Streifen
6		Fassfaerbung	FB 1	FB 1	Grobstruktur Fassfärbung
7		G7_STD_3	FC 72	FC 72	
8		Stempeln	FB 2	FB 2	Ablaufst. für Stempeln
9		TIME_TCK	SFC 64	SFC 64	Read the System Time
10		WinCC	DB 51	DB 51	

Datenbaustein „WinCC"

Adresse	Name	Typ	Anfangswert	Kommentar
0.0		STRUCT		
+0.0	L1	BOOL	FALSE	Lichtschranke am Einlauf
+0.1	L2	BOOL	FALSE	Lichtschranke am Auslauf
+0.2	Gruen	BOOL	FALSE	Wahlschalter für GRUEN
+0.3	Blau	BOOL	FALSE	Wahlschalter für BLAU
+0.4	Band	BOOL	FALSE	Fass ist auf dem Band
+0.5	Tisch	BOOL	FALSE	Fass ist auf dem Tisch
+0.6	Motor	BOOL	FALSE	Motorantrieb für Band
+0.7	STV	BOOL	FALSE	Stempel fährt vor
+1.0	STR	BOOL	FALSE	Stempel fährt zurück
+1.1	GR	BOOL	FALSE	Greifer
+1.2	ReDR	BOOL	FALSE	Roboter dreht nach rechts
+1.3	LiDr	BOOL	FALSE	Roboter dreht nach links
=2.0		END_STRUCT		

Bild 13.97: Projektstruktur, Symboltabelle und Datenbaustein „WinCC"

Die Grobstruktur der Ablaufsteuerung wurde im FB1 mit S7-GRAPH programmiert. Die Transitionsbedingungen müssen in KOP oder FUP mit Hilfe einer AND- oder OR-Box mit einem Eingang in den Plan eingetragen werden. Ein Eintragen einer einfachen booleschen Variablen ist nicht möglich!

```
ORGANIZATION_BLOCK OB1

VAR_TEMP
  info : ARRAY[0..19] OF BYTE;
END_VAR

  Fassfaerbung.DB_Fassfaerbung(L1:=WinCC.L1,
    L2:=WinCC.L2, Gruen:=WinCC.Gruen, Blau:=WinCC.Blau,
    Band:=WinCC.Band, Tisch:=WinCC.Tisch) ;
  WinCC.Motor := DB_Fassfaerbung.Motor ;
  WinCC.STV := DB_Fassfaerbung.STV ;
  WinCC.STR := DB_Fassfaerbung.STR ;
  WinCC.GR := DB_Fassfaerbung.GR ;
  WinCC.ReDr := DB_Fassfaerbung.ReDr ;
  WinCC.LiDr := DB_Fassfaerbung.LiDr ;

END_ORGANIZATION_BLOCK
```

Bild 13.98: Organisationsbaustein des Projektes „Bearbeitungsband"

Alle 6 Ein- und Ausgänge der Steuerung werden dem FB1 übergeben bzw. von diesem ausgegeben. Als interne temporäre Variable wird die boolesche Größe „Start" definiert, die als Startsignal für die Ablaufketten dient, die in den Aktionen mit CALL aufgerufen werden. Eine ausführliche Erklärung dazu erfolgt unten.

Die Aktion „Motor" bedient unmittelbar die Ausgangsgröße „Motor", die dem OB1 übergeben wird. Beim Aufruf der FBe für die unterlagerten Ablaufsteuerungen werden der Name des FB und dessen Datenbaustein angegeben. Die Liste mit den formalen Ein- und Ausgangswerten wird auf der Grundlage der Deklaration in diesen FB automatisch in das Aktionssymbol eingetragen. Diesen Werten müssen hier die aktuellen Werte zugeordnet werden. Die Ablaufkette der Fassfärbung zeigt das nächste Bild.

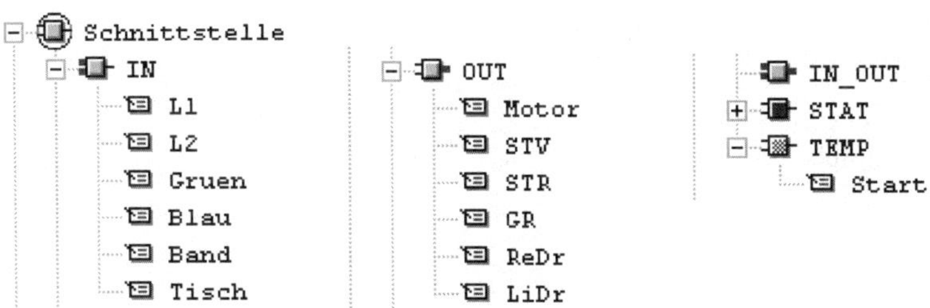

Bild 13.99: Ein-und Ausgangsvariablen der Fassfaerbung

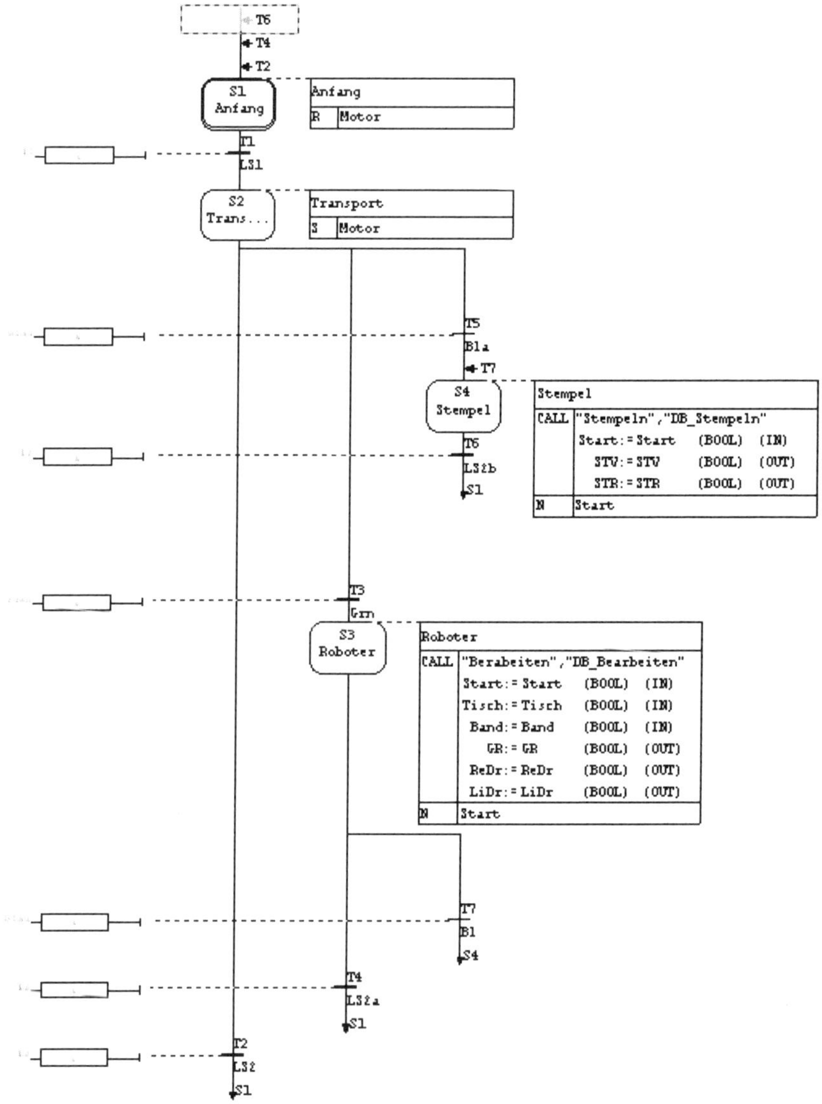

Bild 13.100: Grobstruktur der Fassfaerbung

Das Eingangssignal „Start“ in die FB der Ablaufsteuerungen dient dazu, die untergeordnete Ablaufsteuerung definiert vom Anfangsschritt aus zu starten. Dadurch, dass das Signal „Start“ erst in der Aktion nach dem Aufruf des FB steht, erhält es auch erst nach dem Aufruf des FB mit der Ablaufsteuerung den Wert TRUE. Beim ersten Rechenzyklus der Ablaufsteuerung ist also START = FALSE. Dadurch geht die Steuerung – wenn sie bereits vorher aktiv war – vom Schritt „Ende“ in den Anfangsschritt „Anfang“ am Anfang der Schrittkette. Im nächsten Rechenzyklus ist nun aber START = TRUE und die Ablaufkette läuft weiter. Da START erst mit der Deaktivierung des zugehörigen Schrittes FALSE wird und die Aktion mit der Ablaufsteuerung dann nicht mehr bearbeitet wird, bleibt die Steuerung im Schritt „Ende“ hängen. Die Berücksichtigung von START = FALSE wird damit erst bei einem Neustart der Aktion mit der Ablaufsteuerung erfolgen.

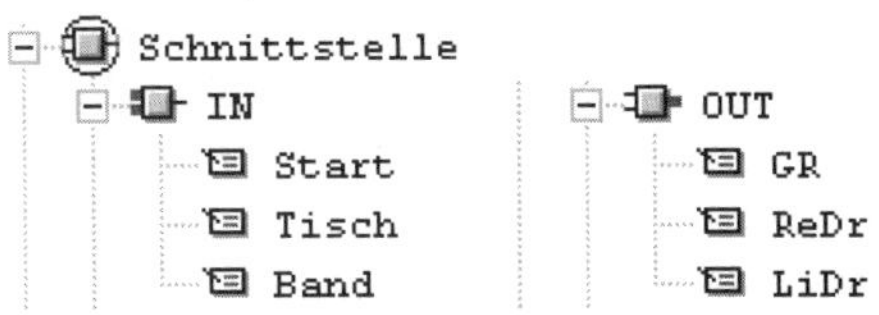

Bild 13.101: Ein- und Ausgangsvariablen für FB „Bearbeiten“

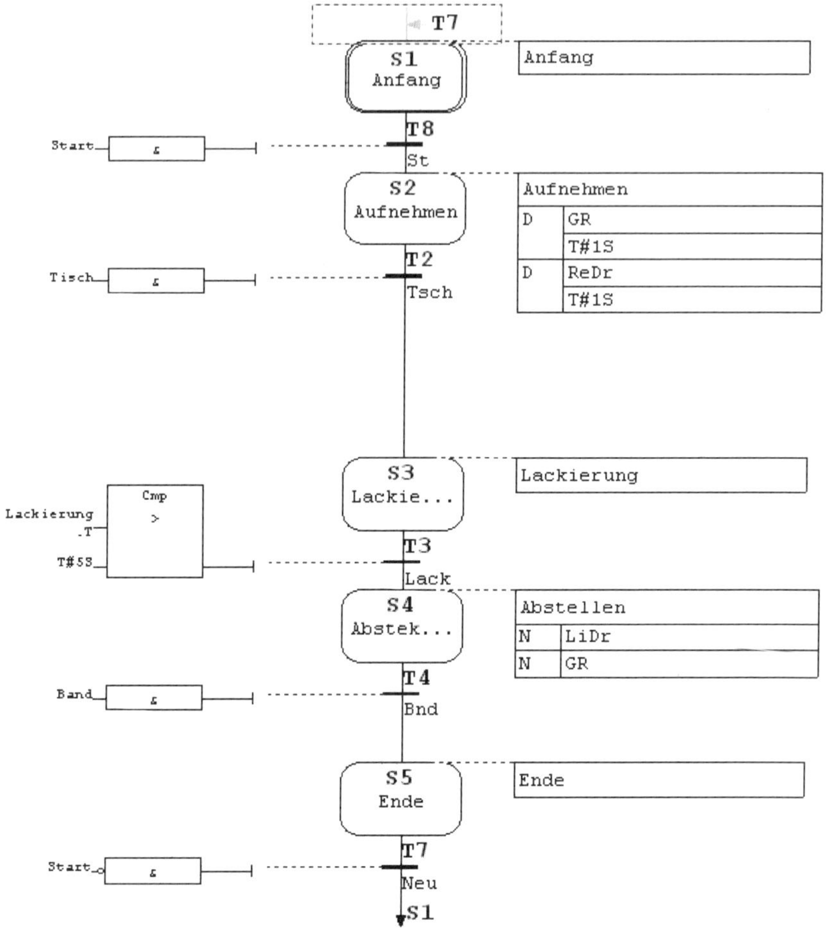

Bild 13.102: Ablaufsteuerung für „Bearbeiten“

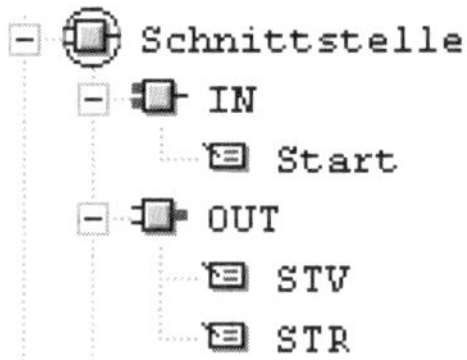

Bild 13. 103: Ein- und Ausgangsvariablen des FB „Stempeln“

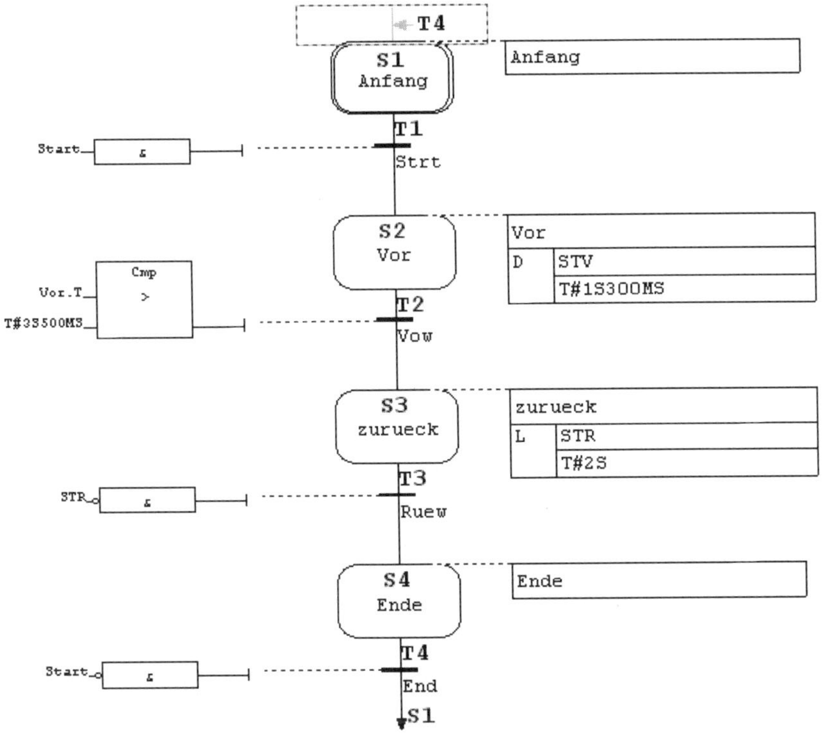

Bild 13.104: Ablaufsteuerung für „Stempeln“

Die Funktionsweise des Programms kann mit der Visualisierung in WinCC flexible getestet werden. Dabei sollte man darauf achten, dass die Signale in derselben Reihenfolge ausgelöst werden, wie das im echten Prozess geschehen würde. Das nächste Bild zeigt die einfache Bedienoberfläche.

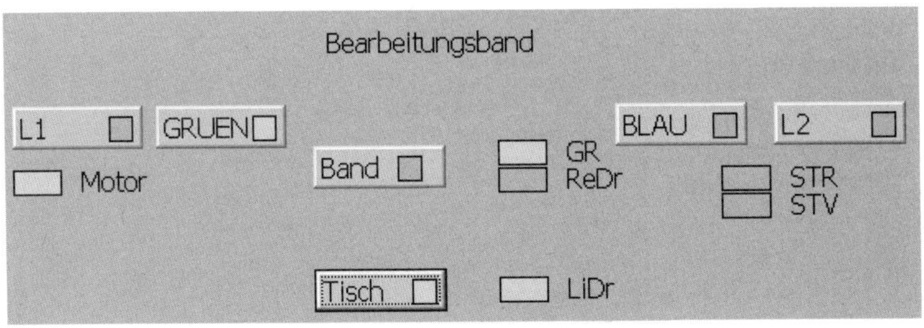

Bild 13.105: Visualisierung für den Test der Bandsteuerung

14 Vergleich der Programmiersysteme

Hier werden in verschiedenen Tabellen die wichtigsten Datentypen, Funktionen und Funktionsbausteine des IEC61131-3-Standards mit den von CoDeSys bzw. STEP 7 unterstützten verglichen. Je nach Übereinstimmung wird in den Spalten eingetragen:

	CoDeSys	*STEP 7*
Volle Übereinstimmung	ja	ja FBx
Namen der Parameter oder Symbol verändert	ja/mod	ja/mod (FBx)
Auf spezielle Datentypen beschränkt	ja/mod	ja/spez (FBx)
Nicht unterstützt oder anders gelöst	nein	nein

Tabelle 14.1: Bedeutung der Einträge

Elementare Datentypen			
IEC	Seite	CoDeSys	STEP 7
ANY_ELEMENTARY	56		
ANY_MAGNITUDE	56		
ANY_NUM	56		
ANY_REAL	56		
L_REAL	55	ja	nein
REAL	55	ja	ja
ANY_INT	56		
LINT	55	nein	nein
DINT	55	ja	ja
INT	55	ja	ja
SINT	55	ja	nein
ULINT	55	nein	nein
UDINT	55	ja	nein

Elementare Datentypen			
UINT	55	ja	nein
USINT	55	ja	nein
TIME	55	ja	ja
ANY_BIT	56		
LWORD	55	ja	nein
DWORD	55	ja	ja
WORD	55	ja	ja
BYTE	55	ja	ja
BOOL	55	ja	ja
ANY_STRING	56		
STRING	55	ja	ja/mod
WSTRING	55	ja/mod	nein
ANY_DATE	56		
DATE_AND_TIME(DT)	55	ja	ja
DATE	55	ja	ja
TIME_OF_DAY(TOD)	55	ja	ja

Tabelle 14.2: Elementare Datentypen

Deklaration von Datentypen			
IEC	Seite	CoDeSys	STEP 7
Referenz	57	ja	nein
Aufzählung	57	ja	nein
Bereich	58	ja	nein
Feld	58	ja	ja
Struktur	59	ja	ja

Tabelle 14.3: Deklaration von Datentypen

Boolsche Standardfunktionen			
IEC	Seite	CoDeSys	STEP 7
AND	150	ja	ja
OR	150	ja	ja
XOR	150	ja	ja
NOT	150	ja	ja

Boolsche Standardfunktionen			
IEC	Seite	CoDeSys	STEP 7
SHL(IN, N)	151	ja	ja/mod
SHR(IN, N)	151	ja	ja/mod
ROR(IN,N)	151	ja	ja/mod
ROL(IN,N)	151	ja	ja/mod

Tabelle 14.4: Boolsche Standardfunktionen

Boolesche Standardfunktionsbausteine			
IEC	Seite	CoDeSys	STEP 7
SR(S1, R / Q1)	153	ja / mod	ja/mod
RS(S, R1 / Q1)	153	ja / mod	ja/mod
R_TRIG(CLK)	153	ja	ja FB8
F_TRIG(CLK)	153	ja	ja FB9
CTU(CU,R,PV / Q, CV)	155	ja / mod	ja/mod (SFB0)
CTD(CD,R,PV / Q, CV)	155	ja / mod	ja/mod (SFB1)
CTUD(CU, CD, R, LD, PV / QU, QD, CV)	155	ja / mod	ja/mod (SFB2)
TP(IN, PT / Q, ET)	156	ja	ja SFB3
TON(IN; PT / Q, ET)	157	ja	ja SFB4
TOF(IN, PT / Q, ET)	158	ja	ja SFB5

Tabelle 14.5: Boolesche Standardfunktionsbausteine

Digitale Standardfunktionen			
Datentypumwandlung			
IEC	Seite	CoDeSys	STEP 7
*_TO_**	185	ja	nein
TRUNC	185	ja	nein
BCD_TO_**	185	nein	nein
*_TO_BCD	185	nein	nein

Arithmetische Funktionen			
IEC	Seite	CoDeSys	STEP 7
ABS	189	ja	ja/spez
SQRT	189	ja	ja FC67
LN	189	ja	ja FC95
LOG	189	ja	ja/mod (FC71)
EXP	189	ja	ja FC68
SIN	189	ja	ja FC72
COS	189	ja	ja FC73
TAN	189	ja	ja FC74
ASIN	189	ja	ja FC75
ACOS	189	ja	ja FC76
ATAN	189	ja	ja FC77
ADD	187	ja	ja/spez (FC61,80,83)
MUL	187	ja	ja/spez (FC63,85,97)
SUB	187	ja	ja/spez (FC62,84,92)
DIV	187	ja	ja/spez (FC64)
MOD	187	ja	ja
EXPT	187	ja	nein
MOVE	187	ja	nein

Vergleichs- und Auswahlfunktionen			
IEC	Seite	CoDeSys	STEP 7
SEL	191	ja	ja FC36
MAX	191	ja	ja FC25
MIN	191	ja	ja FC27
LIMIT	191	ja	ja FC22
MUX	191	ja	ja/spez (FC82,128,129)
GT	190	ja	nein
GE	190	ja	nein
EQ	190	ja	nein
LE	190	ja	nein
LT	190	ja	nein
NE	190	ja	nein

Stringfunktionen			
IEC	Seite	CoDeSys	STEP 7
LEN	192	ja / mod	ja FC21
LEFT(IN,L)	192	ja / mod	ja FC20
RIGHT(IN;L)	192	ja / mod	ja FC32
MID(IN,L,P)	192	ja / mod	ja FC26
CONCAT(INA, ... INn)	192	ja / mod	ja FC2
INSERT(IN1,IN2,P)	192	ja / mod	ja FC17
DELETE(IN,L,P)	192	ja / mod	ja FC4
REPLACE(IN1,IN2,L,P)	192	ja / mod	ja FC31
FIND(IN1,IN2)	192	ja / mod	ja FC11

Rechenoperationen für Zeiten			
IEC	Seite	CoDeSys	STEP 7
ADD	194	ja	nein
ADD_TIME	194	nein	nein
ADD_TOD_TIME	194	nein	nein
ADD_DT_TIME	194	nein	ja /mod (FC1)
SUB	194	ja	nein
SUB_TIME	194	nein	nein
SUB_DATE_DATE	194	nein	nein
SUB_TOD_TIME	194	nein	nein
SUB_TOD_TOD	194	nein	nein
SUB_DT_TIME	194	nein	ja /mod (FC35)
MULTIME	194	nein	nein
DIVTIME	194	nein	nein
CONCAT_DATE_TOD	194	nein	ja /mod (FC3)

Tabelle 14.6: Digitale Standardfunktionen

Analoge Funktionsbausteine			
IEC	Seite	CoDeSys	STEP 7
LAG1	229	nein	ja/mod (FB80)
DELAY	231	nein	nein
AVERAGE	233	nein	nein
INTEGRAL	234	ja/mod	nein

Analoge Funktionsbausteine			
IEC	Seite	CoDeSys	STEP 7
DERIVATIVE	235	ja/mod	nein
HYSTERESIS	236	ja/mod	nein
LIMITS_ALARM	237	ja/mod	nein
ANALOG_MONITOR	238	nein	nein
PID	240	ja/mod	ja/mod (FB41)
DIFFEQ	241	nein	nein
RAMP	243	ja/mod	nein
TRANSFER	245	nein	nein

Tabelle 14.7: Analoge Funktionsbausteine

Ablaufsprache			
IEC	Seite	CoDeSys	STEP 7
Schritte:			
Schrittname.X	286	ja	ja
Schrittname.T	286	ja	ja

Transitionen in der Sprache			
FBS	286	ja	ja
KOP	286	ja	ja
AWL	286	ja	nein
ST	286	ja	nein

Aktionen			
Aktionsname.Q	295	_Aktionsname._X	nein
Aktionsname.A	295	_Aktionsname._X	nein
AWL	298	ja	ja
ST	298	ja	ja
FBS	298	ja	ja
KOP	298	ja	ja
AS	298	ja	ja

Bestimmungszeichen			
N	295	ja	ja
S	296	ja	ja
R	296	ja	ja
L	296	ja	ja
D	296	ja	ja
P	296	ja	nein
P1	297	nein	nein
P0	297	nein	nein
SD	297	ja	nein
DS	297	ja	nein
SL	297	ja	nein

Tabelle 14.8: Elemente der Ablaufsprache

15 Abkürzungen

AS	Ablaufsprache
AWL	Anweisungsliste
CAN	Controller Area Network
CFC	Continuous Function Chart
CPU	Central Processor Unit
DB	Datenbaustein
DK	Doppelklick
EEPROM	Electrically Erasable Programmable Read-Only Memory
EPROM	Erasable Programmable Read-Only Memory
FB	Funktionsbaustein
FBS	Funktionsbausteinsprache
FC	Funktion
FUP	Funktionsplan
IEC	International Engineering Consortium
IL	Instruction List
IPC	Industrie-PC
KOP	Kontaktplan
LD	Ladder Diagram
OB	Organisationsbaustein
P	Programm
PID	Proportional-Integral-Differenzial-Regler
PLC	Programmable Logic Controller

PLCSIM	PLC-Simulator
POE	Programm-Organisations-Einheit
POU	Programm-Organisation-Unit
RAM	Random Access Memory
RM	rechte Maustaste
SCL	Structured Control Language
SFB	System (Standard-)-Funktionsbaustein
SFC	System (Standard-)-Funktion
SPS	Speicherprogrammierbare Steuerung
ST	Strukturierter Text

Stichwortverzeichnis

R

S

T

U

V

W

X

Z

Lächelt sie vielleicht
so wissend, weil sie den
richtigen Partner hatte?
PUBLICIS E20001-F30-P260
education
IN AUTOMATION
Mehrwert durch Partnerschaft. So lautet die Maxime bei Siemens Automation Cooperates with Education (SCE) – unserem Programm zur Förderung der Zusammenarbeit zwischen Industrie und Ausbildung. Dabei stehen Lernende und Lehrende in Forschungs-, Entwicklungs- und Ausbildungsstätten im Mittelpunkt. Im Rahmen von SCE unterstützen wir bei der Vermittlung von Basiswissen der Automatisierungstechnik und ermöglichen einfaches Lernen in strukturierter Lernumgebung. Mehr Informationen über das umfangreiche Leistungsangebot von SCE finden Sie im Internet.
SIEMENS
www.siemens.de/sce